Hadoop 海量数据处理

技术详解与项目实战

第2版

范东来／著

人 民 邮 电 出 版 社
北 京

图书在版编目（CIP）数据

Hadoop海量数据处理 : 技术详解与项目实战 / 范东来著. -- 2版. -- 北京 : 人民邮电出版社, 2016.8（2020.4重印）
ISBN 978-7-115-42746-5

Ⅰ. ①H… Ⅱ. ①范… Ⅲ. ①数据处理软件 Ⅳ. ①TP274

中国版本图书馆CIP数据核字(2016)第151385号

内 容 提 要

本书介绍了 Hadoop 技术的相关知识，并将理论知识与实际项目相结合。全书共分为三个部分：基础篇、应用篇和总结篇。基础篇详细介绍了 Hadoop、YARN、MapReduce、HDFS、Hive、Sqoop 和 HBase，并深入探讨了 Hadoop 的运维和调优；应用篇则包含了一个具有代表性的完整的基于 Hadoop 的商业智能系统的设计和实现；结束篇对全书进行总结，并对技术发展做了展望。

本书结构针对学习曲线进行了优化，由浅至深，从理论基础到项目实战，适合 Hadoop 的初学者阅读，也适合作为高等院校相关课程的教学参考书。

◆ 著　　　　范东来
责任编辑　杨海玲
责任印制　焦志炜
◆ 人民邮电出版社出版发行　　北京市丰台区成寿寺路 11 号
邮编　100164　　电子邮件　315@ptpress.com.cn
网址　http://www.ptpress.com.cn
北京九州迅驰传媒文化有限公司印刷
◆ 开本：800×1000　1/16
印张：23.25
字数：524 千字　　　　2016 年 8 月第 2 版
印数：6 401–6 700 册　　2020 年 4 月北京第 10 次印刷

定价：59.00 元

读者服务热线：(010)81055410　印装质量热线：(010)81055316
反盗版热线：(010)81055315

第 2 版序

作为作者的老师，我很欣喜地看到作者的成长，正如这本书一样。

本书第 1 版问世后，得到了读者认可，市场反响也不错，而且其台湾繁体字版也于 2015 年问世。时间过得真快，我依然记得作者抱着第 1 版初稿到我办公室的那个下午，我们聊了很久。就一两年的时间，大数据技术已发生了巨大的变化，本书第 2 版的出版也就成了顺理成章的事。第 2 版根据最新技术做了全面修订，并新增了 YARN 和 HBase 的章节，更加全面和实用。

大数据本质上是一种思想，代表了数据的深度和广度。读者当然可以从本书学到 Hadoop 相关的技术，但这并不是最重要的，最重要的是能够用大数据的思想来思考和解决问题。

大数据天然地能够和几乎任意行业相结合，如金融、医疗、电商，但是这些都需要行业应用来支撑，需要各位读者来积极投身其中。中国的互联网土壤非常肥沃，这给了大数据非常好的发展基础。目前国内的大数据活跃程度丝毫不亚于国外，在大数据方面，中国很有机会弯道超车，成为世界一流。这是大数据最好的时代，充满了机遇与挑战。

但是，“路漫漫其修远兮”，希望这本书能够帮到更多的人。

北京软件行业协会执行会长

北京航空航天大学软件学院教授

2016 年 6 月，北京

第 1 版序

这是一本大数据工程师和 Hadoop 工程师的必备书。

近年来，由于移动互联网的高速发展和智能移动设备的普及，数据累积的速率已超过以往任何时候，这个世界已经进入了大数据时代。如何高效地存储、处理这些海量、多种类、高速流动的数据已成为亟待解决的问题。

Hadoop 最早来源于全球云计算技术的领导者谷歌在 2003 年至 2006 年间发表的三篇论文。得益于学术界和工业界的大力支持，Hadoop 目前已成为最为成熟的大数据处理技术。Hadoop 利用了“分而治之”的朴素思想为大数据处理提供了一整套新的解决方案，如分布式文件系统 HDFS、分布式计算框架 MapReduce、NoSQL 数据库 HBase、数据仓库工具 Hive 等。Hadoop 打破了传统数据处理技术的瓶颈，如样本容量、样本种类，让大数据真正成为了生产力。Hadoop 目前已广泛应用于各行各业，行业巨头也纷纷推出自己的基于 Hadoop 的解决方案。今天，Hadoop 已经在电信业、能源业等有了一定的用户基础，传统数据分析架构也逐渐在向 Hadoop 进行过渡。

大数据和大数据处理技术在相互促进，大数据刺激了大数据处理技术的发展，而大数据处理技术又加速了大数据应用落地。大数据催生了一批新的产业，并产生了对 Hadoop 工程师的庞大迫切需求，而目前有关 Hadoop 的书籍和在线材料仍然太少，这更进一步加大了人才缺口。

本书章节安排合理，结构清晰，内容由浅入深，循序渐进。作者是我的学生，作为一个奋战在大数据第一线的工程师，经验非常丰富，能够更加理解并贴近开发者和读者的需求。全书涵盖了 HDFS、MapReduce、Hive、Sqoop 等内容，尤其宝贵的是包含了大量动手实例和一个完备的 Hadoop 项目实例。我相信本书对于希望学习 Hadoop 的读者来说，是一个不错的选择。

北京软件行业协会执行会长

北京航空航天大学软件学院教授、院长

2014 年 12 月，北京

前言

为什么要写这本书

2013 年被称为“大数据元年”，标志着世界正式进入了大数据时代，而就在这一年，我加入了清华大学苏州汽车研究院大数据处理中心，从事 Hadoop 的开发、运维和数据挖掘等方面的工作。从出现之日起，Hadoop 就深刻地改变了人们处理数据的方式。作为一款开源软件，Hadoop 能让所有人享受到大数据红利，让所有人在大数据时代站在了同一起跑线上。Hadoop 很好地诠释了什么是“大道至简，衍化至繁”，Hadoop 来源于非常朴素的思想，但是却衍生出大量的组件，让初学者难以上手。

我在学习和工作的过程中，走过很多弯路也做过很多无用功，尽管这是学习新技术的必由之路，但却浪费了大量的时间。我将自己学习和工作的心得记录下来，为了帮助更多像我当年一样的 Hadoop 学习者，我决定写一本书，一本自己开始 Hadoop 职业生涯的时候也想读到的书。

本书特点有哪些

本书结构针对学习曲线进行了优化，本书由浅至深，从理论基础到项目实战。

本书最大的特点是面向实践。基础篇介绍了 Hadoop 及相关组件，包含了大量动手实例，而应用篇则包含了一个具有代表性的基于 Hadoop 的项目完整实例，该实例脱胎于生产环境的真实项目，在通过基础篇的学习后，读者将在应用篇得到巩固和升华，并对 Hadoop 有一个更加清晰和完整的认识，这也符合实践出真知的规律。

本书介绍了 Hadoop 主要组件，如 HDFS、YARN、MapReduce、Hive、Sqoop、HBase 等，还介绍了 Hadoop 生产环境下的调优和运维、机器学习算法等高级主题。

读者对象是哪些

全书内容由浅入深，既适合初学者入门，也适合有一定基础的技术人员进一步提高技术水平，本书特别适合循序渐进地学习。本书的读者对象包括：

- 准备学习 Hadoop 的开发人员；
- 准备学习 Hadoop 的数据分析师；
- 希望将 Hadoop 运用到实际项目中的开发人员和管理人员；

- 计算机相关专业的高年级本科生和研究生；
- 具有一定的 Hadoop 使用经验，并想进一步提高的使用者。

为什么要写第 2 版

本书第 1 版于 2014 年下半年完稿，次年年初出版，当时 Hadoop 正值急速发展的时期，很多组件都没有实现自己的最终形态。到目前为止，Hadoop 离我完成本书第 1 版之时已有较大变化并已基本稳定。

很多读者在阅读过程中给我来信，说书中使用的 Hadoop 版本较老（CDH3），而且没有 YARN 和 HBase 的内容。收到读者的反馈，加之 HBase 1.0 版已经发布，CDH5 已经基本普及，我就开始本书第 2 版的写作工作，于是呈现在读者面前的就是全新的《Hadoop 海量数据处理》。第 2 版主要做了以下修改和内容增补：

- 全书所有内容根据最新技术进行了修改，并修订了全书；
- 新增了 HDFS 新特性；
- 新增了关于 YARN 的一章；
- 新增了关于 HBase 的一章；
- 新增了 HBase 调优内容；
- 在项目实战中新增了有关 HBase 的内容；
- 根据最新趋势重写了技术展望的内容。

如何阅读本书

本书在章节的安排上旨在引导读者以最快的速度上手 Hadoop，而省去其他不必要的学习过程。如果你是一个有经验的 Hadoop 工程师或者是项目经理，也可以直接进入应用篇，关注项目的设计和实现；如果不是，还是建议你循序渐进地阅读本书方能获得最好的学习效果。

本书一共分为基础篇、应用篇和结束篇 3 个部分，一共 18 章。

基础篇从第 1 章至第 9 章，其中第 1 章为绪论，第 2 章为环境准备，第 3 章至第 8 章主要介绍 HDFS、YARN、MapReduce、Hive、Sqoop、HBase 的原理和使用，在此之上，第 9 章介绍 Hadoop 的性能调优和运维。读者将从基础篇获得 Hadoop 工程师的理论基础。

应用篇从第 9 章至 19 章，主要内容为一个基于 Hadoop 的在线图书销售商业智能系统的设计和实现，包含了系统需求说明、总体设计和完整的实现。应用篇会运用基础篇的知识，巩固并升华基础篇的学习效果。此外，应用篇的项目架构可以进行一些改动并推而广之，有一定的参考价值。读者将从应用篇获得 Hadoop 工程师的项目经验。

结束篇为第 20 章，将对全书进行总结，并对技术发展做了展望。

勘误和支持

写书就像是跳水，高高跳起跃入水中，但在浮出水面之前，运动员却无法知道评委的给分，而我期待读者的评价。由于作者水平有限，编写时间仓促，书中难免会出现一些错误，恳请读者批评指正。读者可以将对本书的反馈和疑问发到 ddna_1022@163.com，我将尽力为读者提供满意的回复。

致谢

感谢电子科技大学的赵勇教授、北京航空航天大学的孙伟教授和邵兵副教授，从您们身上我学到了严谨的学术精神和做人的道理。

感谢清华大学苏州汽车研究院大数据处理中心的林辉主任，您的锐意进取精神一直深留我心。

感谢周俊琨、肖宇、赵虎、李为、黄普、朱游强、熊荣、江彦平，没有你们的帮助和努力，本书不可能完成。

感谢我的父母和外婆这些年来在生活上对我无微不至的关怀和无时无刻的支持，你们辛苦了；感谢吴静宜和她的家人对我的支持；感谢范若云哥哥，是你改变了我。

感谢人民邮电出版社的杨海玲编辑在本书出版过程中给予我的指导和一如既往的信任，感谢庞燕博士为审阅本书第 1 版付出的辛勤劳动。

感谢所有在我求学路上帮助过我的人。

范东来
2016 年 6 月于成都

目　录

基础篇：Hadoop 基础

应用篇：商业智能系统项目实战

结束篇：总结和展望

基础篇：Hadoop 基础

本书的第一部分相当于工具的使用手册，将会介绍 Hadoop 的核心组件：HDFS、YARN、MapReduce、Hive、Sqoop 和 HBase，并在此基础上，进一步学习 Hadoop 性能调优和运维。通过这部分的学习，读者将获得 Hadoop 工程师的理论基础。

第 1 章

绪论

这是最好的时代，这是最坏的时代；这是智慧的时代，这是愚蠢的时代；这是信仰的时期，这是怀疑的时期；这是光明的季节，这是黑暗的季节；这是希望之春，这是失望之冬……

——狄更斯《双城记》

本章作为绪论，目的是在学习 Hadoop 之前，让读者理清相关概念以及这些概念之间的联系。

1.1 Hadoop 和云计算

Hadoop 从问世之日起，就和云计算有着千丝万缕的联系。本节将在介绍 Hadoop 的同时，介绍 Hadoop 和云计算之间的关系，为后面的学习打下基础。

1.1.1 Hadoop 的电梯演讲

如果你是一名创业者或者是一名项目经理，那么最好准备一份"电梯演讲"。所谓电梯演讲，是对自己产品的简单介绍，通常都是 1～2 分钟（电梯从 1 层～30 层的时间），以便如果你恰巧和投资人挤上同一部电梯的时候，能够说服他投资你的项目或者产品。

在做 Hadoop 的电梯演讲之前，先来恶补一下 Hadoop 的有关知识。来看看 Hadoop 的发布者 Apache 软件基金会（ASF）对 Hadoop 的定义：Hadoop 软件库是一个框架，允许在集群中使用简单的编程模型对大规模数据集进行分布式计算。它被设计为可以从单一服务器扩展到数以千计的本地计算和存储的节点，并且 Hadoop 会在应用层面监测和处理错误，而不依靠硬件的高可用性，所以 Hadoop 能够在一个每个节点都有可能出错的集群之上提供一个高可用服务。

从上面的定义可以看出 Hadoop 的如下几个特点。

1. Hadoop 是一个框架

很多初学者在学习 Hadoop 的时候，对 Hadoop 的本质并不十分了解，Hadoop 其实是由一系列的软件库组成的框架。这些软件库也可称作功能模块，它们各自负责了 Hadoop 的一部分功能，其中最主要的是 Common、HDFS 和 YARN。HDFS 负责数据的存储，YARN 负责统一资源调度和管理，Common 则提供远程过程调用 RPC、序列化机制等。

而从字面来说：Hadoop 没有任何实际的意义。Hadoop 这个名字不是缩写，它是一个虚构的名字。Hadoop 的创建者 Doug Cutting 这样解释 Hadoop 这一名称的来历："这个名字是我的孩子给一头吃饱了的棕黄色大象取的。我的命名标准是简短，容易发音和拼写，没有太多含义，并且不会被用于别处。小孩子是这方面的高手。"所以我们看到这头欢快的大象也随着 Hadoop 的流行而逐渐深入人心（如图 1-1 所示）。

图 1-1 Hadoop 的 LOGO

2. Hadoop 适合处理大规模数据

这是 Hadoop 一个非常重要的特点和优点，Hadoop 海量数据的处理能力十分可观，并且能够实现分布式存储和分布式计算，有统一的资源管理和调度平台，扩展能力十分优秀。在 2008 年的时候，Hadoop 打破 297 s 的世界纪录，成为最快的 TB 级数据排序系统，仅用时 209 s。

3. Hadoop 被部署在一个集群上

承载 Hadoop 的物理实体，是一个物理的集群。所谓集群，是一组通过网络互联的计算机，集群里的每一台计算机称作一个节点。Hadoop 被部署在集群之上，对外提供服务。当节点数量足够多的时候，故障将成为一种常态而不是异常现象，Hadoop 在设计之初就将故障的发生作为常态进行考虑，数据的灾备以及应用的容错对于用户来说都是透明的，用户得到的只是一个提供高可用服务的集群。

了解了上面三点，我们就可以开始准备电梯演讲了。麦肯锡对电梯演讲的要求是"凡事要归纳为三点"，因为人们一般只能记得住一二三而记不住四五六，基于此，我们的 Hadoop 电梯演讲为"Hadoop 是一个提供分布式存储和计算的软件框架，它具有无共享、高可用、弹性可扩展的特点，非常适合处理海量数据"，一共 46 个字。

1.1.2 Hadoop 生态圈

一般来说，狭义的 Hadoop 仅代表了 Common、HDFS、YARN 和 MapReduce 模块。但是开源世界的创造力是无穷的，围绕 Hadoop 有越来越多的软件蓬勃出现，方兴未艾，构成了一个生机勃勃的 Hadoop 生态圈。在特定场景下，Hadoop 有时也指代 Hadoop 生态圈。

图 1-2 所示是一个 Hadoop 生态圈的架构图。

- Hadoop Common 是 Hadoop 体系最底层的一个模块，为 Hadoop 各子项目提供各种工具，如系统配置工具 Configuration、远程过程调用 RPC、序列化机制和日志操作等，是其他模块的基础。

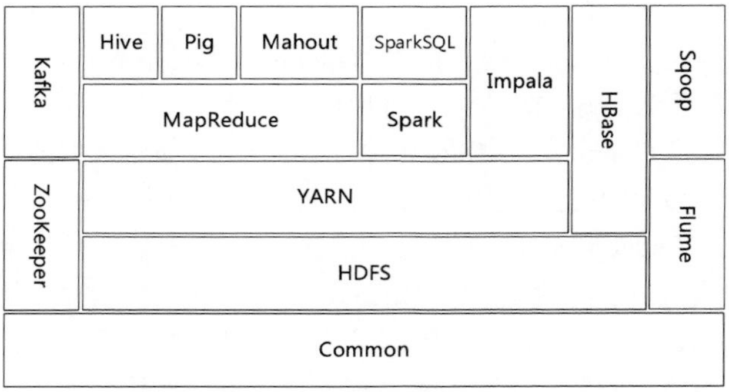

图 1-2 Hadoop 生态圈

- HDFS（Hadoop Distributed File System，Hadoop 分布式文件系统）是 Hadoop 的基石。HDFS 是一个具有高度容错性的文件系统，适合部署在廉价的机器上。HDFS 能提供高吞吐量的数据访问，非常适合大规模数据集上的应用。
- YARN（Yet Another Resource Negotiator，另一种资源协调器）是统一资源管理和调度平台，它解决了上一代 Hadoop 资源利用率低和不能兼容异构的计算框架等多种问题。它提供了资源隔离方案和双调度器的实现。
- MapReduce 是一种编程模型，利用函数式编程的思想，将对数据集处理的过程分为 Map 和 Reduce 两个阶段。MapReduce 的这种编程模型非常适合进行分布式计算。Hadoop 提供了 MapReduce 的计算框架，实现了这种编程模型，用户可以通过 Java、C++、Python、PHP 等多种语言进行编程。
- Spark 是加州伯克利大学 AMP 实验室开发的新一代计算框架，对迭代计算很有优势，和 MapReduce 计算框架相比性能提升明显，并且都可以与 YARN 进行集成，Spark 也提供支持 SQL 的组件 SparkSQL 等。
- HBase 来源于谷歌的 Bigtable 论文，HBase 是一个分布式的、面向列族的开源数据库。采用了 Bigtable 的数据模型——列族。HBase 擅长大规模数据的随机、实时读写访问。
- 在所有分布式系统中，都需要考虑一致性的问题，ZooKeeper 作为一个分布式的服务框架，基于 Fast Paxos 算法，解决了分布式系统中一致性的问题。ZooKeeper 提供了配置维护、名字服务、分布式同步、组服务等。
- Hive 最早是由 Facebook 开发并使用，是基于 Hadoop 的一个数据仓库工具，可以将结构化的数据文件映射为一张表，提供简单的 SQL 查询功能，并将 SQL 语句转换为 MapReduce 作业运行。其优点是学习成本低，对于常见的数据分析需求不必开发专门的 MapReduce 作业，十分适合大规模数据统计分析。Hive 对于 Hadoop 来说是非常重要的模块，大大降低了 Hadoop 的使用门槛。
- Pig 和 Hive 类似，也是对大型数据集进行分析和评估的工具，不过与 Hive 提供 SQL 接口不同的是，它提供了一种高层的、面向领域的抽象语言：Pig Latin，Pig 也可以将 Pig Latin

脚本转化为 MapReduce 作业。与 SQL 相比，Pig Latin 更加灵活，但学习成本稍高。

- Impala 由 Cloudera 公司开发，可以对存储在 HDFS、HBase 的海量数据提供交互式查询的 SQL 接口。除了和 Hive 使用相同的统一存储平台，Impala 也使用相同的元数据、SQL 语法、ODBC 驱动程序和用户界面。Impala 还提供了一个熟悉的面向批量或实时查询的统一平台。Impala 的特点是查询非常迅速，其性能大幅领先于 Hive。从图 1-2 可以看出，Impala 并没有基于 MapReduce 的计算框架，这也是 Impala 可以大幅领先 Hive 的原因，Impala 的定位是 OLAP，是 Google 的新三驾马车之一 Dremel 的开源实现。
- Mahout 是一个机器学习和数据挖掘库，它利用 MapReduce 编程模型实现了 k-means、Native Bayes、Collaborative Filtering 等经典的机器学习算法，并使其具有良好的可扩展性。
- Flume 是 Cloudera 提供的一个高可用、高可靠、分布式的海量日志采集、聚合和传输系统，Flume 支持在日志系统中定制各类数据发送方，用于收集数据；同时，Flume 提供对数据进行简单处理，并写到各种数据接受方（可定制）的能力。
- Sqoop 是 SQL to Hadoop 的缩写，主要作用在于在结构化的数据存储（关系型数据库）与 Hadoop 之间进行数据双向交换。也就是说，Sqoop 可以将关系型数据库（如 MySQL、Oracle 等）的数据导入到 Hadoop 的 HDFS、Hive，也可以将 HDFS、Hive 的数据导出到关系型数据库中。Sqoop 充分利用了 Hadoop 的优点，整个导出导入都是由 MapReduce 计算框架实现并行化，非常高效。
- Kafka 是一种高吞吐量的分布式发布订阅消息系统，具有分布式、高可用的特性，在大数据系统里面被广泛使用，如果把大数据平台比作一台机器的话，那么 Kafka 这种消息中间件就类似于前端总线，它连接了平台里面的各个组件。

说 Hadoop 催生了一个产业毫不过分，目前围绕 Hadoop 做二次开发的公司非常多，其中最著名的当属 Cloudera、Hortonworks 和 MapR（Cloudera、Hortonworks 和 MapR 公司的标识如图 1-3 所示）。这三家公司技术实力都非常雄厚，其中 Cloudera 开发的 CDH（Cloudera's Distribution for Hadoop）已成为生产环境下装机量最大 Hadoop 发行版。CDH 的特点在于稳定，并有许多重要的补丁、向后移植和更新。而 Hontonworks 比较有名的则是 DAG（有向无环图）计算框架 Tez。在一些应用场景中，为了利用 MapReduce 解决问题，需将问题分解为若干个有依赖关系的作业，形如一个有向无环图，目前 MapReduce 计算框架并不支持依赖关系为有向无环图的作业计算，而 Tez 的出现很好地解决了这一问题。另外，YARN 这个重要组件也是由 Hortonworks 公司贡献。

图 1-3 Cloudera、Hortonworks 和 MapR

MapR 公司的拳头产品 MapR Converged Data Platform 专注于数据的快速分析，Apache Drill 也是由 MapR 主导开发的。

1.1.3　云计算的定义

云计算自从诞生之日起，短短几年就在各个行业产生了巨大的影响，而 Hadoop 作为云计算时代最耀眼的明星，又和云计算的提出者 Google 有着千丝万缕的联系。

自从 2006 年 8 月 9 日 Google 首席执行官埃里克·施密特在搜索引擎大会（SES San Jose 2006）率先提出了“云计算”这个名词后，其概念众说纷纭，相关领域的各方机构和专家分别从不同的角度对云计算进行了定义，有的从应用场景划分，有的从资源角度划分。本书选取美国国家标准技术研究院（NIST）对云计算的定义：“云计算是一种可以通过网络方便地接入共享资源池，按需获取计算资源（这些资源包括网络、服务器、存储、应用、服务等）的服务模型。共享资源池中的资源可以通过较少的管理代价和简单业务交互过程而快速部署和发布。”

从上面这个定义可以归纳出云计算的 5 个特点。

（1）按需提供服务：以服务的形式为用户提供应用程序、数据存储、基础设施等资源，并可以根据用户需求自动分配资源，而不需要系统管理员干预。例如，亚马逊弹性计算云（Amazon Elastic Compute Cloud，Amazon EC2），用户可以通过填写 Web 表单将自己所需要的配置，如 CPU 核数、内存大小提交给亚马逊，从而动态地获得计算能力。

（2）宽带网络访问：用户可以利用各种终端设备（如 PC 机、笔记本电脑、智能手机等）随时随地通过互联网访问云计算服务。

（3）资源池化：资源以共享资源池的方式统一管理。利用虚拟化技术，将资源分享给不同用户，资源的放置、管理与分配策略对用户透明。

（4）高可伸缩性：服务的规模可快速伸缩，以自动适应业务负载的动态变化。用户使用的资源同业务的需求相一致，避免了因为服务器性能过载或冗余而导致的服务质量下降或资源浪费。

（5）可量化的服务：云计算中心都可以通过监控软件监控用户的使用情况，并根据资源的使用情况对服务计费。

另外云计算还有些比较明显且重要的特点。

（1）大规模：承载云计算的集群一般都具有超大的规模，Google 的有“信息核电站”之称的云计算中心具有 100 多万台服务器，Amazon、IBM、微软和雅虎等公司的“云”均具有几十万台服务器的规模，从这点上来看，云将赋予用户前所未有的计算能力。

（2）服务极其廉价：“云”的特殊容错机制使得可以采用廉价的节点来构建“云”；“云”的自动化管理使数据中心管理成本大幅降低；“云”的公用性和通用性使资源的利用率大幅提升；“云”设施可以建在电力丰富的地区，从而大幅降低能源成本。因此“云”具有极高的性价比。Google 中国区前总裁李开复称，Google 每年投入约 16 亿美元构建云计算数据中心，所获得的能力相当于使用传统技术投入 640 亿美元，构建云计算数据中心投入成本是使用传统技术投入成本的 1/40。根据微软公布的数据，使用微软的云计算平台 Windows Azure 的解决方案部署自己的 Web 应用，将会节约三分之一的成本，而成本还将会随着使用时间的延长而进一步降低。这正是为什么不仅 CTO 关注云计算，连 CEO 和 CFO 也对云计算高度关注的原因。

之所以称之为“云”，是因为云计算在某些地方和现实中的云非常符合，云的规模可以动态伸缩，它的边界是模糊的，云在空中飘忽不定，无法也无需确定它的具体位置，但它确实存在于某处。

1.1.4 云计算的类型

云计算按照服务类型大致可以分为基础设施即服务（Infrastructure as a Service，IaaS）、平台即服务（Platform as a Service，PaaS）、软件即服务（Software as a Service，SaaS）3 类，如图 1-4 所示。

IaaS 作为云计算架构最底层，利用虚拟化技术将硬件设备等基础资源封装成服务供用户使用，用户相当于在使用裸机，既可以让它运行 Windows，也可以让它运行 Linux，既可以做 Web 服务器，也可以做数据库服务器（架构如图 1-5 所示），但是用户必须考虑如何才能让多个节点（虚拟机）协同工作起来。IaaS 最大的优势在于它允许用户动态申请或释放节点，按使用量和使用时间计费。典型的虚拟化产品包括 VMware vShpere、微软的 Hyper-V、开源的 KVM、开源的 Xen。Amazon EC2/S3 利用的是 Xen 这种技术。另外，目前关注度非常高的容器技术 Docker 也是属于 IaaS。

图 1-4 云计算的类型

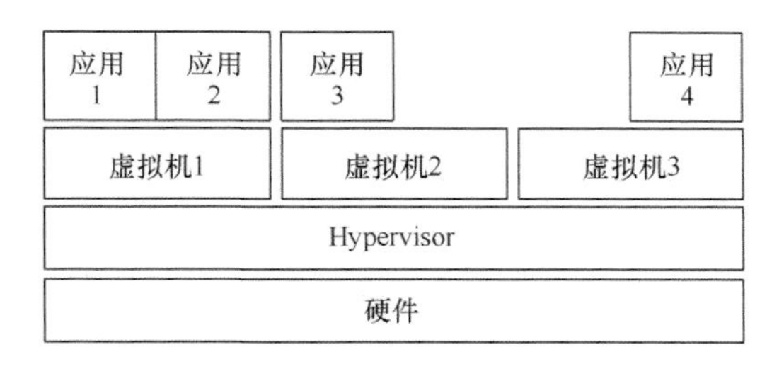

图 1-5 虚拟化技术

而 PasS 对资源进行更进一步的抽象，它提供了用户应用程序的应用环境，典型的如 Google App Engine 等。Google App Engine 使用户可以在 Google 提供的基础架构上运行、开发、托管自己的应用程序。Google App Engine 应用程序易于构建和维护，并可根据用户的访问量和数据存储的增长需求轻松扩展。使用 Google App Engine，不再需要维护服务器，只需上传你的应用程序即可。PaaS 自身负责资源的动态扩容、容错灾备，用户的应用程序不需过多考虑节点间的配合问题，但与此同时，用户的自主权降低，必须使用特定的编程环境并遵照特定的编程模型，这有点像在高性能集群计算机里进行 MPI 编程，只适合于解决某些特定的计算问题。例如，Google App Engine 只允许使用 Python 和 Java 语言，基于 Django 的 Web 应用框架，使用 Google App Engine SDK 来开发在线应用服务。

SaaS 的针对性更强，它将某些特定应用软件功能封装成服务，如 Salesforce 公司提供的在线客户关系管理（Client Relationship Management，CRM）服务。SaaS 既不像 IaaS 一样提供计算或存储资源类型的服务，也不像 PaaS 一样提供运行用户自定义应用程序的环境，它只提供某些专门用途的服务供应用调用。

通过以上3个层面对云计算的介绍，我们可以看出云计算是集成服务的，图1-6比较清晰地表明云计算和服务集成之间的关系。

需要指出的是，随着云计算的深化发展，不同云计算解决方案之间相互渗透融合，同一种产品往往横跨两种以上的类型。例如，Amazon Web Service（AWS）是以IaaS为基础的，但新提供的弹性MapReduce服务模仿了Google的MapReduce、SimpleDB模仿了Google的Bigtable，这两者属于PaaS的范畴，而它新提供的电子商务服务FPS和DevPay以及网站访问统计服务Alexa Web服务则属于SaaS的范畴。

云计算技术作为IT产业界的一场技术革命，已经成为IT行业未来发展的方向。各国政府也纷纷将云计算服务视为国家软件产业发展的新机遇。需求驱动、技术驱动和政策驱动三大驱动力给云计算的发展提供了极大助力，在国外，由于云计算技术发展较早，有较强的技术基础和运营经验，商业模式也较为清晰，尤其是在美国，Google、Amazon、IBM、微软和Yahoo等都是云计算技术的先行者和佼佼者，众多成功公司还包括Facebook、VMware、Salesforce等。而国内虽然政策力度非常大，资金投入也比较多，但由于起步较晚，技术和商业模式学习欧美，采用复制并本地化的发展路线，因此云计算技术仍属于初级阶段。国内云计算技术走在前列的有华为公司、阿里巴巴集团、百度等，主要以互联网企业巨头和系统集成提供商为主。

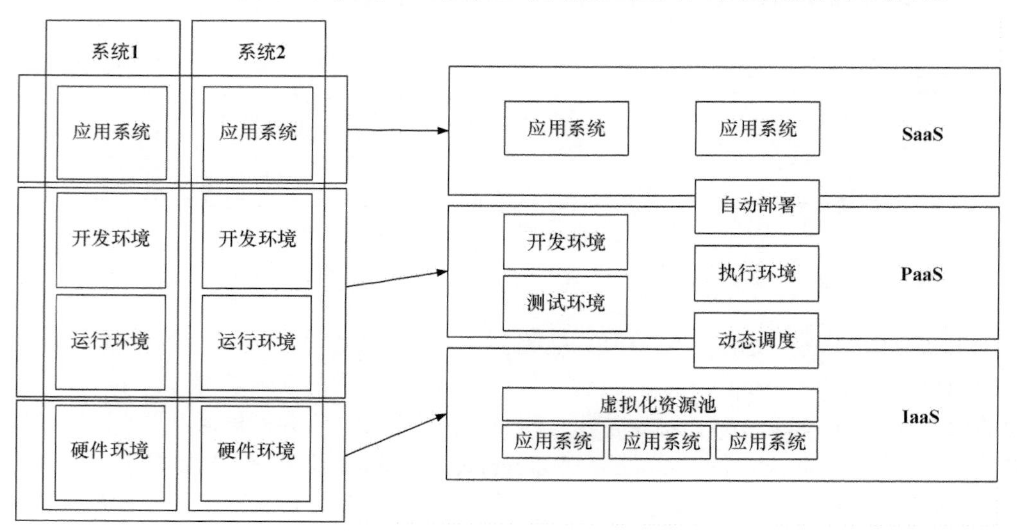

图1-6 集成服务的云计算

1.1.5 Hadoop和云计算

在谷歌提出“云计算”的概念之前，谷歌工程师在全球顶级计算机会议OSDI和SOSP上连续发表3篇论文：SOSP 2003会议上的*The Google File System*、OSDI 2004会议上的*MapReduce: Simpliyed Data Processing on Large Clusters*和OSDI 2006会议上的*Bigtable: A*

Distributed Storage System for Structured Data，在工业界和学术界引起了不小的震动，随后世界上顶级的开源团队（Yahoo、ASF）接手将其实现，可以说 Hadoop 是云计算的产物，是云计算技术的一种实现。

Hadoop 做为一个分布式的软件框架，拥有云计算 PaaS 层的所有特点，是云计算的重要组成部分。Hadoop 的分布式文件系统 HDFS 抽象了所有硬件资源，使其对于用户来说是透明的，它提供了数据的冗余，自动灾备，也可以动态地增加、减少节点；Hadoop 也提供 Java、C++、Python 等应用程序的运行环境，但如果想基于 Hadoop 做应用开发，则必须参照 MapReduce 的编程模型，用户完全不需要考虑各个节点相互之间的配合。另外 Hadoop 还提供自己独特的数据库服务 HBase 以及数据仓库服务 Hive。Hadoop 也可以搭建在 IaaS 环境下，《纽约时报》使用 Hadoop 做文字处理就是基于 Amazon EC2，当然这不是必须的。

Hadoop 可以看做云计算技术的一种实现，而云计算的概念则更广阔，并不拘泥于某种技术。Hadoop 作为云计算领域的一颗明星，目前已经得到越来越广泛的应用。

1.2 Hadoop 和大数据

在人们对云计算这个词汇耳熟能详之后，大数据这个词汇又在最短时间内进入大众视野。云计算对于普通人来说就像云一样，一直没有机会能够真正感受到，而大数据则更加实际，是确确实实能够改变人们生活的事物。Hadoop 从某个方面来说，与大数据结合得更加紧密，它就是为大数据而生的。

1.2.1 大数据的定义

“大数据”（big data），一个看似通俗直白、简单朴实的名词，却无疑成为了时下 IT 界最炙手可热的名词，在全球引领了新一轮数据技术革命的浪潮。通过 2012 年的蓄势待发，2013 年被称为世界大数据元年，标志着世界正式步入了大数据时代。

现在来看看我们如何被数据包围着。在现实的生活中，一分钟或许微不足道，或许连 200 字也打不了，但是数据的产生却是一刻也不停歇的。来看看一分钟到底会有多少数据产生：YouTube 用户上传 48 小时的新视频，电子邮件用户发送 204 166 677 条信息，Google 收到超过 2 000 000 个搜索查询，Facebook 用户分享 684 478 条内容，消费者在网购上花费 272 070 美元，Twitter 用户发送超过 100 000 条微博，苹果公司收到大约 47 000 个应用下载请求，Facebook 上的品牌和企业收到 34 722 个“赞”，Tumblr 博客用户发布 27 778 个新帖子，Instagram 用户分享 36 000 张新照片，Flicker 用户添加 3 125 张新照片，Foursquare 用户执行 2 083 次签到，571 个新网站诞生，WordPress 用户发布 347 篇新博文，移动互联网获得 217 个新用户。

数据还在增长着，没有慢下来的迹象，并且随着移动智能设备的普及，一些新兴的与位置有关的大数据也越来越呈迸发的趋势。

那么大数据究竟是什么？我们来看看权威机构对大数据给出的定义。国际顶级权威咨询机构麦肯锡说：“大数据指的是所涉及的数据集规模已经超过了传统数据库软件获取、存储、管理和分析的能力。这是一个被故意设计成主观性的定义，并且是一个关于多大的数据集才能被认为是大数据的可变定义，即并不定义大于一个特定数字的 TB 才叫大数据。因为随着技术的不断发展，符合大数据标准的数据集容量也会增长；并且定义随不同行业也有变化，这依赖于在一个特定行业通常使用何种软件和数据集有多大。因此，大数据在今天不同行业中的范围可以从几十 TB 到几 PB。”

从上面的定义我们可以看出以下几点。

（1）多大的数据才算大数据，这并没有一个明确的界定，且不同行业有不同的标准。

（2）大数据不仅仅只是大，它还包含了数据集规模已经超过了传统数据库软件获取、存储、分析和管理能力这一层意思。

（3）大数据不一定永远是大数据，大数据的标准是可变的，在 20 年前 1 GB 的数据也可以叫大数据，可见，随着计算机软硬件技术的发展，符合大数据标准的数据集容量也会增长。

IBM 说：“可以用三个特征相结合来定义大数据：数据量（volume）、多样性（variety）和速度（velocity），或者就是简单的 3 V，即庞大容量、极快速度和种类丰富的数据。” [1]

（1）数据量：如今存储的数量正在急剧增长，毫无疑问我们正深陷在数据之中。我们存储所有事物——环境数据、财务数据、医疗数据、监控数据等。有关数据量的对话已从 TB 级别转向 PB 级别，并且不可避免地转向 ZB 级别。现在经常听到一些企业使用存储集群来保存数 PB 的数据。随着可供企业使用的数据量不断增长，可处理、理解和分析的数据比例却不断下降。

（2）数据的多样性：与大数据现象有关的数据量为尝试处理它的数据中心带来了新的挑战：它多样的种类，随着传感器、智能设备以及社交协作技术的激增，企业中的数据也变得更加复杂，因为它不仅包含传统的关系型数据，还包含来自网页、互联网日志文件（包括点击流数据），搜索索引、社交媒体论坛、电子邮件、文档、主动和被动的传感器数据等原始、半结构化和非结构化数据。简言之，种类表示所有数据类型。

（3）数据的速度：就像我们收集和存储的数据量和种类发生了变化一样，生成和需要处理数据的速度也在变化。不要将速度的概念限定为与数据存储库相关的增长速率，应动态地将此定义应用到数据——数据流动的速度。有效处理大数据要求在数据变化的过程中对它的数量和种类执行分析，而不只是在它静止后执行分析。

最近，IBM 在以上 3 V 的基础上归纳总结了第 4 个 V——veracity（真实性和准确性）。“只有真实而准确的数据才能让对数据的管控和治理真正有意义。随着社交数据、企业内容、交易与应用数据等新数据源的兴起，传统数据源的局限性被打破，企业愈发需要有效的信息治理以确保其真实性及安全性。”

1.2.2 大数据的结构类型

接下来让我们来剖析下大数据突出的特征：多样性。图 1-7 显示了几种不同结构类型数据的增长趋势，从图中可以看到，未来数据增长的 80%～90%将来自于不是结构化的数据类型（半结构化数据、准结构化数据或非结构化数据）。

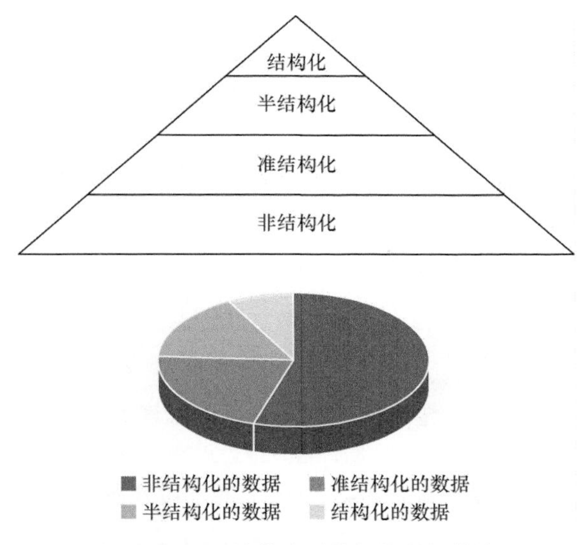

图 1-7 不同结构类型数据的增长趋势

结构化数据：包括预定义的数据类型、格式和结构的数据，例如，事务性数据和联机分析处理，如表 1-1 所示。

表 1-1 结构化数据

姓　名	学　号	性　别	年　龄
Hardy	1	M	25
Jenny	2	F	27

半结构化数据：具有可识别的模式并可以解析的文本数据文件，例如自描述和具有定义模式的 XML 数据文件，如代码清单 1-1 所示。

代码清单 1-1 半结构化数据示例

```
<?xml version="1.0"?>
<?xml-stylesheet type="text/xsl" href="configuration.xsl"?>

<!-- Do not modify this file directly.  Instead, copy entries that you -->
<!-- wish to modify from this file into mapred-site.xml and change them -->
<!-- there.  If mapred-site.xml does not already exist, create it.     -->

<configuration>

<property>
  <name>hadoop.job.history.location</name>
  <value></value>
</property>

<property>
```

```
    <name>hadoop.job.history.user.location</name>
    <value></value>
  </property>
</configuration>
```

准结构化数据：具有不规则数据格式的文本数据，使用工具可以使之格式化，例如包含不一致的数据值和格式的网站点击数据，如 http://zh.wikipedia.org/wiki/Wikipedia:%E9%A6%96%E9%A1%B5。

非结构化数据是没有固定结构的数据，通常保存为不同的类型文件，如文本文档、PDF 文档、图像和视频。

虽然上面显示了 4 种不同的、互相分离的数据类型，但实际上，有时这些数据类型是可以被混合在一起的。例如，一个传统的关系型数据库管理系统保存着一个软件支持呼叫中心的通话日志。这里有典型的结构化数据，比如日期/时间戳、机器类型、问题类型、操作系统，这些都是在线支持人员通过图形用户界面上的下拉式菜单输入的。另外，还有非结构化数据或半结构化数据，比如自由形式的通话日志信息，这些可能来自包含问题的电子邮件，或者技术问题和解决方案的实际通话描述，最重要的信息通常是藏在这里的。另外一种可能是与结构化数据有关的实际通话的语音日志或者音频文字实录。即使是现在，大多数分析人员还无法分析这种通话日志历史数据库中的最普通和高度结构化的数据。因为挖掘文本信息是一项工作强度很大的工作，并且无法实现简单的自动化。人们通常最熟悉结构化数据的分析，然而，半结构化数据（XML）、准结构化数据（网站地址字符串）和非结构化数据带来了不同的挑战，需要使用不同的技术来分析。

1.2.3 大数据行业应用实例

先来看一则《纽约时报》报道的新闻。一位愤怒的父亲跑到美国 Target 超市投诉他近期收到超市寄给他大量婴儿用品广告，而他的女儿还只不过是个高中生，但一周以后这位愤怒的父亲再次光临并向超市道歉，因为 Target 发来的婴儿用品促销广告并不是误发，他的女儿的确怀孕了。《纽约时报》的这则故事让很多人第一次感受到了变革，这次变革和人类经历过的若干次变革最大的不同在于：它发生得悄无声息，但它确确实实改变了我们的生活。各行各业的先知先觉者已经从与数据共舞中尝到了甜头，而越来越多的后来者和新进者都希望借助云计算和大数据这波浪潮去撬动原有市场格局或开辟新的商业领域。这也难怪麦肯锡称大数据将会是传统四大生产要素之后的第五大生产要素。

1. 你能一直赢吗？

风靡全球的网络游戏《英雄联盟》拥有数以千万计的用户群体。每天深夜，当大多数玩家已经奋战一天，呼呼大睡的时候，数据服务器正紧张地劳作着。世界各地的运营商会把当日的数据发送到位于美洲的数据中心。随即一个巨大的数据分析引擎转动起来，需要执行上千个数据分析的任务。当日所有的比赛都会被分析，数据分析师会发现，某一个英雄单位太强或太弱，在接下来的 2～3 周内，会推出一个新补丁，及时调整所有的平衡性问题，并加入一个新单位。

整个游戏被保持在一个快速更新，并且良好平衡的状态。正是靠着大数据的魔力，《英雄联盟》才能成为这个时代最受欢迎的游戏之一。

2. 你喜欢这个吗？

产品推荐是 Amazon 的发明，它为 Amazon 等电子商务公司赢得了近三分之一的新增商品交易。产品推荐的一个重要方面是基于客户交易行为分析的交叉销售。根据客户信息、客户交易历史、客户购买过程的行为轨迹等客户行为数据，以及同一商品其他访问或成交客户的客户行为数据，进行客户行为的相似性分析，为客户推荐产品，包括浏览这一产品的客户还浏览了哪些产品、购买这一产品的客户还购买了哪些产品、预测客户还喜欢哪些产品等。对于领先的 B2C 网站如京东、亚马逊等，这些数据是海量存在的。

产品推荐的另一个重要方面是基于客户社交行为分析的社区营销。通过分析客户在微博、微信、社区里的兴趣、关注、爱好和观点等数据，投其所好，为客户推荐他本人喜欢的、或者是他的圈子流行的、或推荐给他朋友的相关产品。

通过对客户行为数据的分析，产品推荐将更加精准、个性化。传统企业既可以依赖大型电子商务公司和社区网络的产品推荐系统提升销售量，也可以依靠企业内部的客户交易数据、公司自有的电子商务网站等直销渠道、企业社区等进行客户行为数据的采集和分析，实现企业直销渠道的产品推荐。

基于大数据应用的行业实例数不胜数，并且都为各个行业带来可观的效益，甚至可以改变游戏规则。对于未来，我们会发现在电影中出现的预测犯罪、智慧城市等情景都会由于大数据处理技术的进步一一实现，这完全不是遥远的梦想。

1.2.4 Hadoop 和大数据

首先，简单概括一下云计算和大数据之间的关系。在很大程度上它们是相辅相成的，最大的不同在于：云计算是你在做的事情，而大数据是你所拥有的东西。以云计算为基础的信息存储、分享和挖掘手段为知识生产提供了工具，而通过对大数据分析、预测会使得决策更加精准，两者相得益彰。从另一个角度讲，云计算是一种 IT 理念、技术架构和标准，而云计算不可避免地会产生大量的数据。大数据技术与云计算的发展密切相关，大型的云计算应用不可或缺的就是数据中心的建设，所以大数据技术是云计算技术的延伸。

作为云计算 PaaS 层技术的代表，Hadoop 可以以一种可靠、高效、可扩展的方式存储、管理“大数据”，如图 1-8 所示。Hadoop 及其生态圈为管理、挖掘大数据提供了一整套成熟可靠的解决方案。从功能上说，Hadoop 可以称作一个“大数据管理和分析平台”。下面我们先对 Hadoop 的核心组件做一个简单的介绍，让读者对 Hadoop 有个初步的认识。

1. 海量数据的摇篮——HDFS

作为 Hadoop 分布式文件系统，HDFS 处于 Hadoop 生态圈的最下层，存储着所有的数据，支持着 Hadoop 的所有服务。它的理论基础源于 Google 的 *The Google File System* 这篇论文，它是 GFS 的开源实现。

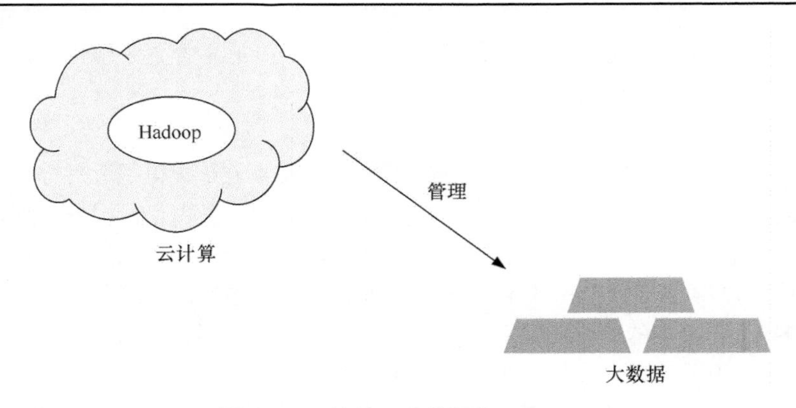

图1-8 云计算、大数据和Hadoop

HDFS的设计理念是以流式数据访问模式，存储超大文件，运行于廉价硬件集群之上。

2. 处理海量数据的利器——MapReduce

MapReduce是一种编程模型，Hadoop根据Google的MapReduce论文将其实现，作为Hadoop的分布式计算模型，是Hadoop的核心。基于这个框架，分布式并行程序的编写变得异常简单。综合了HDFS的分布式存储和MapReduce的分布式计算，Hadoop在处理海量数据时，性能横向扩展变得非常容易。

3. 列族存储——HBase

HBase是对Google的Bigtable的开源实现，但又和Bigtable存在许多不同之处。HBase是一个基于HDFS的分布式数据库，擅长实时地随机读/写超大规模数据集。它也是Hadoop非常重要的组件。

简言之，由于Hadoop可以基于分布式存储进行分布式计算，横向扩展能力非常优秀，所以Hadoop非常适合并且能够胜任存储、管理、挖掘“大数据”的任务。

1.2.5 其他大数据处理平台

1. Storm

在现实生活中，有很多数据是属于流式数据，即计算的输入并不是一个文件，而是源源不断的数据流，如网上实时交易所产生的数据。用户需要对这些数据进行分析，否则数据的价值会随着时间的流逝而消失。流式数据有以下特点。

（1）数据实时到达，需要实时处理。

（2）数据是流式源源不断的，大小可能无穷无尽。

（3）系统无法控制将要处理的新到达数据元素的顺序，无论这些数据元素是在同一个数据流中还是跨多个数据流。

（4）一旦数据流中的某个数据经过处理，要么被丢弃或者无状态。

Storm也是一个成熟的分布式的流计算平台，擅长流处理（stream processing）或者复杂事件处理（complex event processing，CEP），Storm有以下几个关键特性。

（1）适用场景广泛。

（2）良好的伸缩性。

（3）保证数据无丢失。

（4）异常健壮。

（5）良好的容错性。

（6）支持多语言编程。

值得一提的是，Storm 采用的计算模型并不是 MapReduce，并且 MapReduce 也已经被证明不适合做流处理。另外，Storm 也运行在 YARN 之上，从这个角度上来说，它也是属于 Hadoop 生态圈。

2. Apache Spark

Apache Spark 由加州大学伯克利分校 AMP 实验室开发。由于使用的开发语言为 Scala，Spark 在并行计算有很大的优势，且 Spark 十分小巧玲珑，其中核心部分只有 63 个文件。Apache Spark 引入了弹性分布数据集（RDD）的概念，基于内存计算，速度在特定场景下大幅领先 MapReduce。Spark 的主要优势包括以下几个方面。

（1）提供了一套支持 DAG 的分布式并行计算的编程框架，减少多次计算之间中间结果写到 HDFS 的开销。

（2）提供 Cache 机制来支持需要反复迭代计算或者多次数据共享，减少数据读取的 I/O 开销。

（3）使用多线程池模型来减少任务启动开销，减少 shuffle 过程中不必要的 sort 操作以及减少磁盘 I/O 操作。

（4）广泛的数据集操作类型。

目前 Spark 的发展势头十分迅猛，生态圈已初具规模，如图 1-9 所示。其中 Spark SQL 为支持 SQL 的结构化查询工具，Spark Streaming 是 Spark 的流计算框架，MLlib 集成了主流机器学习算法，GraphX 则是 Spark 的图计算框架。从图 1-9 可以看出 Spark 在多个领域和 MapReduce 展开正面交锋，并且具有很多 MapReduce 所没有的特性，潜力巨大。

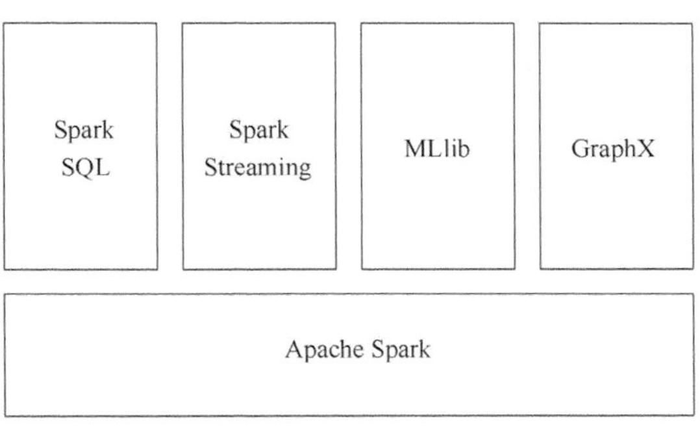

图 1-9 Apache Spark

1.3 数据挖掘和商业智能

和云计算、大数据的概念相比，数据挖掘和商业智能的概念早已被学术界和工业界所接受，但由于大数据的出现，又为它们注入了新的活力，“大数据时代的商业智能”的概念不断被业界所提及，那么它们究竟是什么呢？

1.3.1 数据挖掘的定义

先来看一个例子，Google 的 Flu Trends（流感趋势）使用特殊的搜索项作为流感活动的指示器。它发现了搜索流感相关信息的人数与实际具有流感症状的人数之间的紧密联系。当与流感相关的所有搜索聚集在一起时，一个模式就出现了。使用聚集的搜索数据，Google 的 Flu Trends 可以比传统的系统早两周对流感活动做出评估。这个例子说明了数据挖掘如何把大型数据集转化为知识。现在，我们可以对数据挖掘做一个简短的定义，数据挖掘就是“数据→知识”。

带着这个概念，我们来一步一步分析数据挖掘的本质。数据挖掘可以看作是信息技术自然而然进化的结果。数据库和数据管理产业的一些关键功能不断发展，大量数据库系统提供的查询和事务处理已经司空见惯，高级数据分析自然成为下一步。

20 世纪 60 年代，数据库和信息技术已经系统地从原始文件处理演变成复杂的功能强大的数据库系统。

20 世纪 70 年代，数据库从层次型数据库、网状数据库发展到关系型数据库，用户可以通过查询语言灵活方便地访问数据。

20 世纪 80 年代中后期，数据库技术转向高级数据库系统、支持高级数据分析的数据仓库和数据挖掘，基于 Web 的数据库。

硬件的飞速发展，导致了功能强大和价格可以接受的计算机、数据收集设备和存储介质大量涌现。这些软件和硬件的进步大大推动了数据库和信息产业的发展，也导致了数据库管理系统分成了两个发展方向：OLTP（联机事务处理）和 OLAP（联机分析处理）。图 1-10 展示了数据库管理系统的发展过程。

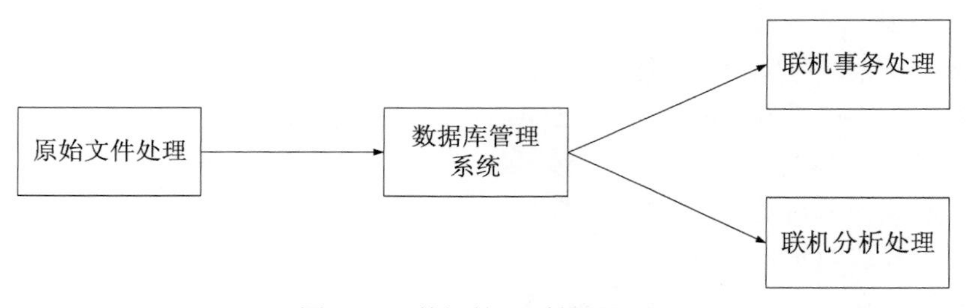

图 1-10 数据管理系统的发展

而 OLAP 的出现也导致数据仓库这种数据存储结构的出现。数据仓库是一种多个异构数据源在单个站点以统一的模式组织的存储，以支持管理决策。大量的数据累积在数据库和数据仓库中，数据丰富但数据分析工具缺乏，这种情况被描述为“数据丰富但信息贫乏”。快速增长的“大数据”，没有强有力的工具，理解它们已经远远超出了人的能力。结果，收集了大量数据的数据库和数据仓库变成了“数据坟墓”——几乎不再访问的数据档案（如历史订单）。这样，重要的决策常常不是基于数据库和数据仓库中含有丰富信息的数据，而是基于决策者的直觉。尽管在开发专家系统和知识库系统方面已经做出很大的努力，但是这种系统通常依赖用户或领域专家人工地将知识输入知识库。不幸的是，这一过程常常有偏差和错误，并且费用高、耗费时间。数据和信息之间的鸿沟越来越宽，这就要求必须系统地开发数据挖掘工具，将数据坟墓转换为“数据金块”。

作为一个多学科交叉的领域，数据挖掘可以用多种方式定义，例如“从数据中挖掘知识”、“知识挖掘”等。许多人把数据挖掘视为另一个流行术语——数据中的知识发现（Knowledge Discovery in Database，KDD）的同义词，而另一些人只是把数据挖掘视为知识发现过程的一个基本步骤。知识发现的过程如图 1-11 所示，由以下步骤的迭代序列组成[2]。

（1）数据清理：消除噪声和删除不一致数据。

（2）数据集成：多种数据源可以组合在一起。

（3）数据选择：从数据库中提取与分析任务相关的数据。

（4）数据变换：通过汇总或聚集操作，把数据变换和统一成适合挖掘的形式。

（5）数据挖掘：基本步骤，使用智能方法提取数据模式。

（6）模式评估：根据某种兴趣度量，识别代表知识的真正有趣模式。

（7）知识表示：使用可视化和知识表示技术，向用户提供挖掘的知识。

目前信息产业界的一个流行趋势是将数据清理和数据集成作为数据预处理步骤执行，结果数据存放在数据仓库中。步骤 1 至步骤 4 都是在为数据挖掘准备数据。数据挖掘步骤可与用户或知识库交互，将有趣的模式提供给用户，或作为新的知识存放在知识库中。

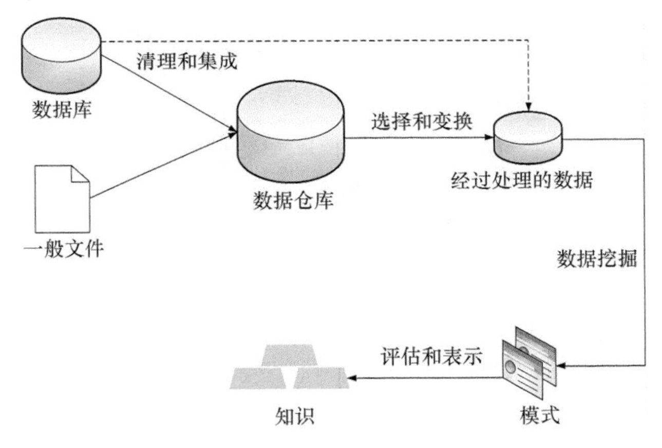

图 1-11 知识发现的过程

1.3.2 数据仓库

因为数据仓库对于数据挖掘和本书都是一个比较关键的概念，在这里我们详细地来分析一下数据仓库的概念。

按照数据仓库系统构造方面的领衔设计师 William H.Inmon 的说法，数据仓库是一个面向主题的、集成的、时变的、非易失的数据集合，支持管理者的决策过程。这个简短而又全面的定义指出了数据仓库的主要特征，4 个关键字：面向主题的、集成的、时变的、非易失的。

- 面向主题的（subject-oriented）：数据仓库围绕一些重要的主题，如顾客、供应商、产品和销售组织。数据仓库关注决策者的数据建模和分析，而不是单位的日常操作和事务处理。因此数据仓库通常排除对于决策无用的数据，提供特定主题的简明视图。

- 集成的（integrated）：通常，构造数据仓库是将多个异构数据源，如关系型数据库、一般文件和联机事务处理记录集成在一起。使用数据清理和数据集成技术，确保命名约定、编码结构、属性度量等的一致性。
- 时变的（time-variant）：数据仓库从历史的角度（如过去 5～10 年）提供信息。数据仓库中的关键结构都隐式地或显式地包含时间元素。
- 非易失的（nonvolatile）：数据仓库总是物理地分离存放数据，这些数据源于操作环境下的应用数据。由于这种分离，数据仓库不需要事务处理、恢复和并发控制机制。数据的易失性在于操作型系统是一次访问和处理一个记录，可以对操作环境中的数据进行更新。但是数据仓库中的数据呈现出非常不同的特性，数据仓库中的数据通常是一次载入和多次访问的，但在数据仓库环境中并不进行一般意义上的数据更新。通常，它只需要两种数据访问操作：数据的初始化装入和数据访问。

1.3.3 操作数据库系统和数据仓库系统的区别

操作数据库系统的主要任务是执行联机事务和查询处理。这种系统称作联机事务处理（OLTP）系统。它们涵盖了单位的大部分日常操作，如购物、库存、工资等，也被称作业务系统。另一方面，数据仓库系统在数据分析和决策方面为用户提供服务，这种系统称作联机分析处理（OLAP）系统。

OLTP 和 OLAP 的主要区别有以下几个方面。

- 用户和系统的面向性：OLTP 是面向客户的，用于办事员、客户和信息技术专业人员的事务和查询处理。OLAP 是面向市场的，用于知识工人（包括经理、主管和分析人员）的数据分析。
- 数据内容：OLTP 系统管理当前数据。通常，这种数据太琐碎，很难用于决策。OLAP 系统管理大量历史数据，提供汇总和聚集机制，并在不同的粒度层上存储和管理信息。这些特点使得数据更容易用于有根据的决策。
- 视图：OLTP 系统主要关注一个企业或部门内部的当前数据，而不涉及历史数据或不同单位的数据。相比之下，由于单位的演变，OLAP 系统常常跨越数据库模式的多个版本。OLAP 系统还要处理来自不同单位的信息，以及由多个数据库集成的信息。由于数据量巨大，OLAP 系统的数据通常也存放在多个存储介质上。
- 访问模式：OLTP 系统主要由短的原子事务组成。这种系统需要并发控制和恢复机制。然而，对 OLAP 系统的访问大部分是只读操作（由于大部门数据仓库存放历史数据，而不是最新数据），尽管这其中的许多操作可能是复杂的查询。

OLTP 和 OLAP 的其他区别包括数据库大小、操作的频繁程度以及性能度量等。

1.3.4 为什么需要分离的数据仓库

既然操作数据库存放了大量数据，读者可能奇怪，为什么不直接在这种数据库上进行联机分析处理（OLAP），而是另外花费时间和资源去构造分离的数据仓库？。分离的主要原因是有助于提高两个系统的性能。操作数据库是为已知的任务和负载设计的，例如使用的主键索引、检索特定的记录、优化定制的查询。另一方面，数据仓库的查询通常是复杂的，涉及大量数据在汇总级的计算，可能需要特殊的基于多维视图的数据组织、存取方法和实现方法。在操作数据库上处理 OLAP 查询，可能会大大降低操作任务的性能。

此外，操作数据库支持多事务的并发处理，需要并发控制和恢复机制（例如，加锁和记日志），以确保一致性和事务的鲁棒性。通常，OLAP 查询只需要对汇总和聚集数据记录进行只读访问。如果将并发控制和恢复机制用于这种 OLAP 操作，就会危害并行事务的运行，从而大大降低 OLTP 系统的吞吐量。

最后，数据仓库与操作数据库分离是由于这两种系统中数据的结构、内容和用法都不同。决策支持需要历史数据，而操作数据库一般不维护历史数据。在这种情况下，操作数据库中的数据尽管很丰富，但对于决策是远非完整的。决策支持需要整合来自异构源的数据（例如，聚集和汇总），产生高质量的、纯净的和集成的数据。相比之下，操作数据库只维护详细的原始数据（如事务），这些数据在进行分析之前需要整理。由于两种系统提供大不相同的功能，需要不同类型的数据，因此需要维护分离的数据库。

1.3.5 商业智能

哪里有数据，哪里就有数据挖掘应用，这句话用来形容商业智能再合适不过了。数据仓库解决了存储问题，而 OLAP 技术提供了挖掘手段，企业自然而然会想到将数据利用起来，而商业智能就是最好的途径。

商业智能（Business Intelligence，BI）是一个统称，指的是用于支持制定业务决策的技能、流程、技术、应用和实践。商业智能对当前数据或历史数据进行分析，在理想情况下辅助决策者制定未来的业务决策。商业智能通常被理解为将企业中现有的数据转化为知识，帮助企业做出明智的业务经营决策的工具。商业智能是对商业信息的搜集、管理和分析过程，目的是使企业的各级决策者获得知识或洞察力（insight），促使他们做出对企业更有利的决策。从技术层面上讲，商业智能不是什么新技术，它只是数据仓库、OLAP 等技术的综合运用[3]。

大多数的数据仓库是为了挖掘某种商业价值而创建的，但是商业智能和数据仓库之间的区别在于商业智能是定位于生成可向业务用户交付的产品，而数据仓库的目标只是着眼于对数据进行结构化的存储和组织，所以对于数据仓库，还需要 OLAP 技术，才能完成数据仓库到商业智能的转换过程。对于数据仓库来说，可以只关注数据本身，不需要专门考虑业务，而商业智能则更主要的是基于数据仓库的数据从业务的角度进行分析。如图 1-12 所示，商业智能主要使用到数据仓库技术和 OLAP 技术。商业智能系统通过对数据仓库的数据进行数据选择、抽取、加载后，使用数据挖掘方法提取知识，再用 BI 报表将知识呈现给决策者供其参考。

一款优秀的商业智能系统应该满足以下 4 个特性：准确、及时、价值高和可操作。准确性的意义是数据是可信的，及时性意味着数据可定期获取、价值高表示对商业用户有用，可操作性是指信息可以用于业务决策过程。

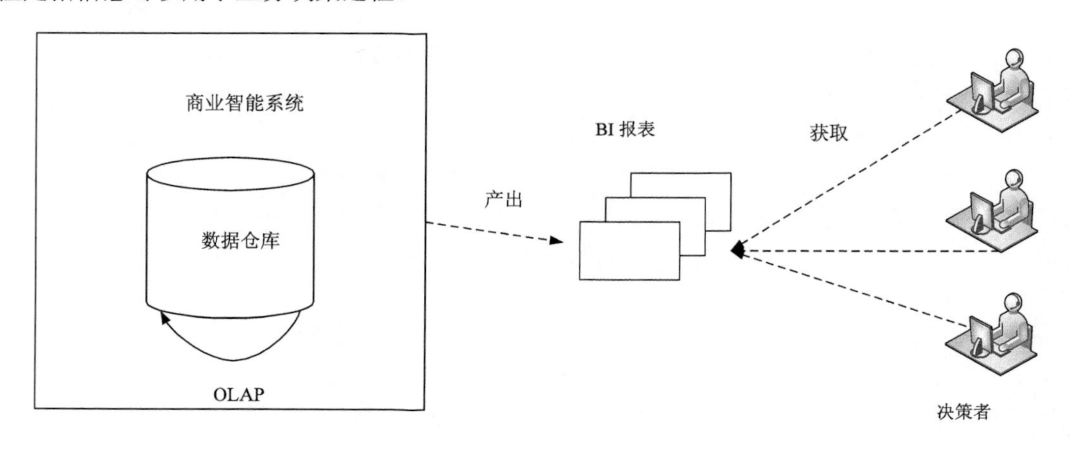

图 1-12　商业智能系统

1.3.6　大数据时代的商业智能

据预测，到 2020 年，全球需要存储的数据量将达到 35 万亿 GB，是 2009 年数据存储量的 44 倍。根据 IDC 的研究，2010 年底全球的数据量已经达到 120 万 PB（或 1.2 ZB)。这些数据如果使用光盘存储，摞起来可以从地球到月球一个来回。对于商业智能而言，这里孕育着巨大的市场机会，庞大的数据就是一个信息金矿，但是海量数据也带给传统商业智能前所未有的压力。

数据是企业的重要资产。由于数据挖掘等商业智能技术的应用，让不少企业从大量的历史数据中剥茧抽丝，发现很多有价值的信息，大大改善了管理人员决策的科学性。不过，长期以来，商业智能的应用一直局限于结构化数据，其核心组件数据仓库最为擅长的也是结构化数据的存储与管理。

在大数据时代，一批新的数据挖掘技术正在涌现，有望改变我们分析处理海量数据的方式，使得我们更快、更经济地获得所需的结果。大数据技术就是要打破传统商业智能领域的局限，它在处理数据量上有了质的提高，传统商业智能限于技术瓶颈很大程度上是对抽样数据进行分析，而大数据技术的引入使得商业智能可以基于全量数据，这样让结果更加准确可信。大数据技术不但能处理结构化数据，而且还能分析和处理各种半结构化和非结构化数据，甚至从某种程度上，更擅长处理非结构化数据，比如 Hadoop。而在现实生活中，这样的数据更为普遍，增长得也更为迅速。比如，社交媒体中的各种交互活动、购物网站用户点击行为、图片、电子邮件等。可以说，正是此类数据的爆炸性增长催生了大数据相关技术的出现和完善。

而对于 Hadoop 来说，首先 HDFS 解决了海量数据存储的问题，Hive 负责结构化数据的分析，而半结构化、非结构化数据的分析和数据清洗可根据需要编写 MapReduce 作业完成，整个过程都是对基于分布式存储的数据进行分布式计算，扩展性将比传统商业智能系统大大提升。另外 Hadoop 生态圈的 Sqoop、Flume 等实现了传统商业智能的一些功能模块，如日志收集、数据抽取等。可以说 Hadoop 及 Hadoop 生态圈为大数据的商业智能系统提供了一套完整、高效的解决方案。在本书的后半部分，将基于 Hadoop 设计和实现一个商业智能系统，在实现这个商业系统的过程中，读者可以发现我们无论采取大数据技术还是传统数据挖掘技术，遵循的方法论其实是一致的，希望读者可以从这个项目中举一反三，融会贯通。

1.4 小结

本章相当于对大数据、云计算、Hadoop 的综述，旨在让初学者理清概念和之间的联系，最后介绍了数据挖掘和商业智能，它们在大数据、云计算的大背景下，必将焕发出新的光彩。

第 2 章

环境准备

风，属于天的，我借来吹吹，却吹起人间烟火。

——王菲《百年孤寂》

“工欲善其事，必先利其器。”在开始学习 Hadoop 前，需要有一个良好的学习环境，Hadoop 模块众多，搭建环境对于初学者有一定难度，本章将帮助读者搭建学习环境。

2.1 Hadoop 的发行版本选择

作为安装 Hadoop 的第一步，就是根据实际情况选择最合适的 Hadoop 版本。而目前由于 Hadoop 的飞速发展，功能更新和错误修复在不断地迭代着，所以 Hadoop 的版本非常多，显得有些杂乱。对于初学者来说，选择一个合适的 Hadoop 版本进行学习非常重要，本节主要理清各个 Hadoop 版本之间的关系与不同。

2.1.1 Apache Hadoop

Hadoop 目前是 Apache 软件基金会的顶级项目，目前由 Apache 软件基金负责开发和推广，所以我们可以直接从 Apache 软件基金会的镜像网站上下载 Hadoop，其链接为 http://apache.dataguru.cn/hadoop/core/。Apache Hadoop 以压缩包（tarball、tar.gz）的形式发布，其中包括了源代码和二进制工作文件。

2.1.2 CDH

在第 1 章中曾经提到过，Cloudera 是一家提供 Hadoop 支持、咨询和管理工具的公司，在 Hadoop 生态圈具有举足轻重的地位，它的拳头产品就是著名的 Cloudera’s Distribution for Hadoop，简称 CDH。该软件同 Apache Hadoop 一样，都是完全开源的，基于 Apache 软件许可证，免费为个人和商业使用。Cloudera 从一个稳定的 Apache Hadoop 的版本开始，连续不断地发布新版本并为旧版本打上补丁，为各种不同的生产环境提供安装文件，在 Cloudera 的团队中，有许多 Apache Hadoop 的贡献者，所以 Cloudera 公司的实力毋庸置疑。

用户一般安装 Hadoop 时，不仅只安装 HDFS、MapReduce，还会根据需要安装 Hive、HBase、Sqoop 等。Cloudera 将这些相关项目都集成在一个 CDH 的版本里，目前 CDH 包括 Hadoop、HBase、Hive、Pig、Sqoop、Flume、Zookeeper、Oozie、Mahout 和 Hue 等，几乎完整覆盖了整个 Hadoop 的生态圈。这样做的好处是保证了组件之间的兼容性，因为这些各个项目之间也存在完全独立的版本，其各个版本与 Hadoop 之间必然会存在兼容性的问题。如果你选择了 CDH，那么同一个 CDH 版本的组件之间将完全不存在兼容性问题。

在编写本书时，CDH 最新的版本是 CDH5，也是目前最主流的版本，它是基于 Apache Hadoop 2.6。CDH 还有两个正式的大版本：CDH3 和 CDH4（CDH1 和 CDH2 现在早已绝迹，Cloudera 公司也早已放弃支持），其中 CDH3 是一个非常经典的版本，它是基于 Apache Hadoop 0.20.2 的，这是 CDH 第一个真正意义上的稳定版，久经生产环境考验，而 CDH4 是 CDH5 的过渡版，没有真正意义上流行过。

CDH 也会以压缩包的形式发布，可以在其官网下载，CDH 还提供 Yum、Apt、Zypper 形式的安装。

2.1.3 Hadoop 的版本

对于任何一个 Apache 项目，所有的基础特性均被添加到一个称为“trunk”的主代码线（main code line），Hadoop 也不例外。当需要开发某个重要的特性时，会专门从主代码线中延伸出一个分支（branch），这被称为一个候选发布版（candidate release）。该分支将专注于开发该特性而不再添加其他新的特性，待基本 bug 修复之后，经过相关人士投票便会对外公开成为发布版（release version），并将该特性合并到主代码线中。需要注意的是，多个分支可能会同时进行研发，这样，版本高的分支可能先于版本低的分支发布。

目前 Hadoop 的版本有如下几个特性[4]。

（1）Append：HDFS Append 支持对文件追加，HDFS 在设计之初的理念是“一次写入，多次读取”，但由于某些具有写需求的应用使用 HDFS 作为底层存储系统，如 HBase 的预写日志（WAL），所以 HDFS 加入了这一功能。

（2）Security：Hadoop 缺乏自己的安全机制，该功能可以为 Hadoop 增加基于 Kerberos 和 Deletion Token 的安全机制。

（3）Symlink：使 HDFS 支持符号链接，符号链接又叫软链接，是一类特殊的文件，这个文件包含了另一个文件的路径名（绝对路径或者相对路径），在对符号文件进行读操作或写操作时，系统会自动把该操作转换为对源文件的操作，但删除链接文件时，系统仅仅删除链接文件，而不删除源文件本身。

（4）MRv1：第一代 MapReduce 计算框架，通过 MapReduce 思想，将问题转化为 Map 和 Reduce 两个阶段，基础服务由 JobTracker、TaskTracker 进程提供。

（5）YARN/MRv2：第一代 MapReduce 计算框架具有扩展性和多计算框架支持不足的缺点，针对这些，提出了全新的资源管理框架（Yet Another Resource Negotiator），通过这个组件，我们可以在共用底层存储（HDFS）的情况下，计算框架采取可插拔式的配置。在 MRv1 中的 JobTracker 的资源管理和作业跟踪的功能被分拆由 ResourceManager 和 ApplicationMaster 两个组件来完成，增强了扩展性。

（6）NameNode Federation：在 Hadoop 中，NameNode 保存了所有文件的元数据，所以其性能制约了整个 HDFS 集群的扩展。基于此，NameNode Federation 将 NameNode 横向扩展，每一个 NameNode 保存一部分元数据，即将元数据水平切分，彼此之间互相隔离，但共享底层的 DataNode 存储。

（7）NameNode HA：在 Hadoop 中，NameNode 还存在单点故障问题，当 NameNode 出现故障时，集群必须停止工作。NameNode 采取共享存储的方案解决 NameNode 的高可用性问题。

基于以上 Hadoop 的特性衍生出的 Hadoop 版本令人眼花缭乱，这也是由于功能更新和错误修复在不断进行中。图 2-1 所示为 Hadoop 不同的版本分支。

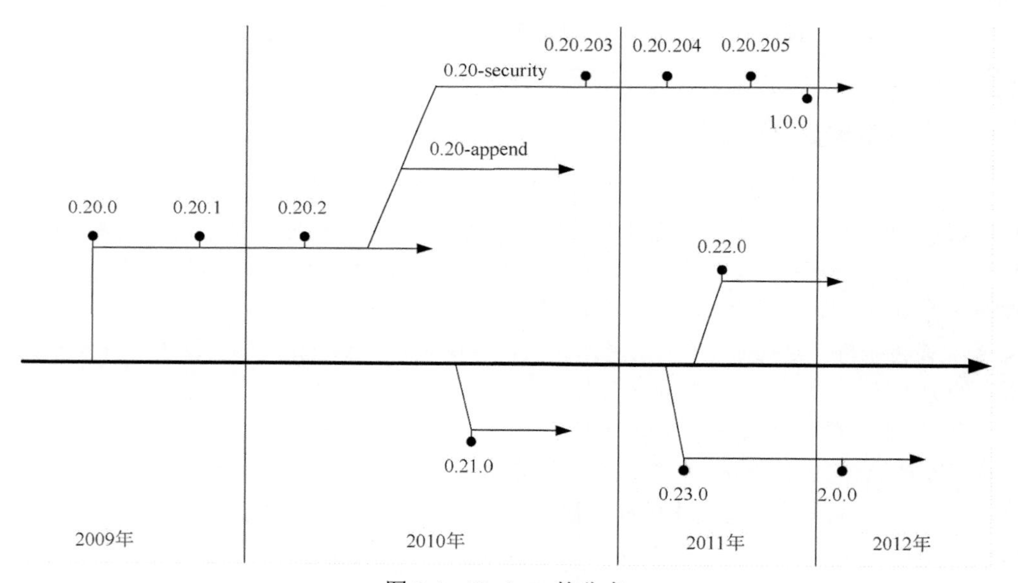

图 2-1 Hadoop 的分支

（1）0.20.0～0.20.2：Hadoop 的 0.20 分支非常稳定，虽然看起来有些落后，但是经过生产环境考验，是 Hadoop 历史上生命周期最长的一个分支，CDH3、CDH4 虽然包含了 0.21 和 0.22 分支的新功能和补丁，但都是基于此分支。

（2）0.20-append：0.20-append 支持 HDFS 追加，由于该功能被认为是一个不稳定的潜在因素，所以它被单独新开了一个分支，并且没有任何新的 Hadoop 的正式版基于此分支发布。

（3）0.20-security：该分支基于 0.20 并支持 Kerberos 认证。

（4）0.20.203～0.20.205：这些版本包括了 Security 分支所带功能，并且还包括错误修复和 0.20 分支的线上开发的改进。

（5）0.21.0：0.21 是一个预研性质的版本，目的是强调那段时间开发的一些新功能，没有 Security 功能，但有 Append 功能，不建议部署在生产环境。

（6）0.22.0：0.22.0 包括 HDFS 的安全功能，并且更新不大。

（7）0.23.0：在 2011 年 11 月，Hadoop 0.23 发布了，包括了 Append、Security、YARN 和 HDFS Federation 功能，该版本被认为是 2.0.0 的预览版本。

（8）1.0.0：1.0.0 版本是基于 0.20.205 版本发布，包括了 Security 功能，是一个值得部署的稳定版本。但是从上面可以看出，1.0.0 并不是包含了所有分支。

（9）2.0.0：2012 年 5 月，基于 0.23.0 分支的 2.0.0 版本发布，它包含了 YARN，但移除了 MRv1，兼容了 MRv1 的 API，但底层实现有明显不同，需要经过大量测试才能被用于生产环境。CDH4 是基于此版本，但 CDH4 还提供了 MRv1 的实现。

2.1.4 如何选择 Hadoop 的版本

在本书第 1 版问世的时候，Hadoop 的版本还比较乱，各种分支、新特性各自为政，现在已经由 CDH5 统一了局面，目前国内大多采用 Cloudera 的 CDH5 作为生产环境的 Hadoop 版本，但每个版本各自的特性和功能还是有必要提一下的，如表 2-1 所示。

表 2-1 Hadoop 各版本具有的功能

功 能	0.20	0.21	0.22	0.23	1.0	2.0	CDH3	CDH4	CDH5
稳定性	√				√		√	√	√
Append		√	√	√	√	√	√	√	√
Security		√	√	√	√	√	√	√	√
Symlink		√	√	√		√		√	√
YARN				√		√		√	√
MRv1	√	√	√		√		√	√	√
NameNode Federation				√		√		√	√
NameNode HA				√		√		√	√

选择 Hadoop 的版本取决于用户想要的功能和是否稳定，对于稳定的需求，一般就考虑 Cloudera 的 CDH。CDH 有很多的补丁和更新，稳定性很不错。对于功能的需求，CDH 几乎包含了整个 Hadoop 生态圈，能够很好地为业务提供支持。CDH5 是目前最稳定也是功能最全的 CDH 版本。

CDH5 还包括了 Hive、HBase、Sqoop 等的 CDH 版，具体版本号如表 2-2 所示。表 2-2 的第二列前面的数字是社区版版本号，后面的数字是 CDH 的版本号。

表 2-2 CDH5 组件列表与版本说明

CDH5 组件	版 本 说 明
Apache Avro	avro-1.7.6+cdh5.6.0
Apache Crunch	crunch-0.11.0+cdh5.6.0
DataFu	pig-udf-datafu-1.1.0+cdh5.6.0
Apache Flume	flume-ng-1.6.0+cdh5.6.0
Apache Hadoop	hadoop-2.6.0+cdh5.6.0
Apache HBase	hbase-1.0.0+cdh5.6.0
HBase-Solr	hbase-solr-1.5+cdh5.6.0
Apache Hive	hive-1.1.0+cdh5.6.0
Hue	hue-3.9.0+cdh5.6.0
Cloudera Impala	impala-2.4.0+cdh5.6.0
Kite SDK	kite-1.0.0+cdh5.6.0
Llama	llama-1.0.0+cdh5.6.0
Apache Mahout	mahout-0.9+cdh5.6.0
Apache Oozie	oozie-4.1.0+cdh5.6.0
Parquet	parquet-1.5.0+cdh5.6.0
Parquet-format	parquet-format-2.1.0+cdh5.6.0
Apache Pig	pig-0.12.0+cdh5.6.0
Cloudera Search	search-1.0.0+cdh5.6.0
Apache Sentry	sentry-1.5.1+cdh5.6.0
Apache Solr	solr-4.10.3+cdh5.6.0
Apache Spark	spark-1.5.0+cdh5.6.0
Apache Sqoop	sqoop-1.4.6+cdh5.6.0
Apache Sqoop2	sqoop2-1.99.5+cdh5.6.0
Apache Whirr	whirr-0.9.0+cdh5.6.0
Apache ZooKeeper	zookeeper-3.4.5+cdh5.6.0

2.2 Hadoop 架构

Hadoop 主要由两部分构成：分布式文件系统 HDFS 和统一资源管理和调度系统 YARN。正如前文所述，分布式文件系统主要是用于海量数据的存储，而 YARN 主要是管理集群的计算资源并根据计算框架的需求进行调度。本节主要是为了让读者对 Hadoop 的架构有个比较清晰的了解，为后面的安装和学习打下基础。

2.2.1 Hadoop HDFS 架构

构成 HDFS 集群的主要是两类节点，并以主从（master/slave）模式，或者说是管理者-工作者的模式运行，即一个 NameNode（管理者）和多个 DataNode（工作者）。还有一种节点叫 SecondaryNameNode，作为 NameNode 镜像数据备份。如图 2-2 所示，图中的所有物理节点构成了一个 HDFS 集群，而 NameNode、DataNode 和 SecondaryNameNode 其实是各自节点上运行的守护进程。所以 NameNode 既是守护进程，也可以指运行 NameNode 守护进程的节点。客户端代表用户与整个文件系统交互的客户端。

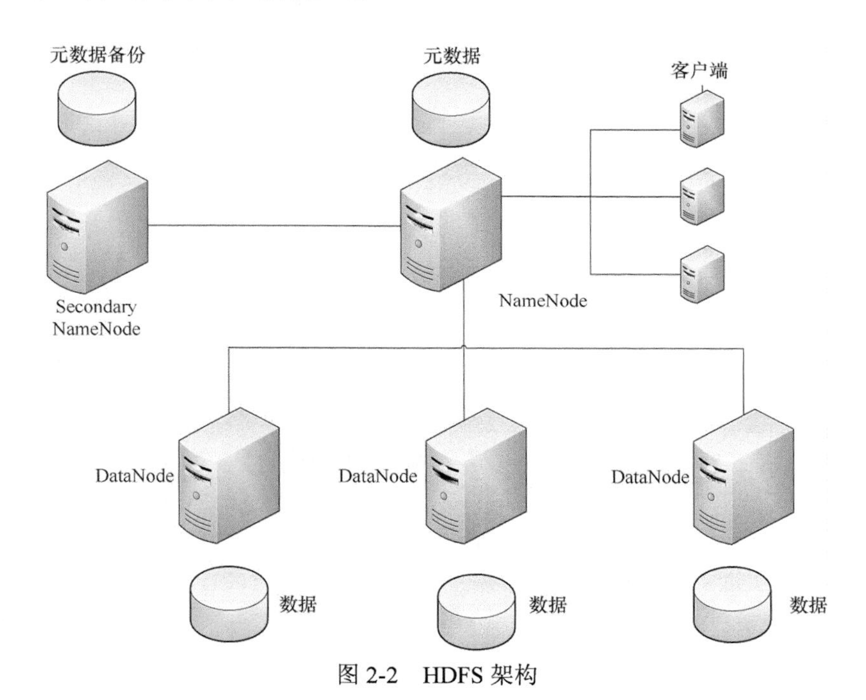

图 2-2 HDFS 架构

表 2-3 列出了 HDFS 中守护进程的数目及其作用。

表 2-3 HDFS 守护进程

守护进程	集群中的数目	作用
NameNode	1	存储文件系统的元数据，存储文件与数据块映射，并提供文件系统的全景图
SecondaryNameNode	1	备份 NameNode 数据，并负责镜像与 NameNode 日志数据的合并
DataNode	多个（至少一个）	存储块数据

2.2.2　YARN 架构

构成 YARN 集群的是两类节点：ResourceManager 和 NodeManager。同 HDFS 类似，YARN 也采用主从（master/slave）架构，如图 2-3 所示。

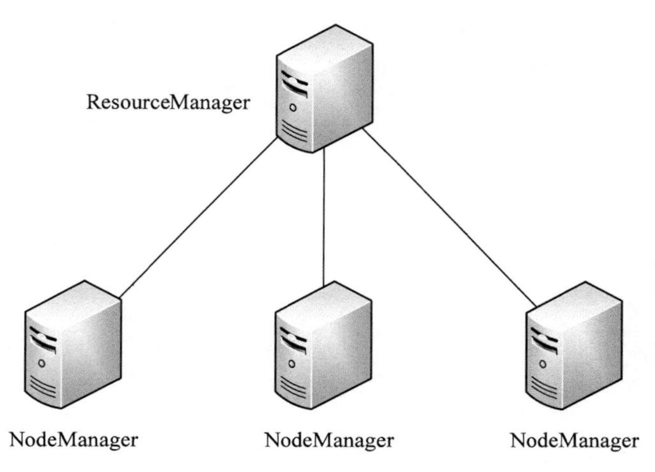

图 2-3　YARN 架构

ResourceManager 和 NodeManager 也是两种守护进程，运行在各自的节点上。表 2-4 列出了 ResourceManager 和 NodeManager 守护进程的数目和作用。

表 2-4　ResourceManager 和 NodeManager 守护进程

守护进程	集群中的数量	作　　用
ResourceManager	1 个	负责集群中所有的资源的统一管理和调度
NodeManager	多个（至少一个）	负责管理单个计算节点、容器的生命周期管理、追踪节点健康状况

2.2.3　Hadoop 架构

从上面的介绍读者可以知道，HDFS 集群和 YARN 集群其实由一些守护进程组成，而所有这些守护进程和运行它们的节点就构成了 Hadoop 集群。如图 2-4 所示，这个集群的 NameNode 进程和 ResourceManager 进程在一个节点上运行，而 DataNode 和 NodeManager 在同一个节点上运行着。

值得一提的是，DataNode 和 NodeManager 需要配对部署在同一个节点，但 NameNode 和 ResourceManager 却并不一定部署在同一个节点。在生产环境中，为了性能和稳定性考虑，强烈建议 NameNode 和 ResourceManager 分开部署。如图 2-5 所示（为了突出重点，这里省略了 SecondaryNameNode 和客户端，实际上是存在的），这样也是一个标准的 Hadoop 集群。

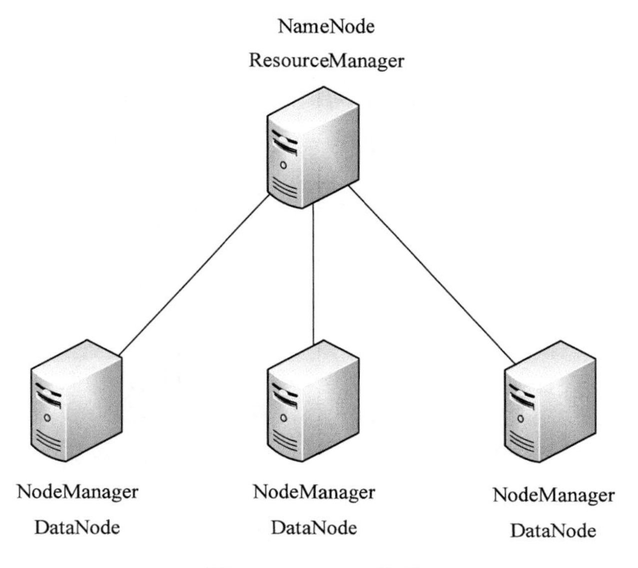

图 2-4 Hadoop 集群

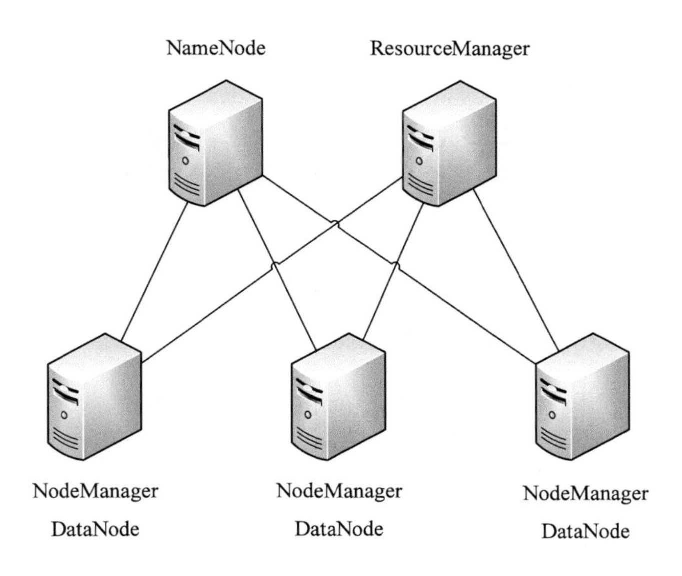

图 2-5 另一种 Hadoop 集群部署方式

2.3 安装 Hadoop

本节将学习如何安装并运行 Hadoop 集群。

对于 Hadoop 发行版的选择，结合 2.1 节的内容，我们选择 CDH5，该版本是目前生产环境中装机量最大的版本之一，涵盖了所有的 Hadoop 的主要功能和模块，稳定并且还有很多有用的新特性。下载地址为 https://archive.cloudera.com/cdh5/cdh/5/hadoop-2.6.0-cdh5.6.0.tar.gz。

Hadoop 的运行模式有以下 3 种。

（1）单机模式：如果在不进行任何配置的情况下，这是 Hadoop 的默认模式，在这种模式下，本章第 2 节介绍的所有守护进程，如 NameNode、DataNode、NodeManager、ResourceManager 都变成了一个 Java 进程。

（2）伪分布模式：在这种模式下，所有的守护进程都运行在一个节点上，这种模式在一个节点上模拟了一个具有 Hadoop 完整功能的微型集群。

（3）完全分布模式：在这种模式下，Hadoop 的守护进程运行在多个节点上，形成一个真正意义上的集群。

每种模式都有其优缺点。完全分布模式当然是使用 Hadoop 的最佳方式，但它需要最多的配置工作和架构所需要的机器集群。单机模式的配置工作是最简单的，但它与用户交互的方式不同于完全分布模式的交互方式。所以，对于一般学习者或者是受限于节点数目的读者，可以采用伪分布模式，虽然只有一个节点支撑整个 Hadoop 集群，但 Hadoop 在伪分布模式下的操作方式与其在完全分布模式下的操作几乎是完全相同的。本节将会介绍伪分布模式和完全分布模式的安装方法。

Hadoop 的运行环境有以下两种。

（1）Windows：虽然目前 Hadoop 社区已经支持 Windows，但由于 Windows 操作系统本身不太适合作为服务器操作系统，所以本书不介绍 Windows 下 Hadoop 的安装方式。

（2）Linux：Hadoop 的最佳运行环境无疑是世界上最成功的开源操作系统 Linux。Linux 的发行版众多，常见的有 CentOS、Ubuntu、RedHat 等。CentOS（Community Enterprise Operating System，社区企业操作系统）是来自于 Red Hat Enterprise Linux 依照开放源代码规定释出的源代码所编译而成，本书选择稳定且免费的 CentOS 6.3 x86-64（64 位）版本。

如果读者选择伪分布模式，只需准备 1 台物理机或者虚拟机。如果选择完全分布模式，那么需要准备两台以上的物理机或者虚拟机。

Hadoop 的安装步骤大致分为 8 步。

（1）安装运行环境。

（2）修改主机名和用户名。

（3）配置静态 IP 地址。

（4）配置 SSH 无密码连接。

（5）安装 JDK。

（6）配置 Hadoop。

（7）格式化 HDFS。

（8）启动 Hadoop 并验证安装。

2.3.1　安装运行环境

读者如果有条件，可以在物理机上通过光盘安装的方式安装 CentOS，但考虑到在实际情况中，并不一定有物理机安装的条件，这里介绍虚拟机安装的方式。

（1）安装虚拟化软件 VMware Workstation 9，安装完成后，下载 CentOS 的镜像文件，下载地址为 http://centos.ustc.edu.cn/centos（中国科技大学镜像地址），进入 VMware Workstation 9，如图 2-6 所示，单击最上面的“File”选项卡，选择“New Virtual Machine”选项。

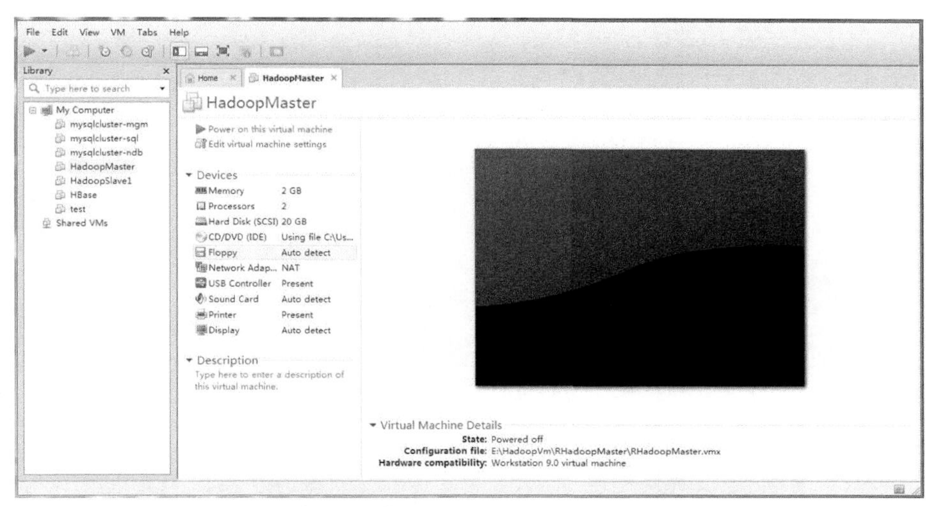

图 2-6 进入 VMware Workstation 9

此时会进入创建新虚拟机向导，如图 2-7 所示，选择“Custom”，即自定义的设定方式，单击“Next”，选择虚拟机的硬件兼容性，我们此时选用默认配置进入并点击“Next”选择安装操作系统的方式。

（2）为了模拟真实物理机安装操作系统的步骤，如图 2-8 所示，这里选择第 3 项 “I will install the operating system later”，单击“Next”进入选择要安装的操作系统。

图 2-7 新建虚拟机向导

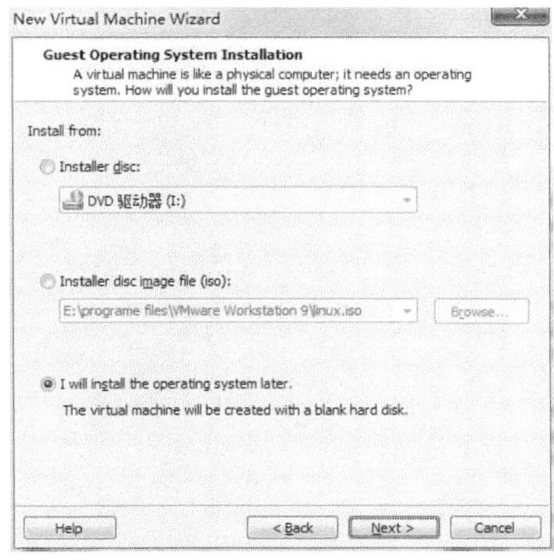

图 2-8 安装虚拟机操作系统

（3）如图2-9所示，选择Linux的CentOS 64-bit的版本。单击“Next”进入命名虚拟机的步骤。

这里为了便于读者理解和记忆，如图2-10所示，命名为“master”，“Location”文本框中读者可以自行填写为保存虚拟机的本地磁盘路径。点击“Next”进入处理器设定环节。

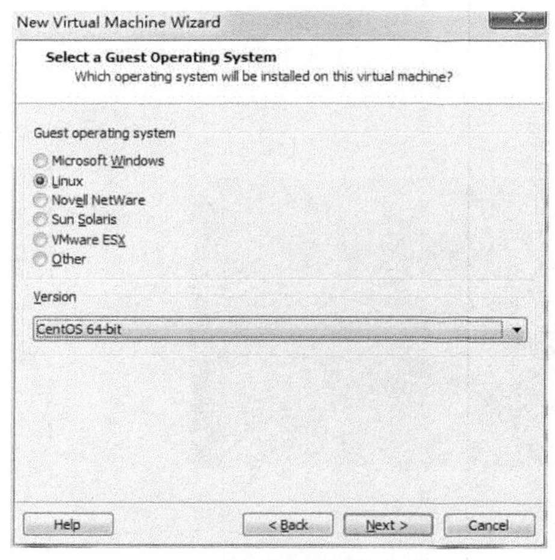

图2-9　选择安装的操作系统

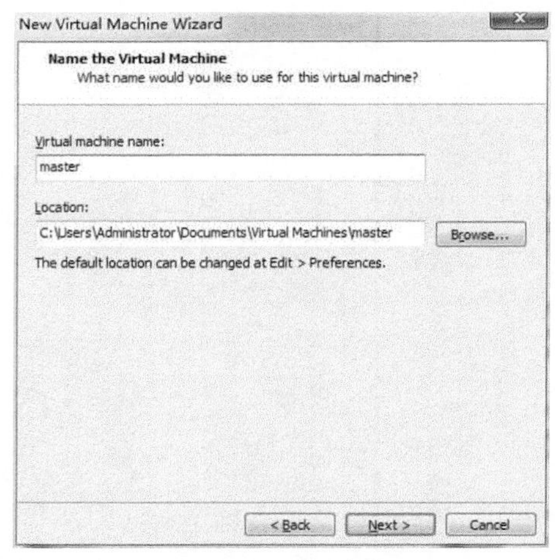

图2-10　命名虚拟机

（4）这一步的设定将很大程度决定虚拟机的性能，在此建议，如果不是特别需要，不管Host（即读者使用的物理机）机器的处理器是几核，主频是多少，都分配为一个虚拟机一个物理核心，如图2-11所示。这样对Host机器的性能影响也不大，对于开发来说，Guest机器（即虚拟机）的性能也足够用了。点击“Next”为虚拟机分配内存。

（5）这里还是本着够用和不影响Host机器为原则，一个虚拟机分配1024 MB内存，如图2-12所示。点击“Next”进入虚拟机的网络设定。

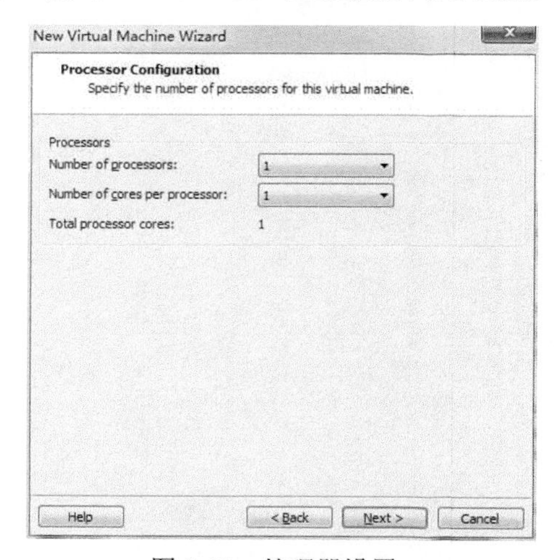

图2-11　处理器设置

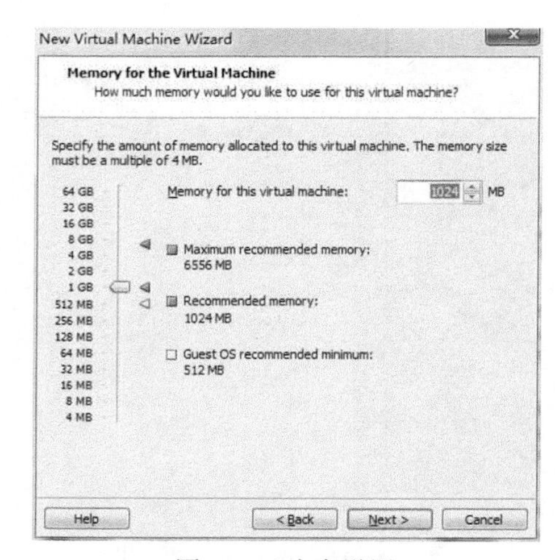

图2-12　内存设置

（6）如图 2-13 所示，一共有 3 种网络连接选项。

- Use bridged networking：桥接模式，虚拟机就像是局域网中的一台独立的主机，它可以访问网内任何一台机器。使用 bridged 模式的虚拟机和 Host 机器之间的关系，就像连接在同一个 Hub 上的两台电脑，处于平等的地位。
- Use Network Adress translation(NAT)：网络地址转换模式，使用 NAT 模式，就是让虚拟机借助 NAT 功能，通过 Host 机器所在的网络来访问外网。NAT 模式下的虚拟系统的 TCP/IP 配置信息是由 VMnet8（NAT）虚拟网络的 DHCP 服务器提供的，无法进行手工修改，因此虚拟系统也就无法和本局域网的其他真实主机进行通信。采用 NAT 模式的最大优势是虚拟机接入互联网非常简单，不需要进行任何其他的配置，只需要 Host 机器能访问互联网即可。这种方式也可以实现 Host 和虚拟机的双向访问。
- Use host-only networking：主机模式，在默认特殊的网络调试环境中，要求将真实环境和虚拟环境隔离开，这时你就可采用 host-only 模式。在 host-only 模式下，虚拟机和 Host 机器是可以相互通信的，相当于这两条机器通过双绞线互联。

为了让其他节点能够访问 Hadoop 集群，这里选择桥接模式，点击“Next”进入 I/O 控制器。

（7）如图 2-14 所示，选择推荐配置即可，点击“Next”，进入虚拟机磁盘设置。

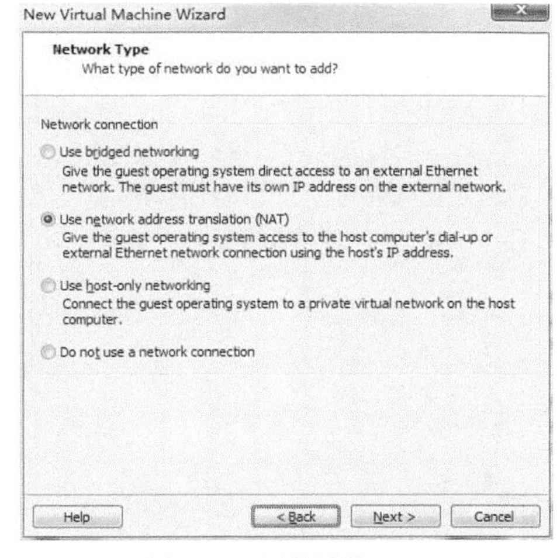

图 2-13 网络连接

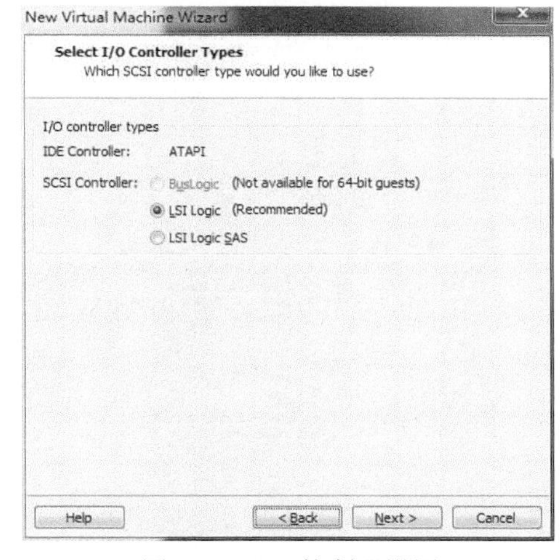

图 2-14 I/O 控制器设置

（8）如图 2-15 所示，选择默认配置即可，点击“Next”，进入硬盘接口设置。

（9）如图 2-16 所示，仍然选择默认选项“SCSI”，点击“Next”进入磁盘容量设置。

（10）如图 2-17 所示，设置虚拟机最大磁盘容量，默认 20 GB。需要说明的是，这里不管填写多少，虚拟机占用磁盘的容量始终是实际消耗，也就是说这个数字仅仅是个上限，所以这里可以填大一点没有关系，推荐 30 GB。下面的选项按照默认选项即可。点击“Next”进入虚拟机文件设置。

（11）在这一步中将设置存储虚拟机的文件的基本信息，如图 2-18 所示，vmdk 是 VMware 可识别的格式，该文件保存了虚拟机的基本信息，只占极少的容量，真正存储虚拟机数据的文件是文件名为填写的文件名在文件名尾加上-s001、-s002 的文件，依次类推，例如 CentOS 64-bit-s001.vmdk，CentOS 64-bit-s002.vmdk。这些文件都存放于前面在命名虚拟机的步骤中填写的文件夹下，点击“Next”，进入虚拟机信息确认的步骤。

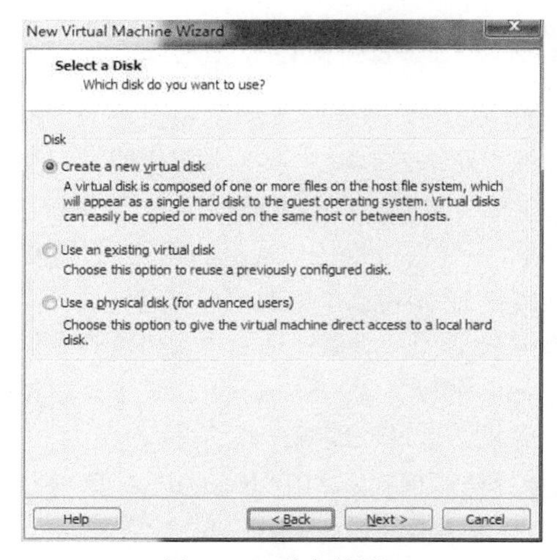

图 2-15 磁盘设置

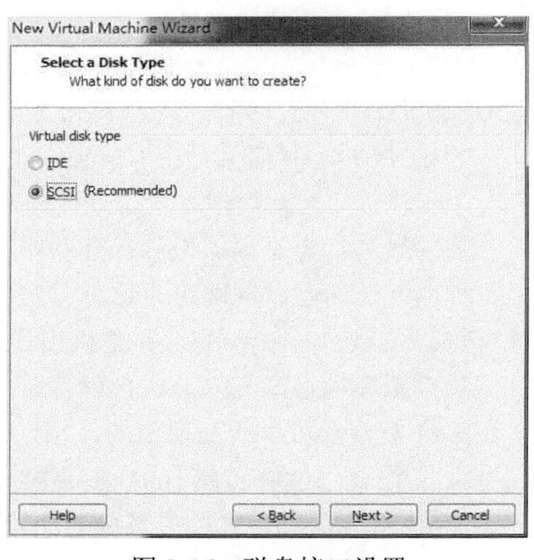

图 2-16 磁盘接口设置

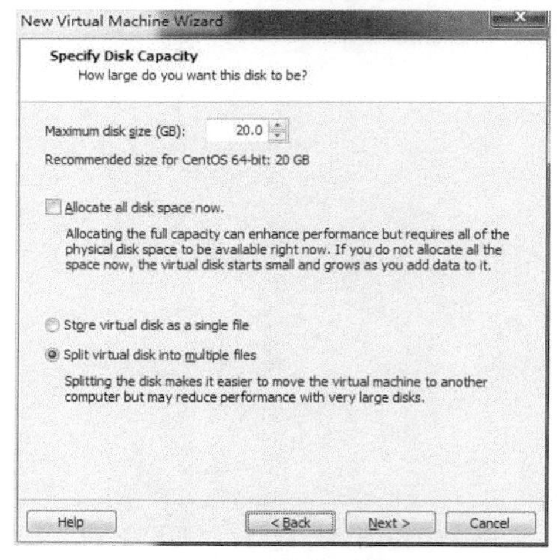

图 2-17 容量设置

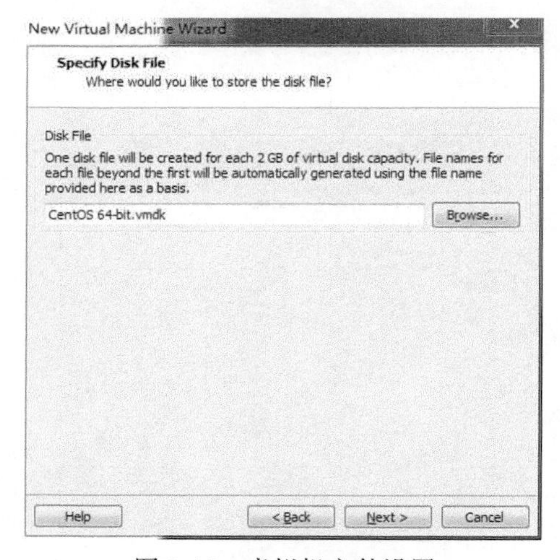

图 2-18 虚拟机文件设置

（12）如图 2-19 所示，在这里会看到虚拟机的所有信息，如网络、计算资源、存储资源、名称等，如果读者觉得虚拟机的硬件设置有不合适的地方可以点击“Customize Hardware”，在这里仍然可以修改。点击“Finish”按钮完成整个虚拟机设置。

（13）以上步骤等同于读者自己组装了台机器，现在需要将安装光盘放进 Host 机器的光驱，虚拟机的光驱设置默认是使用 Host 机器的光驱。如果读者采用镜像文件的安装方式，则需要在工作区左边的列表右键单击刚才配置的虚拟机，如图 2-20 所示。

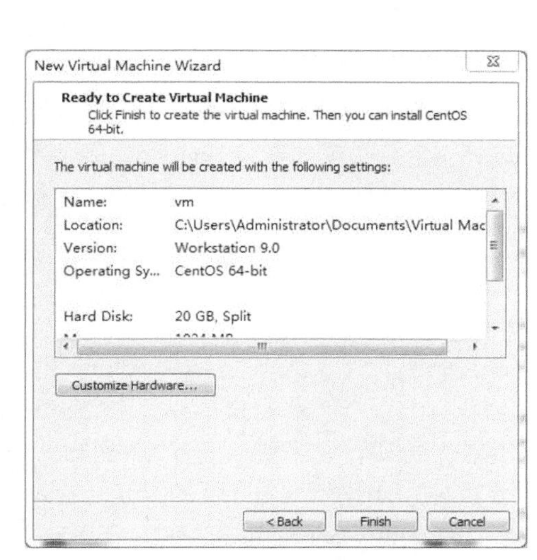

图 2-19 创建虚拟机

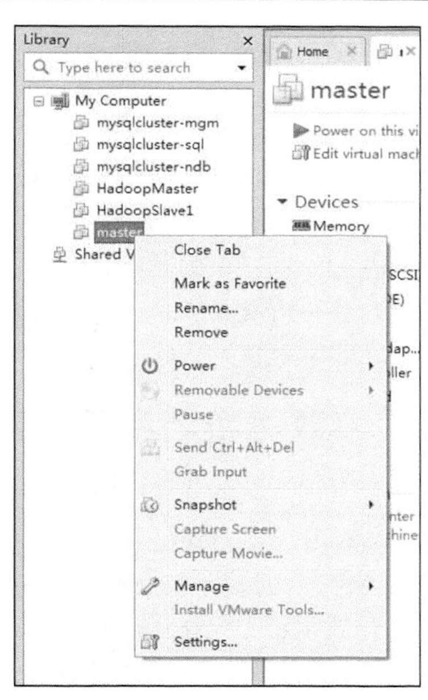

图 2-20 右键单击虚拟机

选择“Setting”选项，进入虚拟机设置界面，如图 2-21 所示，点击左边“Hardware”选项卡的“CD/DVD”选项，然后选中右边的“Use ISO image file”选项，点击“Browse”按钮，将准备好的 Centos 6.3 x86-64 的安装文件镜像选中，最后点击“OK”退出。

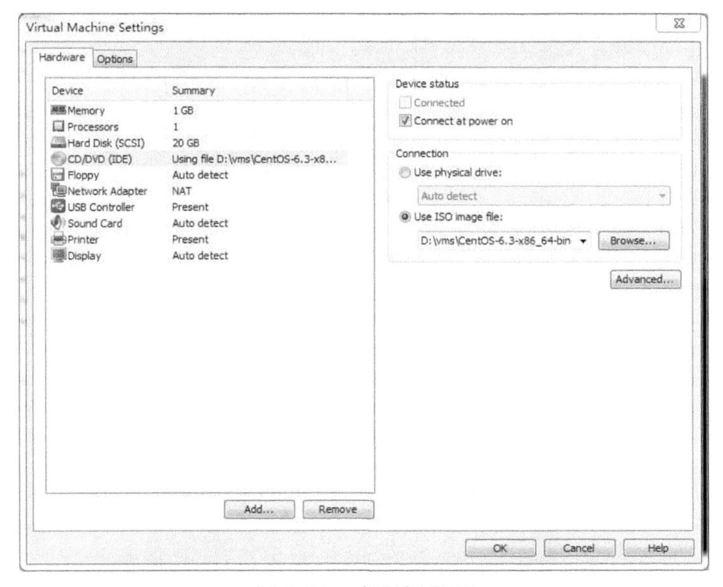

图 2-21 虚拟机设置

（14）这时虚拟机的所有准备工作已经完成，剩下要做的就是启动虚拟机。单击选中刚才配置的虚拟机，点击工作区第二排的第一个如同播放的按钮，启动虚拟机，如图 2-22 所示。

图 2-22　启动虚拟机

此时，虚拟机会自动被安装光盘（或者是镜像文件）引导至安装界面，由于安装步骤和物理机安装并无不同，在此就不介绍了。如果读者选择完全分布模式安装 Hadoop，那么读者还需按照上面步骤，再准备多个一模一样的虚拟机，其中一台作为主节点（master node），其余作为从节点（slave node）。

2.3.2　修改主机名和用户名

为了统一开发环境，在这里需要修改主机名和用户名。

（1）修改用户名（root 用户执行，所有节点都需执行）。执行"useradd hadoop"添加以 hadoop 为用户名的用户；执行"passwd hadoop"修改该用户的密码，密码统一设置为 123456。

（2）修改主机名（root 用户，所有节点都需要执行）。在安装 CentOS 的时候会输入一个主机名，但是我们仍然需要修改使其符合规范。执行"vi /etc/sysconfig/network"，会出现：

```
NETWORKING=yes
HOSTNAME=your_computer_host_name
...
```

如果读者选择完全分布模式安装 Hadoop，那么需要将一个节点的该文件中的"HOSTNAME"修改为"master"，其他节点的主机名修改为"slave1"、"slave2"、……。如果读者选择伪分布模式安装，那么只需要按照上面的步骤将节点的主机名修改为"master"。保存后退出文件编辑。

（3）为了让安装 Hadoop 的节点之间能够使用主机名进行互相访问，需要修改 hosts 文件（root 用户执行，所有节点都需执行）。执行"vi /etc/hosts"，在文件末尾加上：

```
#填写 IP 地址与主机名
192.168.190.200 master
#如果是完全分布模式还需要填写 slave 的 IP 地址和主机名
192.168.190.201 slave1
...
```

修改后保存退出文件编辑，这样节点之间就可以通过主机名互相访问了。

2.3.3　配置静态 IP 地址

由于 Hadoop 集群在启动时需要通过固定的主机名或者 IP 地址启动，所以我们必须对虚拟机配置静态 IP 地址。

修改 ifcfg-em1 文件（root 用户执行，所有节点都需执行），执行命令：

```
vi /etc/sysconfig/network-scripts/ifcfg-em1
```

将文件修改为：

```
DEVICE="em1"
BOOTPROTO="static"
NM_CONTROLLED="yes"
ONBOOT="yes"
#TYPE="Ethernet"
#下面为静态 IP 地址
IPADDR=192.168.190.200
NETMASK=255.255.0.0
#下面为网关 IP 地址
GATEWAY=192.168.1.1
DNS1=8.8.8.8
```

2.3.4 配置 SSH 无密码连接

当前远程管理环境中最常使用的是 SSH（Secure Shell）。SSH 是一个可在应用程序中提供的安全通信的协议，通过 SSH 可以安全地进行网络数据传输，这得益于 SSH 采用的非对称加密体系，即对所有待传输的数据进行加密，保证数据在传输时不被恶意破坏、泄露和篡改。不过需要注意的是，Hadoop 并不是通过 SSH 协议进行数据传输的，Hadoop 仅仅是在启动和停止的时候需要主节点通过 SSH 协议将从节点上面的进程启动或停止。也就是说如果不配置 SSH 对 Hadoop 的使用没有任何影响，只需在启动和停止 Hadoop 的时候输入每个从节点的用户名的密码就行了，但是一旦集群的规模增大，这种方式无疑是不可取的，也不利于学习和调试。

在配置 SSH 无密码连接之前，先关闭防火墙。

执行以下命令（使用 root 用户执行，所有节点都需执行），关闭防火墙：

```
service iptables stop
```

可以通过以下命令永久关闭防火墙：

```
chkconfig iptables off
```

1. 检查 SSH 是否安装（使用 root 用户执行，所有节点都需执行）

绝大多数操作系统已经附带了 SSH，但以防万一，这里还是简单介绍一下。

安装 SSH 协议：

```
yum install ssh
yum install rsync
```

rsync 是一个远程数据同步工具，可通过 LAN/WAN 快速同步多台主机间的文件。

启动 SSH 服务命令：

```
service sshd restart
```

检查 SSH 是否已经安装成功，可以先执行以下命令：

```
rpm -qa | grep openssh
```

如果出现下面的信息：

```
openssh-askpass-5.3p1-81.el6.x86_64
openssh-5.3p1-81.el6.x86_64
openssh-clients-5.3p1-81.el6.x86_64
openssh-server-5.3p1-81.el6.x86_64
```

再执行命令：

```
rpm -qa | grep rsync
```

如果出现以下信息：

```
rsync-3.0.6-9.el6.x86_64
```

说明 SSH 安装成功。

2. 生成 SSH 公钥（以 hadoop 用户执行）

对于伪分布模式虽然只有一个节点，但也需要配置 SSH 无密码本机连接本机。在主节点执行“ssh-keygen -t rsa”，遇到提示回车即可，最后显示的图形是公钥的指纹加密。生成公钥后，需要将公钥发至本机的 authorized_keys 的列表，执行“ssh-copy-id -i ~/.ssh/id_rsa.pub hadoop@master”。

对于完全分布模式，有多个节点，但只需主节点无密码连接从节点，因此在主节点执行：

```
ssh-keygen -t rsa
```

遇到提示回车即可，将公钥发至从节点的 authorized_keys 的列表，执行：

```
ssh-copy-id -i ~/.ssh/id_rsa.pub hadoop@slave1
ssh-copy-id -i ~/.ssh/id_rsa.pub hadoop@slave2
...
```

3. 验证安装（以 hadoop 用户执行）

对于伪分布模式，在主节点执行“ssh master”，如果没有出现输入密码的提示，则安装成功。

对于完全分布模式，在主节点执行“ssh slave1”，如果没有出现输入密码的提示，则安装成功。如果读者发现按照上面步骤执行，仍然不成功，有可能是/home/hadoop/.ssh 文件夹的权限问题。以 hadoop 用户执行：

```
chmod 700 /home/hadoop/.ssh
chmod 644 /home/hadoop/.ssh/authorized_keys
```

2.3.5 安装 JDK

由于 Hadoop 是由 Java 编写而成，所以运行环境需要 Java 支持，Hadoop 需要 Java 1.6 以上支持。读者所装的 CentOS 可能预装了 Open JDK，但是还是推荐用 Oracle JDK，下载地址为 http://www.oracle.com/technetwork/Java/Javase/downloads/index.html。

（1）卸载 Open JDK（root 用户执行，所有节点都需执行），查看目前系统的 JDK，执行命令“rpm -qa | grep jdk”，如果出现 openjdk，则需要卸载之，执行命令“yum -y remove *xxx*”，*xxx* 为刚才执行“rpm -qa | grep jdk”返回的结果。

（2）安装 Oracle JDK（root 用户执行，所有节点都需执行），将 JDK 安装至/opt 文件夹下，我们采用 tar 文件的方式安装，将 jdk-7u80-linux-x64.tar.gz 移到/opt 文件夹下，执行：

```
tar -xzvf jdk-7u80-linux-x64.tar.gz
```

（3）配置环境变量（root 用户执行，所有节点都需执行），对/etc/profile 文件追加：

```
export JAVA_HOME=/opt/jdk1.7.0_80
export PATH=$PATH:$JAVA_HOME/bin
```

修改环境变量后，就能在任意路径下使用 java 命令。为了使环境变量立即生效，执行命令：

```
source /etc/profile
```

验证安装，执行：

```
java -version,
```

如果出现如下 Java 的版本信息，则说明安装成功。

```
java version "1.7.0_80"
Java(TM) SE Runtime Environment (build 1.7.0_80-b15)
Java HotSpot(TM) 64-Bit Server VM (build 24.80-b11, mixed mode)
```

2.3.6 配置 Hadoop

首先，从 root 用户取得/opt 文件夹的权限（root 用户执行，所有节点都需执行）。Hadoop 的安装路径一般不推荐装在/home/hadoop 文件夹下，推荐安装在/opt 文件夹下。执行命令"chown -R hadoop /opt"。然后以 hadoop 用户将安装文件移到/opt 下面。

下面我们分别介绍伪分布模式和完全分布模式的配置方式。

1. 伪分布模式

（1）解压文件（以 hadoop 用户在主节点执行），在/opt 下执行：

```
tar -zxvf hadoop-2.6.0-cdh5.6.0
```

解压后的文件都会存放在/opt/ hadoop-2.6.0-cdh5.6.0 下。

（2）修改配置文件（以 hadoop 用户在主节点执行），Hadoop 的配置文件都在/opt/hadoop-2.6.0-cdh5.6.0/etc/hadoop 下，进入该文件夹下，会发现有若干配置文件，主要的配置文件已列在表 2-5 中。

表 2-5 Hadoop 配置文件

文件名称	格式	描述
hadoop-env.sh	Bash 脚本	记录 Hadoop 要用的环境变量
core-site.xml	Hadoop 配置 XML	Hadoop Core 的配置项，例如 HDFS 和 MapReduce 常用的 I/O 设置等
hdfs-site.xml	Hadoop 配置 XML	HDFS 守护进程的配置项，包括 NameNode、SecondaryNameNode、DataNode 等

续表

文 件 名 称	格 式	描 述
yarn-site.xml	Hadoop 配置 XML	YARN 守护进程的配置项，包括 ResourceManager 和 NodeManager 等
mapred-site.xml	Hadoop 配置 XML	MapReduce 计算框架的配置项
slaves	纯文本	运行 DataNode 和 NodeManager 的机器列表（每行一个）
hadoop-metrics.properties	Properties 文件	控制 metrics 在 Hadoop 和上如何发布的属性
log4j.properties	Properties 文件	系统日志文件、NameNode 审计日志、DataNode 子进程的任务日志的属性

Hadoop 的安装只涉及表 2-5 中的前 6 个文件。

（1）修改 hadoop-env.sh。在文件 hadoop-env.sh 末尾追加环境变量：

```
export JAVA_HOME=/opt/jdk1.7.0_80
export HADOOP_HOME=/opt/hadoop-2.6.0-cdh5.6.0
```

（2）修改 core-site.xml。修改 core-site.xml 为：

```
<?xml version="1.0"?>
<?xml-stylesheet type="text/xsl" href="configuration.xsl"?>
<configuration>
    <property>
        <name>fs.default.name</name>
        <value>hdfs://master:9000</value>
    </property>
</configuration>
```

该项配置设置提供 HDFS 服务的主机名和端口号，也就是说 HDFS 通过 master 的 9000 端口提供服务，这项配置也指明了 NameNode 所运行的节点，即主节点。

（3）修改 hdfs-site.xml。修改 hdfs-site.xml 为：

```
<?xml version="1.0"?>
<?xml-stylesheet type="text/xsl" href="configuration.xsl"?>
<configuration>
    <property>
        <name>dfs.replication</name>
        <value>3</value>
    </property>
    <property>
        <name>dfs.name.dir</name>
        <value>/opt/hdfs/name</value>
    </property>
    <property>
```

```
        <name>dfs.data.dir</name>
        <value>/opt/hdfs/data</value>
    </property>
</configuration>
```

dfs.replication 配置项设置 HDFS 中文件副本数为 3。HDFS 会自动对文件做冗余处理，这项配置就是配置文件的冗余数，3 为表示有两份冗余。dfs.name.dir 配置项设置 NameNode 的元数据存放的本地文件系统路径，dfs.data.dir 设置 DataNode 存放数据的本地文件系统路径。

（4）修改 mapred-site.xml。修改 mapred-site.xml 为：

```
<?xml version="1.0"?>
<?xml-stylesheet type="text/xsl" href="configuration.xsl"?>
<configuration>

    <property>
         <name>mapreduce.framework.name</name>
         <value>yarn</value>
     </property>

</configuration>
```

该项配置指明了 MapReduce 计算框架基于 YARN 进行工作。

（5）修改 yarn-site.xml。修改 yarn-site.xml 为：

```
<configuration>
      <property>
            <name>yarn.resourcemanager.address</name>
            <value>master:8080</value>
      </property>
      <property>
             <name>yarn.resourcemanager.resource-tracker.address</name>
             <value>master:8082</value>
      </property>
      <property>
             <name>yarn.nodemanager.aux-services</name>
             <value>mapreduce_shuffle</value>
       </property>
       <property>
             <name>yarn.nodemanager.aux-services.mapreduce.shuffle.class</name>
             <value>org.apache.hadoop.mapred.ShuffleHandler</value>
       </property>
</configuration>
```

该项配置设置指明了 ResourceManager 服务的主机名和端口号，另外还指明了 mapreduce_shuffle 的类。

（6）修改 slaves 文件。修改 slaves 文件为：

```
master
```

这样指明了主节点同时运行 DataNode、NodeManager 进程。

2. *完全分布模式*

在伪分布模式配置的基础上，只需将 slaves 文件修改为：

```
slave1
slave2
...
```

这样，运行 DataNode 和 NodeManager 的节点就变为 slave1、slave2……，然后利用 scp 命令将安装文件夹分发到从节点的相同路径下：

```
scp -r /opt/hadoop-2.6.0-cdh5.6.0 hadoop@slave1:/opt
scp -r /opt/hadoop-2.6.0-cdh5.6.0 hadoop@slave2:/opt
...
```

至此，Hadoop 安装配置工作全部完成，为了能在任何路径下使用 Hadoop 命令，还需要配置环境变量（root 用户执行，所有节点都需执行）。对文件/etc/profile 追加如下信息：

```
export HADOOP_HOME=/home/hadoop/hadoop-2.6.0-cdh5.6.0
export PATH=$PATH:$HADOOP_HOME/bin
```

这样就不用每次都必须进入/opt/hadoop-2.6.0-cdh5.6.0/bin 下面才能使用 Hadoop 的命令了。修改完成后，环境变量不会立即生效，需要执行命令（root 用户执行，所有节点都需执行）：

```
source /etc/profile
```

2.3.7 格式化 HDFS

在第一次启动 Hadoop 之前，必须先将 HDFS 格式化。执行命令：

```
hadoop namenode -format
```

按照提示输入 Y，格式化成功后会出现格式化成功的信息：

```
14/04/05 09:50:51 INFO common.Storage: Storage directory /opt/hdfs/name has been
successfully formatted.
```

2.3.8 启动 Hadoop 并验证安装

1. *启动 Hadoop*

格式化 Hadoop 完成后，便可以启动 Hadoop，启动 Hadoop 的命令非常简单，只需执行一个脚本。首先赋予脚本可执行权限（hadoop 用户，所有节点都需执行），执行命令：

```
chmod +x -R /opt/hadoop-2.6.0-cdh5.6.0/sbin
```

然后执行启动脚本（hadoop 用户，主节点执行），执行命令：

```
./opt/hadoop-2.6.0-cdh5.6.0/sbin/start-all.sh
```

执行完成后，执行 jps 命令查看进程是否启动成功，jps 命令的作用是显示和 Java 有关的进程名和进程号，如果是伪分布模式，主节点会出现：

```
NameNode
DataNode
ResourceManager
NodeManager
SecondaryNameNode
```

也就是说，所有的进程都运行在一个节点。如果选择完全分布模式安装，在主节点会出现：

```
NameNode
ResourceManager
SecondaryNameNode
```

在 slave1 节点会出现：

```
DataNode
NodeManager
```

2. 验证是否安装成功

我们以一个 MapReduce 作业来验证是否安装成功，这个 MapReduce 作业实现单词计数的功能，例如一篇文章内容为"data mining on data warehouse"，那么单词计数的统计结果为：

```
data 2
mining 1
on 1
warehouse 1
```

首先准备一个内容"data mining on data warehouse"的文本文件，命名为 words，单词之间以空格分开，保存至/home/hadoop 目录下。执行命令：

```
hadoop dfs -mkdir /user/hadoop/input                    在 HDFS 创建一个目录
hadoop dfs -put /home/hadoop/words /user/hadoop/input 将文本文件上传至刚才创建的 HDFS 目录
hadoop jar /opt/hadoop-2.6.0-cdh5.6.0/share/hadoop/
mapreduce2/hadoop-mapreduce-examples-2.6.0-cdh5.6.0.jar
wordcount/user/hadoop/input/user/hadoop/output          执行 MapReduce 任务
```

最后一条命令是指用 Hadoop 自带的测试用例进行测试，第一个参数是测试用例名，第二个参数是输入文件，第三个是输出目录，以上执行完成后，再执行命令：

```
hadoop dfs -cat /user/hadoop/output/part-r-00000
```

看到如下输出，说明 Hadoop 安装成功：

```
data 2
mining 1
on 1
warehouse 1
```

2.4 安装 Hive

在这一节，我们将进行 Hive 的安装。与安装 Hadoop 相比，Hive 的安装非常简单，并且有些工作已经在安装 Hadoop 的时候完成，例如 JDK 的安装。并且 Hive 作为 Hadoop 的一个客户端，运行方式并不分为单机模式、伪分布模式、完全分布模式，所以不管读者在上一节选择伪分布模式或者完全分布模式安装 Hadoop，安装 Hive 的方式只有一种。

安装 Hive 的步骤分为以下两步。

（1）安装元数据库。

（2）修改 Hive 配置文件。

由于 Hadoop 选择的 Cloudera 的 CDH5 版本，为了不出现兼容性的问题，Hive 也选择 CDH5 的版本，完整的版本号为 hive-1.1.0-cdh5.6.0。不管读者采用伪分布模式还是完全分布模式安装 Hadoop，Hive 可以被安装至集群任意一个节点（以主节点为例）。

2.4.1 安装元数据库

Hive 的元数据和数据是分开存放的，数据存放在 HDFS 上，而元数据默认是存在 Hive 自带的 Derby 数据库，但由于 Derby 只支持同时一个用户访问 Hive，所以不推荐使用。我们将使用 MySQL 作为 Hive 的元数据库。执行以下命令（以 root 用户在主节点执行）。

安装 MySQL 客户端：

```
yum install mysql
```

安装 MySQL 服务器端：

```
yum install mysql-server
yum install mysql-devel
```

查看 MySQL 状态、启动及停止：

```
service mysqld status
service mysqld start
service mysqld stop
```

启动 MySQL 服务后，以 root 用户登录 MySQL 执行命令：

```
mysql -u root -p
```

创建数据库 hive，用来保存 Hive 元数据：

```
create database hive;
```

使 hadoop（操作系统用户）用户可以操作数据库 hive 中的所有表：

```
GRANT all ON hive.* TO hadoop@'master' IDENTIFIED BY 'hivepwd';
flush privileges;
```

这样，Hive 的元数据库就安装完成。

2.4.2 修改 Hive 配置文件

先将 Hive 的安装文件解压，将 Hive 的安装包移至/opt 下，以 hadoop 用户在 master 执行：

```
tar -zxvf /opt/hive-1.1.0-cdh5.6.0.tar.gz
```

和 Hadoop 相同，Hive 的配置文件还是存放在/opt/hive-1.1.0-cdh5.6.0/conf 路径下，以 hadoop 用户创建文件 hive-site.xml，添加以下内容：

```
<?xml version="1.0"?>
<?xml-stylesheet type="text/xsl" href="configuration.xsl"?>
<configuration>
    <property>
        <name>hive.metastore.local</name>
        <value>true</value>
    </property>
    <property>
        <name>javax.jdo.option.ConnectionURL</name>
<value>jdbc:mysql://master:3306/hive?createDatabaseIfNotExist=true</value>
    </property>
    <property>
        <name>javax.jdo.option.ConnectionDriverName</name>
        <value>com.mysql.jdbc.Driver</value>
    </property>
    <property>
        <name>javax.jdo.option.ConnectionUserName</name>
        <value>hadoop</value>
    </property>
    <property>
        <name>javax.jdo.option.ConnectionPassword</name>
        <value>hivepwd</value>
    </property>
</configuration>
```

修改/opt/hive-1.1.0-cdh5.6.0/conf/hive-env.sh 文件，以 hadoop 用户在文件末尾追加：

```
export JAVA_HOME=/opt/jdk1.7.0_80
export HADOOP_HOME=/opt/hadoop-2.6.0-cdh5.6.0
```

将 MySQL 的 JDBC 驱动 jar 包移到 hive-1.1.0-cdh5.6.0/lib 文件夹下，否则 Hive 不能成功连接 MySQL，最后还需配置环境变量，以 root 用户在/etc/profile 文件末尾追加：

```
export HIVE_HOME=/opt/hive-1.1.0-cdh5.6.0
export PATH=$PATH:$HIVE_HOME/bin
```

追加后执行命令使环境变量立即生效：

```
source /etc/profile
```

2.4.3 验证安装

首先启动 Hadoop 和 MySQL，然后执行：

```
hive
```

进入 Hive 命令行，执行命令，创建一个名为 test 的表，并查询该表的记录数：

```
create table test(id int);
select count(*) from test;
```

如无异常并且结果显示为 0，则安装成功。

2.5 安装 HBase

本节将讲解如何安装 HBase。HBase 是基于 HDFS 的，所以在安装 HBase 之前，要确保安装好了 Hadoop。另外，HBase 也和 Hadoop 一样，分为完全分布模式和伪分布模式，下面将分别进行介绍。

2.5.1 解压文件并修改 Zookeeper 相关配置

将/opt/ hbase-1.0.0-cdh5.6.0.tar 解压，执行命令：

```
tar -zxvf /opt/hbase-1.0.0-cdh5.6.0.tar.gz
```

打开 hbase-site.xml：

```
vi /opt/hbase-1.0.0-cdh5.6.0/conf/hbase-site.xml
```

修改 hbase-site.xml 文件，添加如下配置：

```
export JAVA_HOME=/opt/jdk1.7.0_80
export HBASE_MANAGES_ZK=true
```

并注释掉其余与 Zookeeper 相关的配置，这样做的原因是 HBase 使用自带的 Zookeeper，而不使用单独的 Zookeeper 集群。

2.5.2 配置节点

修改 regionservers 文件，执行命令：

```
vi /opt/hbase-1.0.0-cdh5.6.0/conf/regionservers
```

如果是完全分布模式，则 regionservers 为：

```
slave1
slave2
…
```

如果是伪分布模式，则 regionservers 为：

```
slave1
```

接下来，需要配置 hbase-site.xml，将配置文件修改为：

```
<configuration>
    <property>
        <name>hbase.rootdir</name>
        <value>hdfs://master:9000/hbase</value>
    </property>
        <name>hbase.cluster.distributed</name>
        <value>true</value>
```

```
    <property>
    </property>
</configuration>
```

第一个配置指的是 HBase 在 HDFS 上的存储目录，第二个是指定 HBase 的运行模式为完全分布模式，如果是伪分布模式，该配置为 false。配置完成后，将文件分发至相应节点（regionservers 文件里的节点）。

2.5.3 配置环境变量

在 regionservers 所示的节点上，配置如下环境变量：

```
export HBASE_HOME=/opt/hbase-1.0.0-cdh5.6.0
export PATH=$HBASE_HOME/bin:$PATH
```

使环境变量立即生效：

```
source /etc/profile
```

2.5.4 启动并验证

下面的工作就是启动并验证了，首先赋予脚本可执行权限，再执行：

```
chmod +x /opt/hbase-1.0.0-cdh5.6.0/bin/start-hbase.sh
.//opt/hbase-1.0.0-cdh5.6.0/bin/start-hbase.sh
```

启动完成后，在执行命令的节点用 jps 命令查看发现以下进程，说明启动成功：

```
HMaster
HRegionServer
HQuorumpeer
```

其中，Hmaster 是 HBase 的配置节点，默认会在执行 tart-hbase.sh 脚本的节点启动，HregionServer 根据 regionservers 文件中的节点启动，HQuorumpeer 是 Zookeeper 的进程。

验证的步骤很简单，首先执行

```
hbase shell
```

进入 HBase 命令行，接着执行

```
hbase(main):001:0> create 'testtable', 'colfaml'
```

如果没有报错即安装成功。

需要注意的是，安装完 HBase，需要采用 NTP 时间同步服务使各节点时间一致，否则误差到了一定时间，HBase 会启动失败。

2.6 安装 Sqoop

Sqoop 是一个开源工具，它允许用户将数据从关系型数据库抽取到 Hadoop 中，用于进一步的处理。抽取出的数据可以被 MapReduce 作业使用，也可以被其他类似于 Hive 的工具使用。一旦形成分析结果，Sqoop 便可以将这些结果导回数据库，供其他客户端使用。

Sqoop 的版本同样选择 CDH5，完整的版本号为 sqoop-1.4.5-cdh5.6.0，安装 Sqoop 的步骤非常简单，主要就是修改配置文件，并且 Sqoop 和 Hive 作为 Hadoop 的客户端，也只有一种运行方式，Sqoop 可以被安装至集群任意一个节点（以主节点为例）。

将 Sqoop 安装包上传到/opt 文件夹下，执行命令（hadoop 用户，主节点执行）：

```
tar -zxvf /opt/sqoop-1.4.5-cdh5.6.0.tar.gz
```

Sqoop 的配置文件同样存放在/opt/sqoop-1.4.5-cdh5.6.0/conf 目录下，但是安装过程中并不需要修改配置文件。我们需要修改/opt/sqoop-1.4.5-cdh5.6.0/bin 目录下的 configure-sqoop 文件（hadoop 用户执行），将其中关于 Zookeep 和 HBase 的行都注释掉，除非集群已经安装了 Zookeeper 和 HBase。

例如：

```
…
#if [ -z "${HBASE_HOME}" ]; then
#  HBASE_HOME=/usr/lib/hbase
#fi
…
## Moved to be a runtime check in sqoop.
#if [ ! -d "${HBASE_HOME}" ]; then
#  echo "Warning: $HBASE_HOME does not exist! HBase imports will fail."
#  echo 'Please set $HBASE_HOME to the root of your HBase installation.'
#fi
...
```

全部注释掉即可。

最后修改环境变量（root 用户，主节点执行），在/etc/profile 文件末尾追加：

```
export SQOOP_HOME=/opt/sqoop-1.4.5-cdh5.6.0
export PATH=$PATH:$SQOOP_HOME/bin
```

追加后执行命令使环境变量立即生效：

```
source /etc/profile
```

验证安装是否成功的方式很简单，执行命令（以 hadoop 用户在主节点执行）：

```
sqoop list-databases --connect jdbc:mysql://master:3306/ --username root
```

执行完成后，屏幕上会显示 MySQL 数据库中的所有数据库实例，例如在上一节新建的数据库 Hive。

2.7　Cloudera Manager

读到这里的时候，读者可能觉得安装 Hadoop 是一件比较麻烦的事情，特别是在需要安装的组件特别多、安装的主机特别多的情况下（例如几百台），这种安装方式就不太可取了。在CDH中，有一个特殊的组件Cloudera Manager，它正是考虑到用户的这种需求。它的主要功能有3个：集群自动化安装部署、集群监控和集群运维。

在CDH4时，Cloudera Manager还有集群规模限制，而在CDH5中，则去除了这个限制。这样中小企业在使用Cloudera Manager时就更加方便。利用Cloudera Manager安装Hadoop，只需在管理节点安装Cloudera Manager，然后启动Cloudera Manager的Web服务，通过可视化界面完成集群安装文件的分发以及集群服务的初始化，如图2-23所示。

添加服务向导

选择您要添加的服务类型。

服务类型	说明
Accumulo 1.6	The Apache Accumulo sorted, distributed key/value store is a robust, scalable, high performance data storage and retrieval system.
Flume	Flume 从几乎所有来源收集数据并将这些数据聚合到永久性存储（如 HDFS）中。
HBase	Apache HBase 提供对大型数据集的随机、实时的读/写访问权限（需要 HDFS 和 ZooKeeper）。
HDFS	Apache Hadoop 分布式文件系统 (HDFS) 是 Hadoop 应用程序使用的主要存储系统。HDFS 创建多个数据块副本并将它们分布在整个群集的计算主机上，以启用可靠且极其快速的计算功能。
Hive	Hive 是一种数据仓库系统，提供名为 HiveQL 的 SQL 类语言。
Hue	Hue 是与包括 Apache Hadoop 的 Cloudera Distribution 一起配合使用的图形用户界面（需要 HDFS、MapReduce 和 Hive）。
Impala	Impala 为存储在 HDFS 和 HBase 中的数据提供了一个实时 SQL 查询接口。Impala 需要 Hive 服务，并与 Hue 共享 Hive Metastore。
Isilon	EMC Isilon is a distributed filesystem.
Java KeyStore KMS	The Hadoop Key Management Service with file-based Java KeyStore. Maintains a single copy of keys, using simple password-based protection. Requires CDH 5.3+. Not recommended for production use.
Kafka	Apache Kafka is publish-subscribe messaging rethought as a distributed commit log. Before adding this service, ensure that the Kafka parcel is installed.
Key-Value Store Indexer	键/值 Store Indexer 侦听 HBase 中所含表内的数据变化，并使用 Solr 为其创建索引。
MapReduce	Apache Hadoop MapReduce 支持对整个群集中的大型数据集进行分布式计算（需要 HDFS）。建议改用 YARN（包括 MapReduce 2）。包括 MapReduce 用于向后兼容性。
Oozie	Oozie 是群集中管理数据处理作业的工作流协调服务。
Sentry	Sentry 服务存储身份验证政策元数据并为客户端提供对该元数据的并发安全访问。
Solr	Solr 是一个分布式服务，用于编制存储在 HDFS 中的数据的索引并搜索这些数据。

图2-23　Cloudera Manager的集群安装向导

安装完成后，Cloudera Manager还提供了事无巨细的监控平台，这对集群维护来说，十分重要，有机器级别的也有服务级别的，如图2-24、图2-25和图2-26所示。

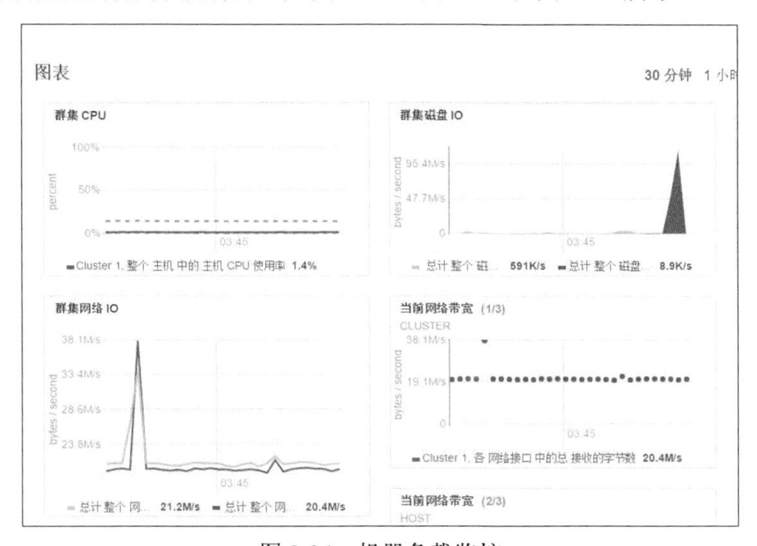

图2-24　机器负载监控

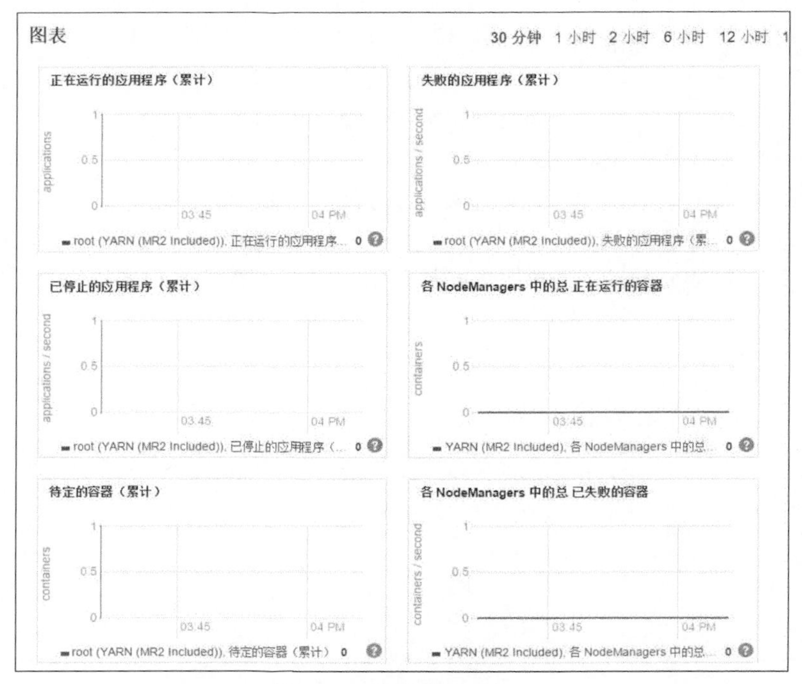

图 2-25　服务监控（1）

图 2-26　服务监控（2）

此外，Cloudera Manager 还提供了常见运维行为的向导，如增加节点、卸载节点等，如图 2-27 所示。

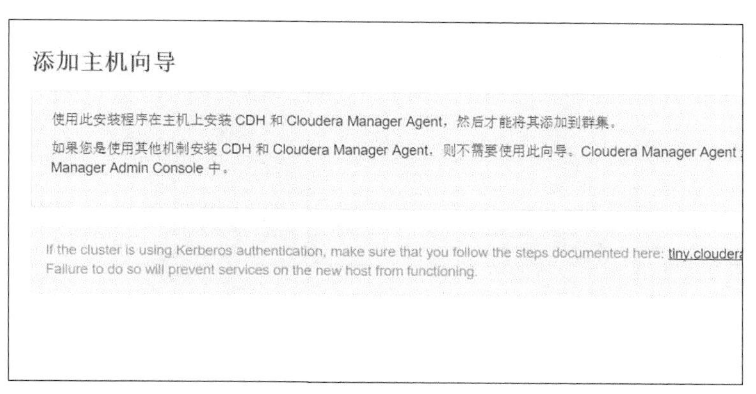

图 2-27 常见的运维向导

CDH 基于社区版 Hadoop、所以亦遵循开源协议，但是 Cloudera Manager 本身虽然免费使用，但却是不开源的，这点请想要在生产环境使用的读者需要注意。如果想使用类似的开源产品，可以考虑 Apache Ambari。

2.8 小结

本章主要安装 Hadoop 生态圈的各个组件，随着集群容量越来越多，手动方式其实是不可取的，利用批量安装部署的工具可以很快部署大量集群，但对于学习来和理解原理来说，这是必不可少的。

第 3 章

Hadoop 的基石：HDFS

相聚离开都有时候，没有什么会永垂不朽，可是我，有时候，宁愿选择留恋不放手。

——王菲《红豆》

本章将介绍 Hadoop 的第一个重要组成部分——HDFS。

3.1 认识 HDFS

HDFS 的设计理念源于非常朴素的思想：当数据集的大小超过单台计算机的存储能力时，就有必要将其进行分区（partition）并存储到若干台单独的计算机上，而管理网络中跨多台计算机存储的文件系统称为分布式文件系统（distribute filesystem）。该系统架构于网络之上，势必会引入网络编程的复杂性，因此分布式文件系统比普通文件系统更为复杂，例如，使文件系统能够容忍节点故障且不丢失任何数据，就是一个极大的挑战。通过本章的介绍，我们可以发现 HDFS 很好地完成了这个挑战。

准确地说，Hadoop 有一个抽象的文件系统概念，HDFS 只是其中的一个实现。Hadoop 文件系统接口由 Java 抽象类 org.apache.hadoop.fs.FileSystem 类定义，该类同时还继承了 org.apache.hadoop.conf 并且实现了 Java 的 java.io.Closeable 接口。表 3-1 所示是抽象类 FileSystem 的几个具体实现。

表 3-1　Hadoop 文件系统

文件系统	URI 方案	Java 实现	定　义
Local	file	fs.LocalFileSystem	使用了客户端校验和的本地文件系统。没有使用校验和的本地磁盘文件系统由 RawLocalFileSystem 实现

续表

文件系统	URI 方案	Java 实现	定　义
HDFS	hdfs	hdfs.DistributedFileSystem	Hadoop 分布式文件系统
HFTP	hftp	hdfs.HftpFileSystem	支持通过 HTTP 方式以只读方式访问 HDFS，通常和 distcp 命令结合使用
HSFTP	hsftp	hdfs.HsftpFileSystem	支持通过 HTTPS 方式以只读方式访问 HDFS
HAR	har	fs.HarFileSystem	构建在 Hadoop 文件系统之上，对文件进行归档。Hadoop 归档文件主要用来减少 NameNode 的内存使用
KFS	kfs	fs.kfs.KosmosFileSystem	Cloudstore（其前身是 Kosmos 文件系统）文件系统是类似于 HDFS 和 Google 的 GFS 的文件系统
FTP	ftp	fs.ftp.FtpFileSystem	由 FTP 服务器支持的文件系统
S3（原生）	s3n	fs.s3native.NativeS3FileSystem	基于 Amazon S3 的文件系统
S3（基于块）	s3	fs.s3.NativeS3FileSystem	基于 Amazon S3 的文件系统，解决了 S3 的 5 GB 文件大小的限制

Hadoop 提供了许多文件系统的接口，用户可以选取合适的 URI 方案来实现对特定的文件系统的交互。例如，如果想访问本地文件系统，执行以下 shell 命令即可：

```
hadoop dfs -ls file:///          （最后一个/表示本地文件系统的根目录）
```

执行完成后，屏幕会打印出以下信息：

```
dr-xr-xr-x   - root root     12288 2014-04-07 09:33 /lib64
drwxr-xr-x   - root root      4096 2014-02-22 06:15 /media
drwxr-xr-x   - root root         0 2014-05-02 10:03 /net
drwxr-xr-x   - root root      4096 2011-09-23 07:50 /srv
drwx------   - root root     16384 2014-01-27 05:55 /lost+found
drwx------   - root root      4096 2014-01-27 06:20 /.dbus
dr-xr-xr-x   - root root      4096 2014-04-07 09:34 /bin
-rw-r--r--   1 root root         0 2014-05-02 17:01 /.autofsck
drwxr-xr-x   - root root      4096 2014-01-27 05:56 /usr
dr-xr-xr-x   - root root     12288 2014-04-07 09:34 /sbin
…
```

如果想访问 HDFS 文件系统，执行以下命令即可：

```
hadoop dfs -ls hdfs:///
```

执行完成后，屏幕会打印出以下信息：

```
Found 3 items
drwxr-xr-x   - hadoop supergroup          0 2014-04-02 11:52 /home
```

```
drwxr-xr-x   - hadoop supergroup          0 2014-04-06 12:13 /tmp
drwxr-xr-x   - hadoop supergroup          0 2014-04-06 12:10 /user
```

3.1.1 HDFS的设计理念

作为Hadoop生态圈的基础，HDFS非常适合运行在廉价硬件集群之上，以流式数据访问模式来存储超大文件。简单的一句话，已经勾勒出HDFS的特点。

（1）适合存储超大文件：存储在HDFS的文件大多在GB甚至TB级别，目前阿里巴巴的集群存储的数据已经达到了60 PB。

（2）运行于廉价硬件之上：HDFS在设计的时候，就已经认为在集群规模足够大的时候，节点故障并不是小概率事件，而可以认为是一种常态。例如，一个节点故障的概率如果是千分之一，那么当集群规模是1 000台时，正常情况每天都会有节点故障。当节点发生故障时，HDFS能够继续运行并且不让用户察觉到明显的中断，所以HDFS并不需要运行在高可靠且昂贵的服务器上，普通的PC Server即可。

（3）流式数据访问：HDFS认为，一次写入，多次读取是最高效的访问模式。HDFS存储的数据集作为Hadoop的分析对象，在数据集生成后，会长时间在此数据集上进行各种分析。每次分析都将涉及该数据集的大部分数据甚至全部数据，因此读取整个数据集的时间延迟比读取第一条记录的时间延迟更重要。

除了上面3点，HDFS也有一些短板。

（1）实时的数据访问弱：如果应用要求数据访问的时间在秒或是毫秒级别，那么HDFS是做不到的。由于HDFS针对高数据吞吐量做了优化，因而牺牲了读取数据的速度，对于响应时间是秒或是毫秒的数据访问，可以考虑使用HBase。

（2）大量的小文件：当Hadoop启动时，NameNode会将所有元数据读到内存，以此构建目录树。一般来说，一个HDFS上的文件、目录和数据块的存储信息大约在150字节左右，那么可以推算出，如果NameNode的内存为16 GB的话，大概只能存放480万个文件，对于一个超大规模的集群，这个数字很快就可以达到。

（3）多用户写入，任意修改文件：HDFS中的文件只能有一个写入者，并且写数据操作总是在文件末。它不支持多个写入者，也不支持在数据写入后，在文件的任意位置进行修改。事实上，如果不将hdfs-site.xml中的dfs.support.append设置为true的话，HDFS也不支持对文件进行追加操作。

3.1.2 HDFS的架构

在前面我们已经大致了解了HDFS的架构，下面将会详细地介绍架构中的每一部分。一个完整的HDFS运行在一些节点之上，这些节点运行着不同类型的守护进程，如NameNode、DataNode、SecondaryNameNode，不同类型的节点相互配合，相互协作，在集群中扮演了不同的角色，一起构成了HDFS。

如图3-1所示，一个典型的HDFS集群中，有一个NameNode，一个SecondaryNode和至少一个 DataNode，而 HDFS 客户端数量并没有限制。所有的数据均存放在运行 DataNode 进程的节点的块（block）里。

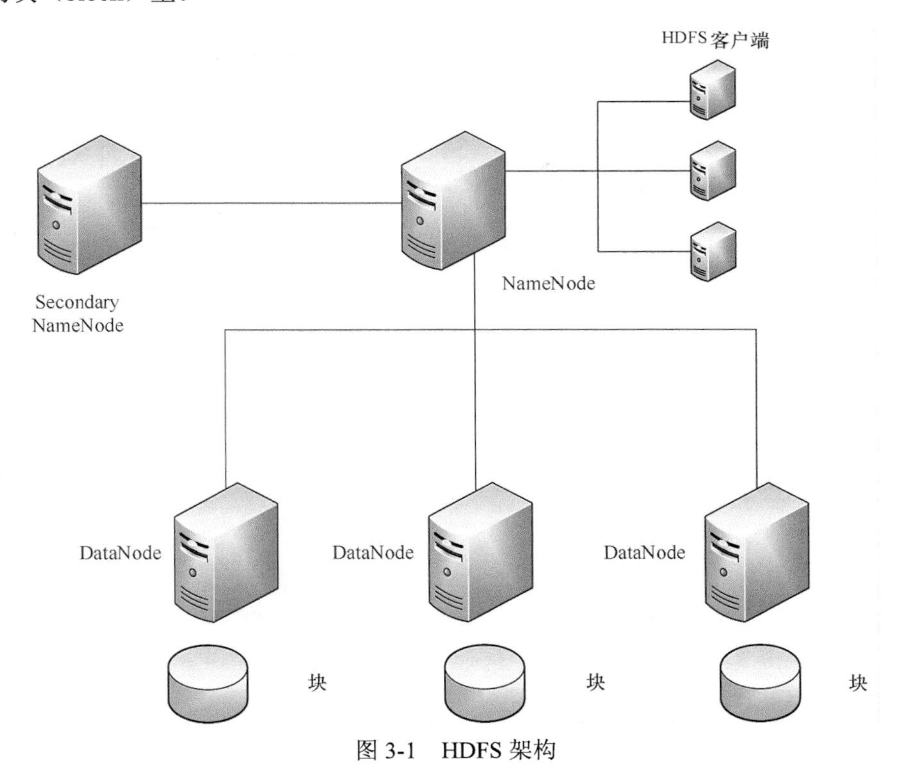

图 3-1 HDFS 架构

1. 块

每个磁盘都有默认的数据块大小，这是磁盘进行数据读/写的最小单位，而文件系统也有文件块的概念，如 ext3、ext2 等。文件系统的块大小只能是磁盘块大小的整数倍，磁盘块大小一般是 512 字节，文件系统块大小一般为几千字节，如 ext3 的文件块大小为 4 096 字节，Windows 的文件块大小为 4 096 字节。用户在使用文件系统对文件进行读取或写入时，完全不需要知道块的细节，这些对于用户都是透明的。

HDFS 同样也有块(block)的概念，但是 HDFS 的块比一般文件系统的块大得多，默认为 64 MB，并且可以随着实际需要而变化，配置项为 hdfs-site.xml 文件中的 dfs.block.size 项。与单一文件系统相似，HDFS 上的文件也被划分为块大小的多个分块，它是 HDFS 存储处理的最小单元。

某个文件 data.txt，大小为 150 MB，如果此时 HDFS 的块大小没有经过配置，默认为 64 MB，那么该文件实际在 HDFS 中存储的情况如图 3-2 所示。

圆形为保存该文件的第一个块，大小为 64 MB，方形为保存文件的第二个块，大小为 64 MB，五边形为保存文件的第三个块，大小为 22 MB，这里特别指出的，与其他文件系统不同的是，HDFS 小于一个块大小的文件不会占据整个块的空间，所以第三块的大小为 22 MB 而不是 64 MB。

HDFS 中的块如此之大的原因是为了最小化寻址开销。如果块设置的足够大，从磁盘传输数据的时间可以明显大于定位这个块开始位置所需的时间。这样，传输一个由多个块组成的文件的时间取决于磁盘传输的效率。得益于磁盘传输速率的提升，块的大小可以被设为 128 MB 甚至更大。

在 hdfs-site.xml 文件中，还有一项配置为 dfs.relication，该项配置为每个 HDFS 的块在 Hadoop 集群中保存的份数，值越高，冗余性越好，占用存储也越多，默认为 3，即有 2 份冗余，如果设置为 2，那么该文件在 HDFS 中存储的情况如图 3-3 所示。

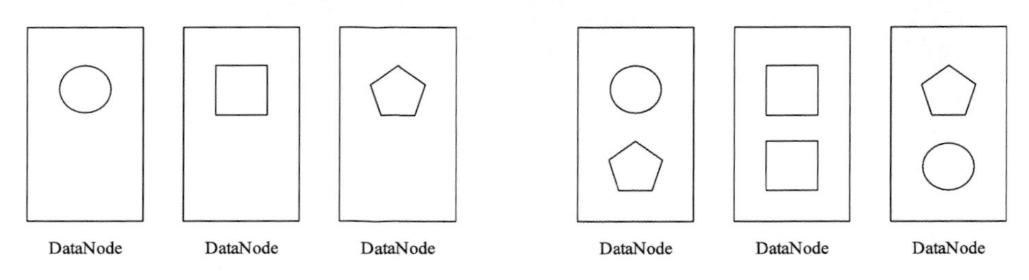

图 3-2　HDFS 的块（1）　　　　图 3-3　HDFS 的块（2）

使用块的好处是非常明显的。

（1）可以保存比存储节点单一磁盘大的文件：块的设计实际上就是对文件进行分片，分片可以保存在集群的任意节点，从而使文件存储跨越了磁盘甚至机器的限制，如 data.txt 文件被切分为 3 个块，并存放在 3 个 DataNode 之中。

（2）简化存储子系统：将存储子系统控制单元设置为块，可简化存储管理，并且也实现了元数据和数据的分开管理和存储。

（3）容错性高：这是块非常重要的一点，如果将 dfs.relication 设置为 2，如图 3-2，那么任意一个块损坏，都不会影响数据的完整性，用户在读取文件时，并不会察觉到异常。之后集群会将损坏的块的副本从其他候选节点复制到集群中能正常工作的节点，从而使副本数回到配置的水平。

2. NameNode 和 SecondaryNameNode

NameNode 也被称为名字节点，是 HDFS 的主从（master/slave）架构的主角色的扮演者。NameNode 是 HDFS 的大脑，它维护着整个文件系统的目录树，以及目录树里所有的文件和目录，这些信息以两种文件存储在本地文件中：一种是*命名空间镜像*（也称为*文件系统镜像*，File System Image，FSImage），即 HDFS 元数据的完整快照，每次 NameNode 启动的时候，默认会加载最新的命名空间镜像，另一种是命名空间镜像的编辑日志（edit log）。

SecondaryNameNode，也被称为第二名字节点，是用于定期合并命名空间镜像和命名空间镜像的编辑日志的辅助守护进程。每个 HDFS 集群都有一个 SecondaryNameNode，在生产环境下，一般 SecondaryNameNode 也会单独运行在一台服务器上。

FSImage 文件其实是文件系统元数据的一个永久性检查点，但并非每一个写操作都会更新这个文件，因为 FSImage 是一个大型文件，如果频繁地执行写操作，会使系统运行极为缓慢。解决方案是 NameNode 只将改动内容预写日志（WAL），即写入命名空间镜像的编辑日志。随着时间的推移，编辑日志会变得越来越大，那么一旦发生故障，将会花费非常多的时间来回滚操作，所以就像传统的关系型数据库一样，需要定期地合并 FSImage 和编辑日志。如果由 NameNode 来做合并的操作，那么 NameNode 在为集群提供服务时可能无法提供足够的资源，为了彻底解决这一问题，SecondaryNameNode 应运而生。NameNode 和 SecondaryNameNode 交互如图 3-4 所示。

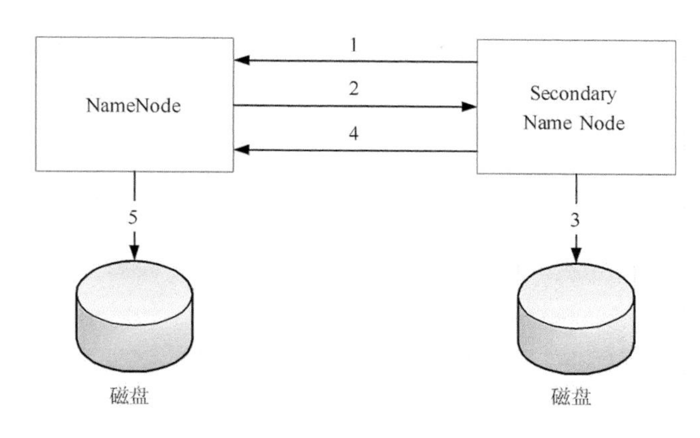

图 3-4 NameNode 与 SecondaryNameNode 交互

（1）SecondaryNameNode 引导 NameNode 滚动更新编辑日志文件，并开始将新的内容写入 Edit Log.new。

（2）SecondaryNameNode 将 NameNode 的 FSImage 和编辑日志文件复制到本地的检查点目录。

（3）SecondaryNameNode 载入 FSImage 文件，回放编辑日志，将其合并到 FSImage，将新的 FSImage 文件压缩后写入磁盘。

（4）SecondaryNameNode 将新的 FSImage 文件送回 NameNode，NameNode 在接受新的 FSImage 后，直接加载和应用该文件。

（5）NameNode 将 Edit Log.new 更名为 Edit Log。

默认情况下，该过程每小时发生一次，或者当 NameNode 的编辑日志文件达到默认的 64 MB 也会被触发。

从名称上来看，初学者会以为当 NameNode 出现故障时，SecondaryNameNode 会自动成为新的 NameNode，也就是 NameNode 的“热备”。通过上面的介绍，我们清楚地认识到这是错误的。

3. DataNode

DataNode 被称为数据节点，它是 HDFS 的主从架构的从角色的扮演者，它在 NameNode 的指导下完成 I/O 任务。如前文所述，存放在 HDFS 的文件都是由 HDFS 的块组成，所有的块都存放于 DataNode 节点。实际上，对于 DataNode 所在的节点来说，块就是一个普通的文件，我们可以去 DataNode 存放块的目录下观察（默认是$(dfs.data.dir)/current），块的文件名为 blk_blkID。

DataNode 会不断地向 NameNode 报告。初始化时，每个 DataNode 将当前存储的块告知 NameNode，在集群正常工作时，DataNode 仍然会不断地更新 NameNode，为之提供本地修改的相关信息，同时接受来自 NameNode 的指令，创建、移动或者删除本地磁盘上的数据块。

4. HDFS 客户端

HDFS 客户端是指用户和 HDFS 交互的手段，HDFS 提供了非常多的客户端，包括命令行接口、Java API、Thrift 接口、C 语言库、用户空间文件系统，本章将在 3.3 节详细介绍如何与 HDFS 进行交互。

3.1.3 HDFS 容错

本节将回答本章开头的问题：如何使文件系统能够容忍节点故障且不丢失任何数据，也就是 HDFS 的容错机制。

1. 心跳机制

在 NameNode 和 DataNode 之间维持心跳检测，当由于网络故障之类的原因，导致 DataNode 发出的心跳包没有被 NameNode 正常收到的时候，NameNode 就不会将任何新的 I/O 操作派发给那个 DataNode，该 DataNode 上的数据被认为是无效的，因此 NameNode 会检测是否有文件块的副本数目小于设置值，如果小于就自动开始复制新的副本并分发到其他 DataNode 节点。

2. 检测文件块的完整性

HDFS 会记录每个新创建文件的所有块的校验和。当以后检索这些文件时或者从某个节点获取块时，会首先确认校验和是否一致，如果不一致，会从其他 DataNode 节点上获取该块的副本。

3. 集群的负载均衡

由于节点的失效或者增加，可能导致数据分布不均匀，当某个 DataNode 节点的空闲空间大于一个临界值的时候，HDFS 会自动从其他 DataNode 迁移数据过来。

4. NameNode 上的 FSImage 和编辑日志文件

NameNode 上的 FSImage 和编辑日志文件是 HDFS 的核心数据结构，如果这些文件损坏了，HDFS 将失效。因而，NameNode 由 Secondary NameNode 定期备份 FSImage 和编辑日志文件，NameNode 在 Hadoop 中确实存在单点故障的可能，当 NameNode 出现机器故障，手工干预是必须的。

5. 文件的删除

删除并不是马上从 NameNode 移出命名空间，而是存放在/trash 目录随时可恢复，直到超过设置时间才被正式移除。设置的时间由 hdfs-site.xml 文件的配置项 fs.trash.interval 决定，单位为秒。

3.2 HDFS 读取文件和写入文件

我们知道在 HDFS 中，NameNode 作为集群的大脑，保存着整个文件系统的元数据，而真正数据是存储在 DataNode 的块中。本节将介绍 HDFS 如何读取和写入文件，组成同一文件的块在 HDFS 的分布情况如何影响 HDFS 读取和写入速度。

3.2.1 块的分布

HDFS 会将文件切片成块并存储至各个 DataNode 中，文件数据块在 HDFS 的布局情况由 NameNode 和 hdfs-site.xml 中的配置 dfs.replication 共同决定。dfs.replication 表示该文件在 HDFS 中的副本数，默认为 3，即有两份冗余。

图 3-5 为 dfs.replication 为 1 的分布情况，即没有冗余。图 3-6 为 dfs.replication 为 2 的分布情况，即有一份冗余。

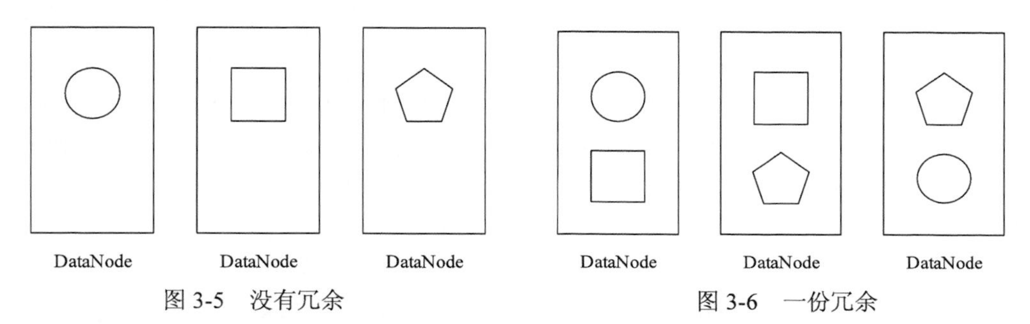

图 3-5 没有冗余　　图 3-6 一份冗余

NameNode 如何选择在哪个 DataNode 存储副本？这里需要在可靠性、写入速度和读取速度之间进行一些取舍。如果将所有副本都存储在一个节点之中，那么写入的带宽损失将是最小的，因为复制管道都是在单一节点上运行。但这样无论副本数设为多少，HDFS 都不提供真实的冗余，因为该文件的所有数据都在一个节点之上，那么如果该节点发生故障的话，该文件的数据将会丢失。如果将副本放在不同数据中心，可以最大限度地提高冗余，但是对带宽的损耗非常大。即使在同一数据中心，也有不同的副本分布策略。其实，在发布的 Hadoop 0.17.0 版本中改变了数据布局策略来辅助保持数据块在集群内分布相对均匀。从 0.21.0 版本开始，可即时选择块的分布策略。

Hadoop 的默认布局是在 HDFS 客户端节点上放第一个副本，但是由于 HDFS 客户端有可能运行于集群之外，就随机选择一个节点，不过 Hadoop 会尽量避免选择那些存储太满或者太忙的节点。第二个副本放在与第一个不同且随机另外选择的机架中的节点上。第三个副本与第二个副本放在相同的机架，且随机选择另外一个节点。其他副本（如果 dfs.replication 大于 3）放在集群随机选择的节点上，Hadoop 也会尽量避免在相同的机架上放太多副本。当 NameNode 按照上面的策略选定副本存储的位置后，就会根据集群网络拓扑图创建一个管道。假设 dfs.replication = 3，则如图 3-7 所示。

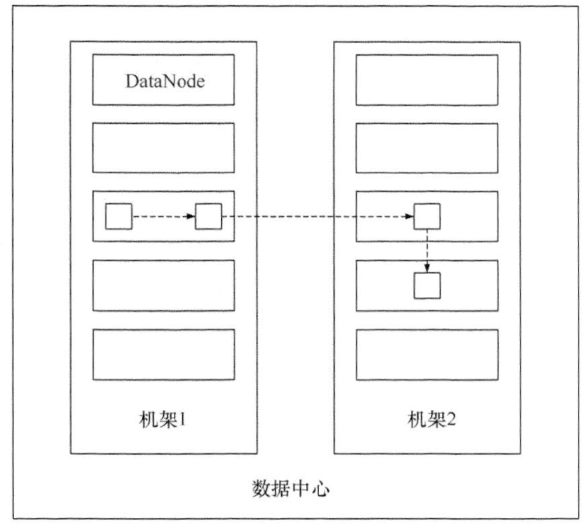

图 3-7 块在 HDFS 的复制过程

这样的方法不仅提供了很好的数据冗余性（如果可能，块存储在两个机架中）并实现很好的负载均衡，包括写入带宽（写入操作只需要遍历一个交换机）、读取性能（可以从两个机架中进行选择读取）和集群中块的均匀分布。

3.2.2 数据读取

HDFS 客户端可以通过多种不同的方式（如命令行、Java API 等）对 HDFS 进行读写操作，这些操作都遵循同样的流程。HDFS 客户端需要使用到 Hadoop 库函数，函数库封装了大部分与 NameNode 和 DataNode 通信相关的细节，同时也考虑了分布式文件系统在诸多场景的错误处理机制。

假设在 HDFS 中存储了一个文件/user/test.txt，HDFS 客户端要读取该文件，Hadoop 客户端程序库是必不可少的。如图 3-8 所示，HDFS 客户端首先要访问 NameNode，并告诉它所要读取的文件，在这之前，HDFS 会对客户的身份信息进行验证。验证的方式有两种：一种是通过信任的客户端，由其指定用户名；第二种方式是通过诸如 Kerberos 等强制验证机制来完成。接下来还需要检查文件的所有者及其设定的访问权限。当文件确实存在，且该用户对其有访问权限，这时 NameNode 会告诉 HDFS 客户端这个文件的第一个数据块的标号以及保存有该数据块的 DataNode 列表。这个列表是 DataNode 与 HDFS 客户端间的距离进行了排序。有了数据块标号和 DataNode 的主机名，HDFS 客户端便可以直接访问最合适的 DataNode，读取所需要的数据块。这个过程会一直重复直到该文件的所有数据块读取完成或 HDFS 客户端主动关闭了文件流。特殊的情况，如果该 HDFS 客户端是集群中的 DataNode 时，该节点将从本地 DataNode 中读取数据。

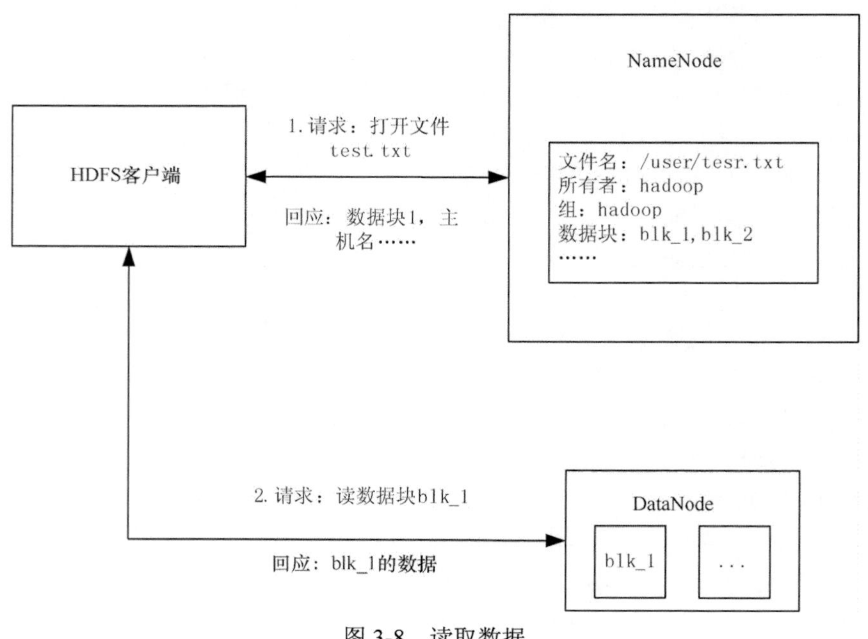

图 3-8　读取数据

3.2.3 写入数据

HDFS 的数据写操作相对复杂些，以 HDFS 客户端向 HDFS 创建一个新文件为例，如图 3-9 所示。

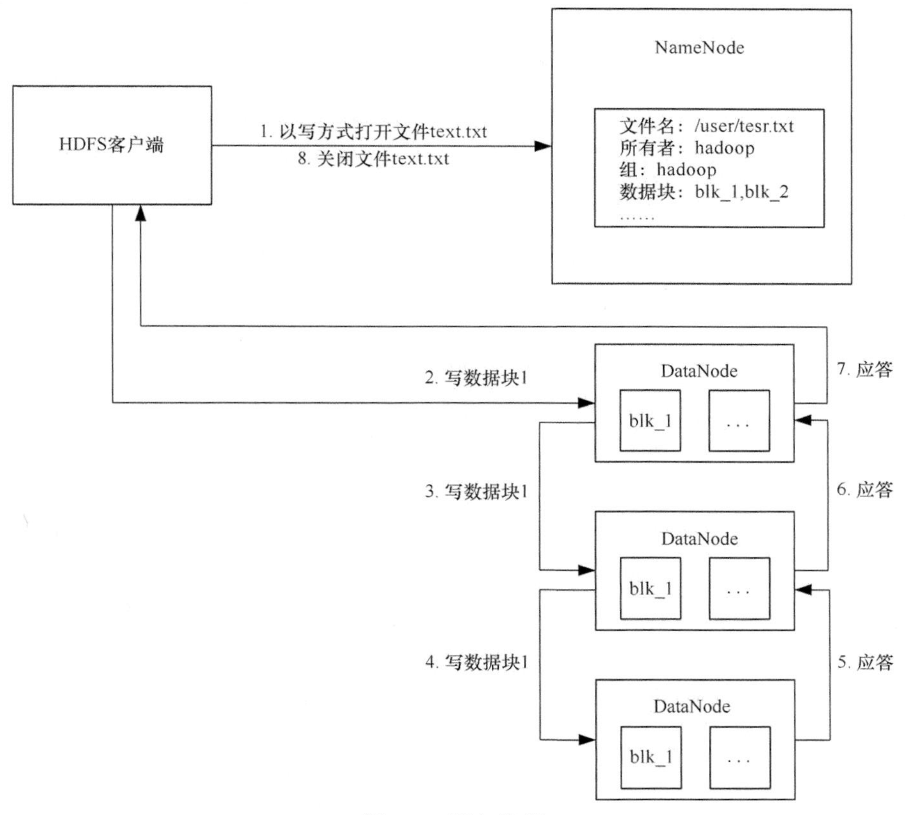

图 3-9 写入数据

首先 HDFS 客户端通过 HDFS 相关 API 发送请求，打开一个要写入的文件，如果该用户有写入文件的权限，那么这一请求将被送达 NameNode，并建立该文件的元数据。但此时新建立的文件元数据并未和任何数据块相关联，这时 HDFS 客户端会收到“打开文件成功”的响应，接着就可以写入数据了。当客户端将数据写入流时，数据会被自动拆分成数据包，并将数据包保存在内存队列中。客户端有一个独立的线程，它从队列中读取数据包，并向 NameNode 请求一组 DataNode 列表，以便写入下一个数据块的多个副本。接着，HDFS 客户端将直接连接到列表中的第一个 DataNode，而该 DataNode 又连接到第二个 DataNode，第二个又连接到第三个，如此就建立了数据块的复制管道。复制管道中的每一个 DataNode 都会确认所收到的数据包已经成功写入磁盘。HDFS 客户端应用程序维护着一个列表，记录着哪些数据包尚未收到确认信息。每收到一个响应，客户端便知道数据已经成功地写入管道中的一个 DataNode。

当数据块被写入列表中的 DataNode 中时，HDFS 客户端将重新向 NameNode 申请下一组 DataNode。最终，客户端将剩余数据包写入全部磁盘，关闭数据管道并通知 NameNode 文件写操作已经完成。

如果写入的时候，复制管道中的某一个 DataNode 无法将数据写入磁盘（如 DataNode 死机）。发生这种错误时，管道会立即关闭，已发送的但尚未收到确认的数据包会被退回到队列中，以确保管道中错误节点的下游节点可以得到数据包。而在剩下的健康的 DataNode 中，正在写入的数据块会被分配新的 blk_id。这样，当发生故障的数据节点恢复后，冗余的数据块就会因为不属于任何文件而被自动丢弃，由剩余 DataNode 节点组成的新复制管道会重新开放，写入操作得以继续，写操作将继续直至文件关闭。NameNode 如果发现文件的某个数据块正在通过复制管道进行复制，就会异步地创建一个新的复制块，这样，即便 HDFS 的多个 DataNode 发生错误，HDFS 客户端仍然可以从数据块的副本中恢复数据，前提是满足最少数目要求的数据副本（dfs.replication.min）已经被正确写入（dfs.replication.min 配置默认为 1）。

3.2.4　数据完整性

Hadoop 用户都希望 HDFS 在读写数据时，数据不会有任何丢失或者损坏。但是在实际情况中，如果系统需要处理的数据量超过 HDFS 能够处理的极限，那么数据被损坏的概率还是很高的。

检测数据是否损坏的常用措施是，在数据第一次引入系统时计算校验和，并在数据通过一个不可靠的通道进行数据传输时再次计算校验和，如果发现两次校验和不一样，那么可以判定，数据已经损坏。校验和技术并不能修复数据，只能检测出数据是否已经损坏[5]。

HDFS 也是采用校验和技术判断数据是否损坏，HDFS 会对写入的所有数据计算校验和，并在读取数据的时验证校验和，它针对由 core-site.xml 文件的 io.bytes.per.checksum 配置项指定字节的数据计算校验和，默认为 512 字节。

DataNode 负责验证收到的数据的校验和，并且如果该校验和正确，则保存收到的数据。DataNode 在收到客户端的数据或复制其他 DataNode 的数据时执行这个操作。正在写数据的 HDFS 客户端将数据及其校验和发送到由一系列 DataNode 组成的复制管道，如图 3-9 所示，管道中最后一个 DataNode 负责验证校验和。如果 DataNode 检测到错误，HDFS 客户端便会收到一个校验和异常，可以在应用程序中捕获该异常，并做相应的处理，例如重新尝试写入。

HDFS 客户端从 DataNode 读取数据时，也会验证校验和，将它们与 DataNode 中存储的校验和进行比较。每个 DataNode 均保存有一个用于验证的校验和日志，所以它知道每个数据块的最后一次验证时间。客户端成功验证一个数据块后，会告诉这个 DataNode，DataNode 由此更新日志。

不只是客户端在读取数据和写入数据时会验证校验和，每个 DataNode 也会在一个后台线程运行一个 DataBlockScanner，定期验证存储在这个 DataNode 上的所有数据块。

由于 HDFS 存储着每个数据块的副本，因此当一个数据块损坏时，HDFS 可以通过复制完好的该数据块副本来修复损坏的数据块，进而得到一个新的、完好无损的副本。大致的步骤是，HDFS 客户端在读取数据块时，如果检测到错误，则向 NameNode 报告已损坏的数据块以及尝试读取该数据块的 DataNode，最后才抛出 ChecksumException 异常。NameNode 将这个已损坏的数据块标记为已损坏。之后，它安排这个数据块的一个副本复制到另一个 DataNode，如此一来，数据块的副本数又回到了配置的水平。最后，已损坏的数据块副本便会被删除。

3.3 如何访问 HDFS

HDFS 提供给 HDFS 客户端访问的方式多种多样，用户可以根据不同的情况选择不同的方式。

3.3.1 命令行接口

Hadoop 自带一组命令行工具，而其中有关 HDFS 的命令是其工具集的一个子集。命令行工具虽然是最基础的文件操作方式，但却是最常用的。作为一名合格的 Hadoop 开发人员和运维人员，熟练掌握是非常有必要的。

执行 hadoop dfs 命令可以显示基本的使用信息。

```
[hadoop@master bin]$ hadoop dfs
Usage: java FsShell
         [-ls <path>]
         [-lsr <path>]
         [-df [<path>]]
         [-du <path>]
         [-dus <path>]
         [-count[-q] <path>]
         [-mv <src> <dst>]
         [-cp <src> <dst>]
         [-rm [-skipTrash] <path>]
         [-rmr [-skipTrash] <path>]
         [-expunge]
         [-put <localsrc> ... <dst>]
         [-copyFromLocal <localsrc> ... <dst>]
         [-moveFromLocal <localsrc> ... <dst>]
         [-get [-ignoreCrc] [-crc] <src> <localdst>]
         [-getmerge <src> <localdst> [addnl]]
         [-cat <src>]
         [-text <src>]
         [-copyToLocal [-ignoreCrc] [-crc] <src> <localdst>]
         [-moveToLocal [-crc] <src> <localdst>]
         [-mkdir <path>]
         [-setrep [-R] [-w] <rep> <path/file>]
         [-touchz <path>]
         [-test -[ezd] <path>]
         [-stat [format] <path>]
```

```
[-tail [-f] <file>]
[-chmod [-R] <MODE[,MODE]... | OCTALMODE> PATH...]
[-chown [-R] [OWNER][:[GROUP]] PATH...]
[-chgrp [-R] GROUP PATH...]
[-help [cmd]]
```

表3-2列出了hadoop命令行接口，并用例子说明各自的功能。

表3-2 hadoop命令行接口

命　令	功　能	例　子
hadoop dfs –ls <path>	列出文件或目录内容	hadoop dfs –ls /
hadoop dfs –lsr <path>	递归地列出目录内容	hadoop dfs –lsr /
hadoop dfs –df <path>	查看目录的使用情况	hadoop dfs –df /
hadoop dfs –du <path>	显示目录中所有文件及目录的大小	hadoop dfs –du /
hadoop dfs –dus <path>	只显示<path>目录的总大小，与-du不同的是，-du会把<path>目录下所有的文件或目录大小都列举出来，而-dus只会将<path>目录的大小列出来	hadoop dfs –dus /
hadoop dfs –count [-q] <path>	显示<path>下的目录数及文件数，输出格式为“目录数 文件数 大小 文件名”。如果加上-q还可以查看文件索引的情况	hadoop dfs –count /
hadoop dfs –mv <src> <dst>	将HDFS上的文件移动到目的文件夹	hadoop dfs–mv/user/hadoop/ a.txt /user/test，将/user/ hadoop文件夹下的文件a.txt移动到/user/test文件夹下
Hadoop dfs –rm [-skipTrash] <path>	将HDFS上路径为<path>的文件移动到回收站。如果加上-skipTrash，则直接删除	hadoop dfs –rm /test.txt
hadoop dfs –rmr [-skipTrash] <path>	将HDFS上路径为<path>的目录以及目录下的文件移动到回收站。如果加上-skipTrash，则直接删除	hadoop dfs –rmr /test
hadoop dfs –expunge	清空回收站	hadoop dfs –expunge
hadoop dfs –put <localsrc> … <dst>	将<localsrc>本地文件上传到HDFS的<dst>目录下	hadoop dfs –put /home/hadoop/ test.txt / user/hadoop
hadoop dfs-copyFromLocal <localsrc> ... <dst>	功能类似于put	hadoop dfs -copyFromLocal /home/ hadoop/test.txt /user/hadoop

续表

命　令	功　能	例　子
hadoop dfs-moveFromLocal <localsrc> ... <dst>	将<localsrc>本地文件移动到 HDFS 的<dst>目录下	hadoop dfs -moveFromLocal /home/ hadoop/test.txt /user/hadoop
hadoop dfs -get [-ignoreCrc] [-crc] <src> <localdst>	将 HDFS 上<src>的文件下载到本地的<localdst>目录，可用-ignorecrc 选项复制 CRC 校验失败的文件，使用-crc 选项复制文件以及 CRC 信息	hadoop dfs -get /user/ hadoop/a.txt /home/hadoop
hadoop dfs -getmerge <src> <localdst> [addnl]	将 HDFS 上<src>目录下的所有文件按文件名排序并合并成一个文件输出到本地的<localdst>目录，addnl 是可选的，用于指定在每个文件结尾添加一个换行符	hadoop dfs-getmerge/user/ test /home/ hadoop/o
hadoop dfs -cat <src>	浏览 HDFS 路径为<src>的文件的内容	hadoop dfs -cat /user/ hadoop/text.txt
hadoop dfs -text <src>	将 HDFS 路径为<src>的文本文件输出	hadoop dfs -text /user/ test.txt
hadoop dfs -copyToLocal [-ignoreCrc] [-crc] <src> <localdst>	功能类似于 get	hadoop dfs -copyToLocal /user/ hadoop/a.txt/home/ hadoop
hadoop dfs -moveToLocal [-crc] <src> <localdst>	将 HDFS 上路径为<src>的文件移动到本地<localdst>路径下	hadoop dfs -get /user/ hadoop/a.txt /home/hadoop
hadoop dfs -mkdir <path>	在 HDFS 上创建路径为<path>的目录	hadoop dfs -mkdir /user/ test
hadoop dfs -setrep [-R] [-w] <rep> <path/file>	设置文件的复制因子。该命令可以单独设置文件的复制因子，加上-R 可以递归执行该操作	hadoop dfs -setrep 5 -R /user/test
hadoop dfs -touchz <path>	创建一个路径为<path>的 0 字节的 HDFS 空文件	hadoop dfs -touchz /user/ hadoop/ test
hadoop dfs -test -[ezd] <path>	检查 HDFS 上路径为<path>的文件，-e 检查文件是否存在。如果存在则返回 0，-z 检查文件是否是 0 字节。如果是则返回 0，-d 如果路径是个目录，则返回 1，否则返回 0	hadoop dfs -test -e /user/ test.txt

续表

命　　令	功　　能	例　　子
hadoop dfs -stat [format] <path>	显示 HDFS 上路径为<path>的文件或目录的统计信息。格式为： %b　文件大小 %n　文件名 %r　复制因子 %y, %Y　修改日期	hadoop fs -stat %b %n %o %r /user/test
hadoop dfs -tail [-f] <file>	显示 HDFS 上路径为<file>的文件的最后 1 KB 的字节，-f 选项会使显示的内容随着文件内容更新而更新	hadoop dfs -tail -f /user/ test.txt
hadoop dfs -chmod [-R] <MODE[,MODE]... | OCTALMODE> PATH...	改变 HDFS 上路径为 PATH 的文件的权限，-R 选项表示递归执行该操作	hadoop dfs -chmod -R +r /user/ test，表示将/user/ test 目录下的所有文件赋予读的权限
hadoop dfs -chown [-R] [OWNER][:[GROUP]] PATH...	改变 HDFS 上路径为 PATH 的文件的所属用户，-R 选项表示递归执行该操作	hadoop dfs -chown -R hadoop: hadoop /user/test，表示将/user/test 目录下所有文件的所属用户和所属组别改为 hadoop
hadoop dfs -chgrp [-R] GROUP PATH...	改变 HDFS 上路径为 PATH 的文件的所属组别，-R 选项表示递归执行该操作	hadoop dfs -chown -R hadoop /user/test，表示将/user/test 目录下所有文件的所属组别改为 hadoop
hadoop dfs -help	显示所有 dfs 命令的帮助信息	hadoop dfs -help

3.3.2　Java API

本地访问 HDFS 最主要的方式是 HDFS 提供的 Java 应用程序接口，其他的访问方式都建立在这些应用程序接口之上。为了访问 HDFS，HDFS 客户端必须拥有一份 HDFS 的配置文件，也就是 hdfs-site.xml 文件，以获取 NameNode 的相关信息，每个应用程序也必须能访问 Hadoop 程序库 JAR 文件，也就是在$HADOOP_HOME、$HADOOP_HOME/lib 下面的 jar 文件。

Hadoop 是由 Java 编写的，所以通过 Java API 可以调用所有的 HDFS 的交互操作接口，最常用的是 FileSystem 类，它也是命令行 hadoop fs 的实现，其他接口在这一节也会有介绍。

1．java.net.URL

先来看一个例子，如代码清单 3-1 所示。

代码清单 3-1　java.net.URL 示例

```
package com.hdfsclient;

import java.io.IOException;
```

```
import java.io.InputStream;
import java.net.MalformedURLException;
import java.net.URL;
import org.apache.hadoop.fs.FsUrlStreamHandlerFactory;
import org.apache.hadoop.io.IOUtils;

public class MyCat {

    static{
        URL.setURLStreamHandlerFactory(new FsUrlStreamHandlerFactory());
    }

    public static void main(String[] args) throws MalformedURLException, IOException{
        InputStream in = null;
        try {
            in = new URL(args[0]).openStream();
            IOUtils.copyBytes(in, System.out, 4096,false);
        } finally{
            IOUtils.closeStream(in);
        }
    }
}
```

编译代码清单 3-1 所示的代码，导出为 xx.jar 文件，执行命令：

```
hadoop jar xx.jar hdfs://master:9000/user/hadoop/test
```

执行完成后，屏幕上输出 HDFS 的文件/user/hadoop/test 的文件内容。

该程序是从 HDFS 读取文件的最简单的方式，即用 java.net.URL 对象打开数据流。代码中，静态代码块的作用是让 Java 程序识别 Hadoop 的 HDFS url。

2. org.apache.hadoop.fs.FileSystem

虽然上面的方式是最简单的方式，但是在实际开发中，访问 HDFS 最常用的类还是 FileSystem 类。

（1）读取文件。读取文件的示例如代码清单 3-2 所示。

代码清单 3-2 读取文件示例

```
package com.hdfsclient;

import java.io.IOException;
import java.io.InputStream;
import java.net.URI;
import org.apache.hadoop.conf.Configuration;
import org.apache.hadoop.fs.FileSystem;
import org.apache.hadoop.fs.Path;
import org.apache.hadoop.io.IOUtils;

public class FileSystemCat {
```

```
    public static void main(String[] args) throws IOException {
        String uri = "hdfs://master:9000/user/hadoop/test";
        Configuration conf = new Configuration();
        FileSystem fs = FileSystem.get(URI.create(uri), conf);

        InputStream in = null;
        try {
            in = fs.open(new Path(uri));
            IOUtils.copyBytes(in, System.out, 4096,false);
        } finally{
            IOUtils.closeStream(in);
        }
    }
}
```

编译代码清单 3-2 所示的代码，导出为 xx.jar 文件，上传至集群任意一节点，执行命令：

```
hadoop jar xx.jar com.hdfsclient.FileSystemCat
```

执行完成后控制台会输出文件内容。

FileSystem 类的实例获取是通过工厂方法：

```
public static FileSystem get(URI uri,Configuration conf) throws IOException
```

其中 Configuration 对象封装了 HDFS 客户端或者 HDFS 集群的配置，该方法通过给定的 URI 方案和权限来确定要使用的文件系统。得到 FileSystem 实例之后，调用 open()函数获得文件的输入流：

```
Public FSDataInputStream open(Path f) throws IOException
```

方法返回 Hadoop 独有的 FSDataInputStream 对象。

（2）写入文件。写入文件的示例如代码清单 3-3 所示。

代码清单 3-3　写入文件示例

```
package com.hdfsclient;

import java.io.BufferedInputStream;
import java.io.FileInputStream;
import java.io.IOException;
import java.io.InputStream;
import java.io.OutputStream;
import java.net.URI;
import org.apache.hadoop.conf.Configuration;
import org.apache.hadoop.fs.FileSystem;
import org.apache.hadoop.fs.Path;
import org.apache.hadoop.io.IOUtils;

public class FileCopyFromLocal {
    public static void main(String[] args) throws IOException {
```

```
            //本地文件路径
            String source = "/home/hadoop/test";
            String destination = "hdfs://master:9000/user/hadoop/test2";
            InputStream in = new BufferedInputStream(new FileInputStream(source));
            Configuration conf = new Configuration();
            FileSystem fs = FileSystem.get(URI.create(destination),conf);
            OutputStream out = fs.create(new Path(destination));
            IOUtils.copyBytes(in, out, 4096,true);
        }
}
```

编译代码清单 3-3 所示的代码，导出为 xx.jar 文件，上传至集群任意一节点，执行命令：

```
hadoop jar xx.jar com.hdfsclient.FileCopyFromLocal
```

FileSystem 实例的 create()方法返回 FSDataOutputStream 对象，与 FSDataInputStream 类不同的是，FSDataOutputStream 不允许在文件中定位，这是因为 HDFS 只允许一个已打开的文件顺序写入，或在现有文件的末尾追加数据。

（3）创建 HDFS 的目录。创建 HDFS 目录的示例如代码清单 3-4 所示。

代码清单 3-4　创建 HDFS 目录示例

```
package com.hdfsclient;

import java.io.IOException;
import java.net.URI;
import org.apache.hadoop.conf.Configuration;
import org.apache.hadoop.fs.FileSystem;
import org.apache.hadoop.fs.Path;

public class CreateDir {

    public static void main(String[] args){
        String uri = "hdfs://master:9000/user/test";
        Configuration conf = new Configuration();
        try {
            FileSystem fs = FileSystem.get(URI.create(uri), conf);
            Path dfs=new Path("hdfs://master:9000/user/test");
            fs.mkdirs(dfs);
        } catch (IOException e) {
            e.printStackTrace();
        }
    }
}
```

编译代码清单 3-4 所示的代码，导出为 xx.jar 文件，上传至集群任意一节点，执行命令：

```
hadoop jar xx.jar com.hdfsclient.CreateDir
```

运行完成后可以用命令 hadoop dfs -ls 验证目录是否创建成功。

（4）删除 HDFS 上的文件或目录。删除 HDFS 上的文件或目录的示例如代码清单 3-5 所示。

代码清单 3-5　删除 HDFS 上的文件或目录示例

```
package com.hdfsclient;

import java.io.IOException;
import java.net.URI;
import org.apache.hadoop.conf.Configuration;
import org.apache.hadoop.fs.FileSystem;
import org.apache.hadoop.fs.Path;

public class DeleteFile {
    public static void main(String[] args){
    String uri = "hdfs://master:9000/user/hadoop/test";
        Configuration conf = new Configuration();
        try {
            FileSystem fs = FileSystem.get(URI.create(uri), conf);
            Path delef=new Path("hdfs://master:9000/user/hadoop");
          boolean isDeleted=fs.delete(delef,false);
          //是否递归删除文件夹及文件夹下的文件
          //boolean isDeleted=fs.delete(delef,true);
          System.out.println(isDeleted);
        } catch (IOException e) {
            e.printStackTrace();
        }
    }
}
```

编译代码清单 3-5 所示的代码，导出为 xx.jar 文件，上传至集群任意一节点，执行命令：

```
hadoop jar xx.jar com.hdfsclient.DeleteFile
```

如果需要递归删除文件夹，则需将 fs.delete(arg0, arg1)方法的第二个参数设为 true。

（5）查看文件是否存在。查看文件的示例如代码清单 3-6 所示。

代码清单 3-6　查看文件示例

```
package com.hdfsclient;

import java.io.IOException;
import java.net.URI;
import org.apache.hadoop.conf.Configuration;
import org.apache.hadoop.fs.FileSystem;
import org.apache.hadoop.fs.Path;

public class CheckFileIsExist {
   public static void main(String[] args){
    String uri = "hdfs://master:9000/user/hadoop/test";
        Configuration conf = new Configuration();
```

```
        try {
            FileSystem fs = FileSystem.get(URI.create(uri), conf);
            Path path=new Path(url);
            boolean isExists=fs.exists(path);
            System.out.println(isExists);
        } catch (IOException e) {
            e.printStackTrace();
        }
    }
}
```

编译代码清单 3-6 所示的代码，导出为 xx.jar 文件，上传至集群任意一台节点，执行命令：

```
hadoop jar xx.jar com.hdfsclient.CheckFileIsExist
```

（6）列出目录下的文件或目录名称。列出目录下的文件或目录名称的示例如代码清单 3-7 所示。

代码清单 3-7 列出目录下的文件或目录名称示例

```
package com.hdfsclient;

import java.io.IOException;
import java.net.URI;
import org.apache.hadoop.conf.Configuration;
import org.apache.hadoop.fs.FileStatus;
import org.apache.hadoop.fs.FileSystem;
import org.apache.hadoop.fs.Path;

public class ListFiles {
    public static void main(String[] args){
        String uri = "hdfs://master:9000/user";
        Configuration conf = new Configuration();
        try {
           FileSystem fs = FileSystem.get(URI.create(uri), conf);
           Path path =new Path(uri);
           FileStatus stats[]=fs.listStatus(path);
           for(int i = 0; i < stats.length; ++i){
                System.out.println(stats[i].getPath().toString());
        }
           fs.close();
        }  catch (IOException e) {
            e.printStackTrace();
        }
    }
}
```

编译代码清单 3-7 所示的代码，导出为 xx.jar 文件，上传至集群任意一节点，执行命令：

```
hadoop jar xx.jar com.hdfsclient.ListFiles
```

运行后，控制台会打印出/user 目录下的目录名称或文件名。

（7）文件存储的位置信息。文件存储的位置信息的示例如代码清单 3-8 所示。

代码清单 3-8　文件存储的位置信息示例

```
package com.hdfsclient;

import java.io.IOException;
import java.net.URI;
import org.apache.hadoop.conf.Configuration;
import org.apache.hadoop.fs.BlockLocation;
import org.apache.hadoop.fs.FileStatus;
import org.apache.hadoop.fs.FileSystem;
import org.apache.hadoop.fs.Path;

public class LocationFile {
   public static void main(String[] args){
    String uri = "hdfs://master:9000/user/test/test";
        Configuration conf = new Configuration();
        try {
            FileSystem fs = FileSystem.get(URI.create(uri), conf);
            Path fpath=new Path(uri);
           FileStatus filestatus = fs.getFileStatus(fpath);
           BlockLocation[] blkLocations = fs.getFileBlockLocations(filestatus, 0,
                   filestatus.getLen());
           int blockLen = blkLocations.length;
           for(int i=0;i<blockLen;i++){
              String[] hosts = blkLocations[i].getHosts();
              System.out.println("block_"+i+"_location:"+hosts[0]);
           }
        } catch (IOException e) {
            e.printStackTrace();
        }
   }
}
```

编译代码清单 3-8 所示的代码，导出为 xx.jar 文件，上传至集群任意一节点，执行命令：

```
hadoop jar xx.jar com.hdfsclient.LocationFile
```

前面提到过，HDFS 的存储由 DataNode 的块完成，执行成功后，控制台会输出：

```
block_0_location:slave1
block_1_location:slave2
block_2_location:slave3
```

表示该文件被分为 3 个数据块存储，存储的位置分别为 slave1、slave2、slave3。

3. SequenceFile

SequeceFile 是 HDFS API 提供的一种二进制文件支持，这种二进制文件直接将<key, value>对序列化到文件中，所以 SequenceFile 是不能直接查看的，可以通过 hadoop dfs -text 命令查看，后面跟要查看的 SequenceFile 的 HDFS 路径。

（1）写入 SequenceFile。写入 SequenceFile 的示例如代码清单 3-9 所示。

代码清单 3-9 写入 SequenceFile 示例

```
package com.hdfsclient;

import java.io.IOException;
import java.net.URI;
import org.apache.hadoop.conf.Configuration;
import org.apache.hadoop.fs.FileSystem;
import org.apache.hadoop.fs.Path;
import org.apache.hadoop.io.IOUtils;
import org.apache.hadoop.io.IntWritable;
import org.apache.hadoop.io.SequenceFile;
import org.apache.hadoop.io.Text;

public class SequenceFileWriter {

    private static final String[] text = {
        "两行黄鹂鸣翠柳",
        "一行白鹭上青天",
        "窗含西岭千秋雪",
        "门泊东吴万里船",
    };

    public static void main(String[] args) {
        String uri = "hdfs://master:9000/user/hadoop/testseq";
        Configuration conf = new Configuration();
        SequenceFile.Writer writer = null;
        try {
            FileSystem fs = FileSystem.get(URI.create(uri), conf);
            Path path =new Path(uri);
            IntWritable key = new IntWritable();
            Text value = new Text();
            writer = SequenceFile.createWriter(fs, conf, path, key.getClass(),
                     value.getClass());

             for (int i = 0;i<100;i++){
                 key.set(100-i);
                 value.set(text[i%text.length]);
                 writer.append(key, value);
             }

        } catch (IOException e) {
             e.printStackTrace();
        } finally {
             IOUtils.closeStream(writer);
        }
    }
}
```

可以看到 SequenceFile.Writer 的构造方法需要指定键值对的类型。如果是日志文件，那么时间戳作为 key，日志内容是 value 是非常合适的。

编译代码清单 3-9 所示的代码，导出为 xx.jar 文件，上传至集群任意一节点，执行命令：

```
hadoop jar xx.jar com.hdfsclient.SequenceFileWriter
```

运行完成后，执行命令：

```
hadoop dfs -text /user/hadoop/testseq
```

可以看到如下内容：

```
100  两行黄鹂鸣翠柳
99   一行白鹭上青天
98   窗含西岭千秋雪
97   门泊东吴万里船
......
2    窗含西岭千秋雪
1    门泊东吴万里船
```

（2）读取 SequenceFile。读取 SequenceFile 的示例如代码清单 3-10 所示。

代码清单 3-10 读取 SequenceFile 示例

```
package com.hdfsclient;

import java.io.IOException;
import java.net.URI;
import org.apache.hadoop.conf.Configuration;
import org.apache.hadoop.fs.FileSystem;
import org.apache.hadoop.fs.Path;
import org.apache.hadoop.io.IOUtils;
import org.apache.hadoop.io.SequenceFile;
import org.apache.hadoop.io.Writable;
import org.apache.hadoop.util.ReflectionUtils;

public class SequenceFileReader {
    public static void main(String[] args) {
        String uri = "hdfs://master:9000/user/hadoop/testseq";
        Configuration conf = new Configuration();
        SequenceFile.Reader reader = null;

        try {
            FileSystem fs = FileSystem.get(URI.create(uri), conf);
            Path path = new Path(uri);
            reader = new SequenceFile.Reader(fs, path, conf);
            Writable key = (Writable) ReflectionUtils.newInstance(reader.getKeyClass(),
                conf);
           Writable value = (Writable) ReflectionUtils.newInstance(reader.getValueClass(),
                conf);
            long position = reader.getPosition();
```

```
                while(reader.next(key,value)){
                    System.out.printf("[%s]\t%s\n",key,value);
                    position = reader.getPosition();
                }
            } catch (IOException e) {
                e.printStackTrace();
            } finally {
                IOUtils.closeStream(reader);
            }
        }
    }
```

编译代码清单 3-10 所示的代码，导出为 xx.jar 文件，上传至集群任意一节点，执行命令：

```
hadoop jar xx.jar com.hdfsclient.SequenceFileReader
```

运行完成后，控制台会输出：

```
[100]    两行黄鹂鸣翠柳
[99]     一行白鹭上青天
[98]     窗含西岭千秋雪
[97]     门泊东吴万里船
......
[2]      窗含西岭千秋雪
[1]      门泊东吴万里船
```

3.3.3 其他常用的接口

1. Thrift

HDFS 底层的接口是通过 Java API 提供的，所以非 Java 程序访问 HDFS 比较麻烦。弥补方法是通过 thriftfs 功能模块中的 Thrift API 将 HDFS 封装成一个 Apache Thrift 服务。这样任何与 Thrift 绑定的语言都能与 HDFS 进行交互。为了使用 Thrift API，需要运行提供 Thrift 服务的服务器，并以代理的方式访问 Hadoop。目前支持远程调用 Thrift API 的语言有 C++、Perl、PHP、Python 和 Ruby。

2. FUSE

用户空间文件系统（Filesystem in Universe，FUSE）允许把按照用户空间实现的文件系统整合成一个 Unix 文件系统。通过使用 Hadoop 的 Fuse-DFS 功能模块，任意一个 Hadoop 文件系统（如 HDFS）均可作为一个标准文件系统进行挂载。随后便可以使用普通 Unix 命令，如 ls、cat 等，与该文件系统交互，还可以通过任意一种编程语言调用 POSIX 库来访问文件系统。

其余可以访问 HDFS 的还有 WebDAV、HTTP、FTP 接口，不过并不常用。

3.3.4 Web UI

我们还可以通过 NameNode 的 50070 端口号访问 HDFS 的 Web UI，HDFS 的 Web UI 包含了非常丰富并且实用的信息，如图 3-10 所示。通过 HDFS 的 Web UI 了解集群的状况是一名合格 Hadoop 开发和运维人员必备的条件。

我们可以直接在浏览器中输入 master:50070（即 NameNode 的主机名:端口号）便可进入 Web UI，如图 3-10 所示。图中下面的表格展示了整个 HDFS 大致的信息，如总容量、使用量、剩余量等，如图 3-11 所示。

Hadoop　Overview　Datanodes　Datanode Volume Failures　Snapshot　Startup Progress　Utilities

Overview 'quickstart.cloudera:8020' (active)

Started:	Tue May 10 01:55:11 PDT 2016
Version:	2.6.0-cdh5.5.0, rfd21232cef7b8c1f536965897ce20f50b83ee7b2
Compiled:	2015-11-09T20:37Z by jenkins from Unknown
Cluster ID:	CID-20868bdf-f075-4168-a907-8c4765d9e375
Block Pool ID:	BP-1614789257-127.0.0.1-1447880472993

图 3-10　HDFS 的 Web UI

Summary

Security is off.

Safemode is off.

1,079 files and directories, 824 blocks = 1,903 total filesystem object(s).

Heap Memory used 72.91 MB of 239 MB Heap Memory. Max Heap Memory is 889 MB.

Non Heap Memory used 31.36 MB of 32.44 MB Commited Non Heap Memory. Max Non Heap Memory is 130 MB.

Configured Capacity:	54.64 GB
DFS Used:	717.22 MB
Non DFS Used:	10.96 GB
DFS Remaining:	42.97 GB
DFS Used%:	1.28%
DFS Remaining%:	78.65%
Block Pool Used:	717.22 MB
Block Pool Used%:	1.28%
DataNodes usages% (Min/Median/Max/stdDev):	1.28% / 1.28% / 1.28% / 0.00%
Live Nodes	1 (Decommissioned: 0)
Dead Nodes	0 (Decommissioned: 0)
Decommissioning Nodes	0
Total Datanode Volume Failures	0 (0 B)
Number of Under-Replicated Blocks	0
Number of Blocks Pending Deletion	0
Block Deletion Start Time	5/10/2016, 1:55:11 AM

图 3-11　HDFS 的 DataNode 节点状况

3.4　HDFS 中的新特性

在 CDH5 中，很多在 CDH3 和 CDH4 中没有解决的问题都得到了比较好的解决，这使 CDH5 的 HDFS 有很多有用的新特性。

3.4.1　NameNode HA

NameNode HA 是 Hadoop 2.2 版本后增加的特性，解决了第一代 Hadoop 的 NameNode 单点故障，随后 Cloudera 将其加入 CDH4 中，在 CDH5 上得到完善，是目前生产环境必备的功能。NameNode HA 顾名思义就是 NameNode 的热备，而非像 SecondaryNameNode 是 NameNode 的冷备。

NameNode HA 的技术有以下几个难点。

（1）主 NameNode（active）和从 NameNode（stand by）要状态同步。

（2）防止脑裂（split-brain）。顾名思义，就是双机热备的系统中，两个主节点突然失去联系，这时，两个节点会同时以为对方出现故障，会本能地争抢资源，就像脑裂人一样。

（3）在准备切换时，对上层应用要做到无感知。

带着这几个问题，我们来看看 NameNode HA 方案的架构，如图 3-12 所示。

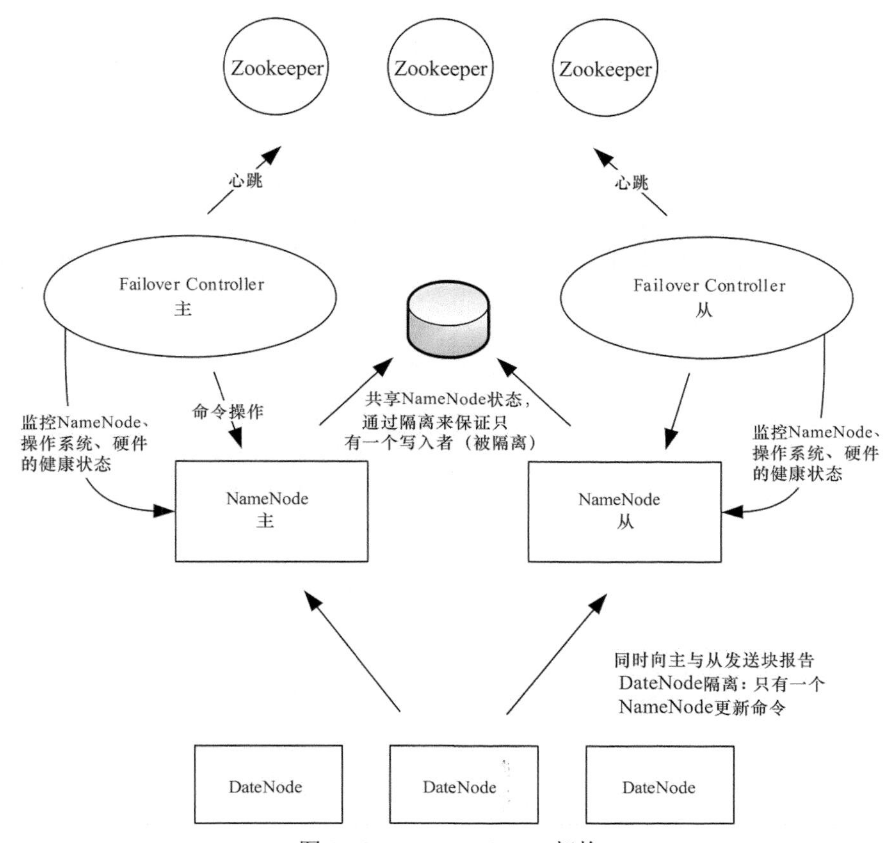

图 3-12　NameNode HA 架构

NameNode HA 包括两个 NameNode、分别是主（active）与从（stand by），另外还有 Zookeeper Failover Controller（ZKFC）、Zookeeper、共享编辑日志（share editlog）。集群启动后，一个 NameNode 处于主（active）状态，并提供服务，处理客户端和 DataNode 的请求，并把编辑日志（editlog）写到本地和共享编辑日志（可以是 NFS、QJM 等）中。另外一个 NameNode 处于从（stand by）状态，它启动的时候加载 FSI 文件，然后周期性的从共享编辑日志中获取编辑日志，保持与主 NameNode 的状态同步。为了实现从节点在主节点挂掉后迅速提供服务，需要 DataNode 同时向两个 NameNode 汇报，使得从节点保存块到 DataNode，因为 NameNode 启动中最费时的工作是处理所有 DataNode 的块报告（block report）。为了实现热备，增加 FailoverController 和 ZK 以及 FailoverController 与 ZK 通信，通过 ZK 选择主节点，FailoverController 通过 RPC 让 NameNode 转换为主或从。

那么来看看前面提到的 3 个问题。第一个是状态同步的问题，从节点通过共享存储周期性获取编辑日志来保持状态，并且 DataNode 同时向两个 NameNode 发送块报告。第二个是防止脑裂的问题，一旦主 NameNode 节点挂掉，那么共享存储会立即进行隔离（fencing），确保只有一个 NameNode 能够命令 DataNode。这样做之后，还需要对客户端进行隔离，要确保只有一个 NameNode 能响应客户端请求。让访问从节点的客户端直接失败。然后通过若干次的失败后尝试连接新的 NameNode，对客户端的影响是增加一些重试时间，但是对应用来说几乎感觉不到。

值得注意的是，该种架构其实将单点故障转移到了共享存储，Cloudera 采取的是轻量级的高可用共享存储 QJM（Qurom Journal Manager）实现。

3.4.2 NameNode Federation

NameNode HA 是为了解决 NameNode 可用性的问题，而 NameNode Federation 则主要是为了解决 NameNode 扩展性、隔离性，以及单个 NameNode 性能方面的问题。NameNode Federation 架构如图 3-13 所示。

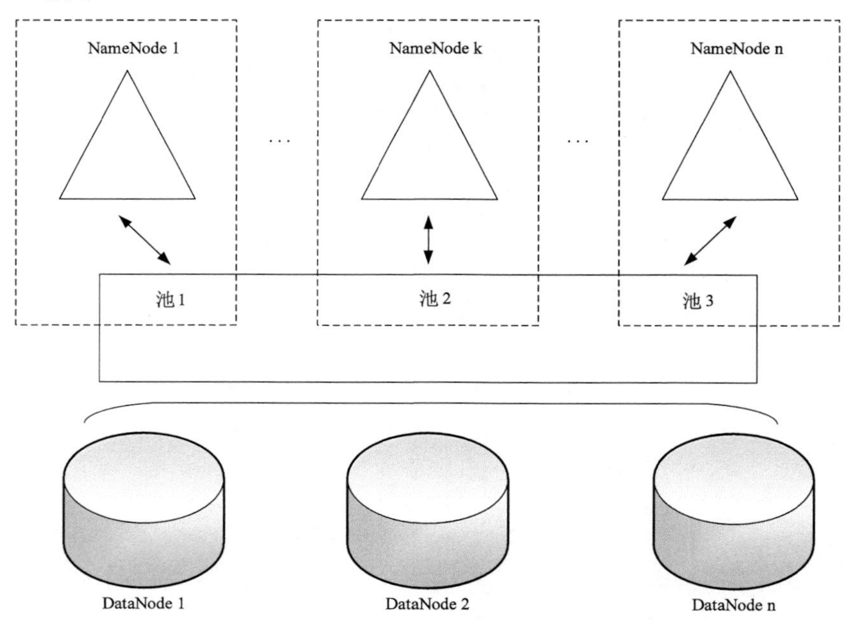

图 3-13 NameNode Federation 架构

NameNode Federation 使用了多个命名空间，这些命名空间互相独立、自治（其实是对元数据的水平切分），而集群中所有 DataNode 向所有 NameNode 都进行注册，而一个块池（block pool）由属于同一个命名空间的数据块组成，每个 DataNode 可能会存储集群中所有块池的数据块。每个块池互相独立，有一个挂掉了也不会影响其他块池正常工作。

同时部署了 NameNode HA 和 NameNode Federation 时，集群结构会相对复杂一点，如图 3-14。在实际的生产环境中，NameNode HA 几乎是必备，而当集群规模在 1 000 台以下时，几乎是不需要 NameNode Federation 的。

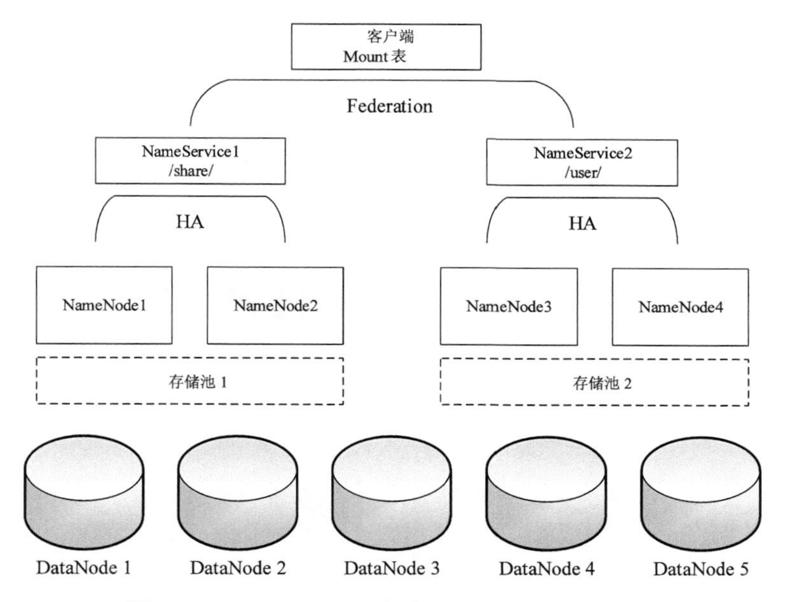

图 3-14　NameNode HA 混合 NameNode Federation

另外，通过 Cloudera Manager 可以很方便地部署 NameNode HA、NameNode Federation 服务，这样就不用手动修改配置文件了。

3.4.3　HDFS Snapshots

HDFS Snapshots（快照）是一个只读的基于时间点的文件系统副本。快照可以是整个文件系统的也可以是其中一部分的。它常用来作为数据备份，防止用户误操作和容灾。

HDFS Snapshots 实现了：

- Snapshot 创建的时间复杂度为 $O(1)$；
- 只有当修改 Snapshot 时，才会有额外的内存占用，内存使用量为 $O(n)$，n 为修改的文件或者目录数；
- 在 DataNode 上的块不会复制，Snapshot 文件是记录了块的列表和文件的大小，但是没有数据的复制；
- Snapshot 并不会影响 HDFS 的正常操作，修改会按照时间的反序记录，这样可以直接读取最新数据。快照数据是通过当前数据减去修改的部分计算出来的。

3.5　小结

本章介绍了 Hadoop 生态系统的基础 HDFS。HDFS 主要在于使用，要熟悉它的读写原理、访问方式。另外，HDFS 的 HA 在生产环境必不可少。

第 4 章

YARN：统一资源管理和调度平台

夫运筹策帷帐之中，决胜于千里之外，吾不如子房。

——司马迁《史记·高祖本纪》

与上一代 Hadoop（CDH3）相比，新一代 Hadoop（CDH4、CDH5）最大的变化就是引入了 YARN 这层架构。YARN 的引入使 Hadoop 更加开放，更加轻量，更加弹性，架构层次更加合理。本章将带领读者了解 YARN。

4.1 YARN 是什么

YARN 的全称是 Yet Another Resource Negotiator，翻译过来就是“另一种资源协调者”，这种说法可能会让读者感到一些困惑，YARN 更准确的说法是“统一资源管理和调度平台”。在介绍这个名词之前，先来看看 YARN 出现的原因，也就是 MRv1 的局限性。

YARN 脱胎于 MRv1，并克服了 MRv1 的种种不足。先来看看 MRv1 被人诟病的地方。MRv1 的不足主要是在可靠性差、扩展性差、资源利用率低、无法支持异构的计算框架。

- 可靠性差：MRv1 是主从架构，主节点 JobTracker 一旦出现故障会导致整个集群不可用。
- 扩展性差：MRv1 的主节点 JobTracker 承担资源管理和作业调度的功能，一旦同时提交的作业过多，JobTracker 将不堪重负，成为整个集群的性能瓶颈，制约集群的线性扩展。
- 资源利用低：正如前面所提到的，MRv1 的资源表示模型是“槽”，这种资源表示模型将资源划分为 Map 槽和 Reduce 槽，也就是说 Map 槽只能运行 Map 任务，而 Reduce 槽只能运行 Reduce 任务，两者不能混用。那么在运行 MapReduce 作业时，就一定会存在资源浪费的情况，如 Map 槽非常紧张，而 Reduce 槽还很充裕。
- 无法支持异构的计算框架：在一个组织中，可能并不只有离线批处理的需求，也许还有流处理的需求、大规模并行处理的需求等，这些需求了催生了一些新的计算框架，如 Strom、Spark、Impala 等，目前 MRv1 并不能支持多种计算框架共存。

为了克服上面这些不足，社区开始着手下一代 Hadoop 的开发，并提出了一个通用的架构——统一资源管理和调度平台。统一资源管理和调度平台直接导致了 YARN、Mesos 等平台的出现（YARN 是由 Hontworks 公司贡献的）。在 MRv2 中，YARN 接管了所有资源管理的功能，兼容了异构的计算框架，并且采用无差别的资源隔离方案，很好地克服了上述不足，如图 4-1 所示。

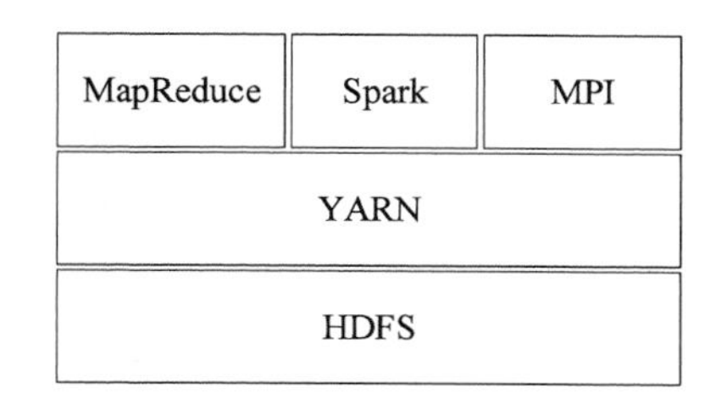

图 4-1 兼容了异构计算框架的 YARN

从图 4-1 中可以看出，整个 Hadoop 其实是以 YARN 为中心的，计算框架都是可插拔的。而 MapReduce 失去了所有资源管理的功能，进而退化为单一的计算框架，并且所有计算框架都可以共享底层的数据。

4.2 统一资源管理和调度平台范型

YARN 是一种统一资源管理和调度平台的实现，所以在具体介绍 YARN 之前，有必要对统一资源管理和调度平台做个详细的介绍，这样读者就更容易深入理解 YARN。

一个好的统一资源管理和调度平台应该做到支持多种计算框架、，有良好的扩展性、容错性和高资源利用率。但遗憾的是，并不是所有的平台都能做到这几点，MRv1 的 JobTracker 就是一个最好的反面教材，但是 MRv1 的结构和 YARN 完全不同，所以接下来，我们将根据目前资源管理和调度平台的总体运行宏观机制对其进行分类，一共可以归纳出三种：集中式调度器、双层调度器与状态共享调度器。

4.2.1 集中式调度器

集中式调度器（monolithic scheduler）的最大特点是全局只运行一个中央调度器，整合的计算框架的资源请求全部提交给中央调度器来满足，所有的调度逻辑都由中央调度器来实现，所以调度系统在高并发作业的情况下，容易出现性能瓶颈，如图 4-2 所示，下面的大方块是集群信息，调度器拥有全部的集群信息（上面的小方块）。

所有的调度逻辑都集中在中央调度器里，这对并发影响很大，所以在分配资源时，是完全顺序执行的（no concurrency），类似的调度框架有 MRv1 的 JobTracker，目前已经被淘汰。

集中式调度器

调度逻辑

没有并发

图 4-2 集中式调度器

4.2.2 双层调度器

顾名思义，双层调度器（two-level scheduler）将整个调度工作划分为两层：中央调度器和框架调度器。中央调度器管理集群中所有资源的状态，它拥有集群所有的资源信息，它按照一定策略（如 FIFO、Fair、Capacity、Delay、Dominant Resource Fair）将资源粗粒度地分配给框架调度器，各个框架收到资源后再根据作业特性细粒度地将资源分配给容器执行具体的计算任务。在这种双层架构中，每个计算框架看不到整个集群的资源，只能看到中央调度器给自己的资源，如图 4-3 所示。

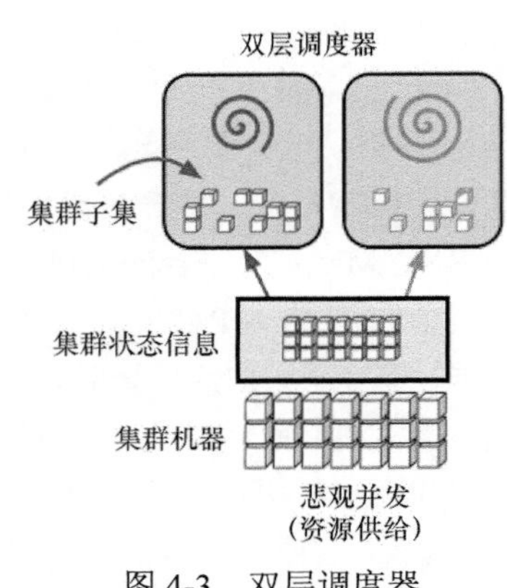

图 4-3　双层调度器

二级调度器的存在大大减轻了中央调度器的负载，这对并发来说有很大提升，资源利用率也得到了提升。Facebook 使用了 Corona 后，利用率从 75%（JobTracker）提高到了 95%。但由于中央调度器的存在，这种并发还是一种悲观并发。当中央调度器做出将某些资源分配给哪个计算框架的决策的时候，还是必须顺序执行，属于悲观锁。值得注意的是，中央调度器还是保存有整个集群的资源信息，但每个二级调度器只能看到部分的集群资源信息。

这种双调度的实现有 Apache YARN 和 Apache Mesos。

4.2.3　状态共享调度器

状态共享调度器（shared-state scheduler）是由 Google 公司的 Omega 调度系统提出的一种新范型，与 Google 的其他论文不同，关于 Omega 的这篇论文对详细设计语焉不详，只简单说了大体原理和与其他调度范型的比较，如图 4-4 所示。

如图 4-4 所示，状态共享式调度大大弱化了中央调度器，它只需保存一份集群使用信息，取而代之的是各个框架调度器，每个调度器都能获取集群的全部信息，并采用了乐观锁控制并发。

Omega 与双层调度器的不同在于严重弱化了中央调度器，每个框架内部会不断地从主调度器更新集群信息并保存一份，而框架对资源的申请则会在该份信息上进行，一旦框架做出决策，就会将该信息同步到主调度，资源竞争过程是通过事务进行的，从而保证了操作的原子性。由于决策是在自己的私有数据上做出的，并通过原子事务提交，系统保证只有一个胜出者，这是一种类似于 MVCC 的乐观并发机制，可以增加系统的整体并发性能。

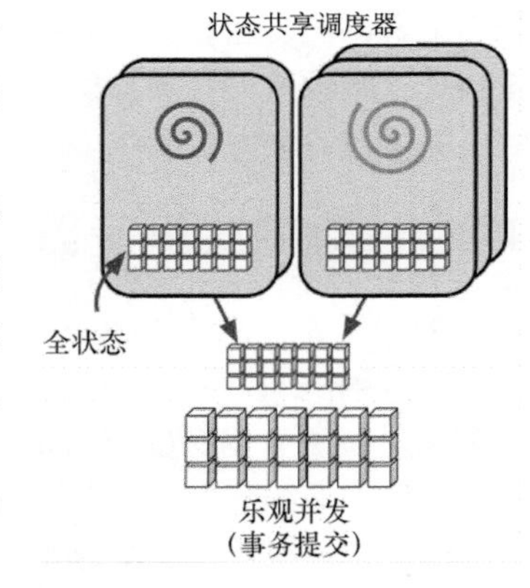

图 4-4　状态共享式调度器

在了解完统一资源管理和调度平台的范型之后，下面来看看双层调度具体的实现——YARN。

4.3　YARN 的架构

YARN 的架构还是传统的主从（master/slave）架构，如图 4-5 所示。

YARN 服务由 ResourceManager 和 NodeManager 两类进程组成，Container 是 YARN 的资源表示模型，任何类型的计算类型的作业都可以运行在 Container 中，ApplicationMaster 就是 YARN

的二级调度器，它也运行在 Container 中。

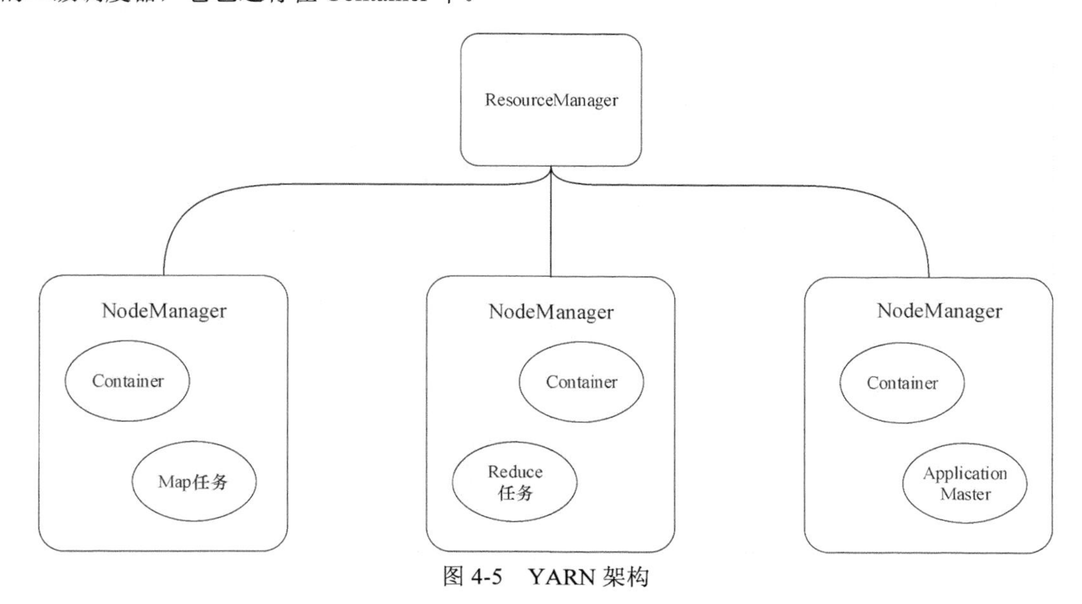

图 4-5 YARN 架构

4.3.1 ResourceManager

ResourceManagers，顾名思义，是集群中所有资源的管理者，负责集群中所有资源管理和调度，在双层调度器范型中，属于中央调度器。它定期会接收各个 NodeManager 的资源汇报信息，并进行汇总，并根据资源使用情况，将资源分配给各个应用的二级调度器（ApplicationMaster）。

在 YARN 中，ResourceManager 主要的职责是资源调度，当多个作业同时提交时，ResourceManager 在多个竞争的作业之间权衡优先级并进行仲裁资源，当资源分配完成后，ResourceManager 就不关心应用内部的资源分配，也不关注每个应用的状态，这样的话，ResourceManager 针对每个应用来说，只进行一次资源分配，大大减轻了 ResourceManager 负荷，使得其扩展性大大增强。

为了更好地理解 ResourceManager 的运行机制，下面来看看 ResourceManager 内部的架构图，如图 4-6 所示。

这些内部模块可以以向外部对象提供服务的差别来进行分组：客户端、NodeManager、ApplicationMaster 和其他核心组件，下面结合 ResourceManager 的功能，对一些关键模块进行简单的讲解。

- Yarn Scheduler：Yarn Scheduler 负责给正在运行的应用程序分配资源，这些应用程序受到容量、队列等各方面的限制。它基于应用程序的资源申请来执行资源调度，目前能调度的资源有内存和 CPU 核。目前支持的调度器有 FIFO 调度器、Capacity 调度器、自适应调度器、自学习调度器、动态优先级调度器等等，它相当于双层调度器中的主调度器。

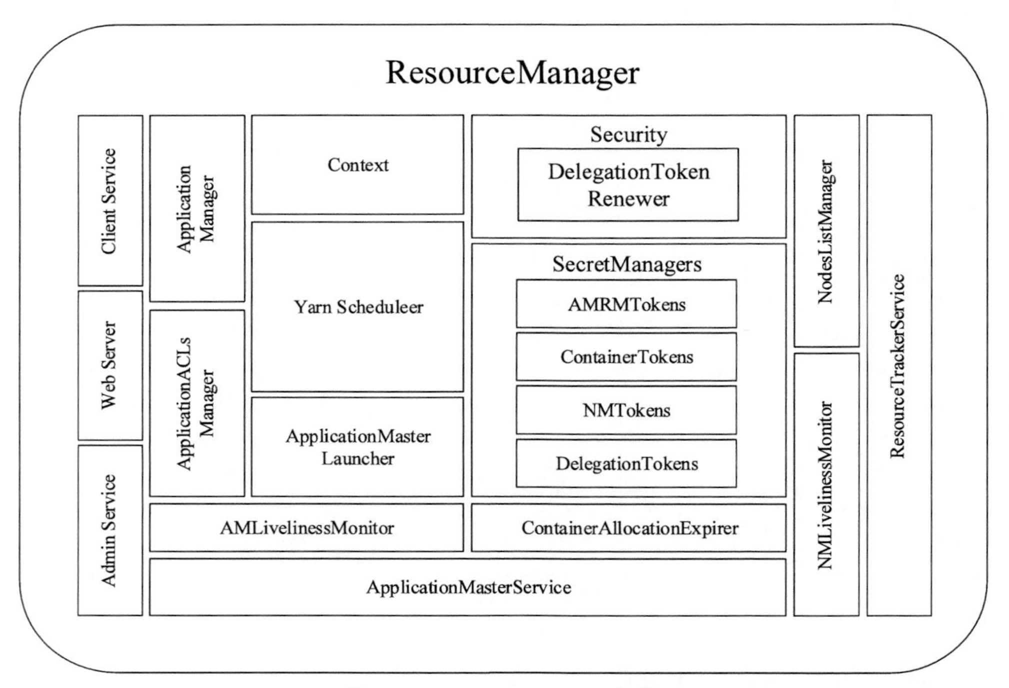

图 4-6　ResourceManager 架构

- ApplicationManager：ApplicationManager 负责管理已提交的应用的集合。在应用提交后，首先检查 ApplicationMaster 资源请求的合法性。然后确定没有其他已提交的应用已经使用了相同的 ID。
- 该组件还负责记录和管理已结束的应用，过一段时间才从 ResourceManager 的内存中清除。
- ApplicationMaster Service：该组件响应来自所有 ApplicationMaster 的请求，它可以注册新的 ApplicationMaster、接受来自任意正在结束的 ApplicationMaster 的终止或取消注册请求、认证来自不同 ApplicationMaster 的所有请求，确保只有合法的 ApplicationMaster 发送的请求传递给 ResourceManager 中的应用程序对象、获取所有来自所有运行 ApplicationMaster 的 Container 的分配和释放请求，异步地转发给 YARN 调度器。ApplicationMaster Service 有额外的逻辑来确保在任意时间点任意 ApplicationMaster 只有一个线程可以发送请求给 ResourceManager。在 ResourceManager 上来自 ApplicationMaster 的 RPC 请求都被串行化了，这也是主调度器悲观并发的原因。
- Resource Tracker Service：上面两个模块负责 ApplicationMaster 打交道，而这个模块是负责和 NodeManager 进行交互的。NodeManager 会周期性地发送心跳到 ResourceManager 的 Resource Tracker Service，该组件负责响应来自所有节点的 RPC 请求，它具体负责注册新节点、接受前面注册节点的心跳、确保只有合法的节点可以和 ResourceManager 通信，拒绝其他不合法的节点。

- Client Service：这个模块的功能相对简单，负责处理来自客户端到 ResourceManager 的 RPC 通信，有作业提交、作业终止、获取应用程序、队列、集群统计、用户 ACL 及更多的信息。该组件和 Kerberos 认证配合可以认证用户权限。

以上模块分别负责与 NodeManager 交互、与 ApplicationMaster 的交互、与客户端的交互，以及调度器模块，除此之外，还有安全相关的组件等。我们可以访问 ResourceManager 的 8088 端口访问 YARN 的管理界面，如图 4-7 和图 4-8 所示。

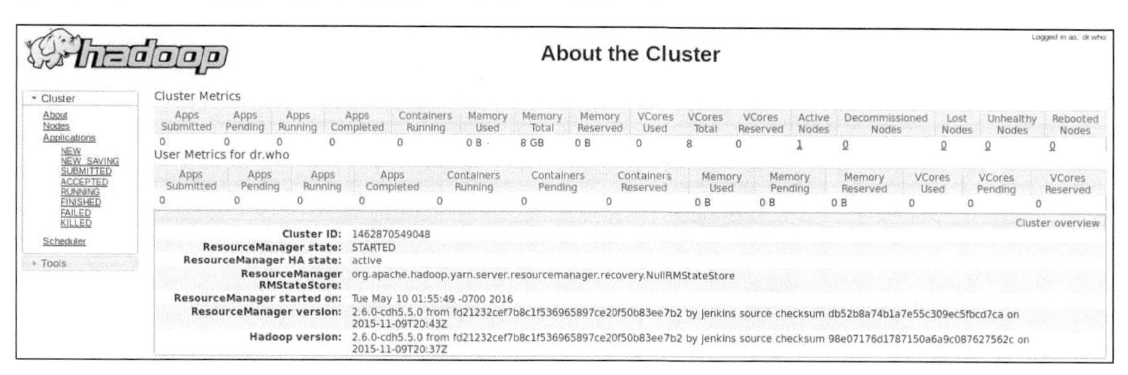

图 4-7 集群整体信息

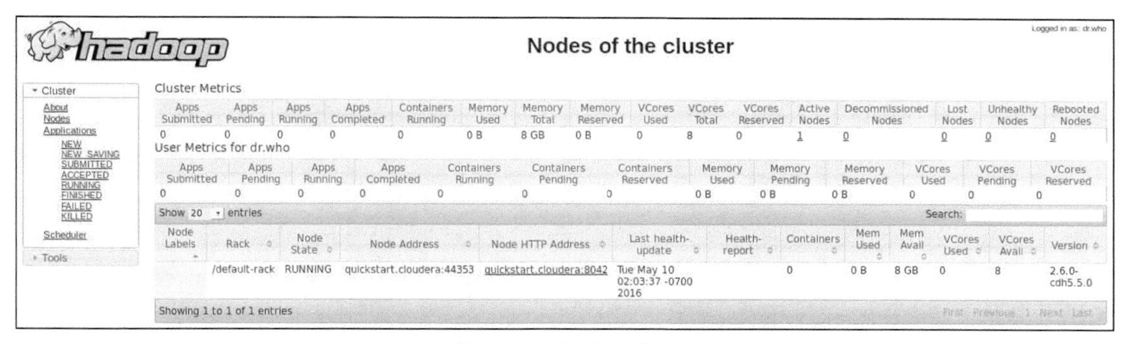

图 4-8 集群节点信息

4.3.2 NodeManager

NodeManager 是 YARN 集群中单个节点的代理，它管理 YARN 集群中的单个计算节点，它负责保持与 ResourceManager 的同步，跟踪节点的健康状况，管理各个 Container 的生命周期，监控每个 Container 的资源使用情况，管理分布式缓存，管理各个 Container 生成的日志，提供不同 YARN 应用可能需要的辅助服务。其中 Container 的管理是 NodeManager 的核心功能，NodeManager 可以接收 ResourceManager 和 ApplicationMaster 的命令来启动或者销毁容器[19]。下面是 NodeManager 的架构图，如图 4-9 所示。

NodeManager 的组件按照功能主要分为与 ResourceManager 进行交互、容器管理、容器操作、Web 界面、删除服务、资源本地化、安全等。下面对关键模块进行讲解。

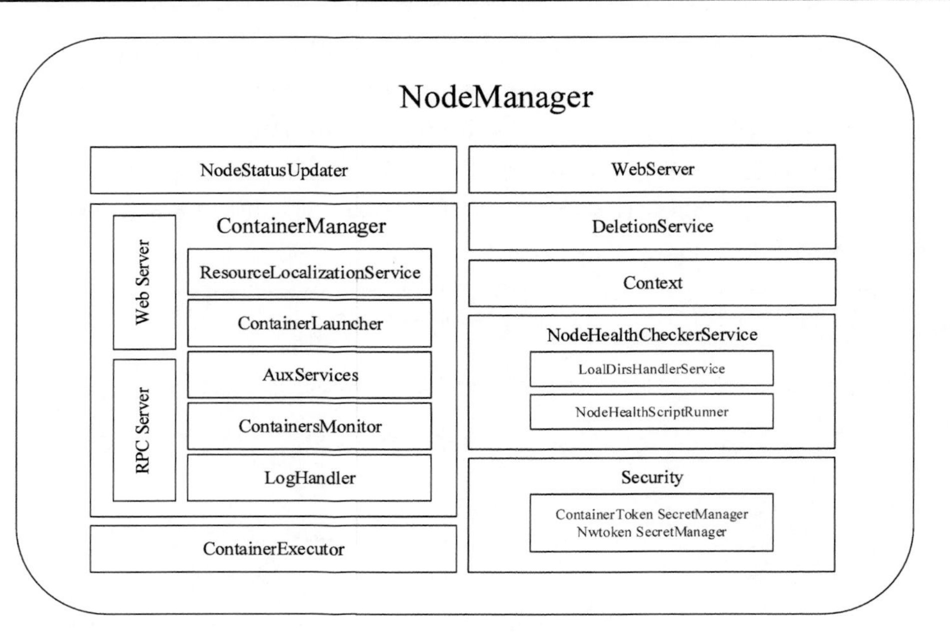

图 4-9 NodeManager 架构

- NodeStatusUpdater：该负责 NodeManager 与 ResourceManager 交互，在 NodeManager 启动时，NodeStatusUpdater 会向 ResourceManager 注册，并发送该节点的可用资源信息，在注册过程中，ResourceManager 会和 NodeManager 完成安全方面的认证。在接下来 NodeManager 与 ResourceManager 的通信中，NodeStatusUpdater 会周期性地汇报该节点正在运行的 Container 信息、状态更新信息、已完成的 Container 信息、ApplicationMaster 新启动的 Container 信息。ResourceManager 也可以通过 NodeStatusUpdater 来通知销毁正在运行的 Container，当 ResourceManager 上面的应用结束后，ResourceManager 都会向 NodeManager 发出信号，命令开始清理该应用占用的资源，然后再开始日志聚合（log aggregation）。
- ContainerManager：是 NodeManager 最核心的组件之一，它由许多子组件构成，每个子组件负责容器管理的一部分功能，协同管理该节点的所有容器。
- RPC Server：是 ApplicationMaster 和 NodeManager 之间通信的唯一通道，ContainerManager 通过 RPC Server 接受各个 ApplicationMaster 的 RPC 请求以启动新的 Container 或者停止正在运行的 Container。
- ResourceLocalizationService：是资源本地化服务，负责 Container 所需的资源本地化，它能按照正确的 URI 从 HDFS 下载 Container 所需的文件资源（例如 UDF 的 JAR 文件）。
- AuxService：NodeManager 运行用户通过配置附属服务的方式来扩展自己的功能，这使得每个节点可以定制一些特定框架需要的服务。例如，我在第 2 章安装 Hadoop 时在 yarn-site.xml 中配置 yarn.nodemanager.aux-services 为 mapreduce_shuffle。

- ContainerLauncher：该组件维护了一个线程池来并行完成对 Container 的相关操作，例如启停 Container，其中启动 Container 操作是由 ApplicationMaster 发起的，而停止则可能是由 ResourceManager 和 ApplicationMaster 发起的。
- ContainersMonitor：该组件负责监控 Container 的资源使用量。为了实现集群对于多用户的公平以及资源隔离，ResourceManager 为每个 Container 分配了一定量的资源，以达到多用户同时使用集群且互不干涉的目的。ContainersMonitor 会定期探测 Container 的资源使用量，一旦发现超过配额的上限就向 Container 发送信号将其杀掉，这样就不会影响同节点上其他作业的 Container，在 YARN 中，内存资源是通过该组件进行监控，而 CPU 资源则采用了轻量级资源隔离方案 Cgroups。
- LogHandler：一个可插拔的组件，用户可以自定义控制 Container 日志的保持方式。
- ContainerExecutor：ContainerExecutor 可与底层操作系统交互，安全存放 Container 需要的文件和目录，进而以一种安全的方式启动和清除 Container 对应的进程。

除此之外 NodeManager 还有负责周期性检查节点健康状况、删除服务和安全的模块。

4.3.3 ApplicationMaster

在介绍 ResourceManager 和 NodeManager 时，不免会提到 ApplicationMaster，它是 YARN 架构中比较特殊的组件，生命周期随着应用的开始而开始，结束而结束。

ApplicationMaster 是协调集群中应用程序的进程，每个应用程序都有自己专属的 ApplicationMaster，不同的计算框架的 ApplicationMaster 的实现也是不同的，它负责向 ResourceManager 申请资源，在对应的 NodeManager 上启动 Container 来执行任务，并在应用中不断地监控这些 Container 的状态。在双层调度器模型中，ApplicationMaster 属于二级调度器，而 ResourceManager 属于一级调度器。

ApplicationMaster 的启动是由 ResourceManager 完成的。当作业被提交后，ResourceManager 会在集群中任选一个 Container，启动作为 ApplicationMaster。

由于在作业执行过程中，ApplicationMaster 会不断获取任务执行情况，所以用户可以访问 ApplicationMaster 来查询作业的执行情况。

4.3.4 YARN 的资源表示模型 Container

MRv1 的资源表示模型自诞生以来就为人所诟病，其呆板的资源划分方式制约了集群的高效使用，而 YARN 提出的 Container 资源表示模型则很好地解决了这一问题。Container 相比于 MRv1 的 Slot 资源划分模型是一种通用的、动态的，如图 4-10 所示。

图 4-10 的左边是 MRv1 的资源表示模型，可以看到被分为两个槽（slot），其中一个只能运行 Map 任务，而另一个只能运行 Reduce 任务，更遑论支持多计算框架了。在 MRv1 运行过程中，这两个槽既不能增加也不能减少。对于 MapReduce 这种计算框架，对 Map 槽和 Reduce 槽的需求会根据作业执行过程的变化而变化，这就必定会造成资源浪费。

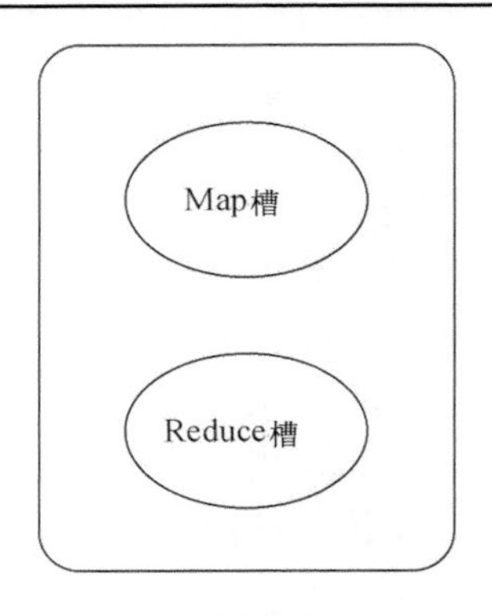

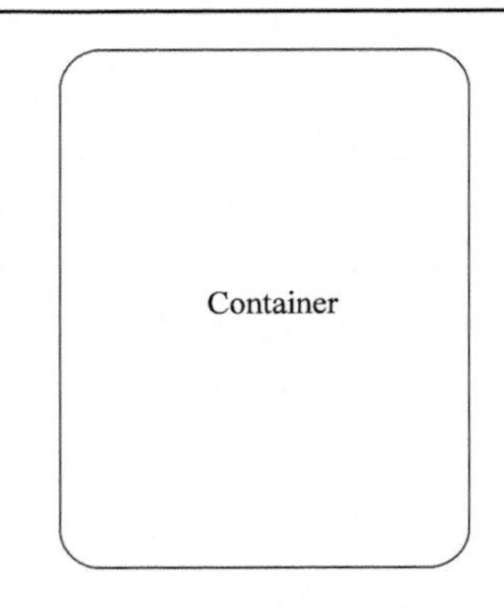

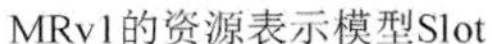

YARN的资源表示模型Container

图 4-10 两种资源表示模型

而 YARN 的 Container 模型，对不同计算框架都是无差别对待的，也就是说，Container 中完全没有计算框架的逻辑，非常简洁和干净。目前，Container 仍然代表了一组资源（CPU 和内存），未来有望支持更多维度，如硬盘、带宽甚至 GPU。在资源分配上，Container 将按照二级调度器（也就是 ApplicationMaster）申请的大小来按需分配资源，从而大大减少了资源浪费。管理员只需设定 Container 资源的最大值，表示该节点有多少资源可供计算框架使用即可，这样单个节点的 Container 数量则取决于申请的大小和该节点的 Container 资源量，并不是一开始就确定的。此外，管理员还可以配置单个 Container 资源的最大值和最小值、增量大小来更细粒度地控制。

4.4 YARN 的工作流程

在了解了 YARN 的 ResourceManager、NodeManager、ApplicationMaster 和 YARN 的资源表示模型 Container 后，接下来的问题是这些组件是如何工作的。YARN 的工作流程 MRv1 的方式完全不同，并且它的工作流程并不会因为计算框架的改变而改变，是一个通用的过程。

YARN 的工作流程如图 4-11 所示。

- 第 1 步：客户端向 ResourceManager 提交自己的应用。
- 第 2 步：ResourceManager 向 NodeManager 发出指令，为该应用启动第一个 Container，并在其中启动 ApplicationMaster。
- 第 3 步：ApplicationMaster 向 ResourceManager 注册。
- 第 4 步：ApplicationMaster 采用轮询的方式向 ResourceManager 的 YARN Scheduler 申领资源。
- 第 5 步：当 ApplicationMaster 申领到资源后（其实是获取到了空闲节点的信息），便会与对应的 NodeManager 通信，请求启动计算任务。
- 第 6 步：NodeManager 根据资源量大小、所需的运行环境，在 Container 中启动任务。
- 第 7 步：各个任务向 ApplicationMaster 汇报自己的状态和进度，以便 ApplicationMaster 掌握各个任务的执行情况。

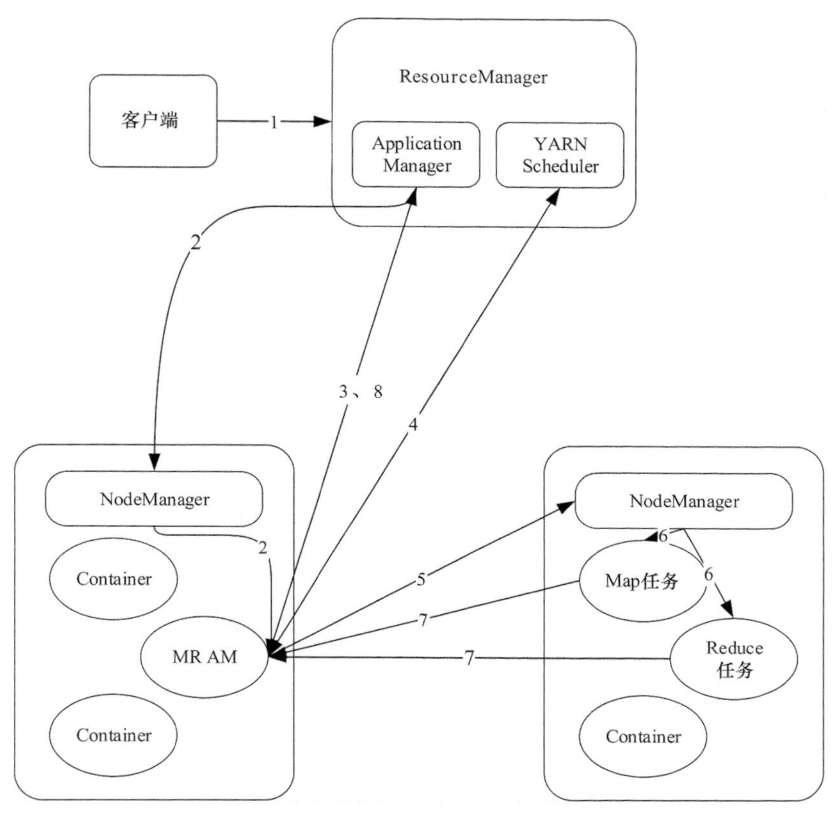

图 4-11 YARN 的工作流程

- 第 8 步：应用程序运行完成后，ApplicationMaster 向 ResourceManager 注销并关闭自己。

从上面的工作流程可以看出，YARN 是典型的双层调度实现，其中主调度器是 ResourceManager 的 YARN Scheduler，二级调度器其实是 ApplicationMaster。

4.5 YARN 的调度器

YARN 是双层调度范式，YARN Scheduler 是 YARN 的主调度器，YARN Scheduler 有多种实现，每一种对应了不同的调度策略，如常见的 FIFO Scheduler，Fair Scheduler、Capacity Scheduler 等，它们都是可插拔的。资源调度器是 YARN 中最核心的组件之一，并且是可插拔的，用户可以根据它的一整套接口，编写自己的 Scheduler，实现自己所需的调度逻辑。这里的调度逻辑指的是第一次调度逻辑，而不关注第二层调度策略，它由计算框架自己控制。

4.5.1 YARN 的资源管理机制

YARN 的资源是以资源池的形式组织的。每个资源池对应一个队列（queue），用户在提交作业的时候以-queue 参数指定要提交的队列，就可以使用队列背后对应的资源池。在第二代 Hadoop 中，队列是以树形的方式组织起来的，如图 4-12 所示，YARN 中最大的资源池就是整个集群的资源，对应队列为根队列 root，如果用户不指定队列，那么默认提交的就是该队列[18]。

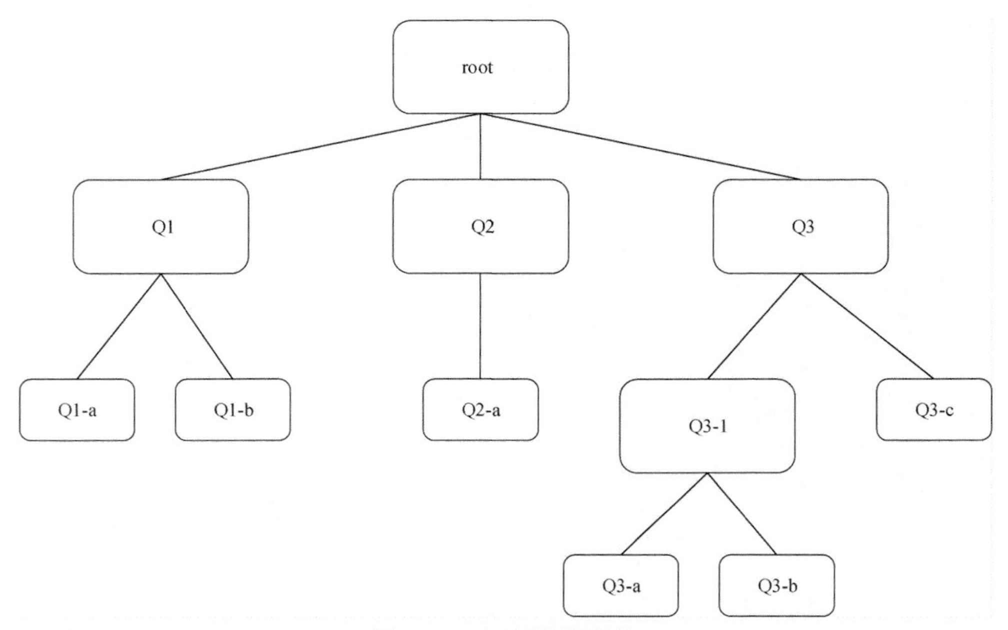

图 4-12　队列的树形结构

可以看到，图 4-12 中有 6 个子队列（Q1-a、Q1-b、Q2-a、Q3-a、Q3-b 和 Q3-c），以及它们的父队列（Q1、Q2 和 Q3）和最后的根队列 root。用户只能将自己的作业提交给子队列，每个队列都可继续向其中添加子队列。子队列的资源使用的都是父队列的资源。

在添加队列时，还会设置一个最小容量和最大容量。此外，基于队列，还可以进行用户权限管理、系统资源管理。基于队列的资源池在实际场景中非常有用，每一个队列可以对应到某个部门或者项目组，这样在一个集群中，就可以支持多个业务同时运行而互不干涉。

4.5.2　FIFO Scheduler

FIFO 意味着先进先出（first in first out）。它先按照作业的优先级高低，再按照到达时间的先后选择被执行的作业。

4.5.3　Capacity Scheduler

Capacity Scheduler 是 Yahoo!开发的调度器，对多用户支持较好。Capacity Scheduler 的大致原理是以队列划分资源，每个队列可设定资源的最低保证和最大使用上限，每个用户也可以设定资源的使用上限。当某个队列的资源空闲时，可以将它的剩余资源共享给其他队列。

Capacity Scheduler 支持多租户多应用同时运行，另外它可以将空闲的资源共享给繁忙的队列使用，这也使得它很灵活。实际上，Capacity Scheduler 就是将整个 YARN 集群的资源在逻辑上划分为若干个独立的子集群。

在调度时，首先按照资源使用率由小到大遍历各个子队列，如果子队列仍然有叶子队列，则仍然按照资源使用率从小大到大进行遍历，当子队列是叶子队列时，则选中该队列作为分配给用户的队列。这样就能保证选择的是最空闲的队列。选中队列后，再按照作业的提交时间进行排序。选中某个作业后，再优先选择优先级高的 Container，优先级的排序方式为 node local（本地）、rack local（同机架）、no local（跨机架）。我们可以看到，在选取了队列后，Capacity Scheduler 在队列内部采取的调度策略为 FIFO。总的说来，Capacity Scheduler 采取的是三级分配策略，即队列到应用（作业）再到 Container（任务）。

4.5.4 Fair Scheduler

Fair Scheduler 是 Facebook 开发的多用户调度器，它和 Capacity Scheduler 很相似，也是以队列划分资源，设定最低保证和最大使用上限，在某个队列空闲时也可以将资源共享给其他队列。但是，Fair Scheduler 在很多方面与 Capacity Scheduler 还是有所不同。这主要体现在以下几个方面。

- *队列内部支持多种调度策略*：在队列中，Fair Scheduler 可以选择 FIFO、Fair 和 DRF（dominant resource fairness，主资源公平）的调度策略来为应用程序分配资源。Fair 策略是一种基于最大最小公平算法实现的资源多路复用方式。简言之，就是队列中 n 个同时运行的作业，每个作业获得该队列 $1/n$ 的资源。DRF 是在一个包括多种资源类型（主要考虑 CPU 和内存）的系统的公平资源分配策略。
- *支持资源抢占*：在前面说过，当队列有剩余资源时，可以共享给其他队列使用。但是，当该队列有新的应用提交时，系统调度器理应为它回收共享资源。但是考虑到共享的资源正在进行计算，所以调度器采取了先等待再强制回收的策略，也就是说，如果等待一段时间后，还未释放资源，则从使用共享资源的队列中杀死一部分任务（注意不是作业）来释放资源。
- *负载均衡*：Fair Scheduler 有一个基于任务数目的负载均衡机制，该机制尽可能将系统中的任务均匀分配到各个节点。
- *多种调度配置策略*：Fair Scheduler 可以为每个队列设置单独的调度策略，目前支持 FIFO、Fair、DRF，比较灵活。
- *提高小应用程序响应时间*：由于可以采取 Fair 算法，所以小应用程序也可以快速获取资源，避免了饿死的状况。

在调度时，Fair Scheduler 也和 Capacity Scheduler 一样，遍历所有子队列，支持 FIFO、Fair 或者 DRF 策略。选出最合适的那个之后，Fair Scheduler 按照 Fair 策略对子队列中的作业排序。选中某个作业后，再优先选择优先级高的 Container，优先级的排序方式为 node local（本地）、rack local（同机架）、no local（跨机架）。和 Capacity Scheduler 一样，Fair Scheduler 也是采取了三级分配策略，即队列到应用（作业）再到 Container（任务）。

4.6 YARN 命令行

如果 YARN 命令已经在 PATH 环境变量中，这时只需在控制台输入 yarn 即可使用 YARN 命令行。YARN 命令行包含很多功能，对于日常运维、查看日志、提交作业有很大帮助。

不加任何参数输入 yarn，控制台会显示：

```
Usage: yarn [--config confdir] COMMAND
where COMMAND is one of:
  resourcemanager -format-state-store   deletes the RMStateStore
  resourcemanager                       run the ResourceManager
  nodemanager                           run a nodemanager on each slave
  timelineserver                        run the timeline server
  rmadmin                               admin tools
  version                               print the version
  jar <jar>                             run a jar file
  application                           prints application(s)
                                        report/kill application
  applicationattempt                    prints applicationattempt(s) report
  container                             prints container(s) report
  node                                  prints node report(s)
  queue                                 prints queue information
  logs                                  dump container logs
  classpath                             prints the class path needed to get the Hadoop
                                        jar and the required libraries
  daemonlog                             get/set the log level for each daemon
```

下面对每个命令进行讲解。

- yarn resourcemanager [-format-state-store]：启动 ResourceManager，参数表示格式化 RMStateStore，只有当历史作业不再需要时，才需要格式化。
- yarn nodemanager：在每个节点上启动 NodeManager 进程。
- yarn timelineserver：启动 YARN 时间线服务器（Timeline Server）是一个通用作业历时服务器（Job History Server），不只是针对 MapReduce，而是针对更多的计算框架，如 Spark 等。
- yarn rmadmin：主要是管理功能。rmadmin 后面还可以加上更多的参数选项。

```
Usage: yarn rmadmin
   -refreshQueues
   -refreshNodes
   -refreshSuperUserGroupsConfiguration
   -refreshUserToGroupsMappings
   -refreshAdminAcls
   -refreshServiceAcl
   -getGroups [username]
   -help [cmd]
   -addToClusterNodeLabels [label1,label2,label3] (label splitted by ",")
```

```
-removeFromClusterNodeLabels [label1,label2,label3] (label splitted by ",")
-replaceLabelsOnNode [node1:port,label1,label2 node2:port,label1,label2]
-directlyAccessNodeLabelStore
```

- -refreshQueues：重载队列的 ACL、状态和调度器特定的属性，ResourceManager 将重新加载 mapred-queues 配置文件。
- -refreshNodes：刷新 dfs.hosts 和 dfs.hosts.exclude 配置文件，这种方式无需重启 NameNode。
- -refreshUserToGroupsMappings：刷新用户到组的映射。
- -refreshSuperUserGroupsConfiguration：刷新用户组的配置。
- -refreshAdminAcls：刷新 ResourceManager 的 ACL 管理。
- -refreshServiceAcl：ResourceManager 重载服务级别的授权文件。
- -getGroups [username]：获取指定用户所属的组。
- -help [cmd]：显示指定命令的帮助，如果没有指定，则显示命令的帮助。
- -addToClusterNodeLabels [label1,label2,label3] (label splitted by ",")、-removeFromClusterNodeLabels [label1,label2,label3] (label splitted by ",") 和 -replaceLabelsOnNode [node1:port,label1,label2 node2:port,label1,label2]：这 3 个参数都是基于 YARN 的新特性——基于标签的调度，这种调度策略是 YARN 众多调度策略的一种。简言之，用户可以为每个 NodeManager 标注几个标签，如 high-speed-mem、high-speed-disk 等，以表明该节点的特点，是高速内存还是高速磁盘；同时，用户可以为调度器中每个队列标注几个标签，这样提交到某个队列中的作业，只会使用标注有对应标签的节点上的资源。
- -addToClusterNodeLabels：可以一次性添加多个标签。
- -removeFromClusterNodeLabels：移除标签。
- -replaceLabelsOnNode：替换标签。

- yarn version：打印 Hadoop 详细的版本。
- yarn jar <jar> [mainClass] args...：运行 jar 文件。
- yarn application：该命令主要是查看应用程序的状态，该命令同样也有一些参数。

```
usage: application
 -appStates <States>
 -appTypes <Types>
 -help
 -kill <Application ID>
 -list
 -movetoqueue <Application ID>
 -queue <Queue Name>
 -status <Application ID>
```

- -appStates <States>：与-list 配合使用，基于应用程序的状态来过滤应用程序。如果应用程序的状态有多个，用逗号分隔。有效的应用程序状态包括 ALL、NEW、

NEW_SAVING、SUBMITTED、ACCEPTED、RUNNING、FINISHED、FAILED 和 KILLED。

- -appTypes <Types>：与-list 配合使用，基于应用程序类型来过滤应用程序。如果应用程序的类型有多个，用逗号分隔。
- -kill <ApplicationId>：杀掉指定的应用程序。
- -list：从 ResourceManager 返回应用程序列表。使用-appTypes 参数，支持基于应用程序类型的过滤，使用-appStates 参数，支持对应用程序状态的过滤。
- -movetoqueue <Application ID>：将应用程序移到不同的队列。
- -queue <Queue Name>：与-movetoqueue <Application ID>配合使用，移到指定队列。
- -status <Application ID>：打印应用程序的状态。

● yarn applicationattempt [options]，打印应用程序尝试报告，有以下几个参数。

- -list <ApplicationId> ：获取到应用程序尝试的列表。
- -status <Application Attempt Id> ：打印应用程序尝试的状态。

● yarn container [options]，打印 Container 尝试的报告，有以下几个参数。

- -list <Application Attempt Id>：应用程序尝试的 Container 列表。
- -status <ContainerId>：打印 Container 的状态。

● yarn node [options]，打印节点的报告，有以下几个参数。

- -all：打印所有的节点的报告。
- -list：列出所有 RUNNING 状态的节点。支持-states 选项过滤指定的状态，节点的状态包含 NEW、RUNNING、UNHEALTHY、DECOMMISSIONED、LOST 和 REBOOTED。支持--all 显示所有的节点。
- -states <States>：和-list 配合使用，用逗号分隔节点状态，只显示这些状态的节点信息。
- -status <NodeId>：打印指定节点的状态。

● yarn queue [options]：打印队列信息，参数只有一个。

- -status <QueueName>：打印队列的状态。

● yarn logs -applicationId <application ID> [options]：主要用于收集作业日志，注意应用程序没有完成，日志没有收集完成，是不能打印日志的。该命令在调试作业时十分有用，有以下几个参数。

- -applicationId <application ID>：指定应用程序 ID，如 application_1453084200927_。10027。
- -appOwner <AppOwner>：指定应用程序的所有者。
- -containerId <ContainerId>：指定运行任务的 Container ID。
- -nodeAddress <NodeAddress>：指定运行任务的节点，格式为 host:name。

● yarn classpath：打印 Hadoop 相关库和其他所需的库。

● yarn daemonlog -getlevel <host:httpport> <classname> 和 yarn daemonlog -setlevel <host:httpport> <classname> <level>：针对指定的守护进程获取/设置日志优先级。

4.7 Apache Mesos

从前面的内容我们可以很清楚地知道，YARN 是典型的双层调度模型。目前，集中式调度存在重大缺陷，而状态共享调度还不太成熟，所以双层调度是业界的主流。虽然 YARN 的双层调度已在很多场景得到广泛应用，但我们也不能忽视另外一种双层调度的实现——Mesos。

Mesos 和 Spark 同出一门，都是加州伯克利大学 AMP 实验室出品，同属 Spark 生态圈。从某种意义上来，对 Spark 的支持更好。从 Spark 的提交命令来看，具有强烈的 Mesos 风格。

下面来看看 Mesos 的架构，如图 4-13 所示。

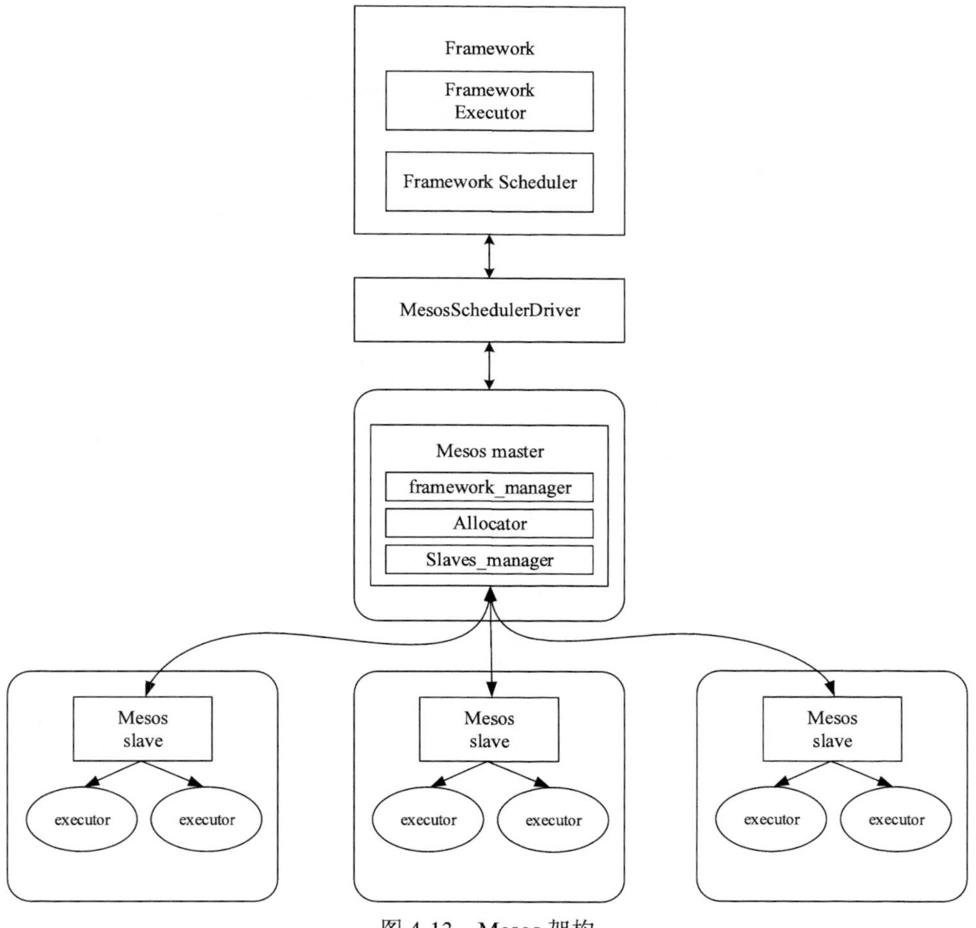

图 4-13 Mesos 架构

Framework 代表了某种计算框架，通过 MesosSchedulerDriver 接入 Mesos，一级调度器为 Mesos master 的 Allocator 组件，二级调度器为 Framework 的 Framework Scheduler，具体计算任

务由 Mesos slave 在 executor 中启动。各个 slave 通过 slaves_manager 与 Mesos master 进行通信。具体任务由 Mesos slave 的 executor 执行。

从上面的架构可以看出，Mesos 也是标准的双层调度。Mesos 采取的也是 DRF 调度策略。目前 DRF 算法在多资源和复杂环境下表现很好，将被越来越多的调度器使用。

虽然都是双层调度，而且 YARN 和 Mesos 有很多相同的地方，如调度模型、主从可用性、资源隔离，但是它们也有一些不同之处，如二级调度器实现等，不过它们之间最大的不同是设计目标有一些差别。YARN 和 Hadoop 结合得非常紧密，使得它非常适合处理大数据作业（如 MapReduce、Spark 和 Storm），但是 YARN 对其他长服务类型的作业（如 Web Service）却支持得较差，需要通过 Apache Slider（一个孵化器项目，旨在让不同应用运行在 YARN 上）。而 Mesos 在设计之初就是面向整个数据中心的，而不单单是大数据处理平台，它可以支持各种各样的计算框架和服务，如数据库服务、Web Service 等，从这方面来说，Mesos 的愿景比 YARN 还要大。

在实际情况下，Mesos 和 YARN 也可以共存，如大数据作业由 YARN 来调度，其余作业由 Mesos 来调度，但是这样就需要两套物理隔离的集群，必然会存在大量的资源浪费。目前有一个名为 Myriad 的项目可以让 YARN 运行在 Mesos 中，在一定程度上解决了这个问题。

4.8　小结

YARN 是第二代 Hadoop 的重要组成部分，它和 HDFS 共同成为 Hadoop 的基础，让 Hadoop 变得更成熟、更开放。YARN 的出现使集群资源利用率大大增加，双层调度模型又避免了 JobTracker 的并发瓶颈，可插拔的调度器又使得 YARN 可以满足不同类型的调度需求。

第 5 章

分而治之的智慧：MapReduce

话说天下大势，分久必合，合久必分。

——罗贯中《三国演义》

本章将介绍 Hadoop 的分布式计算框架：MapReduce。

5.1 认识 MapReduce

MapReduce 源于 Google 一篇论文，它充分借鉴了分而治之的思想，将一个数据处理过程拆分为主要的 Map（映射）与 Reduce（化简）两步。这样，即使用户不懂分布式计算框架的内部运行机制，只要能用 Map 和 Reduce 的思想描述清楚要处理的问题，即编写 map 和 reduce 函数，就能轻松地使问题的计算实现分布式，并在 Hadoop 上运行。MapReduce 的编程具有以下特点。

（1）开发简单：得益于 MapReduce 的编程模型，用户可以不用考虑进程间通信、套接字编程，无需非常高深的技巧，只需要实现一些非常简单的逻辑，其他的交由 MapReduce 计算框架去完成，大大简化了分布式程序的编写难度。

（2）可扩展性强：同 HDFS 一样，当集群资源不能满足计算需求时，可以通过增加节点的方式达到线性扩展集群的目的。

（3）容错性强：对于节点故障导致的作业失败，MapReduce 计算框架会自动将作业安排到健康节点重新执行，直到任务完成，而这些，对于用户来说都是透明的。

对于通常所说的 Hadoop 的 MapReduce，实际上包括了两个部分，一个是基于 MapReduce 编程思想的编程模型，另一个是 MapReduce 的运行环境（在 CDH5 中，运行环境已经变成 YARN），下面将展开说明。

5.1.1　MapReduce 的编程思想

Map（映射）与 Reduce（化简）来源于 LISP 和其他函数式编程语言中的古老的映射和化简操作，MapReduce 操作数据的最小单位是一个键值对。用户在使用 MapReduce 编程模型的时候，第一步就需要将数据抽象为键值对的形式，接着 map 函数会以键值对作为输入，经过 map 函数的处理，产生一系类新的键值对作为中间结果输出到本地。MapReduce 计算框架会自动将这些中间结果数据按照键做聚合处理，并将键相同的数据分发给 reduce 函数处理（用户可以设置分发规则）。reduce 函数以键和对应的值的集合作为输入，经过 reduce 函数的处理后，产生了另外一系列键值对作为最终输出。

如果用表达式表示，其过程如下式所示：

```
{Key1, Value1} → {Key2, List<Value2>} → {Key3, Value3}
```

读者可能觉得上面的描述和表达式非常抽象，那么让我们先来看一个例子。有一篮苹果，一些是红苹果，一些是青苹果，每个苹果有一个唯一编号，如图 5-1 所示，要解决的问题是统计该篮苹果的数目、红苹果（深色）的个数和青苹果（浅色）的个数。

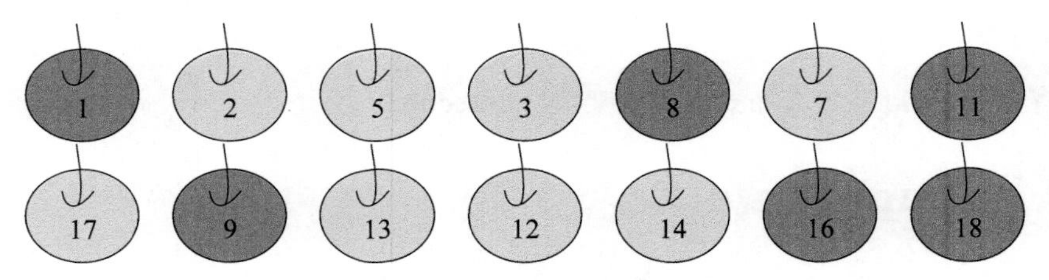

图 5-1　红苹果和青苹果

假设有 A、B、C 三个人，A 获得第一排苹果，B 获得第二排苹果，这时，A 和 B 分别统计自己手上的苹果的个数，然后将结果告知 C，C 将 A、B 的结果做一次汇总，得到最后结果。对于这个过程，其实用到了 MapReduce 的思想。我们可以从图 5-2 看出端倪。

A 的 map 函数的输入的格式为键值对 appleId-count，比如“11-1”表示 appleId 为 11 的苹果个数为 1，经过 map 函数的累和，即将所有 appleId 的 count 相加，输出为新的键值对 AppleCount-7，此时 B 也进行同样的操作，由于 A 和 B 的 map 函数输出的键值对的键相同，都为“AppleCount”，所以 MapReduce 框架会将其都分发到 C 作为 reduce 函数的输入，并在 reduce 函数中完成对键相同的值的累和，并输出最后结果 AppleCount-14。如果用表达式表示，即为：

```
{appleId, count} → {AppleCount, List<count>} → {AppleCount, count}
```

在这个例子中，就是用 MapReduce 的思想来完成苹果计数的问题，细心的读者可能发现，这个例子中 reduce 函数只执行了一次，是否可以执行多次呢，答案是肯定的，下面来看用 MapReduce 思想解决对红苹果和青苹果分别计数的问题。

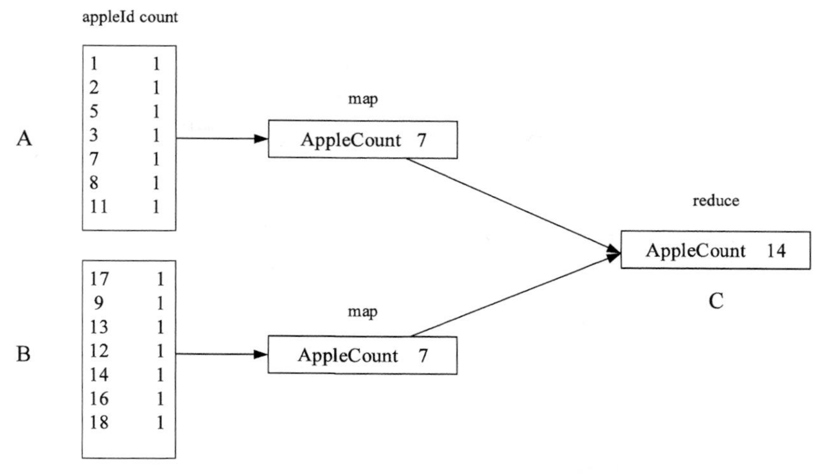

图 5-2 用 MapReduce 的思想完成苹果计数

假设有 A、B、C、D 四个人，A 获得第一排苹果，B 获得第二排苹果，A 将手上的红苹果给 C、青苹果给 D，B 将手上的红苹果给 C、青苹果给 D。C、D 再统计各自手上的结果，得到最后结果，如图 5-3 所示。

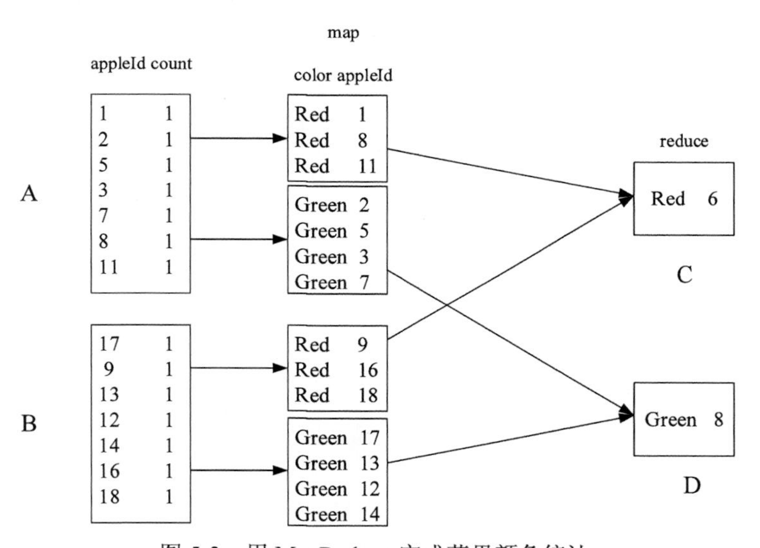

图 5-3 用 MapReduce 完成苹果颜色统计

A 的 map 函数的输入同上次一样，在 map 函数中，用 color 和 appleId 作为新的键值对重新输出，B 也做同样的操作。而 A、B 的 map 函数的输出的键值对会因为不同的键被分别分发到 C 和 D 执行 reduce 函数，而真正的计数是由 reduce 函数完成，并输出最后结果。这里 reduce 函数一共执行了两次，第一次是处理键为 Red 的数据，第二次是处理键为 Green 的数据。如果用表达式表示，即为：

```
{appleId, count} → {color, List<appleId>} → {color, count}
```

要理解 MapReduce 的编程思想，其核心的一点就是将数据用键值对表示。在现实生活中，很多数据要么本身就为键值对的形式，要么可以用键值对这种方式来表示，例如电话号码和通话记录，文件名和文件存储的数据等，键值对并不是高端数据挖掘独有的数据模型，而是存在于我们身边非常普通的模型。

利用分而治之的思想，可以将很多复杂的数据分析问题转变为一系列 MapReduce 作业，利用 Hadoop 的提供 MapReduce 计算框架，实现分布式计算，这样就能对海量数据进行复杂的数据分析，这也是 MapReduce 的意义所在。

5.1.2 MapReduce 运行环境

在 CDH5 中，因为采用了 YARN 来进行统一资源管理和调度，所以 MapReduce 的运行环境可以说就是 YARN，MapReduce 以客户端的形式向 YARN 提交任务，但我们还是来回顾下上一代 MapReduce 的运行环境，也就是 CDH3 中的 MapReduce 运行环境。与 HDFS 相同的是，上一代 Hadoop 的 MapReduce 计算框架也是主从架构，支撑 MapReduce 计算框架的是 JobTracker 和 TaskTracker 两类后台进程，如图 5-4 所示。

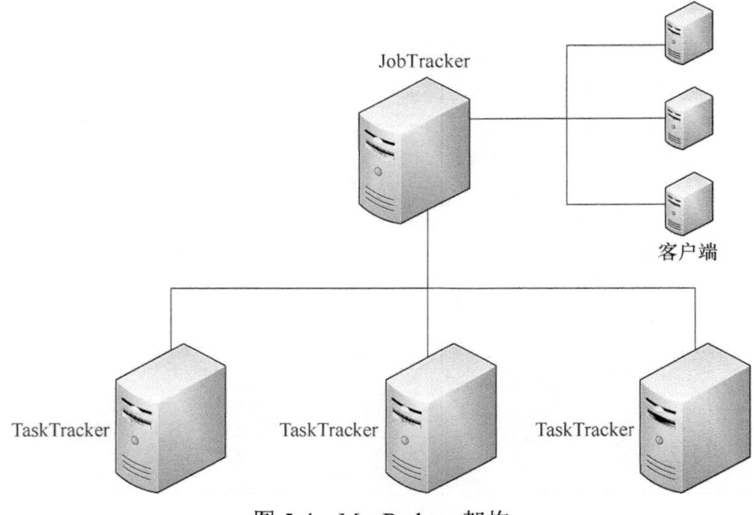

图 5-4 MapReduce 架构

1. JobTracker

JobTracker 在集群中扮演了主的角色，它主要负责任务调度和集群资源监控这两个功能，但并不参与具体的计算。一个 Hadoop 集群只有一个 JobTracker，存在单点故障的可能，所以必须运行在相对可靠的节点上，一旦 JobTracker 出错，将导致集群所有正在运行的任务全部失败。

与 HDFS 的 NameNode 和 DataNode 相似，TaskTracker 也会通过周期性的心跳向 JobTracker

汇报当前的健康状况和状态，心跳信息里面包括了自身计算资源的信息、被占用的计算资源的信息和正在运行中的任务的状态信息。JobTracker 则会根据各个 TaskTracker 周期性发送过来的心跳信息综合考虑 TaskTracker 的资源剩余量、作业优先级、作业提交时间等因素，为 TaskTracker 分配合适的任务。

JobTracker 还提供了一个基于 Web 的管理页面，用户可以通过 JobTracker:50030 端口访问，如图 5-5 所示，它包含了丰富的有关作业和任务的信息。正如上面所说，TaskTracker 会周期性地将自己的状态信息汇报给 JobTracker，所以该管理界面对集群的可用资源有完整的视图。同时每一个被提交的作业都有一个作业级别的视图，如图 5-6 所示，该视图提供一系列的链接用于访问作业的配置情况，同时还提供关于进度、各种指标以及任务级别的日志，如图 5-7 所示。对于 Hadoop 的开发人员和运维人员，这个管理界面是一个非常重要的工具。

2. TaskTracker

TaskTracker 在集群中扮演了从的角色，它主要负责汇报心跳和执行 JobTracker 的命令这两个功能。一个集群可以有多个 TaskTracker，但一个节点只会有一个 TaskTracker，并且 TaskTracker 和 DataNode 运行在同一个节点之中，这样，一个节点既是计算节点又是存储节点。TaskTracker 会周期性地将各种信息汇报给 JobTracker，而 JobTracker 收到心跳信息，会根据心跳信息和当前作业运行情况为该 TaskTracker 下达命令，主要包括启动任务、提交任务、杀死任务、杀死作业和重新初始化 5 种命令。

3. 客户端

用户编写的 MapReduce 程序通过客户端提交到 JobTracker。

master Hadoop Map/Reduce Administration

State: INITIALIZING
Started: Tue May 20 10:57:48 EDT 2014
Version: 0.20.2-cdh3u6, efb405d2aa54039bdf39e0733cd0bb9423a1eb0a
Compiled: Wed Mar 20 11:45:36 PDT 2013 by jenkins from
Identifier: 201405201057

Cluster Summary (Heap Size is 52.5 MB/889 MB)

Running Map Tasks	Running Reduce Tasks	Total Submissions	Nodes	Occupied Map Slots	Occupied Reduce Slots	Reserve Slo
0	0	0	0	0	0	0

Scheduling Information

Queue Name	State	Scheduling Information
default	running	N/A

Filter (Jobid, Priority, User, Name)
Example: 'user:smith 3200' will filter by 'smith' only in the user field and '3200' in all fields

Running Jobs

none

Retired Jobs

none

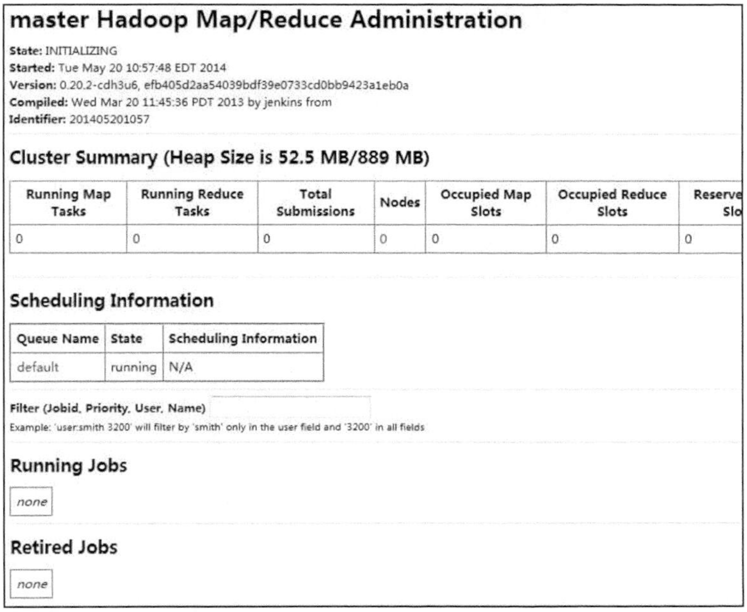

图 5-5　JobTracker 的 Web UI

Jobid	Priority	User	Name	Map % Complete	Map Total	Maps Completed	Reduce % Complete
job_201410070751_0001	NORMAL	hadoop	secondarysort	100.00%	1	1	100.00%
job_201410070751_0002	NORMAL	hadoop	secondarysort	100.00%	1	1	100.00%
job_201410070751_0003	NORMAL	hadoop	secondarysort	100.00%	1	1	100.00%
job_201410070751_0004	NORMAL	hadoop	secondarysort	100.00%	1	1	100.00%
job_201410070751_0005	NORMAL	hadoop	secondarysort	100.00%	1	1	100.00%
job_201410070751_0006	NORMAL	hadoop	secondarysort	100.00%	1	1	100.00%
job_201410070751_0007	NORMAL	hadoop	secondarysort	100.00%	1	1	100.00%
job_201410070751_0008	NORMAL	hadoop	secondarysort	100.00%	1	1	100.00%
job_201410070751_0009	NORMAL	hadoop	secondarysort	100.00%	1	1	100.00%
job_201410070751_0010	NORMAL	hadoop	secondarysort	100.00%	1	1	100.00%
job_201410070751_0011	NORMAL	hadoop	secondarysort	100.00%	1	1	100.00%
job_201410070751_0017	NORMAL	hadoop	secondarysort	100.00%	1	1	100.00%
job_201410070751_0019	NORMAL	hadoop	secondarysort	100.00%	1	1	100.00%
job_201410070751_0020	NORMAL	hadoop	Total-Sort	100.00%	2	2	100.00%

图 5-6　作业级别的视图

Task	Complete	Status	Start Time	Finish Time	Errors	Counters
task_201410070751_0001_m_000000	100.00%		7-Oct-2014 07:57:36	7-Oct-2014 07:57:38 (2sec)		13

图 5-7　Task 级别的视图

5.1.3　MapReduce 作业和任务

MapReduce 作业（job）是用户提交的最小单位，而 Map/Reduce 任务（task）是 MapReduce 计算的最小单位，如图 5-8 所示。

当用户向 Hadoop 提交一个 MapReduce 作业时，JobTracker 的作业分解模块会将其分拆为任务交由各个 TaskTracker 执行，在 MapReduce 计算框架中，任务分为两种——Map 任务和 Reduce 任务。

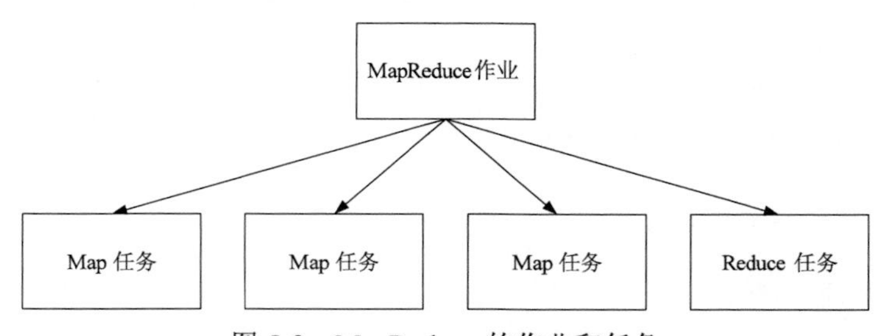

图 5-8　MapReduce 的作业和任务

5.1.4　MapReduce 的计算资源划分

一个 MapReduce 作业的计算工作都由 TaskTracker 完成。用户向 Hadoop 提交作业，

JobTracker 会将该作业拆分为多个任务，并根据心跳信息交由空闲的 TaskTracker 启动。一个 TaskTracker 能够启动的任务数量是由 TaskTracker 配置的任务槽（slot）决定。槽是 Hadoop 的计算资源的表示模型，Hadoop 将各个节点上的多维度资源（CPU、内存等）抽象成一维度的槽，这样就将多维度资源分配问题转换成一维度的槽分配的问题。在实际情况中，Map 任务和 Reduce 任务需要的计算资源不尽相同，Hadoop 又将槽分成 Map 槽和 Reduce 槽，并且 Map 任务只能使用 Map 槽，Reduce 任务只能使用 Reduce 槽，如图 5-9 所示。

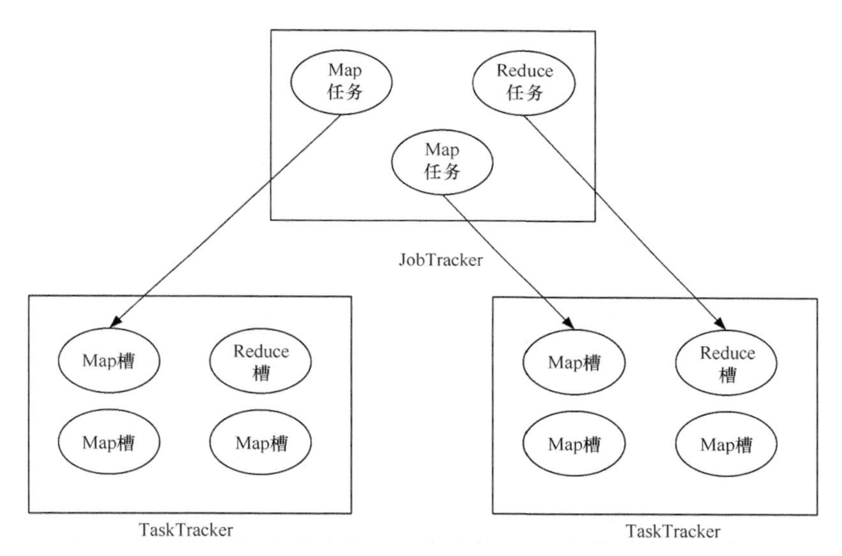

图 5-9 JobTracker 将任务分配给 TaskTracker 执行

CDH3 的资源管理采用了静态资源设置方案，即每个节点配置好 Map 槽和 Reduce 槽的数量（配置项为 mapred-site.xml 的 mapred.tasktracker.map.tasks.maximum 和 mapred.tasktracker.reduce.tasks.maximum），一旦 Hadoop 启动后将无法动态更改。

这样的资源管理方案是有一定的弊端。

（1）槽被设定为 Map 槽和 Reduce 槽，会导致在某一时刻 Map 槽或 Reduce 槽紧缺，降低了槽的使用率。

（2）不能动态地设置槽数量，可能会导致某一个 TaskTracker 资源使用率过高或过低。

（3）提交的作业是多样化的，如果一个任务需要 1 GB 内存，将会产生资源浪费，如果一个任务需要 3 GB 内存，则会发生资源抢占的情况。

在 YARN 的相关章节，我们可以很清楚地看到，YARN 的资源表示模型 Container 已经很好地解决了上述弊端。

5.1.5 MapReduce 的局限性

从 MapReduce 的特点可以看出 MapReduce 的优点非常明显，但是 MapReduce 也有其局限性，并不是处理海量数据的普适方法。它的局限性主要体现在以下几点[6]。

（1）MapReduce 的执行速度慢。一个普通的 MapReduce 作业一般在分钟级别完成，复杂的作业或者数据量更大的情况下，也可能花费一小时或者更多，好在离线计算对于时间远没有 OLTP 那么敏感。所以 MapReduce 现在不是，以后也不会是关系型数据库的终结者。MapReduce 的慢主要是由于磁盘 I/O，MapReduce 作业通常都是数据密集型作业，大量的中间结果需要写到磁盘上并通过网络进行传输，这耗去了大量的时间。

（2）MapReduce 过于底层。与 SQL 相比，MapReduce 显得过于底层。对于普通的查询，一般人是不会希望写一个 map 函数和 reduce 函数的。对于习惯于关系型数据库的用户，或者数据分析师来说，编写 map 函数和 reduce 函数无疑是一件头疼的事情。好在 Hive 的出现，大大改善了这种状况。

（3）不是所有算法都能用 MapReduce 实现。这意味着，不是所有算法都能实现并行。例如机器学习的模型训练，这些算法需要状态共享或者参数间有依赖，且需要集中维护和更新。

5.2 Hello Word Count

一般来说，在学习某一种新技术之前，我们都会写一个 Hello World 的小程序，这个程序简单但包含了一个程序所必须具有的一切。MapReduce 程序也有自己 Hello World，那就是单词计数（Word Count）。本节将带领读者完成第一个 MapReduce 程序。

5.2.1 Word Count 的设计思路

作为 MapReduce 的入门实例，Word Count 与 MapReduce 的编程思想结合得非常紧密却又十分简单。大致思路是将 HDFS 上的文本作为输入，在 map 函数中完成对单词的拆分并输出为中间结果，并在 reduce 函数中完成对每个单词的词频计数，如图 5-10 所示。

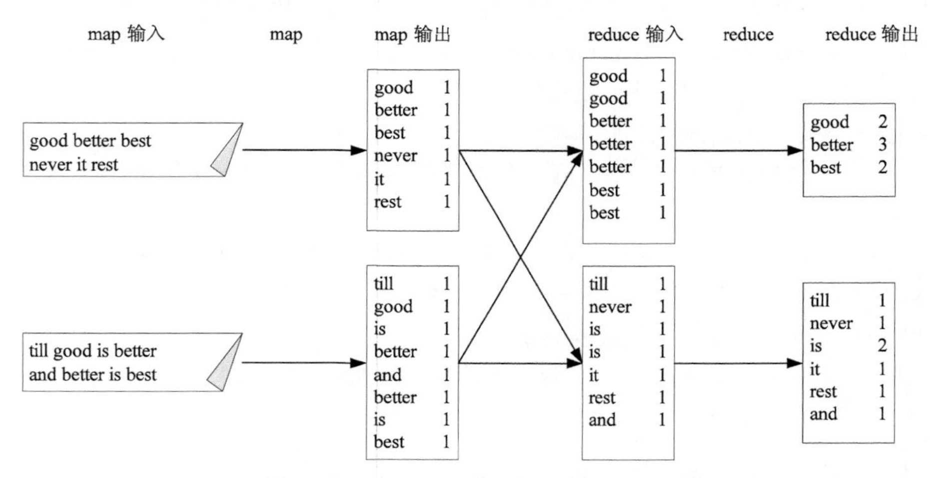

图 5-10　用 MapReduce 思想完成单词计数

文本作为 MapReduce 的输入，MapReduce 会将文本进行切片处理并将行号作为输入键值对的键，文本内容作为输出的值，经过 map 函数的处理，输出中间结果为<word,1>的形式。MapReduce 会默认按键分发给 reduce 函数，在此完成计数并输出最后结果<word,count>。

5.2.2 编写 Word Count

1. 新建工程

编写 MapReduce 程序和编写普通 Java 程序没有什么不同，都需要新建一个 Java 工程，并将依赖的 jar 包引入，为$HADOOP_HOME/路径下的 hadoop-mapreduce-client-core-2.6.0-cdh5.6.0.jar 文件。打开 Eclipse，新建一个 Java 工程并将该 jar 文件加入构建路径（Build Path）。

2. 编写 Mapper 类

Mapper 类读取输出并且执行 map 函数，编写 Mapper 类必须继承 org.apache.hadoop.mapreduce.Mapper 类，并且根据相应的逻辑实现 map 函数。MapReduce 计算框架会将键值对作为参数传递给 map 函数，一个是 LongWritable 的键，代表行号，另一个是 Text 类型的值，代表该行的内容。根据 WordCount 的需求，在 map 函数中，使用 StringTokenizer 类的 nextToken() 方法将每行文本拆分为单个单词。使用 Context 类的 write(Text key, IntWritable value)方法将其作为中间结果输出。Mapper 类的 4 个泛型分别代表了 map 函数输入键值对的键的类、map 函数输入键值对的值的类、map 函数输出键值对的键的类、map 函数输出键值对的值的类。Mapper 代码如代码清单 5-1 所示。

代码清单 5-1 单词计数 Mapper 类

```
package com.hellohadoop;

import java.io.IOException;
import java.util.StringTokenizer;
import org.apache.hadoop.io.IntWritable;
import org.apache.hadoop.io.LongWritable;
import org.apache.hadoop.io.Text;
import org.apache.hadoop.mapreduce.Mapper;

public class TokenizerMapper extends Mapper<LongWritable, Text, Text, IntWritable>{

    private final static IntWritable one = new IntWritable(1);
    private Text word = new Text();

    public void map(LongWritable key, Text value, Context context) throws
            IOException, InterruptedException {
        StringTokenizer itr = new StringTokenizer(value.toString());
        while (itr.hasMoreTokens()) {
            word.set(itr.nextToken());
            context.write(word, one);
        }
    }
}
```

3. 编写 Reducer 类

Reducer 接收到 Mapper 输出的中间结果并执行 reduce 函数，reduce 函数接收到的参数形如<key,List<value>>，这是因为 map 函数将 key 值相同的所有 value 都发送给 reduce 函数。在 reduce 函数中，完成对相同 key 值（同一单词）的计数并将最后结果输出。Reducer 类的泛型代表了 reduce 函数输入键值对的键的类、reduce 函数输入键值对的值的类、reduce 函数输出键值对的键的类、reduce 函数输出键值对的值的类。Reducer 代码如代码清单 5-2 所示。

代码清单 5-2 单词计数 Reducer 类

```
package com.hellohadoop;

import java.io.IOException;
import org.apache.hadoop.io.IntWritable;
import org.apache.hadoop.io.Text;
import org.apache.hadoop.mapreduce.Reducer;

public class IntSumReducer extends Reducer<Text,IntWritable,Text,IntWritable> {

    private IntWritable result = new IntWritable();

    public void reduce(Text key, Iterable<IntWritable> values, Context context)
            throws IOException, InterruptedException {
        int sum = 0;
        for (IntWritable val : values) {
            sum += val.get();
        }
        result.set(sum);
        context.write(key, result);
    }
}
```

4. 编写 main 函数

在完成了 Mapper 类和 Reducer 类的编写，还需要完成 main 函数才能使该程序运行。在 main 函数中，会对作业进行相关的配置以及向 Hadoop 提交作业。main 函数代码如代码清单 5-3 所示。

代码清单 5-3 单词计数 main 函数

```
package com.hellohadoop;

import java.io.IOException;
import org.apache.hadoop.conf.Configuration;
import org.apache.hadoop.fs.Path;
import org.apache.hadoop.io.IntWritable;
import org.apache.hadoop.io.Text;
import org.apache.hadoop.mapreduce.Job;
import org.apache.hadoop.mapreduce.lib.input.FileInputFormat;
import org.apache.hadoop.mapreduce.lib.output.FileOutputFormat;
```

```
public class WordCount {

    public static void main(String[] args) throws IOException,
            ClassNotFoundException, InterruptedException {

         Configuration conf = new Configuration();

         if (args.length != 2) {
           System.err.println("Usage: wordcount <in> <out>");
           System.exit(2);
        }

        Job job = new Job(conf, "word count");

        job.setJarByClass(WordCount.class);
         //指定 Mapper 类
        job.setMapperClass(TokenizerMapper.class);
        //指定 Reducer 类
job.setReducerClass(IntSumReducer.class);
         //设置 reduce 函数输出 key 的类
job.setOutputKeyClass(Text.class);
//设置 reduce 函数输出 value 的类
job.setOutputValueClass(IntWritable.class);
//指定输入路径
FileInputFormat.addInputPath(job, new Path(args[0]));
//指定输出路径
FileOutputFormat.setOutputPath(job, new Path(args[1]));
        //提交任务
        System.exit(job.waitForCompletion(true) ? 0 : 1);
    }
}
```

在 main()函数中，Configuration 类包含了对 Hadoop 的配置，它是作业运行必不可少的组件，也可以在代码中用该对象设置作业级别的配置。在对作业进行了一系列必不可少的设置后，通过 waitForCompletion 函数向 Hadoop 提交任务。

5.2.3 运行程序

在编写完 Mapper 类、Reducer 类和 main 函数后，还需要将代码打包成 jar 文件并运行。用 Eclipse 自带的打包工具导出为 wordcount.jar 文件，上传至集群任一节点，执行命令：

```
hadoop jar /home/hadoop/wordcount.jar com.hellohadoop.WordCount
    /user/test/wordcountinput /user/test/wordcountoutput
```

/user/test/wordcountinput 为 HDFS 存放文本的目录，如果指定一个目录为 MapReduce 输入的路径，则 MapReduce 会将该路径下的所有文件作为输入，如果指定一个文件，则 MapReduce 只会将该文件作为输入。/user/test/wordcountoutput 为作业输出路径，该路径在作业运行之前必须不存在，否则会报错。

命令执行后，屏幕会打出有关任务进度的日志：

```
14/05/26 11:41:29 INFO mapred.JobClient: Running job: job_201405261131_0002
14/05/26 11:41:30 INFO mapred.JobClient:  map 0% reduce 0%
14/05/26 11:41:42 INFO mapred.JobClient:  map 100% reduce 0%
14/05/26 11:41:51 INFO mapred.JobClient:  map 100% reduce 33%
14/05/26 11:41:53 INFO mapred.JobClient:  map 100% reduce 100%
...
```

当任务完成后，屏幕会输出相应的日志：

```
14/05/26 11:41:56 INFO mapred.JobClient: Job complete: job_201405261131_0002
```

接下来需要检查输出结果文件，首先执行命令：

```
hadoop dfs -ls /user/test/wordcountoutput
```

会看到：

```
/user/test/wordcountoutput/_SUCCESS
/user/test/wordcountoutput/_logs
/user/test/wordcountoutput/part-r-00000
```

其中_SUCCESS 文件是一个空的标志文件，它标志该作业成功完成，任务作业日志存放在_logs 目录下，而结果则存放在 part-r-00000 文件中。执行命令：

```
hadoop dfs-cat /user/test/wordcountoutput/part-r-00000
```

得到结果：

```
and     1
best    2
better  3
good    2
is      2
it      1
never   1
rest    1
till    1
```

在运行过程中，ApplicationMaster 会不停地和 Container 通信并收集有关作业的信息，我们可以通过 Web UI 来查看作业情况，如图 5-11 所示。

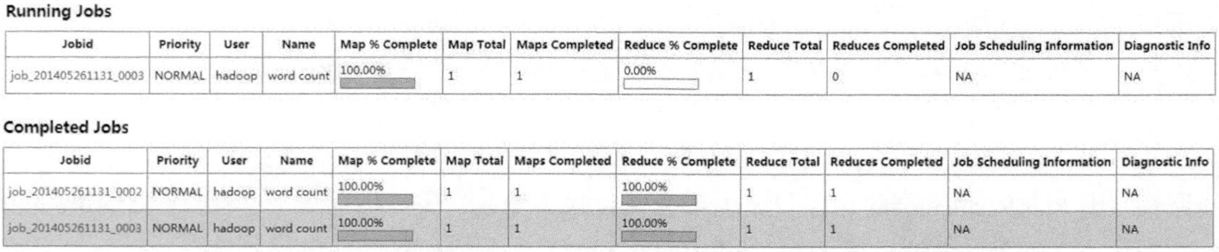

Running Jobs

Jobid	Priority	User	Name	Map % Complete	Map Total	Maps Completed	Reduce % Complete	Reduce Total	Reduces Completed	Job Scheduling Information	Diagnostic Info
job_201405261131_0003	NORMAL	hadoop	word count	100.00%	1	1	0.00%	1	0	NA	NA

Completed Jobs

Jobid	Priority	User	Name	Map % Complete	Map Total	Maps Completed	Reduce % Complete	Reduce Total	Reduces Completed	Job Scheduling Information	Diagnostic Info
job_201405261131_0002	NORMAL	hadoop	word count	100.00%	1	1	100.00%	1	1	NA	NA
job_201405261131_0003	NORMAL	hadoop	word count	100.00%	1	1	100.00%	1	1	NA	NA

图 5-11　在执行时和执行完成后，都可通过 Web UI 查看作业执行情况

5.2.4 还能更快吗

当我们完成了程序的功能之后，不免会想到程序的性能。对于 Word Count，我们完全可以让其更快些，具体的办法是设置 Combiner。

combine 对 MapReduce 是一个可选过程，Combiner 是具体执行 combine 这个过程的类。Hadoop 的性能很大程度受限于网络带宽，map 函数输出的中间结果都是通过网络传递给 reduce 函数，那么减少中间结果的数据量就可以提升程序运行的效率。而 combine 过程正是对 map 函数的输出结果进行早期聚合以减少传输的数据量。对于 Word Count，我们完全可以在中间结果传递给 reduce 函数之前先做一次单词计数的操作，如图 5-12 所示。

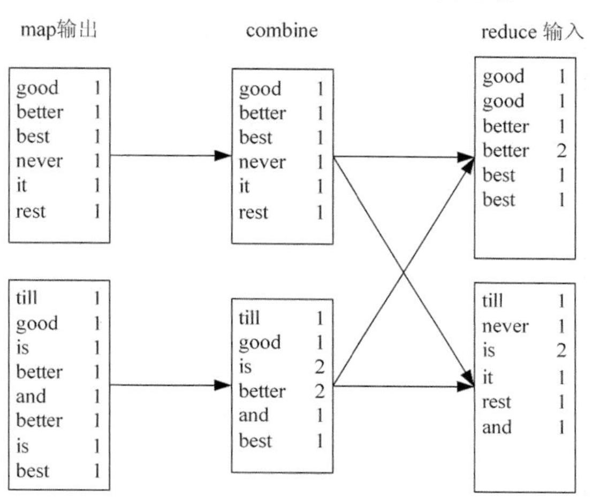

图 5-12 combine 操作

combine 过程发生在 map 函数和 reduce 函数之间，它将中间结果进行了一次合并，其作用其实和 reduce 函数是一样的，可以理解为在 map 函数执行的节点对中间结果执行了 reduce 函数。Hadoop 不保证 combiner 是否被执行，有时候，它可能根本不执行，而某些时候，它可能被执行一次或者多次，这取决于 map 函数输出的中间结果的大小和数量。Combiner 没有自己的接口，它必须拥有和 Reducer 相同的特征，因此也需要继承 org.apache.hadoop.mapreduce.Reducer。如果想对 Word Count 开启 combine 过程，只需在 main 函数新增如下代码：

```
job.setCombinerClass(IntSumReducer.class);
```

需要注意的是，虽然 Combiner 能够提升程序性能，但并不是所有场景都适合使用 Combiner，随意使用 Combiner 可能会造成逻辑错误导致结果有误。适合使用的 Combiner 的场景有求最大值、最小值、求和等。

5.3 MapReduce 的过程

从前面的例子我们已经大致了解了一个 MapReduce 的作业的过程，但是这样是不够的，本节将深入探讨 MapReduce 的整个过程。

5.3.1 从输入到输出

从前面的 Word Count 可以看出，一个 MapReduce 作业经过了 input、map、combine、reduce

和 output 五个阶段，其中 combine 阶段并不一定发生，map 输出的中间结果被分发到 reducer 的过程被称为 shuffle（数据混洗），如图 5-13 所示。

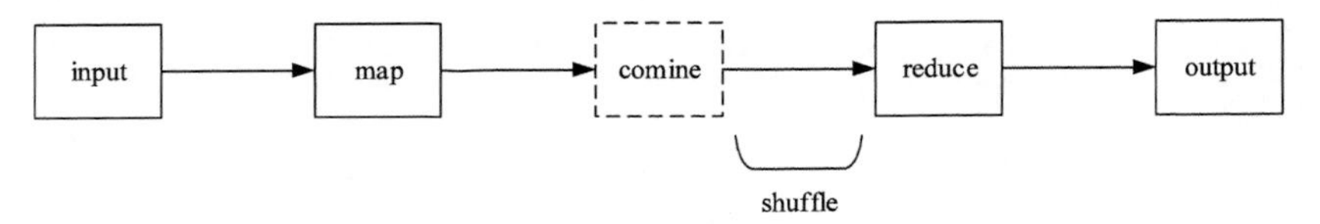

图 5-13 从输入到输出

在 shuffle 阶段还会发生 copy（复制）和 sort（排序）。

在 MapReduce 的过程中，一个作业被分成 Map 和 Reduce 计算两个阶段，它们分别由一个或者多个 Map 任务和 Reduce 任务组成。如图 5-14 所示，一个 MapReduce 作业从数据的流向可以被切分为 Map 任务和 Reduce 任务。正如前面所说，当用户向 Hadoop 提交一个 MapReduce 作业时，ResourceManager 则会根据各个 NodeManager 周期性发送过来的心跳信息综合考虑节点资源剩余量、作业优先级、作业提交时间等因素，为 Container 分配合适的任务。Reduce 任务默认会在 Map 任务数量完成 5%后才开始启动。

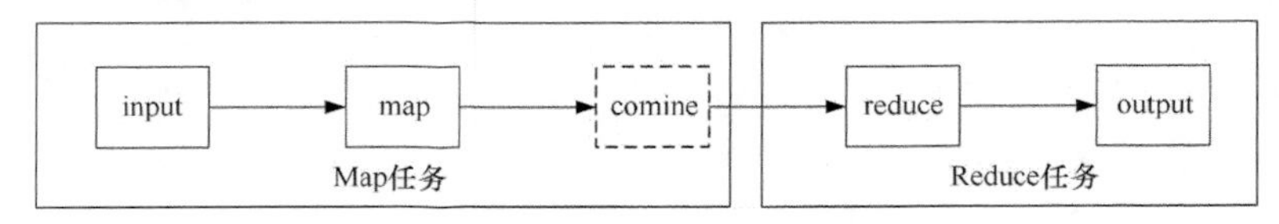

图 5-14 Map 任务和 Reduce 任务

Map 任务的执行过程可概括为：首先通过用户指定的 InputFormat 类（如 Word Count 中的 FileInputFormat 类）中的 getSplits 方法和 next 方法将输入文件切片并解析成键值对作为 map 函数的输入。然后 map 函数经过处理之后输出并将中间结果交给指定的 Partitioner 处理，确保中间结果分发到指定的 Reduce 任务处理，此时如果用户指定了 Combiner，将执行 combine 操作。最后 map 函数将中间结果保存到本地。

Reduce 任务的执行过程可概括为：首先需要将已经完成的 Map 任务的中间结果复制到 Reduce 任务所在的节点，待数据复制完成后，再以键进行排序，通过排序，将所有键相同的数据交给 reduce 函数处理，处理完成后，结果直接输出到 HDFS 上。

5.3.2 input

如果使用 HDFS 上的文件作为 MapReduce 的输入（由于用户的数据大部分数据是以文件的形式存储在 HDFS 上，所以这是最常见的情况）MapReduce 计算框架首先会用 org.apache.hadoop.mapreduce.InputFormat 类的子类 FileInputFormat 类将作为输入的 HDFS 上的文件切分形成输入分片（InputSplit），每个 InputSplit 将作为一个 Map 任务的输入，再将 InputSplit 解析为键值对。InputSplit 的大小和数量对于 MapReduce 作业的性能有非常大的影响，因此有必要深入了解 InputSplit。

InputSplit 只是逻辑上对输入数据进行分片，并不会将文件在磁盘上切成分片进行存储。

InputSplit 只记录了分片的元数据节点信息，例如起始位置、长度以及所在的节点列表等。数据切分的算法需要确定 InputSplit 的个数，对于 HDFS 上的文件，FileInputFormat 类使用 computeSplitSize 方法计算出 InputSplit 的大小，代码如下所示。

```
protected long computeSplitSize(long blockSize, long minSize, long maxSize)
{
      return Math.max(minSize, Math.min(maxSize, blockSize));
}
```

其中 minSize 由 mapred-site.xml 文件中的配置项 mapreduce.input.fileinputformat.split.minsize 决定，默认为 1；maxSize 目前由 FileInputFormat 的 setMaxInputSplitSize 方法设置，默认为 9 223 372 036 854 775 807；而 blockSize 也是由 hdfs-site.xml 文件中的配置项 dfs.block.size 决定，默认为 67 108 864 字节（64 MB）。所以 InputSplit 的大小的确定公式为：

```
max(mapred.min.split.size, Math.min(mapred.max.split.size, dfs.block.size))
```

一般来说，dfs.block.size 的大小是确定不变的，所以得到目标 InputSplit 大小，只需改变 mapred.min.split.size 和 mapred.max.split.size 的大小即可，我们发现，如果都使用默认配置，那么 InputSplit 的大小和块大小一致。InputSplit 的数量为文件大小除以 InputSplitSize。InputSplit 的元数据信息会通过以下代码取得：

```
splits.add(new FileSplit(path, length - bytesRemaining, splitSize, blkLocations
[blkIndex].getHosts()));
```

从上面的代码可以发现，元数据的信息由 4 部分组成：文件路径、文件开始的位置、文件结束的位置、数据块所在的 host。

对于 Map 任务来说，处理的单位为一个 InputSplit。而 InputSplit 是一个逻辑概念，InputSplit 所包含的数据是仍然是存储在 HDFS 的块里面，它们之间的关系如图 5-15 所示。

InputSplit 可以不和块对齐，根据前面的公式也可以看出，一个 InputSplit 的大小可以大于一个块的大小亦可以小于一个块的大小。Hadoop 在进行任务调度的时候，会优先考虑本节点的数据，如果本节点没有可处理的数据或者是还需要其他节点的数据，Map 任务所在的节点会从其他节点将数据通过网络传输给自己。当 InputSplit 的容量大于块的容量，Map 任务就必须从其他节点读取一部分数据，这样就不能实现完全数据本地性，所以当使用 FileInputFormat 实现 InputFormat 时，应尽量使 InputSplit 的大小和块的大小相同以提高 Map 任务计算的数据本地性。

当输入文件切分为 InputSplit 后，由 FileInputFormat 的子类（如 TextInputFormat）的 createRecordReader 方法将 InputSplit 解析为键值对，代码如下：

```
public RecordReader<LongWritable, Text>
    createRecordReader(InputSplit split,TaskAttemptContext context) {
    String delimiter = context.getConfiguration().get("textinputformat.record.delimiter");
    byte[] recordDelimiterBytes = null;
    if (null != delimiter)
      recordDelimiterBytes = delimiter.getBytes();
    return new LineRecordReader(recordDelimiterBytes);
}
```

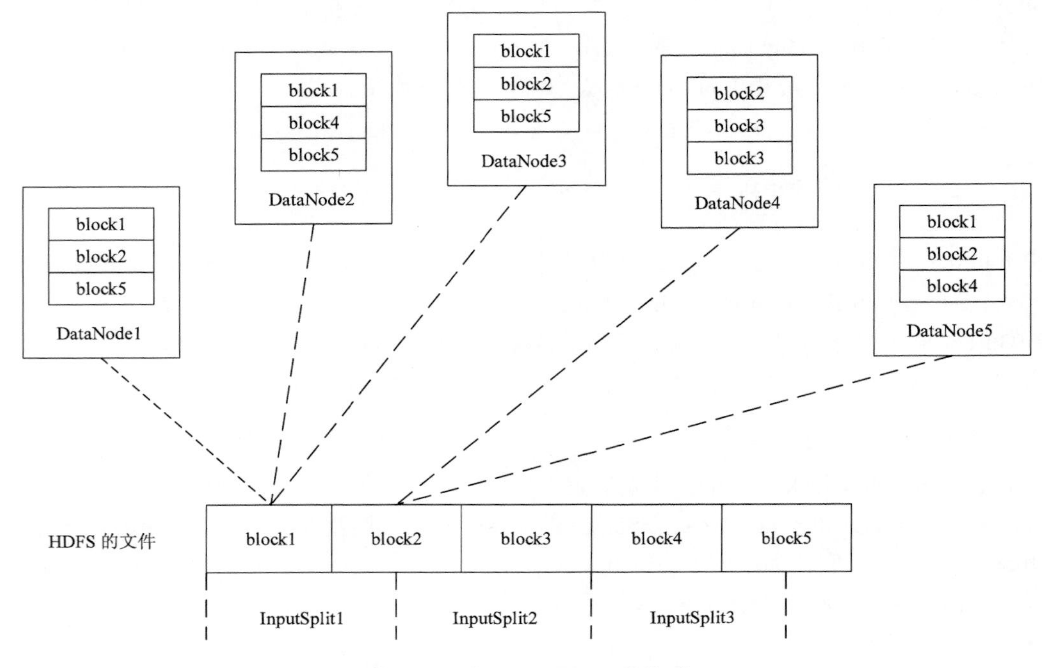

图 5-15 块和 InputSplit 的关系

此处默认是将行号作为键。解析出来的键值对将被用来作为 map 函数的输入。至此 input 阶段结束。

5.3.3 map 及中间结果的输出

InputSplit 将解析好的键值对交给用户编写的 map 函数处理，处理的后的中间结果会写到本地磁盘上，在刷写磁盘的过程中，还做了 partition（分区）和 sort（排序）的操作。

map 函数产生输出时，并不是简单地刷写磁盘。为了保证 I/O 效率，采取了先写到内存的环形缓冲区，并作一次预排序，如图 5-16 所示。

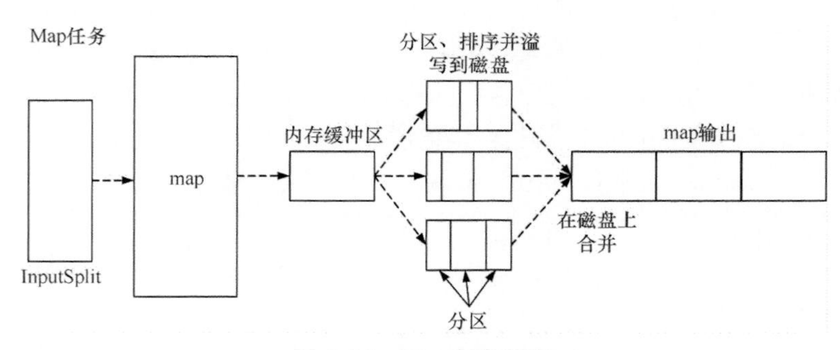

图 5-16 Map 任务流程

每个 Map 任务都有一个环形内存缓冲区，用于存储 map 函数的输出。默认情况下，缓冲区的大小是 100 MB，该值可以通过 mapred-site.xml 文件的 mapreduce.task.io.sort.mb 的配置项配置。一旦缓冲区内容达到阀值（由 mapred-site.xml 文件的 mapreduce.map.sort.spill.percent 的值决定，默认为 0.80 或 80%），一个后台线程便会将缓冲区的内容溢写（spill）到磁盘中。在写磁盘的过程中，map 函数的输出继续被写到缓冲区，但如果在此期间缓冲区被填满，map 会阻塞直到写磁盘过程完成。写磁盘会以轮询的方式写到 mapreduce.cluster.local.dir（mapred-site.xml 文件的配置项）配置的作业特定目录下。

在写磁盘之前，线程会根据数据最终要传送到的 Reducer 把缓冲区的数据划分成（默认是按照键）相应的分区。在每个分区中，后台线程按键进行内排序，此时如果有一个 Combiner，它会在排序后的输出上运行。

一旦内存缓冲区达到溢出的阀值，就会新建一个溢出写文件，因此在 Map 任务写完其最后一个输出记录之后，会有若干个溢出写文件。在 Map 任务完成之前，溢出写文件被合并成一个已分区且已排序的输出文件作为 map 输出的中间结果，这也是 Map 任务的输出结果。

如果已经指定 Combiner 且溢出写次数至少为 3 时，Combiner 就会在输出文件写到磁盘之前运行。如前文所述，Combiner 可以多次运行，并不影响输出结果。运行 Combiner 的意义在于使 map 输出的中间结果更紧凑，使得写到本地磁盘和传给 Reducer 的数据更少。

为了提高磁盘 I/O 性能，可以考虑压缩 map 的输出，这样会让写磁盘的速度更快，节约磁盘空间，从而使传送给 Reducer 的数据量减少。默认情况下，map 的输出是不压缩的，但只要将 mapred-site.xml 文件的配置项 mapreduce.output.fileoutputformat.compress 设为 true 即可开启压缩功能。使用的压缩库由 mapred-site.xml 文件的配置项 mapreduce.output.fileoutputformat.compress.codec 指定。表 5-1 列出了目前 Hadoop 支持的压缩格式。

表 5-1 Hadoop 支持的压缩格式

压缩格式	工具	算法	文件扩展名	是否包含多个文件	是否可切分
DEFLATE	N/A	DEFLATE	.deflate	否	否
Gzip	gzip	DEFLATE	.gz	否	否
bzip2	bzip2	bzip2	.bz2	否	是
LZO	Lzop	LZO	.lzo	否	否

map 输出的中间结果存储的格式为 IFile，IFile 是一种支持行压缩的存储格式，支持上述压缩算法。

Reducer 通过 HTTP 方式得到输出文件的分区。将 map 输出的中间结果（map 输出）发送到 Reducer 的工作线程的数量由 mapred-site.xml 文件的 mapreduce.tasktracker.http.threads 配置项决定，此配置针对每个节点，而不是每个 Map 任务，默认是 40，可以根据作业大小，集群规模以及节点的计算能力而增大。

5.3.4 shuffle

shuffle，也叫数据混洗。在某些语境中，代表 map 函数产生输出到 reduce 的消化输入的整个过程，在本节中，我们将其理解为只代表 Reduce 任务获取 Map 任务输出（map output）的这部分过程。shuffle 是 MapReduce 非常重要的一部分，理解其原理有助于优化 MapReduce 程序。

如上一节所述，Map 任务输出的结果位于运行 Map 任务的 NodeManager 所在的节点的本地磁盘上。NodeManager 需要为这些分区文件（map 输出）运行 Reduce 任务。但是，Reduce 任务可能需要多个 Map 任务的输出作为其特殊的分区文件。每个 Map 任务的完成时间可能不同，当只要有一个任务完成，Reduce 任务就开始复制其输出。这就是 shuffle 中的 copy 阶段，如图 5-17 所示。Reduce 任务有少量复制线程，可以并行取得 Map 任务的输出，默认值是 5 个线程，该值可以通过设置 mapred-site.xml 的 mapreduce.reduce.shuffle.parallelcopies 配置项来改变。

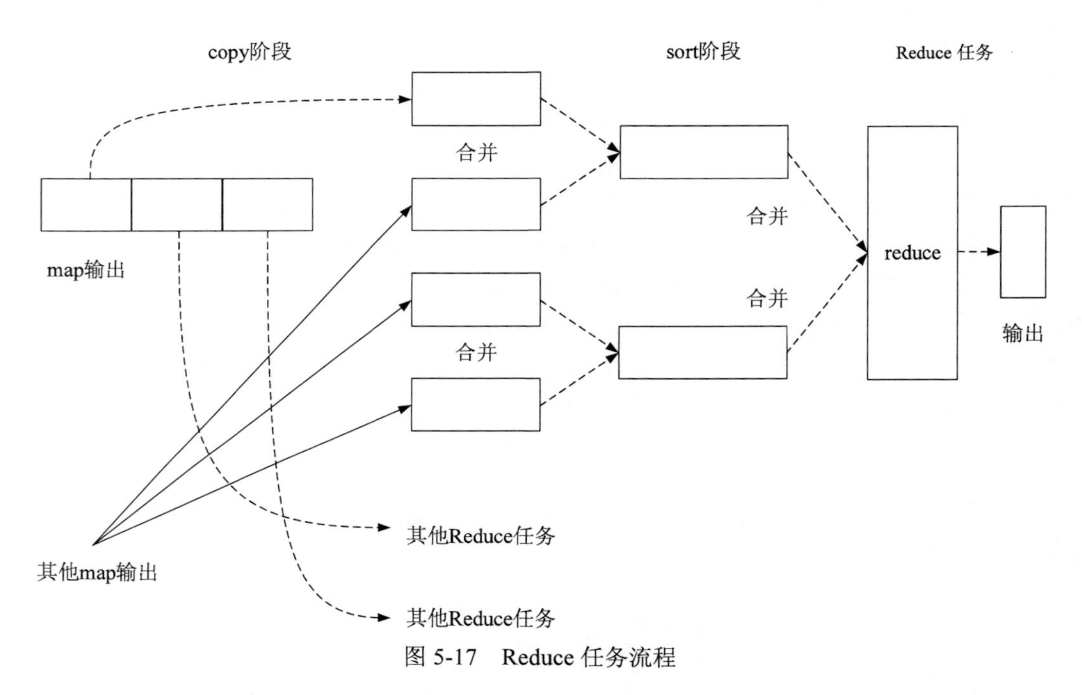

图 5-17　Reduce 任务流程

如果 map 输出相当小，则会被复制到 Reducer 所在节点的内存的缓冲区中，缓冲区的大小由 mapred-site.xml 文件中的 mapreduce.reduce.shuffle.input.buffer.percent 配置项指定。否则，map 输出将会被复制到磁盘。一旦内存缓冲区达到阀值大小（由 mapred-site.xml 文件的 mapreduce.reduce.shuffle.merge.percent 配置项决定）或缓冲区的文件数达到阀值大小（由 mapred-site.xml 文件的 mapreduce.reduce.merge.inmem.threshold 配置项决定），则合并后溢写到磁盘中。

随着溢写到磁盘的文件增多，后台线程会将它们合并为更大的、有序的文件，这会为后面的合并节省时间。为了合并，压缩的中间结果都将在内存中解压缩。

复制完所有的 map 输出，shuffle 进入 sort 阶段。这个阶段将合并 map 的输出文件，并维持其顺序排序，其实做的是归并排序。排序的过程是循环进行，如果有 50 个 map 的输出文件，而合并因子（由 mapred-site.xml 文件的 mapreduce.task.io.sort.factor 配置项决定，默认为 10）为 10，合并操作将进行 5 次，每次将 10 个文件合并成一个文件，最后会有 5 个文件，这 5 个文件由于不满足合并条件（文件数小于合并因子），则不会进行合并，将会直接把这 5 个文件交给 reduce 函数处理。至此，shuffle 阶段完成。

从 shuffle 的过程可以看出，Map 任务处理的是一个 InputSplit，而 Reduce 任务处理的是所有 Map 任务同一个分区的中间结果。

5.3.5 reduce 及最后结果的输出

reduce 阶段操作的实质就是对经过 shuffle 处理后的文件调用 reduce 函数处理。由于经过了 shuffle 的处理，文件都是按键分区且有序，对相同分区的文件调用一次 reduce 函数处理。

与 map 的中间结果不同的是，reduce 的输出一般为 HDFS。

5.3.6 sort

排序贯穿于 Map 任务和 Reduce 任务，是 MapReduce 非常重要的一环，排序操作属于 MapReduce 计算框架的默认行为，不管流程是否需要，都会进行排序。在 MapReduce 计算框架中，主要用到了两种排序算法：快速排序和归并排序。

（1）快速排序：通过一趟排序将要排序的数据分割成独立的两部分，其中一部分的所有数据比另外一部分的所有数据都要小，然后再按此方法对这两部分数据分别进行快速排序，整个排序过程可以递归进行，以此达到整个数据变成有序序列。

（2）归并排序：归并排序在分布式计算里面用得非常多，归并排序本身就是一个采用分治法的典型应用。归并排序是将两个（或两个以上）有序表合并成一个新的有序表，即把待排序序列分为若干个有序的子序列，再把有序的子序列合并为整体有序序列。

在 Map 任务和 Reduce 任务的过程中，一共发生了 3 次排序操作。

（1）当 map 函数产生输出时，会首先写入内存的环形缓冲区，当达到设定的阀值，在刷写磁盘之前，后台线程会将缓冲区的数据划分成相应的分区。在每个分区中，后台线程按键进行内排序，如图 5-18 所示。

（2）在 Map 任务完成之前，磁盘上存在多个已经分好区，并排好序的、大小和缓冲区一样的溢写文件，这时溢写文件将被合并成一个已分区且已排序的输出文件。由于溢写文件已经经过第一次排序，所以合并文件时只需再做一次排序就可使输出文件整体有序。

（3）在 shuffle 阶段，需要将多个 Map 任务的输出文件合并，由于经过第二次排序，所以合并文件时只需再做一次排序就可使输出文件整体有序，如图 5-19 所示。

在这 3 次排序中第一次是在内存缓冲区做的内排序，使用的算法是快速排序，第二次排序和第三次排序都是在文件合并阶段发生的，使用的是归并排序。

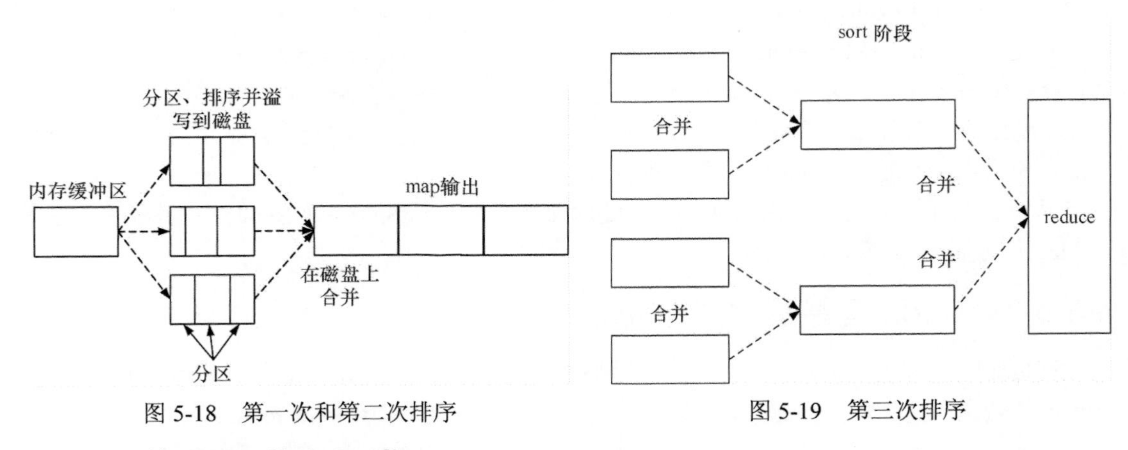

图 5-18　第一次和第二次排序　　图 5-19　第三次排序

5.3.7 作业的进度组成

一个 MapReduce 作业的在 Hadoop 上运行时，客户端的屏幕通常会打印作业日志，如下：

```
14/05/26 11:41:29 INFO mapred.JobClient: Running job: job_201405261131_0002
14/05/26 11:41:30 INFO mapred.JobClient:  map 0% reduce 0%
14/05/26 11:41:42 INFO mapred.JobClient:  map 100% reduce 0%
14/05/26 11:41:51 INFO mapred.JobClient:  map 100% reduce 33%
14/05/26 11:41:53 INFO mapred.JobClient:  map 100% reduce 100%
...
```

对一个大型的 MapReduce 作业来说（比如说数据清洗），执行时间可能会比较长，通过日志了解作业的运行状态和作业进度是非常重要的。

对于 map 来说，进度代表实际处理输入所占比例，例如 map 60% reduce 0%表示 Map 任务已经处理了作业输入文件的 60%，而 Reduce 任务还没有开始。而对于 reduce 的进度来说，情况就比较复杂，从前面得知，reduce 阶段分为 copy、sort 和 reduce，这 3 个步骤共同组成了 reduce 的进度，各占 1/3。如果 reduce 已经处理了 2/3 的输入，那么整个 reduce 的进度应该是 $1/3 + 1/3 + 1/3\times(2/3) = 8/9$，因为 reduce 开始处理输入时，copy 和 sort 已经完成。

5.4 MapReduce 的工作机制

在上一节中，就一个 MapReduce 作业，已经从数据流向的角度解释了 MapReduce 作业的流程。这一节将会从作业的角度来解释一个作业是如何在 Hadoop 的 MapReduce 计算框架下提交、运行等。该工作机制目前已经被 YARN 的工作机制所代替 ，但读者可以了解一下 CDH3 的 MapReduce 的工作机制。

一个 MapReduce 作业运行过程如图 5-20 所示。

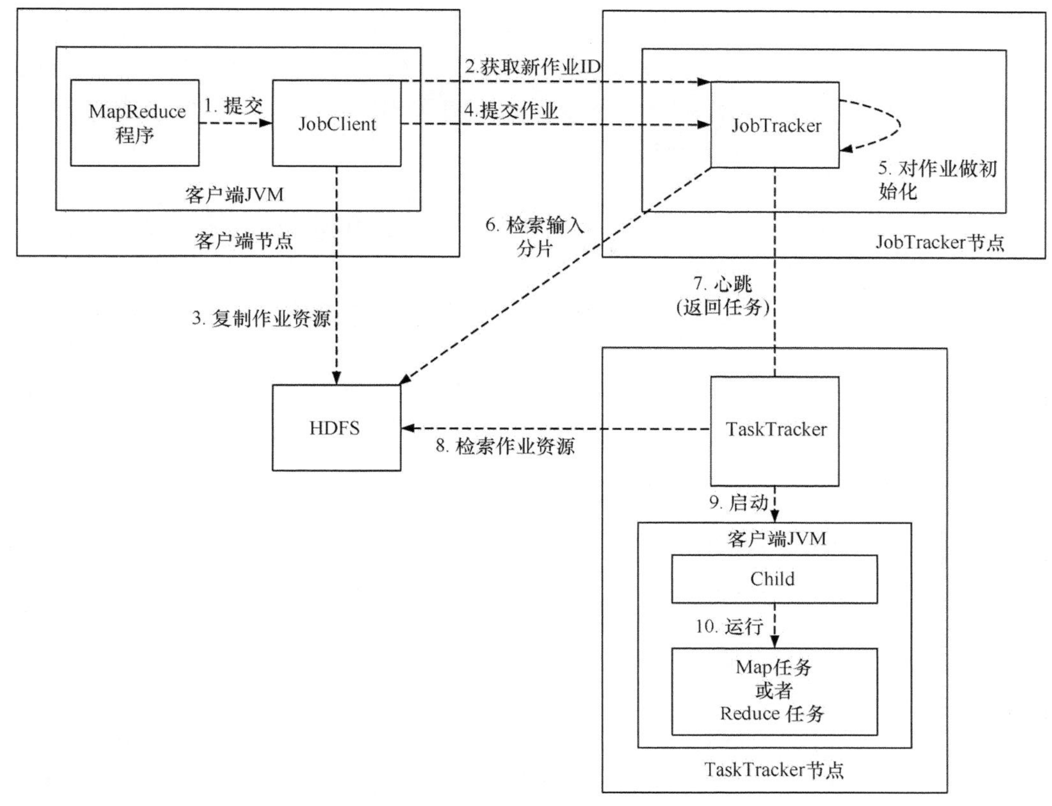

图 5-20　MapReduce 的工作机制

5.4.1　作业提交

用户的 MapReduce 作业中已经设置作业运行时的各种信息，如 Mapper 类、Reducer 类等，并通过 job.waitForCompletion 方法提交作业，如图 5-21 所示。

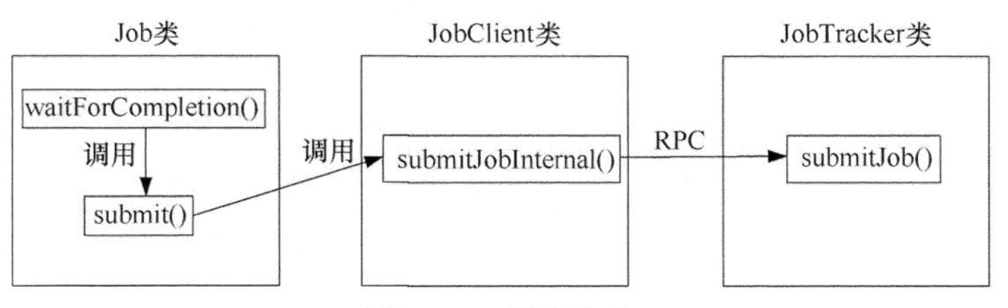

图 5-21　提交作业

首先由 JobClient 的 subJobInternal 方法提交作业（步骤 1），并且在 waitForCompletion 方法中会调用 monitorAndPrintJob 方法轮询作业的进度，并将进度信息输出至控制台，我们在 WordCount 看到的作业进度信息就是由该方法输出的。在 JobClient 的 submitJobInternal 方法中，通过调用 JobTracker 的 getNewJobId 方法向 JobTracker 请求一个作业 ID（步骤 2），接着检查作业输出目录和输入分片（InputSplit）是否符合要求，将运行作业所需要的资源（包括作业 jar 文件、第三方 jar 文件等）复制到 HDFS 下特定目录下（步骤 3），供作业运行时使用。当这些完成后，通过调用 JobTracker 的 submitJob 方法告知 JobTracker 作业准备执行（步骤 4）。

5.4.2　作业初始化

当 JobTracker 收到对其 submitJob 方法的调用后，会将此调用交由作业调度器进行调度，并对其初始化，创建一个表示正在运行作业的对象（步骤 5）。为了给 TaskTracker 分配任务，必须先从 HDFS 系统中获取已计算好的输入分片信息（步骤 6）。然后为每个输入分片创建一个 Map 任务，而创建的 Reduce 任务的个数由 mapred-site.xml 文件的 mapreduce.job.reduces 配置决定，默认是 1，可通过 setNumReduceTasks 方法针对每个作业设置。此时，Map 任务和 Reduce 任务的任务 ID 将被指定。

5.4.3　任务分配

JobTracker 和 TaskTracker 之间采用了 push 通信模型，即 JobTracker 不会主动与 TaskTracker 通信，而总是被动等待 TaskTracker 通过心跳告知 JobTracker 是否存活、节点资源使用情况、各个任务的状态等。如果 JobTracker 觉得 TaskTracker 已经准备好运行新的任务，JobTracker 将会通过心跳的返回值为 TaskTracker 分配一个任务（步骤 7）。

由 5.1 节的 MapReduce 资源管理可知，一个 TaskTracker 可以运行的 Map 任务数量和 Reduce 任务数量是一定的。调度器在为 TaskTracker 分配任务时，会优先分配 Map 任务，也就是说如果该 TaskTracker 至少有一个空闲的 Map 槽，那么它将会被分配一个 Map 任务，否则会被分配一个 Reduce 任务。JobTracker 同时也会遵循就近原则，选择一个距离 InputSplit 最近的节点，如果输入分片没有跨节点，那么任务就将运行在输入分片所在的节点，这样就减少了网络负载的压力，如果跨节点，JobTracker 会优先考虑同机架的节点。

5.4.4　任务执行

TaskTracker 在接到启动任务的命令后，会把作业的 jar 文件、第三方 jar 文件等作业所需文件复制到 TaskTracker 所在节点的本地目录（步骤 8），由 mapred-site.xml 文件的 mapreduce.task.tmp.dir 配置。

接着 TaskTracker 会新建一个 TaskRunner 实例来运行任务，TaskRunner 启动一个 JVM（步骤 9）运行每个任务（步骤 10），以便在一个任务中，某些程序上的问题所引起的崩溃或是挂起不会影响其他任务的执行。

5.4.5　任务完成

当 JobTracker 收到最后一个任务已完成的通知后（通常是 Reduce 任务），便把作业的状态设置为成功。JobClient 查询状态时，会将作业完成的消息在控制台打印。最后 JobTracker 会清空作业的工作状态，并且让 TaskTracker 也清空作业的工作状态，如删除中间结果。

5.4.6 推测执行

MapReduce 计算框架将一个作业分解成一个个 Map 任务和 Reduce 任务以便可以并行地运行任务，但是这样一来，作业完成的时间将取决于最慢的任务完成的时间，当作业的任务数到达一定量的时候，出现个别拖慢整个作业进度的任务是很常见的。

为了避免这种情况的发生，MapReduce 计算框架采取了推测执行的机制（speculative execution)。当一个任务运行进度比预期要慢的时候，MapReduce 计算框架会启动一个相同的任务作为其备份。当一个作业的所有任务都启动之后，MapReduce 计算框架会针对某些已经运行一段时间且比作业中其他任务平均进度慢的任务启动一个推测执行的任务。该推测执行的任务与原任务享有同样的地位，也就是说如果推测执行的任务先于原任务完成，则原任务会被关闭，如果原任务先于推测执行的任务完成，则推测执行的任务会被关闭。

推测执行的机制有利有弊，它可以改善由于硬件老化等原因引起的作业时间延长，但是如果任务执行缓慢的原因是由于软件缺陷，推测执行对于这种情况是无能为力的，反而会因为大量的冗余任务抢占集群资源、增加网络带宽的负荷量。

5.4.7 MapReduce 容错

对于一个大规模的集群，出现错误的几率其实比我们想象的要高。MapReduce 计算框架提供了很好的机制处理错误，常见的错误有作业错误、网络错误甚至是数据错误。

1. 任务出错

任务出错是比较常见的，引起错误的原因通常有低质量的代码、数据损坏、节点暂时性故障。一个任务出现下列三种情况的任意一种时被认为出错。

（1）抛出一个没有捕获的异常。

（2）以一个非零值退出程序。

（3）在一定的时间内没有向 TaskTracker 报告进度。

当 TaskTracker 监测到一个错误，TaskTracker 将在下一次心跳里向 JobTracker 报告该错误，JobTracker 收到报告的错误后，将会判断是否需要进行重试，如果是，则重新调度该任务。默认的尝试次数为 4 次，可以通过 mapred-site.xml 的配置项 mapreduce.map.maxattempts 配置。该任务可能在集群的任意一个节点重试，这取决与集群的资源使用状况。如果同一个作业的多个任务在同一个 TaskTracker 节点反复失败，那么 JobTracker 会将该 TaskTracker 放到作业级别的黑名单，从而避免将该作业的其他任务分配到该 TaskTracker 上。如果多个作业的多个任务在同一个 TaskTracker 节点反复失败，那么 JobTracker 会将该 TaskTracker 放到一个全局的黑名单 24 小时，从而避免所有作业的任务被分配到 TaskTracker 上。

当一个任务经过最大尝试数的尝试运行后仍然失败，那么整个作业将被标记为失败。如果我们不希望这样（因为可能作业的一些结果还是可用的)，那么可以设置允许在不触发整个作业失败的任务失败的最大百分比。

2. TaskTracker 出错

当 TaskTracker 进程崩溃或者 TaskTracker 进程所在节点故障时，JobTracker 将接收不到 TaskTracker 发来的心跳，那么 JobTracker 将会认为该 TaskTracker 失效并且在该 TaskTracker 运行过的任务都会被认为失败，这些任务将会被重新调度到别的 TaskTracker 执行，而对于用户来说，在执行 MapReduce 作业时，只会感觉到该作业在执行的一段时间里变慢了。

3. JobTracker 出错

在 Hadoop 中，JobTracker 出错是非常严重的情况，因为在 Hadoop 中 JobTracker 存在单点故障的可能性，所以如果 JobTracker 一旦出错，那么正在运行的所有作业的内部状态信息将会丢失，即使 JobTracker 马上恢复了，作业的所有任务都将被认为是失败的，即所有作业都需要重新执行。

4. HDFS 出错

对于依赖底层存储 HDFS 的作业，一旦 HDFS 出错，那么对于整个作业来说，还是会执行失败。当 DataNode 出错时，MapReduce 会从其他 DataNode 上读取所需数据，除非包含任务所需的数据块的节点都出错，否则都是可以恢复的。如果 NameNode 出错，任务将在下一次访问 NameNode 时报错，但是 MapReduce 计算框架还是会尝试执行 4 次（默认的最大尝试执行次数为 4），在这期间，如果 NameNode 依然处于故障状态，那么作业最终会执行失败。

5.5 MapReduce 编程

在本节将详细介绍如何编写一个 MapReduce 作业，Hadoop 支持的编程语言有 Java、C++、Python 等，考虑到 Hadoop 是原生支持 Java，使用最广的也是 Java，所以本书只介绍 MapReduce 的 Java 编程。

从 Hadoop 0.20.0 开始，Hadoop 提供了新旧两套 MapReduce API。新 API 在旧 API 基础上进行了封装，使得其在扩展性和易用性方面更好。旧 API 主要存放在 org.apache.hadoop.mapred，而新 API 存放在 org.apache.hadoop.mapreduce 包及其子包中，考虑到旧 API 已经几乎被弃用，所以本书选用新 API 进行讲解。

5.5.1 Writable 类

序列化是指将对象转化为字节流以便在网络上传输或写到磁盘进行永久存储，而反序列化是指将字节流转化为对象的过程。Hadoop 主要在两方面使用序列化技术：IPC（进程间通信）和数据持久化。Hadoop 有自己的序列化格式 Writable，它格式紧凑、性能表现良好，但很难用 Java 以外的语言进行扩展和使用。

Writable 是一个接口，如图 5-22 所示。

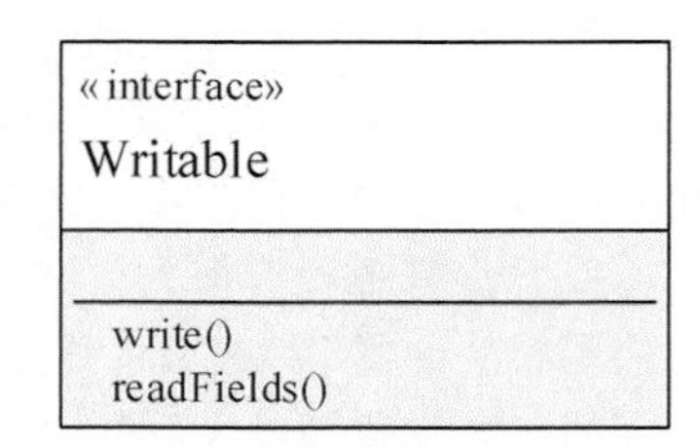

图 5-22　Writable 类

write 方法是将对象写入 DataOutput 二进制流，readFields 方法是从 DataInput 二进制流中反序列化，可参照代码清单 5-4。

代码清单 5-4 序列化和反序列化示例

```
package com.hadoop.writable;

import java.io.ByteArrayInputStream;
import java.io.ByteArrayOutputStream;
import java.io.DataInputStream;
import java.io.DataOutputStream;
import java.io.IOException;
import org.apache.hadoop.io.IntWritable;
import org.apache.hadoop.io.Writable;

public class WritableIO {

    public static void main(String[] args) throws IOException {

        IntWritable writable = new IntWritable();
        writable.set(1331321);
        //将 writable 序列化为 byte 数组
        byte[] bytes = serialize(writable);

        for (int i = 0; i < bytes.length; i++) {
            System.out.print(bytes[i]);
        }

        IntWritable writable2 = new IntWritable();
        //将 byte 数组反序列化为 IntWritable 对象
        deserialize(writable2, bytes);
        System.out.println(writable2.get());
    }

    //序列化：将 Writable 对象序列化为 byte 数组
    public static byte[] serialize(Writable writable) throws IOException{
        ByteArrayOutputStream out = new ByteArrayOutputStream();
        DataOutputStream dataOut = new DataOutputStream(out);
        writable.write(dataOut);
        dataOut.close();
        return out.toByteArray();
    }

    //反序列化：将 byte 数组反序列化为 Writable 对象
    public static byte[] deserialize(Writable writable,byte[] bytes) throws IOException{
        ByteArrayInputStream in = new ByteArrayInputStream(bytes);
        DataInputStream dataIn = new DataInputStream(in);
        writable.readFields(dataIn);
        dataIn.close();
        return bytes;
    }
}
```

serialize 方法通过 Writable 接口的实现类 IntWritable 的 write 方法将 IntWritable 对象序列化为 byte 数组，而 deserialize 方法通过 Writable 接口的实现类 IntWritable 的 readFields 将 byte 数组反序列化为 IntWritable 对象。

Hadoop 自带了很多种 Writable 的实现类，存放于 org.apache.hadoop.io 包下，这些类的层次结构如图 5-23 所示。

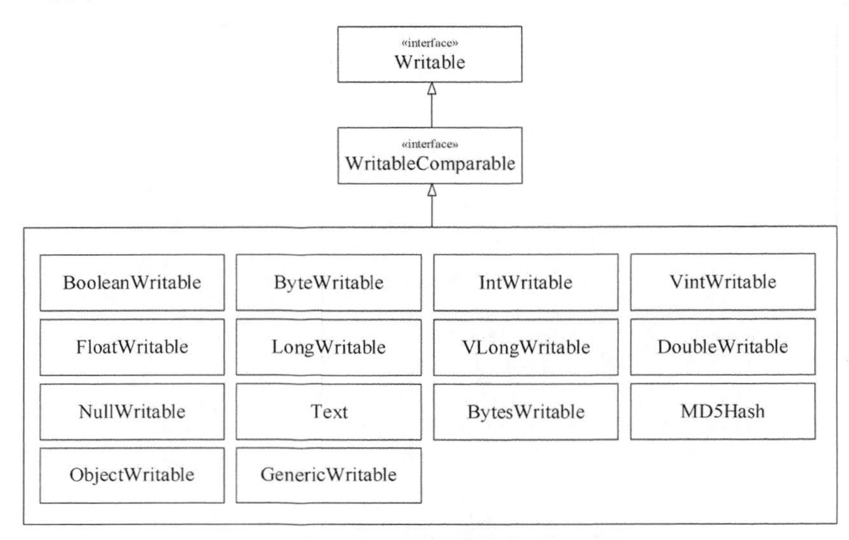

图 5-23　Hadoop 自带的 Writable 类

其中 IntWritable 和 VIntWritable 类、LongWritable 和 VlongWritable 类的区别在于序列化后编码是否定长，NullWritable 类的序列化长度为 0，它充当占位符，既不从数据流中读取数据，也不写入数据。Writable 类对于 Java 的基本类型都提供对应的封装，如 IntWritable 类型对应 Java 的 int 类型。表 5-2 列出了 Writable 类与 Java 基本类型的对应关系。

表 5-2　Java 基本类型与 Writable 类

Java 基本类型	Writable 实现
Boolean	BooleanWritable
Byte	ByteWritable
Int	IntWritable VintWritable
Float	FloatWritable
Long	LongWritable VlongWritable
Double	DoubleWritable
String	Text

对于这些 Writable 类，可以通过 get 方法取得被封装的原本的 Java 类型值，或者通过 set 方法将 Java 基本类型变成 Writable 类。Text 类除外，Text 支持通过 set 方法将字符串变为 Text 类型，但如果想要取得该字符串，可以通过 Text 类的 toString 方法。

5.5.2 编写 Writable 类

在实际开发中，Hadoop 提供的 Writable 类型可能不能满足需求，这个时候，就必须编写自己的 Writable 类，从图 5-23 可知，我们不用直接实现 Writable 接口，而是实现 WritableComparable 接口。

下面的代码是一个定制的 Writable 类 TextPair，它存储了一对字符串，如代码清单 5-5 所示。

代码清单 5-5　TextPair 类

```
package com.hadoop.writable;
import java.io.*;

import org.apache.hadoop.io.*;

public class TextPair implements WritableComparable<TextPair> {

    private Text first;
    private Text second;

    public TextPair() {
        set(new Text(),new Text());
    }

    public TextPair(String first, String second) {
        set(new Text(first),new Text(second));
    }

    public TextPair(Text first, Text second) {
        set(first, second);
    }

    public void set(Text first, Text second) {
        this.first = first;
        this.second = second;
    }

    public Text getFirst() {
        return first;
    }

    public Text getSecond() {
        return second;
    }

    @Override
    public void write(DataOutput out) throws IOException {
```

```
        first.write(out);
        second.write(out);
    }

    @Override
    public void readFields(DataInput in) throws IOException {
        first.readFields(in);
        second.readFields(in);
    }

    @Override
    public int hashCode() {
        return first.hashCode() *163+ second.hashCode();
    }

    @Override
    public boolean equals(Object o) {
        if(o instanceof TextPair) {
            TextPair tp = (TextPair) o;
            return first.equals(tp.first) && second.equals(tp.second);
        }
        return false;
    }

    @Override
    public String toString() {
        return first +"\t"+ second;
    }

    @Override
    public int compareTo(TextPair tp) {
        int cmp = first.compareTo(tp.first);

        if(cmp !=0) {
            return cmp;
        }

        return second.compareTo(tp.second);
    }
}
```

在这个例子中，构造方法和 setter、getter 方法都非常简单，目的就是通过两个实例变量 first 和 second 来实例化 TextPair，进而调用 readFields()方法来填充它们的字段，TextPair 的 write 方法依次序列化输出流中的每一个 Text 对象。

由于实现的是 WritableComparable 接口，所以也必须实现其 compareTo()方法，在该方法中会实现自己想要的比较逻辑，该方法被用来作为排序的依据。

5.5.3　编写 Mapper 类

Mapper 类作为 map 函数的执行者对于整个 MapReduce 作业有着很重要的作用，但我们不需要自己实例化 Mapper 类，只需继承 org.apache.hadoop.mapreduce.Mapper 类，编写自己的 Mapper 类并实现 map 方法，如图 5-24 所示。

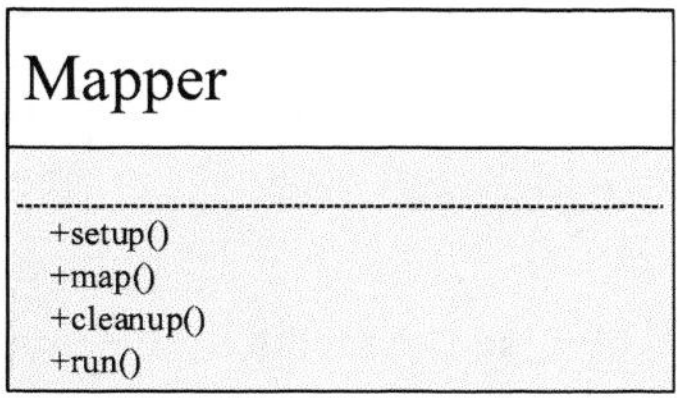

Mapper 类有 setup、map、cleanup 和 run 四个方法，其中 setup 一般是用来进行一些 map 前的准备工作，map 则承担主要的对键值对进行处理的工作，cleanup 是收尾工作（如关闭文件或者执行 map 后的键值对分发等），run 方法提供了 setup→map→cleanup 的执行模板。

Mapper

+setup()
+map()
+cleanup()
+run()

图 5-24 Mapper 类

Hadoop 自带了一些 Mapper 类的实现，如 InverseMapper 类和 TokenCounterMapper 类。InverseMapper 类的作用是调换键值对的顺序再原样输出，TokenCounterMapper 类的作用和 WordCount 中的 Mapper 类的作用是一样的，单词计数，读者可以根据需要选择。如果需要自己编写 Mapper 类时，用户需要做的只是继承 Mapper 类并实现其中的 map 方法即可。实现 Mapper 类的示例如代码清单 5-6 所示。

代码清单 5-6 Mapper 类实现示例

```
package com.hadoop.mapper;

import org.apache.hadoop.io.LongWritable;
import org.apache.hadoop.io.Text;
import org.apache.hadoop.mapreduce.Mapper;

public class MyMapper extends Mapper<LongWritable, Text, Text, Text>{

    protected void map(LongWritable key, Text value, Context context) throws
            java.io.IOException ,InterruptedException {

        /*
         * 实现自己的逻辑
         * */
    };

}
```

在继承 Mapper 类的同时，也必须指定 Mapper 类的泛型：

```
public class MyMapper extends Mapper<LongWritable, Text, Text, IntWritable>
```

此处泛型的作用是指定 map 方法的输入键值对的类型和输出键值对的类型，格式为<输入键值对键的类型，输入键值对值的类型，输出键值对键的类型，输出键值对值的类型>，当实现了自己的逻辑后，使用 context 对象的 write 方法进行输出：

```
context.write(key, value);
```

context 对象保存了作业运行的上下文信息，例如作业配置信息、InputSplit 信息、任务 ID 等。

5.5.4 编写 Reducer 类

编写 Reducer 类同编写 Mapper 类一样，只需继承 org.apache.hadoop.mapreduce.Reducer 类，

并根据需要实现 reduce 函数即可，如图 5-25 所示。

Reducer 类也有 setup、map、cleanup 和 run 四个方法，其中 setup 一般是用来进行一些 reduce 前的准备工作，reduce 则承担主要的对键值对进行处理的工作，cleanup 是收尾工作（如关闭文件或者执行 reduce 后的键值对分发等），run 方法提供了 setup→reduce→cleanup 的执行模板。

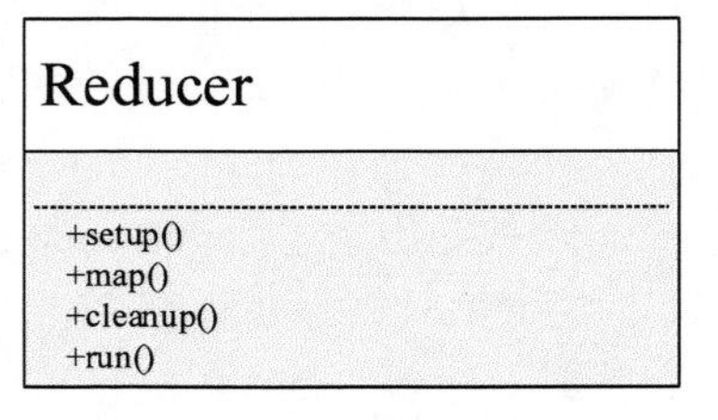

图 5-25　Reducer 类

在继承 Reducer 的同时，还需指定 Reducer 类的泛型：

```
public class MyReducer extends Reducer<Text, Text, Text, Text>
```

此处泛型的作用是指定 reduce 方法的输入键值对（中间结果）的类型和输出键值对（最后结果）的类型，格式为<输入键值对键的类型，输入键值对值的类型，输出键值对键的类型，输出键值对值的类型>。代码清单 5-7 实现了一个 Reducer 类。

代码清单 5-7　Reducer 类实现示例

```
package com.hadoop.reducer;

import org.apache.hadoop.io.Text;
import org.apache.hadoop.mapreduce.Reducer;

public class MyReducer extends Reducer<Text, Text, Text, Text>{

    protected void reduce(Text key, Iterable<Text> values, Context context) throws
            java.io.IOException ,InterruptedException {

        /*
         *实现自己的逻辑
         *
         * */

    };
}
```

实现了自己的逻辑后，同样通过 context 的 write 方法进行输出，注意输出的类型需要和泛型一致，否则会报错。如下：

```
context.write(key, value);
```

与 map 函数不同的是，reduce 函数的接受的 values 参数类型为 Iterable，该对象经过聚合后的中间结果需要通过迭代的方式对其进行处理，如下：

```
Iterator<Text> valueList = values.iterator();
```

5.5.5　控制 shuffle

大多数的作业，只需要自己编写 Mapper 类和 Reducer 类就可以满足需要了，但对一些复杂的作业来说，这是不够的。从 5.3 节知道，shuffle 的工作主要是将中间结果分发到 Reducer 上，分发的依据是中间结果的分区（partition），也就是说同一个分区的中间结果会交由一个 Reduce 任务处理，而进行分区操作的是由 org.apache.hadoop.mapreduce.Partitioner 的子类完成，如图 5-26 所示。

Partitioner 是一个抽象类，只有一个抽象方法：getPartition，该方法的返回值表示了分区的序号，Partitioner 同样也有泛型，该泛型表示的是 map 函数输出的结果的类型，此处应该和 Mapper 类的输出泛型相同，getPartition 方法处理的是 map 函数未经任何处理直接输出的结果，接受的参数 key 和 value 代表了 map 函数的输出结果，numPartitions 代表了的是 Reducer 的个数，而返回值则是分区的依据，相同返回值的结果将进入同一个分区。

在 WordCount 中，我们并没有指定 Partitioner，这是因为 Hadoop 提供了两个 Partitioner 的子类：HashPartitioner 类和 TotalOrderPartitioner 类。Hadoop 默认会使用 HashPartitioner 类，如图 5-27 所示。

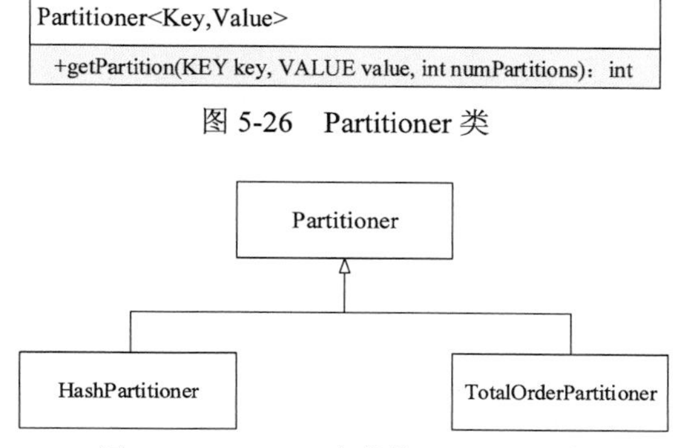

图 5-26　Partitioner 类

图 5-27　Hadoop 自带的 Partitioner 类

HashPartitioner 采用的是基于 Hash 值的分片方法，而 TotalOrderPartitioner 采用的是基于区间的分片方法。

下面是 HashPartitioner 的代码。

```
package org.apache.hadoop.mapreduce.lib.partition;

import org.apache.hadoop.mapreduce.Partitioner;

public class HashPartitioner<K, V> extends Partitioner<K, V> {
   public int getPartition(K key, V value,int numReduceTasks) {
    return (key.hashCode() & Integer.MAX_VALUE) % numReduceTasks;
  }
}
```

可以看出 HashPartitioner 只有一个 getPartition 方法，在这个方法中，通过(key.hashCode() & Integer.MAX_VALUE) % numReduceTasks 这行代码的计算，使得如果 key 值相同，那么返回值必定相同，这样就达到了按 key 值分区的目的了。所以如果不指定 Partitioner 而使用默认的 HashPartitioner，那么在 shuffle 的过程中，key 相同的中间结果将由一个 Reduce 任务来处理，对 numReduceTasks 取模是为了防止分区的个数大于 Reducer 的个数。

我们可以自己实现一个 Partitioner，功能是按照 value 的值分区，如果值大于 10000，为第一个分区，如果值小于等于 10000，为第二个分区，如代码清单 5-7 所示。

代码清单 5-8　Partitioner 实现示例

```
package com.hadoop.partitioner;

import org.apache.hadoop.io.IntWritable;
import org.apache.hadoop.io.Text;
import org.apache.hadoop.mapreduce.Partitioner;

public class MyPartitioner extends Partitioner<Text, IntWritable>{

    @Override
    public int getPartition(Text key, IntWritable value, int numReduceTasks) {
        return (new Boolean(value.get()>10000).hashCode()& Integer.MAX_VALUE) %
                numReduceTasks;
    }
}
```

5.5.6　控制 sort

从 5.3 节我们知道，整个 MapReduce 过程一共发生了 3 次排序操作，排序操作属于 MapReduce 计算框架的默认行为，我们不能控制是否发生排序，但可以控制排序的规则。

如图 5-28，我们注意到，IntWritable 类、Text 类等都是 WritableComparable 的实现类，WritableComparable 同时继承了 Writable 和 Comparable 接口。

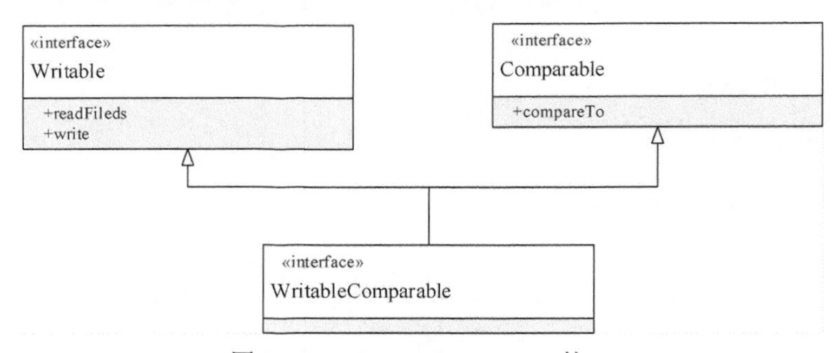

图 5-28　WritableComparable 接口

所以 WritableComparable 的实现类都可以通过 compareTo 方法进行比较。Hadoop 通过一个比较器（Comparator），将两个 WritableComparable 实现类的实例进行比较，自定义的比较器需要继承 WritableComparator 类。Hadoop 默认的比较方式即调用 WritableComparator 的 compare 方法，参数为两个待比较的 WritableComparable 类型的实例，在方法中再调用 WritableComparable 的 compareTo 方法进行比较，如下：

```
public int compare(WritableComparable a, WritableComparable b) {
   return a.compareTo(b);
}
```

我们只需实现 WritableComparable 接口并重写 compare 方法即可实现自己想要的排序逻辑，

下面是一个自定义比较器，排序规则是比较 key 对 5 取模后的大小，如代码清单 5-9 所示。

代码清单 5-9 自定义比较器示例

```
package com.hadoop;

import org.apache.hadoop.io.IntWritable;
import org.apache.hadoop.io.WritableComparable;
import org.apache.hadoop.io.WritableComparator;

public class MyWritableComparator extends WritableComparator{

    protected MyWritableComparator() {
        super(IntWritable.class,true);
    }

    @Override
    public int compare(WritableComparable a, WritableComparable b) {
        IntWritable x = (IntWritable)a;
        IntWritable y = (IntWritable)b;
        return (x.get() % 5 - y.get() %5) > 0 ? 1 : -1;
    }
}
```

Hadoop 在进行排序操作的时候，会将键值对的键传给比较器的 compare 方法进行比较。

5.5.7 编写 main 函数

在上面的工作都完成后，剩下的工作就是编写 main 函数。main 函数主要用于配置作业和提交作业。

代码清单 5-10 是一个最简单的 main 函数。

代码清单 5-10 main 函数示例

```
package com.hadoop;

import java.io.IOException;
import org.apache.hadoop.conf.Configuration;
import org.apache.hadoop.fs.Path;
import org.apache.hadoop.io.IntWritable;
import org.apache.hadoop.io.Text;
import org.apache.hadoop.mapreduce.Job;
import org.apache.hadoop.mapreduce.lib.input.FileInputFormat;
import org.apache.hadoop.mapreduce.lib.output.FileOutputFormat;

public class Driver{

    public static void main(String[] args) throws IOException, ClassNotFoundException,
          InterruptedException {
```

```
        Configuration conf = new Configuration();
        Job job = new Job(conf, "example_main");

        //指定了 main 函数所在的类
        job.setJarByClass(Driver.class);
        //指定 Mapper 类
        job.setMapperClass(MyMapper.class);
        //指定 Reducer 类
        job.setReducerClass(MyReducer.class);
        //设置 reduce()函数输出 key 的类
        job.setOutputKeyClass(Text.class);
        //设置 reduce()函数输出 value 的类
        job.setOutputValueClass(IntWritable.class);
        //指定输入路径
        FileInputFormat.addInputPath(job, new Path(args[0]));
        //指定输出路径
        FileOutputFormat.setOutputPath(job, new Path(args[1]));
        //提交任务
        System.exit(job.waitForCompletion(true) ? 0 : 1);
    }
}
```

Configuration 类代表了作业的配置，该类会加载 mapred-site.xml、hdfs-site.xml、core-site.xml、yarn-site.xml，而 Job 类代表了一个作业。如果自定义了 Partitioner、WritableComparator 和 Combiner，还可以在提交作业的代码之前加上如下代码：

```
job.setPartitionerClass(MyPartioner.class);
job.setSortComparatorClass(MyComparator.class);
job.setCombinerClass(MyCombiner.class);
```

如果还想改变作业的配置，可以通过 conf.setXX 的方法改变配置，这样方式的改变只对本作业有效，不会影响其他作业的配置。

从前面我们知道，Map 任务的个数决定于输入分片的个数（InputSplit），而 Reduce 任务的个数默认为 1，可以通过如下代码设置：

```
job.setNumReduceTasks(2);
```

完成作业设置后，通过 waitForCompletion 方法提交作业。至此 main 方法完成。将代码导出为 jar 包，使用命令执行日志：

```
hadoop jar xx.jar com.Driver arg1 arg2
```

其中 com.Driver 为 Main Class，arg1、arg2 为命令行参数。

5.6　MapReduce 编程实例：连接

从前面已经了解了 MapReduce 过程中的数据流向以及 MapReduce 计算框架的工作过程，接下来通过几个典型的实例向读者展示 MapReduce 一些编程技巧，旨在帮助读者学会并习惯用

MapReduce 的编程思想思考并解决问题。

连接操作，也就是我们常说的 join 操作，是进行数据分析时非常常见的操作，下面介绍用 MapReduce 编程思想实现 join。

5.6.1 设计思路

在 HDFS 有两个文件，一个记录了学生的基本信息，包括了姓名和学号信息，名为 student_info.txt，内容为：

```
Jenny    00001
Hardy    00002
Bradley  00003
...
```

还有一个文件记录了学生的选课信息表，包括了学号和课程名，名为 student_class_info.txt，内容为：

```
00001    Chinese
00001    Math
00002    Music
00002    Math
00003    Physic
...
```

现在经过 join 操作后，得出的结果为：

```
Jenny    Chinese
Jenny    Math
Hardy    Music
Hardy    Math
Bradley  Physic
...
```

该操作和 SQL 中的 join 操作类似，具体的思路是，在 map 阶段读入 student_class_info.txt、student_info.txt 文件，将每条记录标示上文件名，再将 join 的字段作为 map 输出的 key，在 reduce 阶段再做笛卡儿积。

5.6.2 编写 Mapper 类

代码清单 5-11 连接实例的 Mapper 类

```
package com.hadoop.join;

import java.io.IOException;
import org.apache.hadoop.io.LongWritable;
import org.apache.hadoop.io.Text;
import org.apache.hadoop.mapreduce.Mapper;
import org.apache.hadoop.mapreduce.lib.input.FileSplit;
```

```
public class JoinMapper extends Mapper<LongWritable, Text, Text, Text>{

    public static final String LEFT_FILENAME  = "student_info.txt";
    public static final String RIGHT_FILENAME = "student_class_info.txt";
    public static final String LEFT_FILENAME_FLAG = "l";
    public static final String RIGHT_FILENAME_FLAG = "r";

    protected void map(LongWritable key, Text value,Context context) throws
            IOException ,InterruptedException {
        //获取记录的 HDFS 路径
        String filePath = ((FileSplit) context.getInputSplit()).getPath().toString();
        String fileFlag = null;
        String joinKey = null;
        String joinValue = null;

        //判断记录来自哪个文件
        if(filePath.contains(LEFT_FILENAME)){
            fileFlag = LEFT_FILENAME_FLAG;
            joinKey = value.toString().split("\t")[1];
            joinValue = value.toString().split("\t")[0];
        }else if(filePath.contains(RIGHT_FILENAME)){
            fileFlag = RIGHT_FILENAME_FLAG;
            joinKey = value.toString().split("\t")[0];
            joinValue = value.toString().split("\t")[1];
        }

        //输出键值对并标示该结果是来自于哪个文件
        context.write(new Text(joinKey), new Text(joinValue + "\t" + fileFlag));
    };
}
```

如代码清单 5-11 所示，在 map()函数中，通过 getPath 方法判断记录来自哪个文件，并根据每个文件的格式组合成新的输出键值对，在输出时加上文件标识（student_info.txt 是“l”，student_class_info.txt 是“r”）。

5.6.3 编写 Reducer 类

代码清单 5-12　连接实例的 Reducer 类

```
package com.hadoop.join;

import java.io.IOException;
import java.util.ArrayList;
import java.util.Iterator;
import java.util.List;
import org.apache.hadoop.io.Text;
import org.apache.hadoop.mapreduce.Reducer;
```

```
public class JoinReducer extends Reducer<Text, Text, Text, Text>{

    public static final String LEFT_FILENAME  = "student_info.txt";
    public static final String RIGHT_FILENAME = "student_class_info.txt";
    public static final String LEFT_FILENAME_FLAG = "l";
    public static final String RIGHT_FILENAME_FLAG = "r";

    protected void reduce(Text key, Iterable<Text> values, Context context) throws
            IOException ,InterruptedException {

        Iterator<Text> iterator = values.iterator();

        List<String> studentClassNames = new ArrayList<String>();
        String studentName = "";

        while(iterator.hasNext()){
            String[] infos = iterator.next().toString().split("\t");
            //判断该条记录来自于哪个文件，并根据文件格式解析记录获取相应的信息
            if(infos[1].equals(LEFT_FILENAME_FLAG)){
                studentName = infos[0];
            }else if(infos[1].equals(RIGHT_FILENAME_FLAG)){
                studentClassNames.add(infos[0]);
            }
        }
        //求笛卡儿积
        for (int i = 0; i < studentClassNames.size(); i++) {
            context.write(new Text(studentName), new Text(studentClassNames.get(i)));
        }
    };
}
```

真正的 join 操作其实是由 Reducer 完成的。由于在 map()函数中是按照 join 的字段作为输出的 key，这样在 reduce()函数会接收到 student_info.txt 文件的一条记录和 student_class_info.txt 文件的 n 条记录作为一次迭代，如：

```
Jenny    00001
00001    Chinese
00001    Math
```

在最后的循环中求笛卡儿积并输出。

5.6.4 编写 main 函数

代码清单 5-13 连接实例的 main 函数

```
package com.hadoop.join;

import java.io.IOException;
import org.apache.hadoop.conf.Configuration;
import org.apache.hadoop.fs.Path;
import org.apache.hadoop.io.Text;
```

```
import org.apache.hadoop.mapreduce.Job;
import org.apache.hadoop.mapreduce.lib.input.FileInputFormat;
import org.apache.hadoop.mapreduce.lib.output.FileOutputFormat;
import org.apache.hadoop.mapreduce.lib.output.TextOutputFormat;
import com.hadoop.join.JoinMapper;
import com.hadoop.join.JoinReducer;

public class Driver {

public static void main(String[] args) throws IOException, InterruptedException,
       ClassNotFoundException {

         Configuration configuration = new Configuration();
         Job job = new Job(configuration,"MRJoin");
         job.setJarByClass(MRJoin.class);
         FileInputFormat.addInputPath(job, new Path(args[0]));
         FileOutputFormat.setOutputPath(job, new Path(args[1]));
         job.setMapperClass(JoinMapper.class);
         job.setReducerClass(JoinReducer.class);
         job.setOutputFormatClass(TextOutputFormat.class);
         job.setOutputKeyClass(Text.class);
         job.setOutputValueClass(Text.class);
         System.exit(job.waitForCompletion(true) ? 0 : 1);

    }
}
```

在 main 函数中设置作业参数，并将输入的目录和输出的目录作为参数传递给 main 函数。然后将工程打包为 join.jar，执行以下命令：

```
hadoop jar join.jar /user/test/joinInput /user/test/joinOutput
```

其中 HDFS 目录/user/test/joinInput 存放了 student_info.txt 和 student_class_info.txt 文件。输出结果为：

```
Jenny    Chinese
Jenny    Math
Hardy    Music
Hardy    Math
Bradley  Physic
...
```

5.7　MapReduce 编程实例：二次排序

本节将介绍一个实际运用中非常广泛的例子：二次排序。

5.7.1　设计思路

二次排序的含义为先按某列对数据进行排序，在该次排序的基础上再按照另一列的值进行排序，如下：

```
4    3
4    2
4    1
3    4
2    7
2    3
3    1
3    2
3    3
```

这是原始数据集，经过二次排序后，输出的数据为：

```
2    3
2    7
3    1
3    2
3    3
3    4
4    1
4    2
4    3
```

由于 Hadoop 框架默认会进行排序，所以完成二次排序的关键在于控制 Hadoop 的排序操作。

5.7.2 编写 Mapper 类

代码清单 5-14 二次排序实例的 Mapper 类

```
package com.secondarysort;

import org.apache.hadoop.io.LongWritable;
import org.apache.hadoop.io.NullWritable;
import org.apache.hadoop.io.Text;
import org.apache.hadoop.mapreduce.Mapper;

public class SeconadryMapper extends Mapper<LongWritable, Text, Text ,NullWritable>{

    protected void map(LongWritable key, Text value, Context context) throws
            java.io.IOException ,InterruptedException {

        //仅仅是将 value 作为 key 输出
        context.write(value,NullWritable.get());

    };

}
```

在 map 函数中，将输入的 value 作为输出的 key 输出，value 代表一整行数据。

5.7.3　编写 Partitioner 类

代码清单 5-15　二次排序实例的 Partioner 类

```
public class KeyPartitioner extends HashPartitioner<Text, NullWritable>{

    @Override
    public int getPartition(Text key, NullWritable value, int numReduceTasks) {
        // TODO Auto-generated method stub
        return (key.toString().split(" ")[0].hashCode() & Integer.MAX_VALUE) %
                numReduceTasks;
    }

}
```

在分区过程中，按照第一个排序字段进行分发。

5.7.4　编写 SortComparator 类

代码清单 5-16　二次排序实例的 SortComparator 类

```
package com.secondarysort;

import org.apache.hadoop.io.Text;
import org.apache.hadoop.io.WritableComparable;
import org.apache.hadoop.io.WritableComparator;

public class SortComparator extends WritableComparator {

    protected SortComparator() {
      super(Text.class, true);
   }

   @Override
   public int compare(WritableComparable key1, WritableComparable key2) {

    //如果第一个排序字段相同,则需比较第二个排序字段
    if(Integer.parseInt(key1.toString().split(" ")[0]) == Integer.parseInt(key2.
            toString().split(" ")[0])){

        if(Integer.parseInt(key1.toString().split(" ")[1]) > Integer.parseInt(key2.
                toString().split(" ")[1])){
            return 1;
        }else if(Integer.parseInt(key1.toString().split(" ")[1]) < Integer.parseInt
                (key2.toString().split(" ")[1])){
            return -1;
        }else if(Integer.parseInt(key1.toString().split(" ")[1]) == Integer.parseInt
                (key2.toString().split(" ")[1])){
            return 0;
        }
```

```
        //如果第一个排序字段不同,则比较第一个排序字段
        }else{

            if(Integer.parseInt(key1.toString().split(" ")[0]) > Integer.parseInt
                    (key2.toString().split(" ")[0])){
                return 1;
            }else if(Integer.parseInt(key1.toString().split(" ")[0]) < Integer.parseInt
                    (key2.toString().split(" ")[0])){
                return -1;
            }
        }

        return 0;
      }
}
```

SortComparator 是本例中最为关键的类，它改变了 Hadoop 默认的排序规则，并按照二次排序的逻辑进行排序。

5.7.5 编写 Reducer 类

代码清单 5-17 二次排序实例的 Reducer 类

```
package com.secondarysort;

import org.apache.hadoop.io.IntWritable;
import org.apache.hadoop.io.NullWritable;
import org.apache.hadoop.io.Text;
import org.apache.hadoop.mapreduce.Reducer;

public class SecondaryReducer extends Reducer<Text, IntWritable, NullWritable, Text>{

    protected void reduce(Text key, java.lang.Iterable<Text> values, Context context)
            throws java.io.IOException ,InterruptedException {

        for (Text value : values){
            context.write(NullWritable.get(), value);
        }
    };
}
```

由于大部分的工作已经由 SortComparator 完成，在数据进入 reduce 函数之前就已经是按照要求排好序的了，所以 Reducer 只需要原样输出即可。

5.7.6 编写 main 函数

代码清单 5-18 二次排序实例的 main 函数

```
package com.secondarysort;

import java.io.IOException;
```

```
import org.apache.hadoop.conf.Configuration;
import org.apache.hadoop.fs.Path;
import org.apache.hadoop.io.NullWritable;
import org.apache.hadoop.io.Text;
import org.apache.hadoop.mapreduce.Job;
import org.apache.hadoop.mapreduce.lib.input.FileInputFormat;
import org.apache.hadoop.mapreduce.lib.input.TextInputFormat;
import org.apache.hadoop.mapreduce.lib.output.FileOutputFormat;
import org.apache.hadoop.mapreduce.lib.output.TextOutputFormat;

public class Driver {

    public static void main(String[] args) throws IOException, ClassNotFoundException,
            InterruptedException {
        // TODO Auto-generated method stub

        Configuration conf = new Configuration();
        Job job = new Job(conf, "secondarysort");
        job.setJarByClass(SecondarySort.class);
        job.setMapperClass(SeconadryMapper.class);
        job.setReducerClass(SecondaryReducer.class);
        job.setPartitionerClass(KeyPartitioner.class);
        job.setSortComparatorClass(SortComparator.class);
        job.setMapOutputKeyClass(Text.class);
        job.setMapOutputValueClass(NullWritable.class);
        job.setOutputKeyClass(NullWritable.class);
        job.setOutputValueClass(Text.class);

        job.setInputFormatClass(TextInputFormat.class);
        job.setOutputFormatClass(TextOutputFormat.class);

        FileInputFormat.setInputPaths(job, new Path(args[0]));
        FileOutputFormat.setOutputPath(job, new Path(args[1]));
        //需要将 Reducer 的个数强制设定为 1
        job.setNumReduceTasks(1);
        System.exit(job.waitForCompletion(true) ? 0 : 1);

    }
}
```

在 Driver 类中进行常规的作业设置，但是需要注意一点的是必须手动将 Reducer 的个数设置为 1，这样出来的结果才会是全局有序，否则只是在每个 Reducer 中有序。为了让作业处理的更合理，我们还可以在数据进入 reduce 函数时默认再分一次组，Hadoop 默认是按 key 来分组，如代码清单 5-19 所示。

代码清单 5-19　二次排序实例分组器

```
package com.secondarysort;

import org.apache.hadoop.io.Text;
```

```
import org.apache.hadoop.io.WritableComparable;
import org.apache.hadoop.io.WritableComparator;

public class GroupingComparator extends WritableComparator {
     protected GroupingComparator() {
          super(Text.class, true);
     }

    @Override
    public int compare(WritableComparable w1, WritableComparable w2) {

        if(Integer.parseInt(w1.toString().split(" ")[0]) == Integer.parseInt(w2.
                 toString().split(" ")[0])){
            return 0;
        }else if(Integer.parseInt(w1.toString().split(" ")[0]) > Integer.parseInt(w2.
                 toString().split(" ")[0])){
            return 1;
        }else if(Integer.parseInt(w1.toString().split(" ")[0]) < Integer.parseInt(w2.
                 toString().split(" ")[0])){
            return -1;
        }

        return 0;
    }
}
```

该分组器在 reduce 函数之前就按照 key 值的前半部分，也就是第一个排序字段进行分组，该字段相同的所有记录将会进入一个集合参与迭代。编写完成后，还需在 Driver 类的 main 函数中加上：

```
job.setGroupingComparatorClass(GroupingComparator.class);
```

5.8 MapReduce 编程实例：全排序

本章的最后一个实例为全排序，读者可以从该例中发现 MapReduce 的另外一种思路。

5.8.1 设计思路

实现全排序对于 MapReduce 来说还是很简单的，思路如图 5-29 所示。

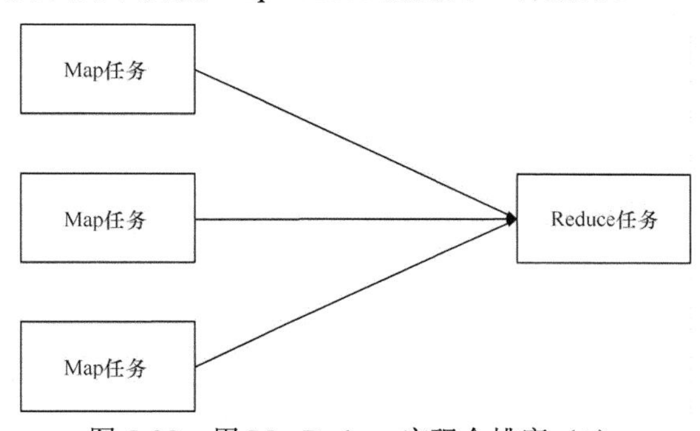

图 5-29 用 MapReduce 实现全排序（1）

作业将在每个 Map 任务中对自己的输入进行排序，但是这样无法做到全局排序，所以还必须在 Reduce 任务中对 n 个有序的 Map 任务的输出进行一次的总的排序。虽然使用了 MapReduce 模型，但是 Reduce 任务的个数只能为 1，并行程度不高，性能瓶颈明显，无法发挥分布式计算的威力，这种被称为单分区的排序方法。

是否能够进行改进呢，答案是肯定的。设想，如果直接将 Map 任务的输出拼接起来就成为一个全局有序的结果文件，这样效率将就单分区的排序方式大大提升，但这也意味着，每个任务处理的数据是一个连续区间的数据（0～1 000，1 000～2 000，……），这样才能保证输出是全局有序的，也就是说每个 Map 任务负责一个分区的数据，这种方法被称为多分区的排序方法，如图 5-30 所示。

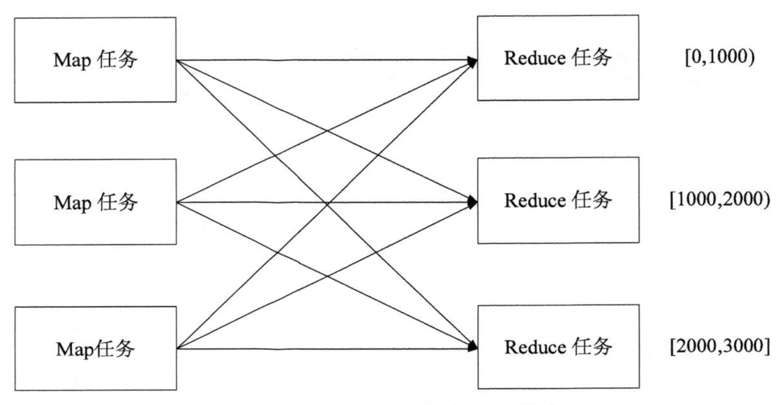

图 5-30　用 MapReduce 实现全排序（2）

Hadoop 自带的 Partitioner 的实现有两种，一种为 HashPartitioner，另一种为 TotalOrderPartitioner，默认为 HashPartitioner，在本例中需要选择 TotalOrderPartitioner，该类会为排序作业创建分区。此种排序的难点在于分区创建的依据，如果采用等距区间，那么数据分布不均匀会导致作业完成时间受限于某个 Reduce 任务完成的时间，所以采用 Hadoop 默认的抽样器先对其抽样，根据其数据分布生成分区文件，避免数据倾斜导致的性能低下。

5.8.2　编写代码

代码清单 5-20　全排序实例

```
package com.totalsort;

import org.apache.hadoop.conf.Configuration;
import org.apache.hadoop.fs.Path;
import org.apache.hadoop.io.Text;
import org.apache.hadoop.mapreduce.Job;
import org.apache.hadoop.mapreduce.lib.input.FileInputFormat;
import org.apache.hadoop.mapreduce.lib.input.KeyValueTextInputFormat;
import org.apache.hadoop.mapreduce.lib.output.FileOutputFormat;
import org.apache.hadoop.mapreduce.lib.partition.InputSampler;
import org.apache.hadoop.mapreduce.lib.partition.InputSampler.RandomSampler;
import org.apache.hadoop.mapreduce.lib.partition.TotalOrderPartitioner;
```

```
public class TotalSort {

    public static void main(String[] args) throws Exception{

        Path inputPath = new Path(args[0]);
        Path outputPath = new Path(args[1]);
        //分区文件路径
        Path partitionFile = new Path(args[2]);
        int reduceNumber = Integer.parseInt(args[3]);

        //RandomSampler 第一个参数表示会被选中的概率，第二个参数是一个选取的样本数数，第三个
          参数是最大读取 InputSplit 数
        RandomSampler<Text, Text> sampler = new InputSampler.RandomSampler<Text,
                Text>(0.1, 10000, 10);

        Configuration conf = new Configuration();
        //设置作业的分区文件路径
        TotalOrderPartitioner.setPartitionFile(conf, partitionFile);

        Job job = new Job(conf);
        job.setJobName("TotalSort");
        job.setJarByClass(TotalSort.class);
        job.setInputFormatClass(KeyValueTextInputFormat.class);
        job.setMapOutputKeyClass(Text.class);
        job.setMapOutputValueClass(Text.class);
        job.setNumReduceTasks(reduceNumber);

        //设置 Partitioner 类
        job.setPartitionerClass(TotalOrderPartitioner.class);
        FileInputFormat.setInputPaths(job, inputPath);
        FileOutputFormat.setOutputPath(job, outputPath);
        outputPath.getFileSystem(conf).delete(outputPath, true);

        //写入分区文件
        InputSampler.writePartitionFile(job, sampler);

        System.out.println(job.waitForCompletion(true)? 0 : 1);
    }

}
```

由于 Hadoop 的默认 Mapper 类和 Reducer 类已经可以完成排序功能，所以并不需要编写 Mapper 类和 Reducer 类。

5.9 小结

Hadoop 的 MapReduce 计算框架让并行编程变得从未有过的简单，并深刻地影响了后面的分布式计算框架的设计和开发。在学习 MapReduce 时，对于过程和工作机制要深入理解，这样在调优时才更有针对性。MapReduce 编程并不是大数据处理的重点，难点在于优化。

第 6 章

SQL on Hadoop：Hive

科技以人为本。

——诺基亚公司

本章主要介绍 Hadoop 最常用的工具——Hive。

6.1 认识 Hive

对于 Hadoop 的出现，无论是业界还是学术界对其都给予了极高的关注度，Hadoop 及其生态圈提供了一个成熟高效的处理海量数据集的解决方案。随着 Hadoop 越来越流行，一个问题也随之产生：用户如何从现有的数据基础架构转移到 Hadoop 上，而所谓的数据基础架构大都基于传统关系型数据库（RDBMS）和结构化查询语言（SQL）。这就是 Hive 出现的原因，Hive 的设计目的是为了让那些精通 SQL 技能而 Java 技能较弱的数据分析师能够利用 Hadoop 进行各种数据分析，对于前文的 Word Count 例子，Java 代码大概在 80 行左右，这对于经验丰富的 Java 开发工程师来说也不是易事，但如果用 Hive 的查询语言（即 HiveQL）来完成的话，只有区区几行代码：

```
CREATE TABLE text(line STRING);
LOAD DATA INPATH 'a.txt' OVERWRITE INTO TABLE text;
CREATE TABLE word_count AS SELECT word,COUNT(1) AS count FROM
(SELECT EXPLODE(SPLIT(line, '\s'))) AS word FROM text) w
GROUP BY word
ORDER BY word;
```

可以看出 HiveQL 的语法和 SQL 非常类似，实际上 HiveQL 是基本实现了 SQL-92 标准的。

Hive 是由 Facebook 开发的海量数据查询工具，目前已经捐献给 Apache 软件基金会，是 Apache 的顶级项目。

在实际开发中，80%的操作都不会由 MapReduce 程序直接完成，而是由 Hive 来完成，所以说 Hive 本身实践性非常强，并且使用频率非常高，它没有高深的原理，只需要用户对 SQL 熟练即可。掌握 Hive 对于使用 Hadoop 来说非常重要。

6.1.1 从 MapReduce 到 SQL

Hive 显著地降低了使用 Hadoop 来做数据分析的学习成本，对于那些精通 Java 的人来说，Hive 仍然是首选，因为 Hive 稳定，代码精简并且易于维护。

从前面介绍的 MapReduce 编程实例可以看出，常见的 count、group by、order by、join 等 SQL 操作都可以由 MapReduce 来完成，在某种意义上，Hive 可以说是 HiveQL（SQL）到 MapReduce 的映射器，如图 6-1 所示。

Hive 可以将用户输入的 HiveQL 脚本转化为一个或多个 MapReduce 作业并在集群上运行。同样的，Hadoop 生态圈里还有一个叫 Pig 的组件，它的作用和 Hive 类似，但 Pig 提供的不是 SQL 接口而是一种叫做 Pig Latin 的语言接口，如图 6-2 所示。

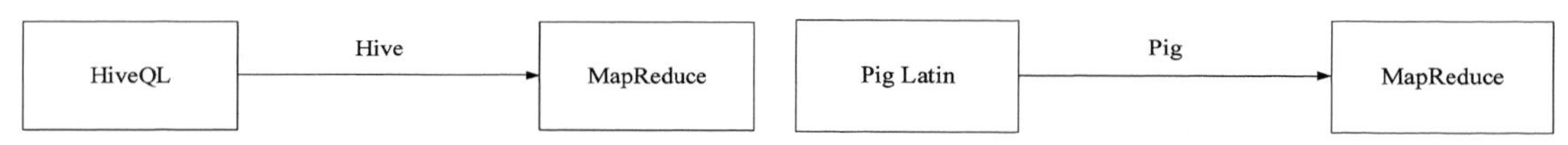

图 6-1 从 HiveQL 到 MapReduce　　图 6-2 从 Pig Latin 到 MapReduce

和 SQL 相比，Pig Latin 更加灵活但是学习成本更高，在生产环境下没有 Hive 普遍。Pig Latin 和 HiveQL 都是对 MapReduce 进行了一种封装，使用户不必直接编写 MapReduce 程序，所以它们可以说是 Hadoop 的“高级语言”。

可以在 Hive 安装的节点输入 hive 进入 Hive 命令行：

```
Hive history file=/tmp/hadoop/hive_job_log_hadoop_201407010908_503942368.txt
hive>
```

可以对已有的表进行查询操作：

```
hive> select count(*) from test;
```

这时控制台会输出日志：

```
Total jobs = 1
Launching Job 1 out of 1
Number of reduce tasks determined at compile time: 1
In order to change the average load for a reducer (in bytes):
  set hive.exec.reducers.bytes.per.reducer=<number>
In order to limit the maximum number of reducers:
  set hive.exec.reducers.max=<number>
In order to set a constant number of reducers:
  set mapreduce.job.reduces=<number>
Starting Job = job_1461295383977_0969,
        Tracking URL = http://master:8088/proxy/application_1461295383977_0969/
Kill Command = /opt/ hadoop-2.6.0-cdh5.6.0/bin/hadoop job  -kill
        job_1461295383977_0969
```

```
Hadoop job information for Stage-1: number of mappers: 1; number of reducers: 1
2016-05-12 17:52:38,412 Stage-1 map = 0%,  reduce = 0%
2016-05-12 17:52:44,815 Stage-1 map = 100%,  reduce = 0%, Cumulative CPU 1.34 sec
2016-05-12 17:52:51,240 Stage-1 map = 100%,  reduce = 100%, Cumulative CPU 3.18 sec
MapReduce Total cumulative CPU time: 3 seconds 180 msec
Ended Job = job_1461295383977_0969
MapReduce Jobs Launched:
Stage-Stage-1: Map: 1  Reduce: 1   Cumulative CPU: 3.18 sec   HDFS Read: 536291 HDFS
        Write: 4 SUCCESS
Total MapReduce CPU Time Spent: 3 seconds 180 msec
OK
0
Time taken: 26.725 seconds, Fetched: 1 row(s)
```

从日志可以发现该条 HiveQL（以下简称 HQL）被转化为一个 MapReduce 作业执行，执行时与普通 MapReduce 作业一样，也是分为 map 和 reduce 部分，还可以通过 Hadoop 的 Web UI 查看作业，日志已经将作业链接打印出来：

```
Tracking URL = http://master:8088/proxy/application_1461295383977_0969/
```

通过链接可以看到该作业的详细信息，如图 6-3 所示。

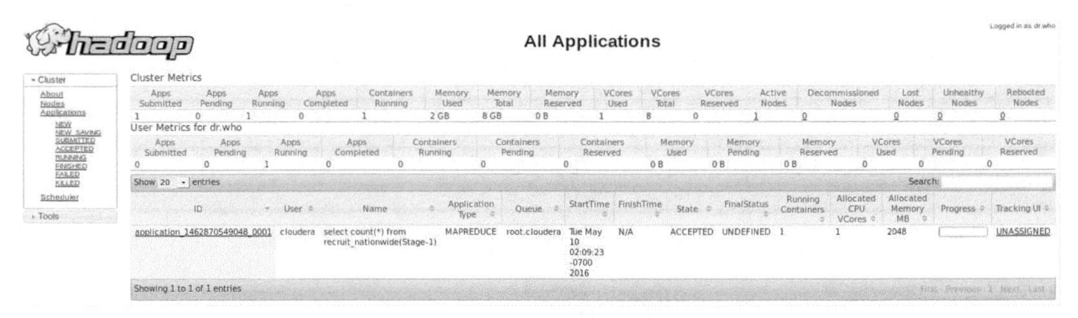

图 6-3　Hive 作业在作业列表中

值得一提的是，并不是所有 HQL 都会转化为 MapReduce 任务，例如下面这种查询操作：

```
hive> select * from test;
```

这种 HQL 是不会被 Hive 转化为 MapReduce 作业执行的，Hive 只会将该表所分布在各个 DataNode 的数据拉到 Hive 所在节点并依次输出。

6.1.2　Hive 架构

与 Hadoop 的 HDFS 和 MapReduce 计算框架不同，Hive 并不是分布式的，它独立于集群之外，可以看做是一个 Hadoop 的客户端，如图 6-4 所示。

我们可以通过 CLI（命令行接口）、HWI（Hive 网络界面）以及 Thrift Server 提供的 JDBC 和 ODBC 的方式访问 Hive，其中最常见的是 Hive 命令行接口。用户通过以上方式向 Hive 提交查询命令，而命令将会进入 Driver 模块，通过该模块对命令进行解释和编译，对需求的计算进行优化，然后按照生成的执行计划执行，执行计划会将查询分解为若干个 MapReduce 作业。

Hive 通过与 YARN 通信来初始化 MapReduce 作业，所以 Hive 并不需要部署在 YARN 节点，通常在大型的生产环境集群，Hive 被独立部署在集群之外的节点。

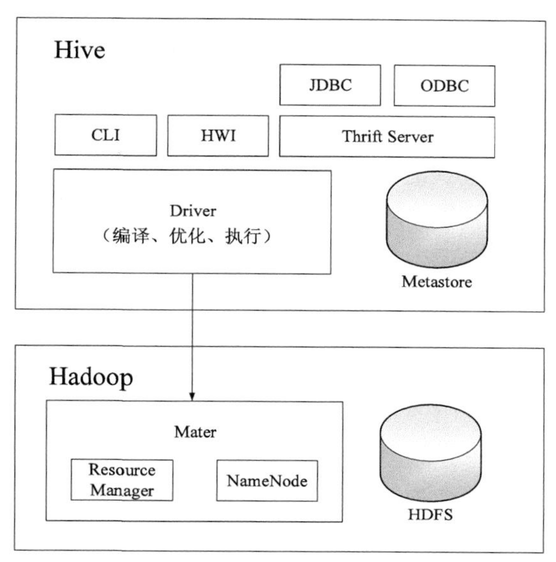

图 6-4 Hive 架构

Metastore 是 Hive 的元数据的集中存放地，它保存了 Hive 的元数据信息，如表名、列名、字段名等，它对于 Hive 是一个非常重要的组成。它包括两部分，元数据服务和元数据存储。有了元数据存储方案，Hive 不再只是一个数据查询工具，而是一个可以管理海量数据的系统。Hive 将 HDFS 上的结构化的数据通过元数据映射为一张张表，这样用户才能通过 HQL 对数据进行查询。Hive 的元数据存储通常由一个关系型数据库来完成（如 MySQL、PostgreSQL、Oracle 等）。

Metastore 有 3 种安装方式。如图 6-5 所示，第一种是内嵌模式，这是最简单的模式，元数据服务和 Hive 服务运行在同一个 JVM 中，同时使用内嵌的 Derby 数据库作为元数据存储，该模式只能支持同时最多一个用户打开 Hive 会话。第二种是本地模式，可以看到 Hive 服务和元数据服务仍运行在同一个 JVM 中，不同的是，采用了外置的 MySQL 作为元数据存储，该种方法支持多个用户同时访问 Hive。第三种模式是远程模式，在这种模式下元数据服务和 Hive 服务运行在不同的进程内，这样做的好处是，数据库层可以完全地置于防火墙之后，客户端则不需要数据库验证。在生产环境中，推荐使用本地模式和远程模式。

虽然 Hive 对 SQL 支持良好，但 Hive 并不是一个完整的数据库。Hadoop 以及 HDFS 的设计本身的局限性限制了 Hive 所能胜任的工作，其中最大的限制就是 Hive 不支持行级别的更新、插入或者删除操作，并且不支持事务。由于 MapReduce 作业的启动过程需要消耗较长的时间，所以 Hive 的查询延时很严重，传统数据库在秒级别的查询，在 Hive 中，即使数据集更小，一般需要执行更长的时间。

由于不支持事务，所以 Hive 不适合用作 OLTP（联机事务处理），而更倾向于 OLAP（联机分析处理），但由于 Hadoop 本身被设计用来处理的数据规模非常大，因此提交查询和返回结果耗费的时间非常长，Hive 并不能做到 OLAP 的“联机”部分，所以对 Hive 更合适的定位是离线计算，对于实时性要求很高的可以选择 HBase 或者 Impala。值得一提的是，随着处理的数据量规模的增大，Hive 的 MapReduce 作业启动时间和实际计算的时间相比是微不足道的，并且所耗费的时间大致呈线性增长。

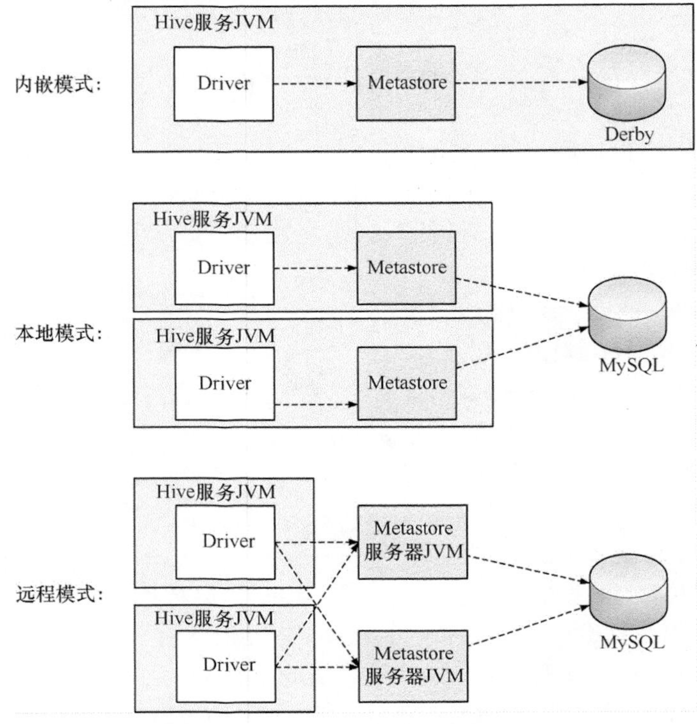

图 6-5　Hive 元数据的安装方式

6.1.3　Hive 与关系型数据库的区别

Hive 的查询语言 HQL 支持 SQL-92 标准，使得 HQL 非常类似 SQL，因而 Hive 经常会被当做关系型数据库，实际上，Hive 和关系型数据库除了查询语言非常类似，再无类似之处，可以从表 6-1 一窥端倪。

表 6-1　Hive 与关系型数据库的区别

	Hive	RMDBS
查询语言	HQL	SQL
数据存储位置	HDFS	Raw Device 或者 Local FS
数据格式	用户定义	系统决定
数据更新	不支持	支持
索引	无	有
执行	MapReduce	Executor
执行延迟	高	低
可扩展性	高	低
数据规模	大	小

（1）数据存储位置。Hive 是基于 Hadoop 的，所有 Hive 的数据都是存储在 HDFS 中的，而数据库则可以将数据保存在块设备或者本地文件系统中。

（2）数据格式。对于 Hive 的数据格式，用户可以自由定义行列的分隔符，由用户自己指定，而关系型数据库都有自己存储引擎，所有的数据都会按照一定组织存储。

（3）数据更新。Hive 是基于 Hadoop 的，并且 Hive 的用处是作为数据仓库，它们的特征都是“一次写入，多次读取”，所以 Hive 是不支持数据更新和添加的，所有数据在加载时就已经确定，不可更改，而关系型数据库可以通过 UPDATE…SET 或者 INSERT INTO…VALUES 添加和修改数据。

（4）索引。Hive 在加载数据的过程中不会对数据进行任何处理，甚至不会对数据进行扫描，因此也没有对数据中的某些列建立索引。

（5）执行。Hive 中大多数查询的执行是通过 Hadoop 提供的 MapReduce 计算框架来实现的，而数据库通常有自己的执行引擎。

（6）执行延迟。Hive 没有索引，所以在查询数据的时候必须进行全表扫描，因此延迟较高。另一个原因导致 Hive 执行延迟较高的因素是 MapReduce 计算框架，MapReduce 计算框架本身也具有较高的延迟。相比来说，数据库的执行延迟较低。

（7）可扩展性。Hive 是基于 Hadoop 的，因此 Hive 的可扩展性与 Hadoop 的可扩展性是一致的。而数据库由于 ACID 语义的严格限制，扩展能力非常有限。目前最先进的 Oracle 并行数据库在理论上的扩展能力也只有 100 台左右。

（8）数据规模。Hive 建立在集群上并可以利用 MapReduce 进行并行计算，因此可以支持很大规模的数据。相应地，数据库可以支持的数据规模较小。

从以上不同点可以发现，对于面向小数据量、查询延迟敏感的关系型数据库更适用于在线数据处理，而面向大数据量、查询延迟不敏感的 Hive 更适用于离线数据分析。

6.1.4 Hive 命令的使用

由于在安装 Hive 时，配置了 hive 命令的环境变量，所以可以在任何路径下输入 hive，进入 Hive 的命令行界面，如下：

```
[hadoop@master ~]$ hive
Hive history file=/tmp/hadoop/hive_job_log_hadoop_201407071029_313875821.txt
hive>select count(*) from test;
```

如果没有配置环境变量，则需要执行$Hive_HOME/bin/hive 命令，$Hive_HOME 是 Hive 的安装路径。命令行界面（Command Line Interface，CLI）是和 Hive 交互最常见也是最方便的方式。在命令行界面可以执行 Hive 支持的绝大多数功能，如查询、创建表等。

有时，并不需要一直打开命令行界面，也就是说执行完查询立刻退出，可以用 hive -e 的形式，如下：

```
[hadoop@master ~]$ hive -e 'select count(*) from test'
Hive history file=/tmp/hadoop/hive_job_log_hadoop_201407071043_630328721.txt
```

```
Total MapReduce jobs = 1
Launching Job 1 out of 1
...
2014-07-07 10:44:00,593 Stage-1 map = 0%,  reduce = 0%
2014-07-07 10:44:06,656 Stage-1 map = 0%,  reduce = 100%
2014-07-07 10:44:10,692 Stage-1 map = 100%,  reduce = 100%
Ended Job = job_201407071028_0001
OK
0
Time taken: 23.455 seconds
[hadoop@master ~]$
```

可以看到 Hive 执行完查询，输出了日志和结果后退出了 Hive 的命令行界面并重新返回到了 Linux shell 的界面下。如果不需要看到日志和其他无关紧要的信息，可以在 hive 命令后加上 -S，如下：

```
hive -S -e 'select count(*) from test'
```

这样 Hive 只会将最后结果 0 打印。

有时，需要一次性执行多个查询语句，可以将这些查询语句保存到后缀为 hql 的文件中，利用 hive -f 来一次性执行，如下：

```
[hadoop@master ~]$ cat test.hql
select count(*) from test;
select * from test order by id;
```

test.hql 文件里保存了两条查询语句，执行 hive -f，如下：

```
hive -f test.hql
```

Hive 会一次性依次执行以上两个查询，并将结果依次输出。

在使用 Hive 时，有时需要查看 HDFS，可以在 Hive 命令行下，执行 dfs 命令，如下：

```
hive> dfs -ls /;
Found 3 items
drwxr-xr-x   - hadoop supergroup          0 2014-04-02 11:52 /home
drwxr-xr-x   - hadoop supergroup          0 2014-07-01 09:28 /tmp
drwxr-xr-x   - hadoop supergroup          0 2014-07-01 09:28 /user
```

这样，就没有必要退出 Hive 命令行，非常方便。

为了提高 Hive 脚本的可读性，用户可以用“--”开头的字符串对其进行注释，如下：

```
hive> select count(*) from test --count the testtable;
```

或者以同样的方式将注释加到后缀为 hql 的文件中。

以上是 Hive 命令的常用用法，用户还可以执行帮助命令查看使用方式，如下：

```
[hadoop@master ~]$ hive --help --service cli
usage: hive
 -e <quoted-query-string>          SQL from command line
```

```
  -f <filename>                      SQL from files
  -H,--help                          Print help information
  -h <hostname>                      connecting to Hive Server on remote host
     --hiveconf <property=value>         Use value for given property
  -i <filename>                      Initialization SQL file
  -p <port>                          connecting to Hive Server on port number
  -S,--silent                        Silent mode in interactive shell
 -v,--verbose                        Verbose mode (echo executed SQL to the
                                     console)
```

6.2 数据类型和存储格式

Hive 支持关系型数据库中的大多数据类型，也支持一些独有的数据类型，并且 Hive 对于数据在文件中的编码方式具有很大的灵活性，下面将就这几点展开讨论。

6.2.1 基本数据类型

Hive 的基本数据类型和关系型数据库的没什么不同，也是整型、浮点型、布尔型等，见表 6-2。

表 6-2 Hive 的基本数据类型

数据类型	长度	示例
TINYINT	1 字节，有符号整数	11
SMALLINT	2 字节，有符号整数	11
INT	4 字节，有符号整数	11
BIGINT	8 字节，有符号整数	11
FLOAT	4 字节，单精度浮点数	11.0
DOUBLE	8 字节，双精度浮点数	11.0
BOOLEAN	true/false	TRUE
STRING	字符序列	‘hadoop’

Hive 也是由 Java 编写，所以 Hive 的基本数据类型都是对 Java 中的接口的实现，这些基本的数据类型与 Java 的基本数据类型是一一对应的，如 SMALLINT 类型对应 Java 中 short 类型，DOUBLE 对应的是 Java 中的 double 类型。

6.2.2 复杂数据类型

Hive 除了以上支持的基本数据类型，还支持 3 种集合数据类型，分别是 STRUCT、MAP 和 ARRAY，见表 6-3。

表 6-3　Hive 的复杂数据类型

数据类型	说　明	示　例
STRUCT	结构体，可以通过属性名访问值，如某列的数据类型为 struct(first string,last string)，那么第一个元素可以通过“列名.first”来访问	struct('hardy', 'jack')
MAP	map 是一组键值对元组的集合，可以通过键访问值，如某类的数据类型是 map，那么可以通过“列名['first']”来访问	map('first','hardy','last','jack')
ARRAY	数组是一组具有相同类型的变量的集合，可以通过下标访问值，如第二个元素可以通过“列名[1]”来访问	array('hardy', 'jack')

6.2.3　存储格式

Hive 支持的文件存储格式有以下几种：

（1）TEXTFILE

（2）SEQUENCEFILE

（3）RCFILE

（4）PARQUET

在建表的时候，可以使用 STORED AS 子句指定文件存储的格式，该子句表明了该表是以何种文件形式存储在文件系统的。

TEXTFILE，也就是通常所说的文本，默认格式，数据不做压缩，磁盘开销大，数据解析开销大。SEQUENCEFILE，在第 3 章已经做过介绍，是 Hadoop 提供的一种二进制格式，其具有使用方便、可分割、可压缩的特点，并且按行进行切分。RCFILE 是一种行列存储相结合的存储方式。首先，其将数据按行分块，保证同一条记录在一个块上，避免读一条记录需要读取多个块。其次，块上的数据按照列式存储，有利于数据压缩和快速地进行列存取，也就是“先按水平划分再按垂直划分”，如图 6-6 所示。

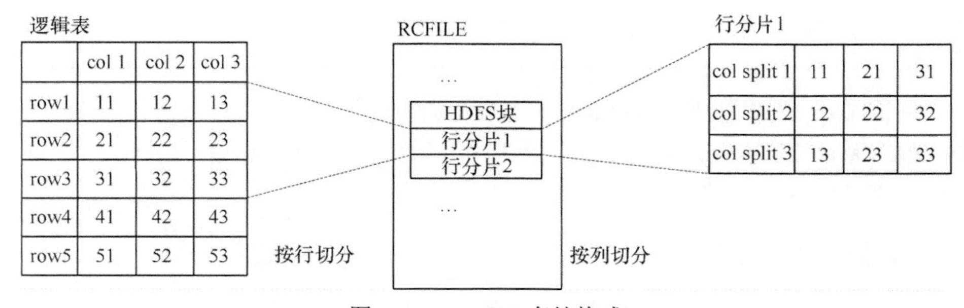

图 6-6　RCFILE 存储格式

当用户的数据文件格式不能被当前 Hive 所识别的时候，可以自定义文件格式。用户可以通过实现 InputFormat 和 OutputFormat 来自定义输入输出格式。

RCFILE 的优点比较明显，首先，RCFILE 具备相当于行存储的数据加载速度和负载适应能力；其次，RCFILE 的读优化可以在扫描表时避免不必要的列读取，测试显示在多数情况下，它比其他结构拥有更好的性能；再次，RCFILE 使用列维度的压缩，因此能够有效提升存储空间利用率。但是 RCFILE 在数据加载时性能损失较大，但考虑到 HDFS 的“一次写入，多次读取”的特性，这种损失也是可以接受的。

另外，CDH5 的 Hive 已经支持 PARQUET 格式，PARQUET 是面向分析型业务的列式存储格式。PARQUET 由 Twitter 和 Cloudera 合作开发，PARQUET 由许多复杂的嵌套的数据结构组成，并使用重复级别/定义级别的方法来对数据结构进行编码。这种方法能够实现扁平的嵌套命名空间，它对于 Impala 这种 Dremel 系技术有着显著的性能提升。

6.2.4 数据格式

当将数据存储在文本文件中，必须按照一定的格式区分行和列并且向 Hive 指明，Hive 才能将其识别，常见的格式有 CSV（逗号分隔值）和 TSV（制表符分隔值），Hive 支持以上两种格式，但是如果数据经常出现逗号和制表符，那么这两种格式就不合适了。所以 Hive 默认使用了几个在平时很少出现的字符，这些字符一般不会作为内容出现在记录中，也可以在建表语句中单独向 Hive 指明。表 6-4 列出了 Hive 默认的记录（行）和字段（列）分隔符。

表 6-4 Hive 的分隔符

分 隔 符	描 述
\n	换行符，默认行分隔符
^A(Ctrl + A)	在文本中以八进制编码\001 表示，列分隔符
^B(Ctrl + B)	在文本中以八进制编码\002 表示，作为分隔 ARRAY、STRUCT 中的元素，或者 MAP 中键值对的分隔
^C(Ctrl + C)	在文本中以八进制编码\003 表示，用于 MAP 中键值对的分隔

用户也可以不使用这些默认的分隔符，而指定使用其他的分隔符，下面是一个建表语句：

```
CREATE TABLE student (
name     STRING,
age      INT,
cource   ARRAY<STRING>,
body     MAP<STRING,FLOAT>,
address  STRUCT<STREET:STRING,CITY:STRING,STATE:STRING>
)
ROW FORMAT DELIMITED
FIELDS TERMINATED BY '\001'
COLLECTION ITEMS TERMINATED BY '002'
MAP KEYS TERMINATED BY '\003'
LINES TERMINATED BY '\n'
STORED AS TEXTFILE;
```

在这个建表语句中，用 ROW FORMAT DELIMITED FIELDS TERMINATED BY 子句指定了列分隔符为'\001'，用 COLLECTION ITEMS TERMINATED BY 指定了集合元素间的分隔符为'\002'，而 MAP KEYS TERMINATED BY 子句指定了类型为 MAP 的字段的键值对分隔符为'\003'。LINES TERMINATED BY 子句则指定了行分隔符，但是目前 Hive 仅支持'\n'作为行分隔符，所以这句目前来说并没有太大的作用，STORED AS 子句指定了存储的文件格式，这句也经常不写，因为大多数情况下，都是文本文件。可以将 BY 后面的字符换成需要的字符。

如果在建表时对文件或者数据格式没有太多的要求，可以部分或全部使用 Hive 默认的格式，某些子句可以省略不写。如下

```
CREATE   TABLE student (
name     STRING,
age      INT,
cource   ARRAY<STRING>,
body     MAP<STRING,FLOAT>,
address  STRUCT<STREET:STRING,CITY:STRING,STATE:STRING>
)
ROW FORMAT DELIMITED
FIELDS TERMINATED BY '\t'
```

这样除了列分隔符被指定为制表符外，其余全部采用 Hive 的默认格式，如果连列分隔符也不需要设置，则 ROW FORMAT DELIMITED FIELDS TERMINATED BY‘\t’都可省略。

6.3 HQL：数据定义

HQL 是一种 SQL 方言，支持绝大部分 SQL-92 标准，并对其做了一些扩展，并且仍然存在显著差异：不支持行级别的操作、不支持事务等。从语法上来说，HQL 最接近 MySQL 的 SQL 方言，但对于熟悉任何一种数据库 SQL 方言的程序员来说，HQL 上手都非常容易，只需要注意 HQL 与 SQL 的区别即可。

在下面几节中，将通过大量的实例向读者详细地讲解 HQL 的语法及其特性，本节将介绍 HQL 中数据定义部分，也就是 SQL 中 DDL（数据定义语言）的部分。

6.3.1 Hive 中的数据库

Hive 中的数据库本质上仅仅是个表的目录或者命名空间。在生产环境中，如果表非常多的话，一般会用数据库将生产表组织成逻辑组。

但在实际情况中，用户一般没有指定数据库，这时，Hive 使用的是默认数据库 default。可以用 CREATE DATABASE 语句来创建数据库。如：

```
hive> CREATE DATABASE test;
```

如果 test 数据库已经存在，那将抛出一个错误信息，使用如下语句可以避免在这种情况下抛出错误信息：

```
CREATE DATABASE IF NOT EXISTS test;
```

另外，可以使用 SHOW DATABASES 语句查看已存在的数据库，如下：

```
hive> SHOW DATABASES;
OK
default
test
Time taken: 0.029 seconds, Fetched: 2 row(s)
```

Hive 会为每个创建的数据库在 HDFS 上创建一个目录，该数据库中的表会以子目录的形式存储，表中的数据会以表目录下的文件的形式存储。如果用户使用 default 数据库，该数据库本身没有自己的目录。数据库所在的目录在 hive-site.xml 文件中的配置项 hive.metastore.warehouse.dir 配置的目录之后，默认是/user/hive/warehouse。如下：

```
hadoop dfs -ls /user/hive/warehouse
drwxr-xr-x   - hadoop supergroup          0 2014-06-23 16:19 /hive/warehousedir/table1
drwxr-xr-x   - hadoop supergroup          0 2014-06-23 17:33 /hive/warehousedir/table2
drwxr-xr-x   - hadoop supergroup          0 2014-06-23 18:19 /hive/warehousedir/table3
drwxr-xr-x   - hadoop supergroup          0 2014-06-24 09:50 /hive/warehousedir/table4
drwxr-xr-x   - hadoop supergroup          0 2014-07-11 11:55 /hive/warehousedir/test.db
```

可以看到在 HDFS 上的/user/hive/warehouse 下面一共有 5 个目录：table1、table2、table3、table4、test.db，table1～table5 是 default 数据库中的表目录，而 test.db 是 test 数据库的数据库目录，而该数据库中的表将以子目录的形式存放在 test.db 目录下。注意，数据库目录的名字都以.db 结尾。

如果想针对某个数据库改变其存放位置，可以如下命令在建表时修改默认存放位置：

```
hive> CREATE DATABASE test
> LOCATION '/user/hadoop/temp';
```

如果想查看某个已存在的数据库，可以使用如下命令：

```
hive> DESCRIBE DATABASE test;
OK
test     hdfs://mcs/hive/warehousedir/test.db    hadoop
Time taken: 0.15 seconds, Fetched: 1 row(s)
```

和 MySQL 类似，也可以切换当前工作的数据库，如下：

```
hive> USE test;
OK
Time taken: 0.026 seconds
```

那么现在如果执行 SHOW TABLES，显示出来的是该数据库中的表。当需要删除某个数据库时，如下：

```
hive> DROP DATABASE IF EXISTS test CASCADE;
OK
Time taken: 1.978 seconds
```

IF EXISTS 是可选的，同样是为了避免该数据库不存在而引起的警告信息，CASCADE 同样也是可选，表示删除数据库时，将其中的表一起删除，默认情况下，Hive 是不允许删除一个非空数据库的，如果强行删除，会得到“Database test is not empty. One or more tables exist”的错误信息。当某个数据库被删除后，其对应的 HDFS 目录也将会被一起删除。

6.3.2　Hive 中的表

Hive 中的表都存在于数据库中，可以使用如下命令查看数据库中的表：

```
hive> SHOW TABLES;
OK
```

该命令是查看当前数据库中的表，如果想查看某个数据库中的表，可以先用 USE 命令切换到工作数据库中，再使用 SHOW TABLES，如下：

```
hive> USE test;
OK
Time taken: 0.028 seconds
hive> SHOW TABLES;
OK
student
teacher
Time taken: 0.033 seconds, Fetched: 2 row(s)
```

或者使用如下命令：

```
hive> SHOW TABLES IN test;
```

test 为数据库名。

6.3.3　创建表

在上一节已经接触到了一个简单的建表语句。Hive 中的建表语句依然遵循 SQL 语法，但 Hive 对其根据自身特点进行了一些扩展，下面是一个完整的建表语句：

```
CREATE TABLE IF NOT EXISTS test.student (
name     STRING COMMENT 'student name',
age      INT COMMENT 'student age',
cource   ARRAY<STRING>,
body     MAP<STRING,FLOAT>,
address  STRUCT<STREET:STRING,CITY:STRING,STATE:STRING>)
COMMENT 'the info of student'
ROW FORMAT DELIMITED
FIELDS TERMINATED BY '\001'
COLLECTION ITEMS TERMINATED BY '002'
MAP KEYS TERMINATED BY '\003'
LINES TERMINATED BY '\n'
STORED AS TEXTFILE
LOCATION '/user/hive/warehouse/test.db/student';
```

对这个建表语句，有几点需要说明。

（1）如果用户加上 IF NOT EXISTS，那么当该表存在时，Hive 会忽略掉后面的命令，但是有一点需要注意，当存在的表的数据结构和需要创建的表的数据结构有所不同，那么 Hive 会忽略掉这个差异，并不会做出任何提示。

（2）如果用户的当前数据库并非目标数据库，必须在表名加上数据库的名字来指定，上面这个例子指定的数据库为 test，需要创建的表名为 student，或者使用 Hive 命令：

```
hive> use test;
```

在建表之前先切换到目标数据库。

（3）可以对表的字段和表添加注释，在需要添加注释的字段后加上“COMMENT……”，表级别的注释则在申明完全部字段后，加上“COMMENT……”，这在实际开发中是非常必要的。当想查看注释信息时，可以使用 Hive 命令：

```
hive> DESC student;
OK
name string   student name
age  int  student age
cource    array<string>
body      map<string,float>
address   struct<STREET:string,CITY:string,STATE:string>
```

执行完成后将会打印表结构信息以及列的注释。如果想要查看表级别的注释，则需要使用 Hive 命令：

```
hive> DESC EXTENDED student;
```

或者：

```
hive> DESC FORMATTED student;
```

这两个命令将会把表的详细信息输出至控制台，在实际情况中，后者要用处要多些，因为其信息更全且可读性更好。

（4）可以用 ROW FORMAT DELIMITED、STORED AS 等子句指定行列的数据格式和文件的存储格式，也可以省略不写使用 Hive 提供的默认值。

（5）LOCATION 子句可以指定该表的存储位置，如果不写，将会存储在 Hive 默认的数据仓库目录。

创建表完成后，可以使用 Hive 命令查看已存在的表：

```
hive> SHOW TABLES;
OK
student
Time taken: 0.102 seconds
```

或者指定数据库范围：

```
hive> SHOW TABLES IN test;
OK
```

```
student
Time taken: 0.113 seconds
```

还可以通过复制另外一张表的表结构（不复制数据）的方法来创建表，如下：

```
hive> CREATE TABLE IF NOT EXISTS test.student2 LIKE test.student;
```

6.3.4 管理表

Hive 中，在建表时，如果没有特别指明的话，都是 Hive 中所谓的管理表（MANAGED TABLE），也叫托管表，管理表意味着由 Hive 负责管理表的数据，Hive 默认会数据保存到数据仓库目录下。当删除管理表时，Hive 将删除管理表的数据和元数据。

6.3.5 外部表

如果当一份数据需要被多种工具分析时，如 Pig、Hive，意味着这份数据的所有权并不由 Hive 拥有。这时可以创建一个外部表（EXTERNAL TABLE）指向这份数据，如下：

```
CREATE EXTERNAL TABLE IF NOT EXISTS test.student (
name STRING COMMENT,
age INT COMMENT,
cource ARRAY<STRING>,
body MAP<STRING,FLOAT>,
address STRUCT<STREET:STRING,CITY:STRING,STATE:STRING>)
LOCATION '/user/test/x'
```

关键字 EXTERNAL 指明了该表为外部表，而 LOCATION 子句指明了数据存放在 HDFS 的 /user/test/x 目录下。

当需要删除外部表时，Hive 会认为没有完全拥有这份数据，所以 Hive 只会删除该外部表的元数据信息而不会删除该表的数据。

管理表和外部表的差异并不能从表数据是否保存在 Hive 默认的数据仓库目录下来判断，即使是管理表，在建表时也可以通过制定 LOCATION 子句指定存放路径。一般来说，当数据需要被多个工具共享时，最好创建一个外部表来明确数据的所有权。

6.3.6 分区表

Hive 可以支持对表进行分区（partition），分区可以将表进行水平切分，将表数据按照某种规则进行存储，分区表相对于没有分区的表有明显的性能优势，所以在实际生产环境中，分区表使用的非常普遍。

首先，讨论分区管理表。Hive 中创建一张分区管理表的语法如下：

```
CREATE TABLE student _info(
student_ID STRING,
name STRING,
age INT,
```

```
sex STRING,
father_name STRING,
mother_name STRING)
PARTITIONED BY (province STRING,city STRING);
```

这是一张学生信息表，建表语句并没有什么不同，有区别的是通过 PARTITIONED BY 子句指定表按照学生家庭住址的 city 和 province 字段进行分区，此处注意定义分区的字段不能和定义表的字段重合，否则会出现“Column repeated in partitioning columns”的错误信息。在前面说过，Hive 中表是以目录形式存在于 HDFS 之上，而表的分区则是以表目录的子目录存在，例如，该学生信息表保存了某高校所有在校生的信息，那么在该表目录下，数据是这样组织的：

```
/user/hive/warehouse/student _info/province=sichuan/city=chengdu
/user/hive/warehouse/student_info/province=sichuan/city=dazhou
……
/user/hive/warehouse/student_info/province=shanxi/city=xian
……
/user/hive/warehouse/student_info/province=guangdong/city=shenzhen
……
/user/hive/warehouse/student_info/province=beijing/city=beijing
……
```

可以看见，分区将表水平切分为若干个文件，而切分的规则就是分区的字段，如上，所有学生的信息按照省、市的不同分别保存在不同的目录下。

分区字段和表本身定义的字段对于表来说，没有什么不同，执行 DESC 命令，Hive 同样会将分区字段和表字段一起显示，执行 SELECT 查询不指定任何字段（SELECT *），Hive 同样会将分区字段的数据输出。

前面说过，分区表和未分区表的性能表现差别很大，先来看看下面这个查询：

```
hive> select * from student_info where province = 'sichuan' and city = 'chengdu';
```

由于分区表将所有 province = 'sichuan'和 city = 'chengdu'的数据都存在一个目录下，所以 Hive 只会扫描该文件夹下的数据，对于大数据集，分区表可以显著提升查询性能，因为如果没有分区，Hive 将不得不进行全表扫描。虽然提到 Hive 没有索引，但是分区的作用和索引非常类似，我们可以姑且将其看做一种简易索引。对于直接命中分区的查询，Hive 不会执行 MapReduce 作业。

一般情况下，在生产环境中，由于业务数据量非常巨大，所以都会对表进行分区，最常见的是按照创建时间或者是修改时间进行分区，所以一个表中的分区数目一般都比较多。如果数据分析师不注意的话，那么执行一条包含所有分区的查询将耗费集群巨大的时间和资源，对此可以将 Hive 的安全措施设定为“strict”模式，这样如果如果一个针对分区表的查询没有对分区进行限制的话，该作业将会被禁止提交。可以修改 hive-site.xml 文件的 hive.mapred.mode 配置项为 strict（默认为 nostrict），或者是在 hive 命令行中：

```
hive> SET hive.mapred.mode=strict;
```

两者唯一的区别是生效的范围，前者是针对 Hive 的所有会话，而后者是仅仅只是针对本次会话。

和数据库一样，可以通过 SHOW PARTITIONS student_info 来显示 student_info 的分区情况，还可以通过 DESCRIBE EXTENDED student_info 来查看分区表的详细信息。

和管理表一样，外部表也是可以有分区的，并且由于外部表可以自定义目录结构，所以外部分区表更加灵活。

外部分区表的建表语句如下：

```
CREATE EXTERNAL TABLE student _info(
student_ID STRING,
name STRING,
age INT,
sex STRING,
father_name STRING,
mother_name STRING)
PARTITIONED BY (province STRING,city STRING);
```

和普通外部表不同的是，在建表时并没有指定表的存储路径，所以在创建完外部分区表后，如果执行查询语句是查不到任何数据的，就需要单独为外部表的分区键指定值和存储位置：

```
ALTER TABLE student _info ADD PARTITION (province = sichuan,city = chengdu) LOCATION
        'hdfs://master:9000/student/sichuan/chengdu'
```

从上面可以看出，外部表的目录结构可以完全由自己指定。同其他外部表一样，即使外部分区表被删除，数据也不会被删除。

无论是管理表还是外部表，一旦该表存在分区，那么在数据在加载时必须加载进入指定分区中，如下：

```
LOAD DATA INPATH '/user/hadoop/data' INTO student_info PARTITION
       (province='sichuan',city='chengdu')
```

6.3.7 删除表

同 SQL 一样，Hive 删除表的方式为

```
DROP TABLE test
```

或者

```
DROP TABLE IF EXISTS test
```

6.3.8 修改表

在 Hive 中，可以使用 ALTER TABLE 子句来修改表属性，在前面已经使用它为表增加了一个分区。ALTER TABLE 意味着该子句仅仅修改表的元数据，而不会修改表本身的数据。

1. 表重命名

```
ALTER TABLE test RENAME TO test2
```

2. 增加、修改和删除表分区

增加分区（通常是外部表）：

```
ALTER TABLE test ADD PARTITION(x = x1, y = y2) LOCATION '/user/test/x1/y1'
```

修改分区：

```
ALTER TABLE test ADD PARTITION (x = x1, y = y2) SET LOCATION '/user/test/x1/y1'
```

该命令修改已存在的分区路径。

删除分区：

```
ALTER TABLE test ADD DROP PARTITION (x = x1, y = y2)
```

3. 修改列信息

用户可以对某个字段（列）进行重命名，并修改其数据类型、注释、在表中的位置：

```
ALTER TABLE test
CHANGE COLUMN id uid INT
COMMENT 'the unique id'
AFTER name;
```

上面这个例子是将 test 表中的 id 字段重命名为 uid，并指定其类型为 INT（即使类型和原来一样，也需重新指定），并注释为 the unique id，最后再将该字段移动到 name 字段之后。

4. 增加列

可以用以下子句为表增加列或多列：

```
ALTER TABLE test ADD COLUMNS (new_col INT,new_col2 STRING);
```

5. 删除或者替换列

```
ALTER TABLE test REPLACE COLUMNS (new_col INT,new_col2 STRING);
```

该命令删除了 test 表的所有列并重新定义了字段，由于只是改变了元数据，表数据并不会因此而丢失和改变。

ALTER TABLE 子句除了上述常用用法之外，还有其他的一些用法，但在使用该子句时，一定要切记 ALTER TABLE 只是修改了表的元数据，所以一定要保证表的数据和修改后的元数据模式要匹配，否则数据将会变得不可用。

6.4 HQL：数据操作

在上一节中，了解了如何创建表，而本节主要关注的问题是如何向表里装载数据和如何将表中的数据导出。

6.4.1 装载数据

Hive 不支持行级别的增删改，在本节前，已经熟悉过一次性向 Hive 表中装载大量数据的方式——LOAD DATA，如下：

```
LOAD DATA INPATH '/user/hadoop/o' INTO TABLE test;
```

这条命令将 HDFS 的/user/hadoop/o 文件夹下的所有文件追加到表 test 中，如果需要覆盖 test 表已有的记录，则需加上 OVERWRITE 关键字，如下：

```
LOAD DATA INPATH '/user/hadoop/o' OVERWRITE INTO TABLE test;
```

如果 test 表是一个分区表，则在 HQL 中必须指定分区，如下：

```
LOAD DATA INPATH '/user/hadoop/o' OVERWRITE INTO TABLE test3 PARTITION (part = "a");
```

Hive 也支持从本地直接加载数据到表中，只需加上 LOCAL 关键字即可：

```
LOAD DATA LOCAL INPATH '/home/hadoop/o' INTO TABLE test;
LOAD DATA LOCAL INPATH '/home/hadoop/o' OVERWRITE INTO TABLE test;
```

如果加上关键字 LOCAL，Hive 会将本地文件复制一份再上传至指定目录，如果不加 LOCAL 关键字，Hive 只是将 HDFS 上的数据移动到指定目录。

Hive 在加载数据时不会对数据格式进行任何的验证，需要用户自己保证数据格式与表定义的格式一致。

6.4.2　通过查询语句向表中插入数据

Hive 支持通过查询语句向表中插入数据，如下：

```
INSERT OVERWRITE TABLE test SELECT * FROM source;
```

同样，当 test 表是分区表时，必须指定分区：

```
INSERT OVERWRITE TABLE test PARTITION (part = 'a') SELECT id,name FROM source;
```

目前 Hive 0.7 以前的版本还不支持 INSERT INTO 的方式，也就是追加的方式向表插入数据。

另外，Hive 还有一个很有用的特性，可以通过一次查询，产生多个不相交的输出，如下：

```
FROM source
INSERT OVERWRITE TABLE test PARTITION (part = 'a')
SELECT id,name WHERE id >= 0 AND id < 100
INSERT OVERWRITE TABLE test PARTITION (part = 'b')
SELECT id,name WHERE id >= 100 AND id < 200
INSERT OVERWRITE TABLE test PARTITION (part = 'c')
SELECT id,name WHERE id >= 200 AND id < 300
```

这样只通过对 source 表的一次查询，就将符合条件的数据插入 test 表的各个分区，非常方便，如果要使用 Hive 的这个特性，则必须将 FROM 子句写在前面。

6.4.3　利用动态分区向表中插入数据

虽然可以通过一次查询产生多个不相交的输出，但是有些不方便的地方在于如果插入的分区非常多，HQL 将显得非常庞大。Hive 的另一个特性——动态分区，支持基于查询参数自动推断出需要创建的分区。如下：

```
INSERT OVERWRITE TABLE test PARTITION(time) SELECT id,modify_time FROM source;
```

test 表中的分区字段为 time，Hive 会自动根据 modify_time 不同的值创建分区，值得注意的是，Hive 会根据 SELECT 语句中的最后一个查询字段作为动态分区的依据，而不是根据字段名来选择。如果指定了 n 个动态分区的字段，Hive 会将 select 语句中最后 n 个字段作为动态分区的依据。

Hive 默认没有开启动态分区，在执行这条语句前，必须对 Hive 进行一些参数设置：

```
set hive.exec.dynamic.partition = true;
```

设置为 true 表示开启动态分区功能。

```
set hive.exec.dynamic.partition.mode = nostrict;
```

设置为 nostrict 表示允许所有分区都是动态的，Hive 默认不允许所有分区都是动态的，并且静态分区必须位于动态分区之前。

其他和动态分区相关的参数还包括以下几个。

- hive.exec.max.dynamic.partitions.pernode：每个 Mapper 或 Reducer 可以创建的最大分区数。
- hive.exec.max.dynamic.partitions：一条动态分区创建语句能够创建的最大分区数。
- hive.exec.max.created.files：一个 MapReduce 作业能够创建的最大文件数。

6.4.4 通过 CTAS 加载数据

CTAS 是 CREATE TABLE...AS SELECT 的缩写，意味着在一条语句中创建表并加载数据，Hive 支持这样的操作，如下：

```
CREATE TABLE test AS SELECT id,name FROM source;
```

6.4.5 导出数据

可以通过查询语句选取需要的数据格式，再用 INSERT 子句将数据导出至 HDFS 或是本地，如下：

```
INSERT OVERWRITE DIRECTORY '/user/hadoop/r' SELECT * FROM test;
INSERT OVERWRITE LOCAL DIRECTORY '/home/hadoop/r' SELECT * FROM test;
```

如果 Hive 表中的数据正好满足用户需要的数据格式，那么直接复制文件或者目录就可以了，如下：

```
hadoop dfs -cp /user/hive/warehourss/source_table /user/hadoop/
```

6.5 HQL：数据查询

数据查询是 Hive 最主要的功能。Hive 不完全支持 SQL-92 标准，但是熟悉 SQL 的读者还是能够很快上手。

6.5.1 SELECT…FROM 语句

SELECT 后面跟查询的字段，FROM 子句后面跟查询的表名，如下：

```
SELECT col1,col2 FROM table;
```

还可以为列和表加上别名，如下：

```
SELECT t.col1 c1,t.col2 c2 FROM table t;
```

当需要进行嵌套查询时，如下：

```
SELECT l.name,r.course FROM (SELECT id,name FROM left) l JOIN (SELECT id,course FROM right) r ON l.id = r.id;
```

这时，加上表别名和列别名就显得非常方便。

我们不光可以通过列名直接指定查询的列，还可以通过正则表达式来指定查询的列，如下：

```
SELECT 'user.*' FROM test;
```

该语句表示查询 test 表中，前缀为 user 的列，如果 test 表中有 user.name 和 user.age 列，那么结果为：

```
jenny   26
hardy   25
jack    26
eva     25
...
```

如果只需要结果集的部分数据，可以通过 LIMIT 子句来限制返回的行数，如下：

```
SELECT * FROM test LIMIT 100;
```

这时结果集只会有 100 条数据。

如果需要在 SELECT 语句中根据某列的值进行相应的处理，Hive 支持在 SELECT 语句中使用 CASE…WHEN…THEN 的形式，如下：

```
SELECT id,NAME,sex,
CASE
WHEN sex = 'M' THEN '男'
WHEN sex = 'F' THEN '女'
ELSE '无效数据'
END
FROM student;
```

结果为：

```
001      jack     M        男
002      rose     F        女
...
```

6.5.2 WHERE 语句

很多时候需要对查询条件进行限制，就需要使用 WHERE 语句，例如：

```
SELECT * FROM student WHERE age = 18;
```

WHERE 后面跟谓词表达式，如 age=18，可以使用 OR 和 AND 连接多个谓词表达式，如下：

```
SELECT * FROM STUDENT WHERE age = 18 AND sex = 'F';
```

常见的谓词操作符见表 6-5。

表 6-5 谓词表达式

操 作 符	支持的数据类型	描 述
A=B	基本数据类型	如果 A 等于 B 则返回 TRUE，反之则返回 FALSE
A<>B,A!=B	基本数据类型	如果 A 或 B 为 NULL 则返回 NULL，如果 A 不等于 B 返回 TRUE，等于 B 则返回 FALSE
A<B	基本数据类型	如果 A 或 B 为 NULL 则返回 NULL，如果 A 小于 B 返回 TRUE，大于等于 B 则返回 FALSE
A<=B	基本数据类型	如果 A 或 B 为 NULL 则返回 NULL，如果 A 小于等于 B 返回 TRUE，大于 B 则返回 FALSE
A>B	基本数据类型	如果 A 或 B 为 NULL 则返回 NULL，如果 A 大于 B 返回 TRUE，小于等于 B 则返回 FALSE
A>=B	基本数据类型	如果 A 或 B 为 NULL 则返回 NULL，如果 A 大于等于 B 返回 TRUE，小于 B 则返回 FALSE
A IS NULL	所有数据类型	如果 A 等于 NULL 则返回 TRUE，反之则返回 FALSE，注意不能使用 A=NULL
A IS NOT NULL	所有数据类型	如果 A 不等于 NULL 则返回 TRUE，反之则返回 FALSE，注意不能使用 A != NULL
A [NOT] LIKE B	STRING 类型	B 是一个 SQL 下的正则表达式，如果 A 与之匹配则返回 TRUE，反之则返回 FALSE，如果使用 NOT 关键字则达到相反的效果
A RLIKE B, A REGEXP B	STRING 类型	一个正则表达式，如果 A 与之匹配则返回 TRUE，反之则返回 FALSE

6.5.3　GROUP BY 和 HAVING 语句

GROUP BY 通常会和聚合函数一起使用，先按照一个列或多个列对结果进行分组，再执行聚合操作，如下：

```
SELECT COUNT(*) FROM student GROUP BY age;
SELECT AVG(age) FROM student GROUP BY classId;
```

同 Oracle 类似，如果使用 GROUP BY 子句，那么查询的字段如果没有出现在 GROUP BY 子句的后面，则必须使用聚合函数，如下：

```
SELECT name,AVG(age) FROM student GROUP BY classId;
```

这样，Hive 是会抛出一个 Expression not in GROUP BY key name 的异常。

如果想对分组的结果进行条件过滤，可以使用 HAVING 子句，如下：

```
SELECT classId,AVG(age) FROM student WHERE sex = 'F' GROUP BY classId
        HAVING AVG(age) > 18;
```

6.5.4　JOIN 语句

Hive 支持一般的 JOIN 语句，但目前只支持等值连接。

1. INNER JOIN（内连接）

Hive 直接使用 JOIN 语句，默认是采用内连接的方式进行 JOIN，如表 1 的 ID 列为：

```
1
2
3
4
```

表 2 的 ID 列为：

```
2
3
5
6
```

如果执行内连接操作，如下：

```
SELECT t1.id,t2.id FROM TABLE1 t1 JOIN table2 t2 ON t1.id = t2.id;
```

结果只会有：

```
2    2
3    3
```

也就是进行连接的两个表中都存在与连接条件相匹配的数据才会被保留。

2. LEFT/RIGHT OUTER JOIN（左/右外连接）

与内连接不同，如果在 JOIN 前加上 LEFT/RIGHT OUTER，意味着采用的是左/右外连接，通过左/右外连接得到的结果集，会包含左/右表中的全部记录，而右/左表中的没有符合连接条件的记录会以 NULL 值出现，如下，执行一个左连接：

```
SELECT t1.id,t2.id FROM table1 t1 LEFT OUTER JOIN table2 t2 ON t1.id = t2.id;
```

结果为：

```
1    NULL
2    2
3    3
4    NULL
```

外连接的核心在于驱动表的所有记录都会出现在结果集中，而 LEFT OUTER JOIN 和 RIGHT OUTER JOIN 则是分别指明了驱动表为左表和右表，如下，执行一个右连接：

```
SELECT t1.id,t2.id FROM table1 t1 RIGHT OUTER JOIN table2 t2 ON t1.id = t2.id;
```

结果为：

```
2        2
3        3
NULL     5
NULL     6
```

3. FULL OUTER JOIN（全外连接）

与左/右外连接类似，全外连接意味着结果集会包含左表和右表的所有记录，如下：

```
SELECT t1.id,t2.id FROM table1 t1 FULL OUTER JOIN table2 t2 ON t1.id = t2.id;
```

结果为：

```
1        NULL
2        2
3        3
4        NULL
NULL     5
NULL     6
```

4. LEFT-SEMI JOIN（左半连接）

左半连接是 Hive 特有的语法，会返回左表的记录，前提是其记录对于右边表满足 ON 语句中的判定条件。左半连接被用来代替标准 SQL 中 IN 的操作，如下：

```
SELECT t1.id FROM table1 t1 LEFT SEMI JOIN table2 t2 ON t1.id = t2.id;
```

结果为：

```
2
3
```

该操作找出了在表 2 中存在的表 1 的记录，不能像使用标准 SQL 一样通过 IN 来完成，如下：

```
SELECT t1.id FROM table1 t1 WHERE t1.id IN (SELECT t2.id FROM table2 t2);
```

这样的写法是 Hive 不支持的。

当然完全可以通过内连接得到同样的结果，如下：

```
SELECT t1.id FROM table1 t1 JOIN table2 t2 ON t1.id = t2.id;
```

但是左半连接通常比内连接要高效，因为对于左表中的一条指定的记录，在右表中一旦找到匹配的记录，Hive 就会停止扫描。

5. map-side JOIN

在 4.6 节当中，通过 MapReduce 实现了 JOIN 操作，不难发现，求笛卡尔积的操作时是在 Reduce 端完成的，这种连接操作被称为 Reduce 端连接，这也是 JOIN 操作性能比较低下的原因。如果连接的表中，有一张是小表，在 map 阶段，完全可以将小表读到内存中去，直接在 map 端进行 JOIN，这种操作可以明显降低 JOIN 所耗费的时间。

Hive 支持 Map 端的 JOIN，需要在 HQL 中指明，如下：

```
SELECT /*+ MAPJOIN(t1) */ t1.id,t2.id FROM table1 t1 JOIN table2 t2 ON t1.id = t2.id;
```

如果用户想让 Hive 自动开启这个优化，用户可以通过设置 hive.auto.convert.join=true 来开启，这样，Hive 就会在必要的时候自动执行 map 端 JOIN，还可以通过设置 hive.mapjoin.smalltable.filesize 来定义小表的大小，默认为 25 000 000 字节。

6. 多表 JOIN

Hive 可以支持对多表进行 JOIN，如下：

```
SELECT *
FROM table1 t1
JOIN table2 t2 ON t1.id = t2.id
JOIN table3 t3 ON t1.id = t3.id
```

Hive 会为每一个 JOIN 操作启动一个作业，第一个作业完成表 1 和表 2 的连接操作，第二个作业完成第一个作业的输出和表 3 的连接操作，以此类推。

6.5.5 ORDER BY 和 SORT BY 语句

Hive 中的 ORDER BY 和 SQL 中的 ORDER BY 的语义是一样的，执行全局排序，这样就必须由一个 Reducer 来完成，否则无法达到全局排序的要求，如下：

```
SELECT * FROM student ORDER BY classId DESC,age ASC;
```

在排序时还可用 DESC 和 ASC 关键字指定排序的方式。

Hive 还有一种排序方式，这种排序方式只会在每个 Reducer 中进行一个局部排序，也就是 SORT BY，如下：

```
SELECT * FROM student SORT BY classId DESC,age ASC;
```

两种排序方式语法结构完全一样，当 Reducer 的个数只有 1 个时，两种结果完全相同，当 Reducer 的个数不止一个时，SORT BY 的输出就可能会有重合。如表 test 中的 id 列为：

```
1
7
3
9
2
11
```

其中 ORDER BY id 的结果为：

```
1
2
3
7
9
11
```

而当 Reducer 的数目为 2 时，SORT BY id 的结果为

```
1
7
11
2
3
9
```

其中前 3 行数据由第一个 Reducer 输出，后 3 行数据由第二个 Reducer 输出。

6.5.6 DISTRIBUTE BY 和 SORT BY 语句

在前面我们知道了 SORT BY 可以控制 Reducer 内的排序，Hive 还可以通过 DISTRIBUTE BY 控制 map 的输出在 Reducer 中是如何划分的。简言之，DISTRIBUTE BY 对于 Hive 的意义等同于 Partitioner 对于 MapReduce 的意义，通过 DISTRIBUTE BY 可以自定义分发规则从而使某些数据进入同一个 Reducer，这样经过 SORT BY 以后，就可以得到想要的结果。

联想到 4.7 节的二次排序，如果只希望第一个列相同的数据能够按第二个列进行排序的话，就可以通过 DISTRIBUTE BY 和 SORT BY 完成，如下：

```
SELECT col1,col2 FROM ss DISTRIBUTE BY col1 SORT BY col1,col2;
```

DISTRIBUTE BY 保证了 col1 相同的数据一定进入了同一个 Reducer，在 Reducer 中再按照 col1、col2 的顺序即可达到要求。

值得注意的是，如果在 4.7 节的 main 函数中没有强制指定 Reducer 的个数为 1，那么整个作业的效果和上面的 HQL 是完全一样的。

6.5.7 CLUSTER BY

如果在使用 DISTRIBUTE BY 和 SORT BY 语句时，DISTRIBUTE BY 和 SORT BY 涉及的列完全相同，并且采用升序排列，可以使用 CLUSTER BY 代替 DISTRIBUTE BY 和 SORT BY。

6.5.8　分桶和抽样

有时需要对数据进行抽样，Hive 提供了对表分桶抽样，如下：

```
SELECT * FROM test TABLESAMPLE(BUCKET 3 OUT OF 10 ON id);
```

对于 BUCKET x OUT OF y ON z，其中 y 表示分 y 个桶，x 表示取第 x 个桶，z 表示分桶的依据是将 z 列的哈希值散列再除以 y 的余数。如果不指定 z，可以采取随机列抽样的方式：

```
SELECT * FROM test TABLESAMPLE(BUCKET 3 OUT OF 10 ON RAND());
```

如果建表时，指定为分桶表，那么在抽样会更加高效。在创表前，还需将 hive.enforce.bucketing 设定为 true：

```
CREATE TABLE BUCKETTABLE (id INT) CLUSTERED BY (id) INTO 4 BUCKETS;
```

该表将被划分为 4 个桶，然后执行 INSERT 语句：

```
INSERT OVERWRITE TABLE buckettable SELECT * FROM source;
```

数据将被划分为 4 个文件存放在表路径下，每个文件代表一个桶。

6.5.9　UNION ALL

HIVE 中对于 UNION ALL 的使用是非常常见的，主要用于多表合并的场景。UNION ALL 要求各表 SELECT 出的字段类型必须完全匹配。

```
SELECT r.id,r.price
FROM (
SELECT m.id,m.price FROM monday m
UNION ALL
SELECT t.id,t.price FROM tuesday t) r
```

注意，Hive 不支持直接进行 UNION ALL，所以必须进行嵌套查询。

6.6　Hive 函数

Hive 内置了许多函数，在数据查询操作中经常会用到，可以通过 SHOW FUNCTIONS 来查看内置的函数。Hive 内置的函数主要分为以下 3 类：标准函数、聚合函数和表生成函数。

6.6.1　标准函数

大部分函数都是属于标准函数，所谓标准函数是指一行的一列或多列作为参数传入，返回值是一个值的函数，常见的有 to_date(string timestamp)、sqrt(double a)等。

6.6.2　聚合函数

与标准函数不同，聚合函数接收的参数为从 0 行到多行的 0 个到多个列，然后返回单一值，聚合函数经常和 GROUP BY 子句一起使用，常见的有 sum(col)、avg(col)、max(col)、std(col)等。

6.6.3 表生成函数

表生成函数接收 0 个或多个输入，产生多列或多行输出，典型的有 explode(Array a)，例如：

```
SELECT EXPLODE(ARRAY("a","b","c")) AS s FROM test;
```

首先利用 array 函数生成一个数组，作为 explode 的参数，explode 函数将数组的每一个元素生成新的一行，如下：

```
a
b
c
```

6.7 Hive 用户自定义函数

当 Hive 的内置函数不能满足要求时，Hive 可以通过进行用户自定义函数进行扩展，与 Hive 内置函数一样，用户自定义函数也分为标准函数（UDF）、聚合函数（UDAF）和表生成函数（UDTF），用户自定义函数必须使用 Java 编写。

6.7.1 UDF

编写 UDF 很简单，需要继承 org.apache.hadoop.hive.ql.exec.UDF，并实现 evaluate 函数。接下来编写一个简单的 UDF，如代码清单 6-1 所示。

代码清单 6-1 自定义标准函数

```
package com.hive.udf;

import org.apache.hadoop.hive.ql.exec.UDF;
import org.apache.hadoop.io.Text;

public class ConcatUDF extends UDF{
    private Text text = new Text();

    public Text evaluate(Text str1,Text str2){
        if(str1 == null || str2 == null){
            text.set('"unvalid");
            return text;
        }

        text.set(String.valueOf(str1.toString().charAt(0))
            + String.valueOf(str2.toString().charAt(str2.getLength() - 1)));

        return text;
    }
}
```

该 UDF 接收两个参数，也就是两列，返回由第一列的第一个字符和第二列的最后一个字符拼接的字符串，注意 evaluate 不是基类的方法，因为无法预知接收的参数的类型和个数。

6.7.2　UDAF

编写 UDAF 比 UDF 要复杂一些，同样需要继承 org.apache.hadoop.hive.ql.exec.UDAF 类，并且必须包含一个或多个实现了 org.apache.hadoop.hive.ql.exec.UDAFEvaluator 接口的静态内部类，此外还需实现 init、iterater、merge、terminatePartial、terminate 这 5 个方法。接下来，本节将编写一个 UDAF，作用是把表中某一列的值用指定分隔符连接起来的函数，如 select myudaf(col1, '*') from table，如果 col1 列的值为 a、b、c…，那么 UDAF 执行的最后结果为 a*b*c…，UDAF 的执行过程也用了分而治之的思想，如图 6-7 所示。

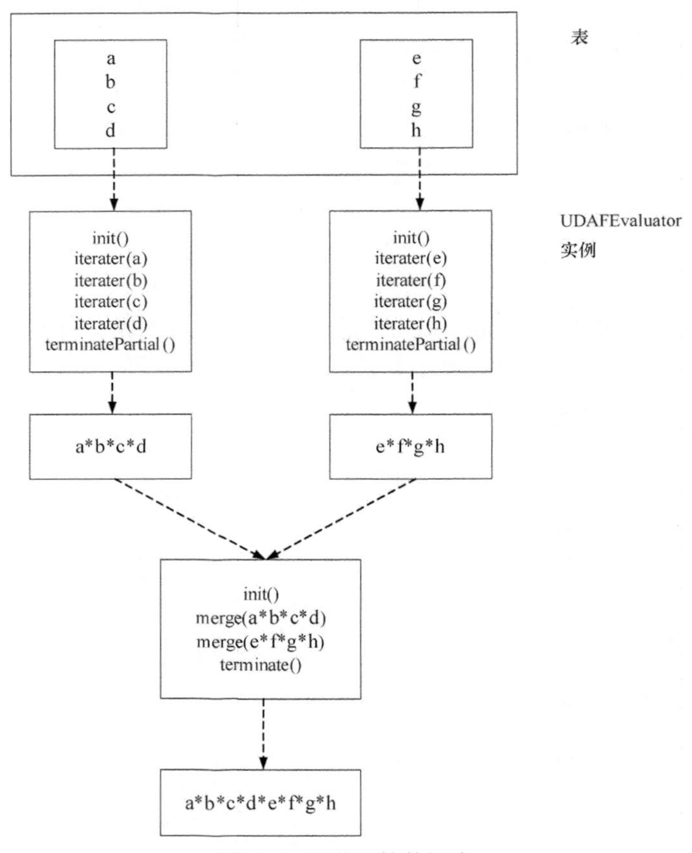

图 6-7　UDAF 的数据流

对表文件进行水平切分，然后执行 init 方法，接着对每一行记录执行 iterate 方法，在 terminatePartial 方法之后得到部分结果，所有的部分结果执行一遍 init、merge、terminate 方法得到最终结果，参见代码清单 6-2。

代码清单 6-2 自定义聚合函数

```
package com.hive.udaf;

import org.apache.hadoop.hive.ql.exec.UDAF;
import org.apache.hadoop.hive.ql.exec.UDAFEvaluator;

public class ConcatUDAF extends UDAF{

    public static class ConcatUDAFEvaluator implements UDAFEvaluator{

        String line = "";

        @Override
        public void init() {
            // TODO Auto-generated method stub
            line = "";
        }

        public boolean iterate(String value,String separator){

            if(value != null || separator != null){
                line += value + separator;
                return true;
            }

            line += "";
            return true;
        }


        public String terminate(){
            return line;
        }

        public String terminatePartial(){
            return line;
        }

        public boolean merge(String another){
            return iterate(line, another);
        }
    }
}
```

6.7.3 UDTF

编写 UDTF 需要继承 org.apache.hadoop.hive.ql.udf.generic.GenericUDTF 并实现 initialize, process, close 三个方法。nitialize 方法会返回 UDTF 的返回行的信息（返回个数、类型），接着

会调用 process 方法，对传入的参数进行处理，可以通过 forword()方法把结果返回。最后调用 close()方法。下面编写一个将形如 k1:v1;k2:v2...的字符串拆成两行多列的 UDTF（代码清单 6-3），如下：

```
k1   v1
k2   v2
...
```

代码清单 6-3　自定义表生成函数

```
package com.hive.udtf;
import java.util.ArrayList;

import org.apache.hadoop.hive.ql.udf.generic.GenericUDTF;
import org.apache.hadoop.hive.ql.exec.UDFArgumentException;
import org.apache.hadoop.hive.ql.exec.UDFArgumentLengthException;
import org.apache.hadoop.hive.ql.metadata.HiveException;
import org.apache.hadoop.hive.serde2.objectinspector.ObjectInspector;
import org.apache.hadoop.hive.serde2.objectinspector.ObjectInspectorFactory;
import org.apache.hadoop.hive.serde2.objectinspector.StructObjectInspector;
import org.apache.hadoop.hive.serde2.objectinspector.primitive.PrimitiveObjectInspectorFactory;

public class ExplodeMap extends GenericUDTF{

    @Override
    public void close() throws HiveException {
        // TODO Auto-generated method stub
    }

    @Override
    public StructObjectInspector initialize(ObjectInspector[] args) throws
            UDFArgumentException {

        if (args.length != 1) {
            throw new UDFArgumentLengthException("ExplodeMap takes only one argument");
        }

        if (args[0].getCategory() != ObjectInspector.Category.PRIMITIVE) {
            throw new UDFArgumentException("ExplodeMap takes string as a parameter");
        }

        ArrayList<String> fieldNames = new ArrayList<String>();
        ArrayList<ObjectInspector> fieldOIs = new ArrayList<ObjectInspector>();
        fieldNames.add("col1");
        fieldOIs.add(PrimitiveObjectInspectorFactory.javaStringObjectInspector);
        fieldNames.add("col2");
        fieldOIs.add(PrimitiveObjectInspectorFactory.javaStringObjectInspector);

        return ObjectInspectorFactory.getStandardStructObjectInspector(fieldNames,fieldOIs);
```

```
    }

    @Override
    public void process(Object[] args) throws HiveException {

        String input = args[0].toString();
        String[] kvs = input.split(";");

        for(int i=0; i<kvs.length; i++) {

            try {
                String[] result = kvs[i].split(":");
                //返回最后结果
                forward(result);
            } catch (Exception e) {
                continue;
            }
        }
    }
}
```

6.7.4 运行

运行 UDF 需要先将代码导出为 jar 文件，并在 Hive 进行注册。以 UDF 为例，步骤如下。

（1）添加 jar 文件：

```
ADD JAR /home/hadoop/udf.jar;
```

（2）注册函数：

```
CREATE TEMPORARY FUNCTION myconcat as 'com.hive.udaf.ConcatUDAF';
```

注册后就可以以 myconcat 为函数名使用 UDF，有效期限是当前 Hive 会话，下次进入需要重新添加 jar 文件和注册函数。

6.8 小结

本章主要从运用的层面介绍了 Hadoop 中最重要的工具 Hive。Hive 大大降低了 Hadoop 的学习成本，在实际场景中，运用得非常广泛。Hive 在数据处理的各个环节起到了巨大的作用，读者需要将 Hive 作为重点来掌握。可以预见的是，这种类 SQL 接口必将成为以后分布式计算框架的标配。

第 7 章

SQL to Hadoop : Sqoop

不积跬步无以至千里，不积小流无以成江海。

——《劝学篇》

Sqoop 是 Apache 顶级项目，主要用来在 Hadoop 和关系数据库中传递数据。使用 Sqoop，我们可以方便地将数据从关系型数据库导入 HDFS，或者将数据从 HDFS 导出到关系型数据库，如图 7-1 所示。

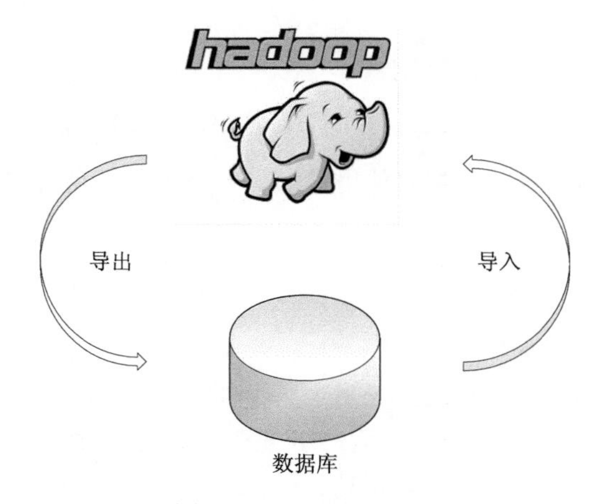

图 7-1　SQL to Hadoop

7.1　一个 Sqoop 示例

前面已经安装了 Sqoop，在介绍 Sqoop 之前，不妨先用一个小例子作为开始。我们知道，

Hive 的元数据是存放在关系型数据库中的，我们将选取 Hive 元数据库中的某张表导出至 HDFS 作为 Sqoop 示例。

首先登录 MySQL 查看元数据的表，如下：

```
$ mysql -u root -p
mysql> use hive
Reading table information for completion of table and column names
You can turn off this feature to get a quicker startup with -A

Database changed
mysql> show tables;
+--------------------+
| Tables_in_hive
+--------------------+
| BUCKETING_COLS
| COLUMNS
| DATABASE_PARAMS
| DBS
| IDXS
...
```

数据库 hive 中的表保存了 Hive 所有的元数据信息，可以看到，有列、分区等信息。我们选择 DBS 这张表进行导入。

接下来执行导入的操作，导入的命令非常简单，如下：

```
sqoop import --connect jdbc:mysql://master:3306/hive --table DBS --username root -m 1
```

执行之前请确保集群中所有节点对 MySQL 服务器的 hive 数据库有足够的权限。执行后，控制台会打印日志：

```
...
14/08/27 12:38:36 INFO mapreduce.ImportJobBase: Beginning import of DBS
14/08/27 12:38:39 INFO mapred.JobClient: Running job: job_201408271237_0002
14/08/27 12:38:40 INFO mapred.JobClient:  map 0% reduce 0%
14/08/27 12:38:50 INFO mapred.JobClient:  map 100% reduce 0%
14/08/27 12:38:52 INFO mapred.JobClient: Job complete: job_201408271237_0002
...
14/08/27 12:56:28 INFO mapred.JobClient:     Map output records=23
```

读者可能会觉得眼熟，没错，这就是 MapReduce 作业的日志，说明 Sqoop 导入数据是通过 MapReduce 作业完成的，并且是没有 Reduce 任务的 MapReduce 作业。为了验证是否导入成功，查看 HDFS 的目录，执行命令：

```
hadoop dfs -ls /user/hadoop
```

会发现多出了一个目录，目录名正好是表名 DBS，继续查看目录，会发现有 3 个文件：

```
/user/hadoop/COLUMNS/_SUCCESS
/user/hadoop/COLUMNS/_logs
/user/hadoop/COLUMNS/part-m-00000
```

这是一个标准的 MapReduce 作业输出文件夹，其中_SUCCESS 是代表作业成功的标志文件，_logs 记录了作业日志，而真正的输出结果是 part-m-00000 文件。查看 part-m-00000 文件：

```
1,null,id,int,0
6,null,id,int,0
12,null,address,struct<STREET:string,CITY:string,STATE:string>,4
...
```

Sqoop 导出的数据文件变成了 CSV 文件（逗号分隔）。

这时，如果查看执行 Sqoop 命令的当前文件夹，会发现多了一个 DBS.java，这是 Sqoop 自动生成的 Java 源文件，查看源文件看到 DBS 类实现了 Writable 接口，表明该类的作用是序列化和反序列化，并且该类的属性包含了 DBS 表中的所有字段，所以该类可以存储 DBS 表中的一条记录。

在后面两节会详细介绍 Sqoop 导入和导出过程。

7.2　导入过程

从前面的样例大致能够知道 Sqoop 是通过 MapReduce 作业进行导入工作，在作业中，会从表中读取一行行记录，然后将其写入 HDFS，如图 6-2 所示。

在开始导入之前，Sqoop 会通过 JDBC 来获得所需要的数据库元数据，例如，导入表的列名、数据类型等（第 1 步）；接着这些数据库的数据类型（varchar、number 等）会被映射成 Java 的数据类型（String、int 等），根据这些信息，Sqoop 会生成一个与表名同名的类用来完成反序列化的工作，保存表中的每一行记录（第 2 步）；Sqoop 启动 MapReduce 作业（第 3 步）；启动的作业在 input 的过程中，会通过 JDBC 读取数据库表中的内容（第 4 步），这时，会使用 Sqoop 生成的类进行反序列化；最后再将这些记录写到 HDFS 中，在写入 HDFS 的过程中，同样会使用 Sqoop 生成的类进行序列化。

如图 7-2 所示，Sqoop 的导入作业通常不只是由一个 Map 任务完成，也就是说每个任务会获取表的一部分数据。如果只由一个 Map 任务完成导入的话，那么在第 4 步时，作业会通过 JDBC 执行如下 SQL：

```
SELECT col1,col2,… FROM table;
```

这样就能获得表的全部数据，如果需要多个 Map 任务来完成，那就必须对表进行水平切分，水平切分的依据通常会是表的主键。Sqoop 在启动 MapReduce 作业时，会首先通过 JDBC 查询切分列的最大值和最小值，再根据启动的任务数（使用命令-m 指定）划分出每个任务所负责的数据，实质上在第 4 步时，每个任务执行的 SQL 为：

```
SELECT col1,col2,… FROM table WHERE id >= 0 AND id < 50000;
SELECT col1,col2,… FROM table WHERE id >= 50000 AND id < 100000;
...
```

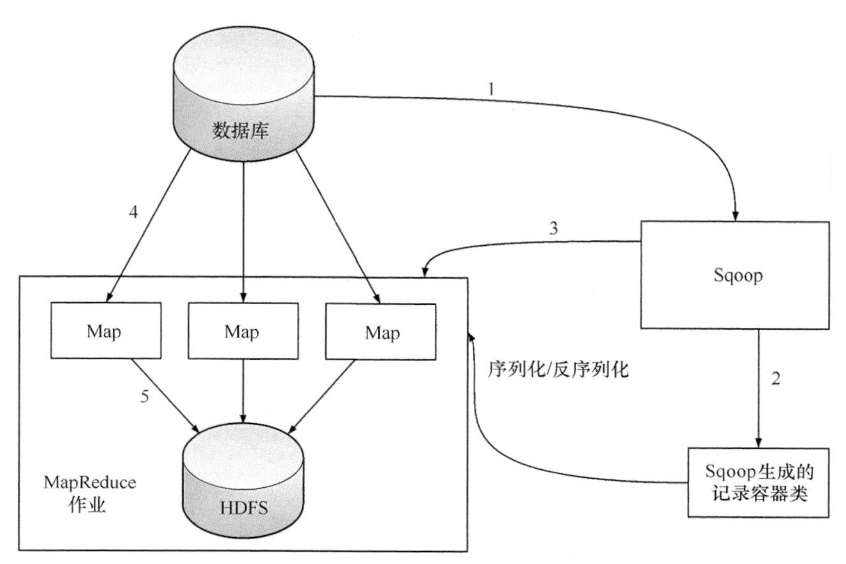

图 7-2 导入过程

使用 Sqoop 进行并行导入的话，切分列的数据分布会很大程度地影响性能，如果在均匀分布的情况下，性能最好。在最坏的情况下，数据严重倾斜，所有数据都集中在某一个切分区中，那么此时的性能与串行导入性能没有差别，所以，在导入之前，有必要对切分列的数据进行抽样检测，了解数据的分布。

Sqoop 可以对导入过程进行精细地控制，不用每次都导入一张表的所有字段。Sqoop 允许我们指定表的列，在查询中加入 WHERE 子句，甚至可以自定义查询 SQL 语句，并且在 SQL 语句中，可以任意使用目标数据库所支持的函数。

一旦数据导出完成后，该份数据就可被 MapReduce 程序所使用。但是我们知道，对于结构化的数据来说，Hive 才是最适合处理的，所以自然而然也提供了相应的功能。

在开始的例子中，我们将导入的数据存放到了 HDFS 中，将这份数据导入 Hive 之前，必须在 Hive 中创建该表，Sqoop 提供了相应的命令：

```
sqoop create-hive-table --connect jdbc:mysql://master:3306/hive --table DBS
--fields-terminated-by ',' --username root
```

这时登录 Hive 会发现 DBS 表已经创建好了，但是没有数据。这时只需执行：

```
hive> LOAD DATA INPATH '/user/hadoop/DBS/part-r-00000' INTO TABLE DBS;
```

这里要注意，由于 Sqoop 默认导出格式为逗号分隔，所以在 Sqoop 建表命令中，我们用--fields-terminated-by ','指明了 Hive 中的 DBS 表的列分隔符。

如果想直接从数据库将数据导入 Hive 中，也就是将上述 3 个步骤（导入 HDFS、创建表、加载）合并为一个步骤，Sqoop 也提供了相应的命令：

```
sqoop import --connect jdbc:mysql://master:3306/hive --table DBS --username root -m
1 --hive-import
```

通过加上--hive-import 选项，Sqoop 可以根据源数据库中的表结构来自动生成 Hive 表的结构，这样 Sqoop 就可方便地将数据直接导入 Hive 中。

7.3　导出过程

与 Sqoop 导入功能相比，Sqoop 的导出功能使用频率相对较低，一般都是将 Hive 的分析结果导出到关系型数据库以供数据分析师查看、生成报表等。

在将 Hive 中的表导出到数据库时，必须在数据库中新建一张用来接收数据的表，需要导出的 Hive 表为 test_table，如下：

```
hive> DESC test_table;
OK
id   string
Time taken: 0.109 seconds
```

我们在 MySQL 中新建一张用于接收数据的表，如下：

```
mysql> use test;
Database changed
mysql> create table test_received(id varchar(5));
```

这里需要注意的是，在 Hive 中，字符串数据类型为 STRING，但是在关系型数据库中，有可能是 varchar(20)、varchar(100)，这些必须根据情况自己指定，这也是必须由用户事先将表创建好的原因。接下来，就可以执行导入了，执行命令：

```
sqoop export --connect jdbc:mysql://master:3306/test --table test_table --export-dir
/user/hive/warehouse/test_table --username root -m 1 --fields-terminated-by '\t'
```

导出完毕后，就可以在 MySQL 中通过表 test_received 进行查询。对于上面这条导出命令，--connect、--table 和--export-dir 这 3 个选项是必需的，其中 export-dir 为导出表的 HDFS 路径，另外我们还需要将 Hive 表的列分隔符通过--fields-terminated-by 告知 Sqoop。

在了解了导入过程后，导出过程就变得容易理解了，如图 7-3 所示。

同样的，Sqoop 根据目标表的结构会生成一个 Java 类（第 1 步和第 2 步），该类的作用为序列化和反序列化。接着会启动一个 MapReduce 作业（第 3 步），在作业中会用生成的 Java 类从 HDFS 中读取数据（第 4 步），并生成一批 INSERT 语句，每条语句都会向 MySQL 的目标表中插入多条记录（第 5 步），这样读入的时候是并行，写入的时候也是并行，但是其写入性能会受限于目标数据库的写入性能。

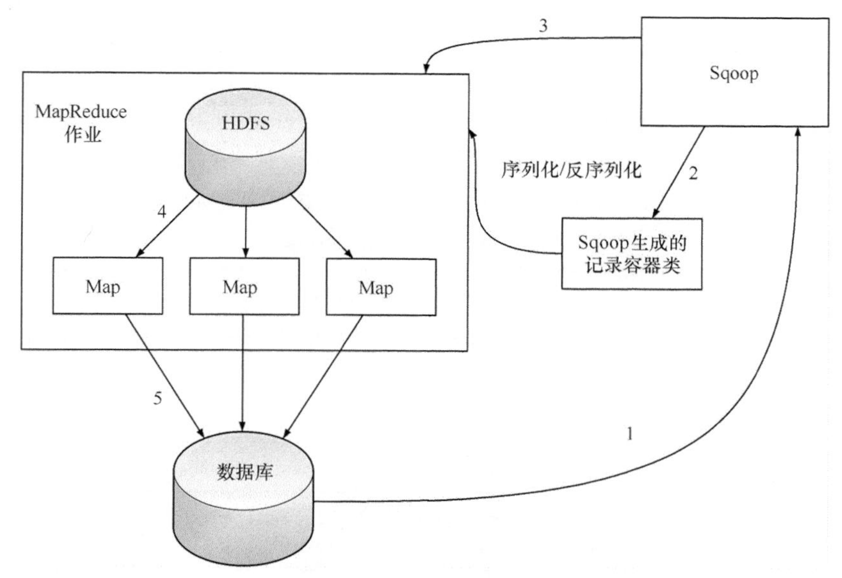

图 7-3 导出过程

7.4 Sqoop 的使用

Sqoop 的本质还是一个命令行工具，和 HDFS、MapReduce 相比，它并没有多么高深的理论，本节主要介绍 Sqoop 的使用方法。

我们可以通过 sqoop help 命令来查看 sqoop 的命令选项，如下：

```
$ sqoop help
usage: sqoop COMMAND [ARGS]

Available commands:
  codegen                Generate code to interact with database records
  create-hive-table      Import a table definition into Hive
  eval                   Evaluate a SQL statement and display the results
  export                 Export an HDFS directory to a database table
  help                   List available commands
  import                 Import a table from a database to HDFS
  import-all-tables      Import tables from a database to HDFS
  job                    Work with saved jobs
  list-databases         List available databases on a server
  list-tables            List available tables in a database
  merge                  Merge results of incremental imports
  metastore              Run a standalone Sqoop metastore
  version                Display version information

See 'sqoop help COMMAND' for information on a specific command.
```

Sqoop 所有的命令选项都会被罗列出来，其中执行频率最高的还是 import 和 export 选项。

7.4.1　codegen

将关系型数据库表的记录映射为一个 Java 文件、Java class 类以及相关的 jar 包，该命令将数据库表的记录映射为一个 Java 文件，在该 Java 文件中对应有表的各个字段。生成的 jar 和 class 文件在 Metastore 功能使用时会用到。该命令选项的参数如表 7-1 所示。

表 7-1　codegen 命令参数

参　　数	说　　明
-bindir <dir>	指定生成的 Java 文件、编译成的 class 文件及将生成文件打包为 JAR 的 JAR 包文件输出路径
-class-name <name>	设定生成的 Java 文件的名称
-outdir <dir>	生成的 Java 文件存放路径
-package-name <name>	包名，如 com.test，则会生成 com 和 test 两级目录，生成的文件（如 Java 文件）就存放在 test 目录里
-input-null-non-string <null-str>	在生成的 Java 文件中，可以将非字符串类型的空值设为<null-str>
-input-null-string <null-str>	在生成的 Java 文件中，可以将字符串类型的空值设为<null-str>
-map-column-java <arg>	数据库字段在生成的 Java 文件中会映射为各种属性，且默认的数据类型与数据库类型保持对应，比如数据库中某字段的类型为 bigint，则在 Java 文件中的数据类型为 long 型，通过这个属性，可以改变数据库字段在 Java 中映射的数据类型，格式如-map-column-Java DB_ID=String, id=Integer
-null-non-string <null-str>	在生成的 Java 文件中，会将非字符串字段类型的空值替换为<null-str>所代表的字符串
-null-string <null-str>	在生成的 Java 文件中，会将字符串字段类型的空值替换为<null-str>所代表的字符串
-table <table-name>	对应关系数据库的表名，生成的 Java 文件中的各属性与该表的各字段一一对应

7.4.2　create-hive-table

该命令选项前面已经用到，作用是生成与关系数据库表的表结构对应的 Hive 表。该命令选项的参数如表 7-2 所示。

表 7-2　create-hive-table 命令参数

参　　数	说　　明
-hive-home <dir>	可以指定 Hive 的安装目录，该参数覆盖掉环境变量中的 HIVE_HOME
-hive-overwrite	覆盖掉在 Hive 表中已经存在的数据
-create-hive-table	默认是 false，如果目标表已经存在了，那么创建会失败

续表

参　　数	说　　明
-hive-table	指定需要创建的 Hive 表名
-table	指定关系数据库表名

7.4.3 eval

eval 命令选项可以让 Sqoop 使用 SQL 语句对关系型数据库进行操作，在使用 import 这种工具进行数据导入的时候，可以预先了解相关的 SQL 语句是否正确，并能将结果显示在控制台。例如：

```
sqoop eval -connect jdbc:mysql://localhost:3306/hive -username root --query "select
* from DBS"
```

或者

```
sqoop eval -connect jdbc:mysql://localhost:3306/hive -username root -e "select * from DBS"
```

其中--query 和-e 的作用是一样的。

7.4.4 export

从 HDFS 中将数据导出到关系数据库中，该命令选项的参数如表 7-3 所示。

表 7-3　export 命令参数

参　　数	说　　明
-direct	快速模式，利用了数据库的导入工具，如 MySQL 的 mysqlimport，可以比 JDBC 连接的方式更为高效地将数据导入关系数据库中
-export-dir <dir>	存放数据的 HDFS 目录
-m,-num-mappers <n>	启动 n 个 map 来并行导出数据，默认是 4 个，该值根据集群的 Map 任务槽的值来设置
-table <table-name>	要导出到的关系型数据库表
-update-key <col-name>	<col-name>为字段名，该参数可以将关系型数据库中已经存在的数据进行更新操作，类似于关系型数据库中的 update 操作
-update-mode <mode>	更新模式，有两个值 updateonly 和默认的 allowinsert，该参数只能是在关系数据表里不存在要导入的记录时才能使用，比如要导入的 HDFS 中有一条 id=1 的记录，如果在表里已经有一条记录 id=2，那么更新会失败
-input-null-string <null-string>	字段中字符串类型的空值会被替换为<null-string>
-input-null-non-string <null-string>	字段中非字符串类型的空值会被替换为<null-string>

续表

参　数	说　明
-staging-table <staging-table-name>	该参数是用来保证在数据导入关系型数据库表的过程中事务安全性的，在导入的过程中可能会有多个事务，一个事务失败会影响到其他事务，比如导入的数据会出现错误或出现重复的记录等情况，那么通过该参数可以避免这种情况。创建一个与导入目标表同样的数据结构，保留该表为空，在运行数据导入前所有事务会将结果先存放在该表中，然后最后由该表通过一次事务将结果写入目标表中
-clear-staging-table	如果该 staging-table 非空，则通过该参数可以在运行导入前清除 staging-table 里的数据
-batch	该模式用于执行基本语句

7.4.5 help

显示 Sqoop 的帮助信息，例如：

```
sqoop help
```

7.4.6 import

将数据库表的数据导入 Hive 中，该命令选项的参数如表 7-4 所示。

表 7-4　import 命令参数

参　数	说　明
-append	将数据追加到 HDFS 中已经存在的 dataset 中。使用该参数，Sqoop 导入一个临时目录中，然后重新给文件命名到一个正式的目录中，以避免和该目录中已存在的文件重名
-as-avrodatafile	将数据导入一个 Avro 数据文件中
-as-sequencefile	将数据导入一个 Sequence 文件中
-as-textfile	将数据导入一个普通文本文件中
-boundary-query <statement>	边界查询，也就是在导入前先通过 SQL 查询得到一个结果集，然后导入的数据就是该结果集内的数据，格式如-boundary-query 'select id, crt_dt from order where id = 1'
-columns <col,col,col…>	指定要导入的字段值
-direct	直接导入模式，使用的是关系型数据库自带的导入导出工具，这样导入会更快
-direct-split-size	在使用上面 direct 直接导入的基础上，对导入的流按字节数进行分块
-inline-lob-limit	设定大对象数据类型的最大值

续表

参　数	说　明
-m,-num-mappers	启动 n 个 map 来并行导入数据，默认是 4 个，该值根据集群的 Map 任务槽的值来设置
-query，-e <statement>	从查询结果中导入数据，该参数使用时必须指定-target-dir、-hive-table，在查询语句中一定要有 where 条件且在 where 条件中需要包含$CONDITIONS
-split-by <column-name>	切分导入的数据，一般后面跟主键 ID
-table <table-name>	关系型数据库表名，数据从该表中获取
-target-dir <dir>	指定 HDFS 路径
-warehouse-dir <dir>	与-target-dir 不能同时使用，指定数据导入的存放目录，适用于 HDFS 导入，不适合导入 Hive 目录
-where	从关系型数据库导入数据时的查询条件
-z,-compress	压缩参数，默认情况下数据是没被压缩的，通过该参数可以使用 gzip 压缩算法对数据进行压缩，适用于 SequenceFile、text 文本文件和 Avro 文件
-compression-codec	Hadoop 压缩编码，默认是 gzip
-null-string <null-string>	导入时，将字符串类型的空值设定为<null-string>
-null-non-string <null-string>	导入时，将非字符串类型的空值设定为<null-string>

7.4.7 import-all-tables

将数据库里的所有表导入 HDFS 中，每个表在 HDFS 中都对应一个独立的目录。该命令选项的参数如表 7-5 所示。

表 7-5　import-all-tables 命令参数

参　数	说　明
-as-avrodatafile	同 import 命令选项的参数
-as-sequencefile	同 import 命令选项的参数
-as-textfile	同 import 命令选项的参数
-as-avrodatafile	同 import 命令选项的参数
-direct	同 import 命令选项的参数
-direct-split-size <n>	同 import 命令选项的参数
-inline-lob-limit <n>	同 import 命令选项的参数
-m,-num-mappers <n>	同 import 命令选项的参数
-warehouse-dir <dir>	同 import 命令选项的参数

续表

参　　数	说　　明
-z,-compress	同 import 命令选项的参数
-compression-codec	同 import 命令选项的参数

7.4.8 job

该命令选项可以生产一个 Sqoop 的作业，但是不会立即执行，需要手动执行，该命令选项目的在于尽可能地复用 Sqoop 命令，例如：

```
sqoop job -create myjob -- import --connectjdbc:mysql://localhost:3306/test
--username root --table order
```

注意--和 import 不能挨着，该命令选项的参数如表 7-6 所示。

表 7-6 job 命令参数

参　　数	说　　明
-create <job-id>	生成一个 Sqoop 作业，该作业有一个唯一标示符<job-id>
-delete <job-id>	通过<job-id>删除一个 Sqoop 作业
-exec <job-id>	通过<job-id>执行一个 Sqoop 作业
-help	显示帮助说明
-list	显示所有 Sqoop 作业
-meta-connect <jdbc-uri>	用来连接 Metastore 服务
-show <job-id>	显示一个 Sqoop 作业的各种参数
-verbose	打印命令运行时的详细信息

7.4.9 list-databases

该命令选项可以列出关系型数据库的所有数据库名。例如：

```
sqoop list-databases -connect jdbc:mysql://localhost:3306/ -username root -password 123asd
```

7.4.10 list-tables

该命令选项可以列出关系型数据库的某一个数据库的所有表名，例如：

```
sqoop list-tables -connect jdbc:mysql://localhost:3306/hive -username root -password 123asd
```

7.4.11 merge

该命令选项的作用是将 HDFS 上的两份数据进行合并，在合并的同时进行数据去重。例如，在 HDFS 的路径/user/hadoop/old 下有一份导入数据，如下：

```
id  name
1   a
2   b
3   c
```

在 HDFS 的路径/user/hadoop/new 下也有一份导入数据，但是导入时间在第一份之后。如下：

```
id  name
1   a2
2   b
```

那么合并的结果为：

```
id  name
1   a2
2   b
3   c
```

命令如下：

```
sqoop merge -new-data /user/hadoop/new/part-m-00000 -onto /user/hadoop/old/part-m-00000
-target-dir /user/hadoop/final -jar-file /home/hadoop/testmerge/testmerge.jar -class-
name testmerge -merge-key id
```

该命令选项的参数如表 7-7 所示。

表 7-7 merge 命令参数

参　数	说　明
-new-data <path>	HDFS 中存放数据的一个目录，该目录中的数据是希望在合并后能优先保留的
-onto <path>	HDFS 中存放数据的一个目录，该目录中的数据是希望在合并后能被新数据替换掉的
-merge-key <col>	合并键，一般是主键 ID，两份数据如果合并键相同，则以-new-data 的数据为准进行去重
-jar-file <file>	该 jar 包是通过 codegen 工具生成的 jar 包，表示表的一行记录
-class-name <class>	该 class 类是包含在 jar 包中的，默认为表名
-target-dir <path>	合并后的数据在 HDFS 里的存放目录

注意，在一份数据集中，多行不应具有相同的主键，否则会发生数据丢失。

7.4.12 metastore

记录 Sqoop 作业的元数据信息，如果不启动 Metastore 实例，则默认的元数据存储目录为~/.sqoop；如果要更改存储目录，可以在配置文件 sqoop-site.xml 中进行更改。启动 Metastore 实例：

```
sqoop metastore
```

metastore 命令的参数如表 7-8 所示。

表 7-8　metastore 命令参数

参　数	说　明
-shutdown	关闭一个运行的 Metastore 实例

7.4.13　version

显示 Sqoop 的版本信息，例如：

```
sqoop version
```

7.5　小结

本章介绍了数据抽取工具 Sqoop。它和 Hive 一样，都是属于 Hadoop 的客户端。Sqoop 作为一种高效的数据导入导出手段在大数据平台，得到了广泛的使用。在实际情况中，Sqoop 的导入导出速度往往受限于数据库的性能、硬件和带宽等。

第 8 章

HBase:Hadoop Database

问：什么是爱？爱一个人是什么感觉？

答：好像突然有了软肋，也突然有了铠甲。

——腐生，知乎

Google 公司的三架马车的实现在前面已介绍其二，分别是 GFS（HDFS）和 MapReduce，我们不能忽视的是最后一篇论文——Bigtable，它不仅介绍了一种新的存储和检索技术——列族存储，还为我们揭开了 NoSQL 技术的神秘面纱。NoSQL 并不意味着排斥 SQL 技术，相反，它意味着 Not only SQL，代表的是对 SQL 技术的有益补充。现在是 NoSQL 技术百花齐放的年代，HBase 在 NoSQL 技术中是比较有代表性的一个，但绝不能代表整个 NoSQL 技术。本章将带领读者从 NoSQL 理论逐渐深入 HBase 细节。

8.1 酸和碱：两种数据库事务方法论

说到数据库事务，我们脑海里多半会浮现出 ACID 的字样，它代表了数据库事务正确执行的 4 个基本要素：原子性（atomicity）、一致性（consistency）、隔离性（isolation）和持久性（durability）。它们的缩写恰好是 acid（酸）这个单词。ACID 通常代表的是 RDBMS 的事务控制。但是，如果你的数据库系统运行在遍布世界的计算机上，那么当某台计算机出现故障时，你会告诉用户系统暂时不可用，还是允许用户继续访问到另一台计算机的数据，这需要权衡。假如你的系统是电商网站的后台，每分钟都会有大量的订单要完成，那么选择让系统暂时不可用无疑会造成巨大的损失。那么，有没有另外一种数据事务方法论可供选择和权衡呢？答案是肯定的。

8.1.1　ACID

在介绍另外一种数据库事务方法论之前，先来看看 ACID 每个属性的具体定义。

- **原子性**：它来源于希腊语的“不可分”，它表示事务中的操作要么都执行要么都不会执行。原子性事务要求考虑所有的故障情况：磁盘故障、网络故障、硬件故障或者程序出错。
- **一致性**：一个事务可以封装状态改变（除非它是一个只读的）。事务必须始终保持系统处于一致的状态，不管在任何给定的时间并发事务有多少。例如，在执行写事务时，数据库会在事务持续时间内阻塞所有操作（包括读和写）。如果不这样做，用户就可能读到不一致的数据（脏读）。
- **隔离性**：其余事务对该事务的每一部分的执行都不知情。
- **持久性**：一旦事务完成，它将是永久性的。

ACID 事务控制的实现都基于锁定资源，并预留出额外副本的资源，然后执行事务。如果一切没有问题，再释放资源；如果发生错误，必须回滚到最初的状态。

一般来说，RDBMS 都支持 ACID。ACID 看重数据的一致性和完整性。ACID 系统是悲观的，它必须考虑所有可能的故障情况。这正是 RDBMS 所擅长的场景。

8.1.2　BASE

与酸（acid）相对的正是碱（base），有意思的是，与 ACID 这种数据库事务方法论相对正是BASE，它代表的是与ACID完全不同的思想。BASE具体指的是基本可用（basically available）、软状态（soft state）、最终一致性（eventually consistent）。

- **基本可用**：当系统某部分发生损坏时，允许系统部分内容不可用，其他部分仍旧可用。
- **软状态**：暂时允许有一些不准确的地方和数据的变换。
- **最终一致性**：在最后，所有服务逻辑执行完成后，系统将回到一个一致的状态。

与 ACID 不同，BASE 关注系统的可用性，希望系统能够持续提供服务，哪怕短时间数据会有不一致的地方。但 BASE 系统又是乐观的，它假设所有系统到最后都会变得一致。

那么回到本节一开始的那个问题，如果系统是电商网站，无疑 BASE 更适合一些。值得注意的是，虽然 NoSQL 大多数时候是分布式的代名词，但是 ACID 和 BASE 并未区分分布式和单点系统，也就是说，ACID 和 BASE 是架构无关的，不过我们可以很容易地从定义发现，BASE 更适合分布式系统。在 NoSQL 开始流行之前，ACID 有时甚至是商用的充分必要条件，但其实 ACID 和 BASE 只是针对不同场景和需求进行不同的取舍。在进行取舍时，应该以什么为准则呢？

8.2　CAP 定理

CAP 定理是由 Eric Brewer 在 2000 年首次提出的。CAP 定理表明任何分布式数据系统最多只能满足 C（consistency，一致性）、A（availability，可用性）、P（partition tolerance，分区容错性）三个特性中的两个，不可能三个同时满足。

- 一致性：对于所有客户端，具有唯一的、最新的、可读的版本的数据。这里的一致性和 ACID 里面的一致性不太一样。它关注的是多个客户端从多个复制分区中读取相同的内容。
- 高可用性：总是允许数据库客户端无延迟地更新内容。在副本数据之间，内部通信不应妨碍更新操作。
- 分区容错性：数据库分区存在通信故障，系统仍然能保持响应客户端请求的能力。

要理解 CAP 定理，最好的方式就是看示例。下面我们来看看几个架构上的例子。

CAP 理论一般使用在分布式环境、副本数据集下，对其简单证明一下。有两个节点，分别保存了同一份数据，如果我们允许至少一个节点改变状态，两份数据有可能不一致，这样就得到了可用性（A），但丧失了一致性（C）；如果保证一致性（C），使另外一个节点不可用，这样就丧失了可用性（A）；如果既想得到一致性（C），又想得到可用性（A），这样就必须靠网络通信，这样就丧失了分区容错性（P）。

对于 CAP 定理，看似非常简单，实则非常复杂，如取舍的粒度、取舍的权衡等。在 CAP 定理之上衍生出了非常多的分布式系统。但总的说来，CAP 定理为我们设计分布式系统提供了一种指导思想、一种选择。

在目前的分布式系统中，分区容错性是很难绕开的，所以只能在 C 和 A 之间做选择，那么 C 和 A 的权衡就表现在 ACID 和 BASE 的权衡。因此，目前几乎所有的 NoSQL 系统的实现，无非是对 C 和 A 的选择，如图 8-1 所示。

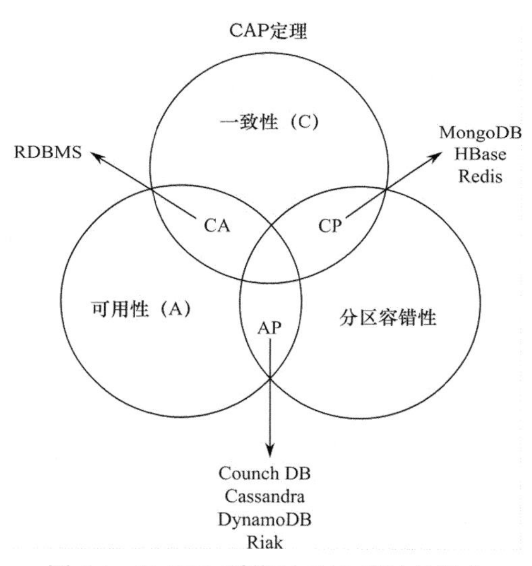

图 8-1 NoSQL 系统对 CAP 理论的取舍

8.3 NoSQL 的架构模式

我们在学习 NoSQL 系统的时候，总是会发现 NoSQL 系统的产品层出不穷，有种“乱花渐欲迷人眼”的感觉。从上一节可知，NoSQL 要么是 CP，要么是 AP，总共也不过两类，那么这么多类产品是如何衍生出来的呢？原因很简单，NoSQL 系统有自己的架构模式，它们和 CAP 理论不同，不再那么抽象而是直接面向业务。

8.3.1 键值存储

键值存储其实就是一个大的 HashMap，可以根据一个简单的字符串（键）返回一个任意大的 BLOB 数据（值）。键值存储检索速度非常快，不需要遍历所有数据。键值存储也按照键建立索引，键直接关联值，这样检索速度就与数据量无关。

键值存储还有一个好处就是，不用为值指定特定的数据类型，这样就能在值中存储任意类型的数据，由应用来决定返回的数据是什么类型，如字符串或者图像。

键值存储不使用 SQL 作为查询语言，取而代之的是用简单的 API 来访问和操作键值存储。

- put($key as xs:string, $value as item())：对表添加一个新的键值对，并且在键存在时，更新键对应的值。
- get($key as xs:string) as item()：根据给出的任意键返回键对应的值，或者如果键值存储中没有该键，将返回一个出错信息。
- delete($key as xs:string)：将键和键对应的值从表中移除，或者如果键值存储中没有该键，将返回一个出错信息。

键值存储还有两个准则：键不能重复，不能按照值来查询。

8.3.2　图存储

图存储主要用于分析对象之间的关系，或者是通过一种特定的方式访问图中所有节点，或者是找出两点之间的最短路径。图存储对有效存储图节点和关系进行了高度优化，让你可以对这些图结构进行查询。

图存储是一个包含一连串的节点和关系的系统，节点和关系结合在一起就构成了一个图，图的数据存储结构通常为边点三元组（triple），它表示了一种“节点-关系-节点”这样的结构。此外，节点和边都有自己的属性，如图 8-2 所示。这样的数据结构构成的图称为属性图。

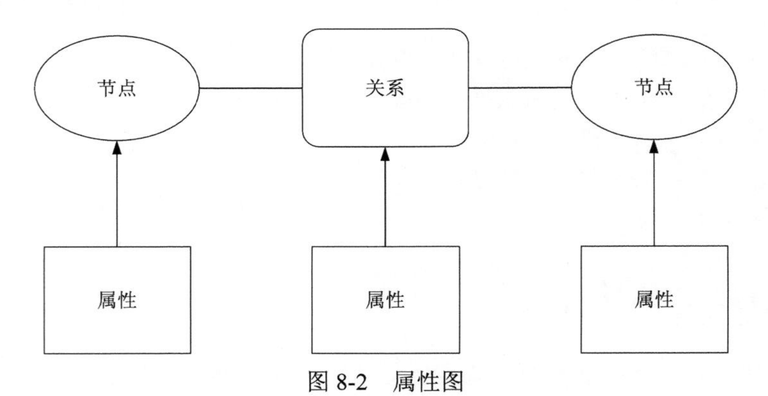

图 8-2　属性图

图存储使你可以用简单的查询来查找最近的邻居节点，或者查看网络的深度，并快速进行排序。如果使用传统数据库来完成这个，会采取连接的方式，效率极低。图存储的查询方式等同于免索引连接。

图 8-3 所示是通过图存储查出来的有关莎士比亚的剧作、剧院、演员之间的关系，这是一个图存储最简单的应用。

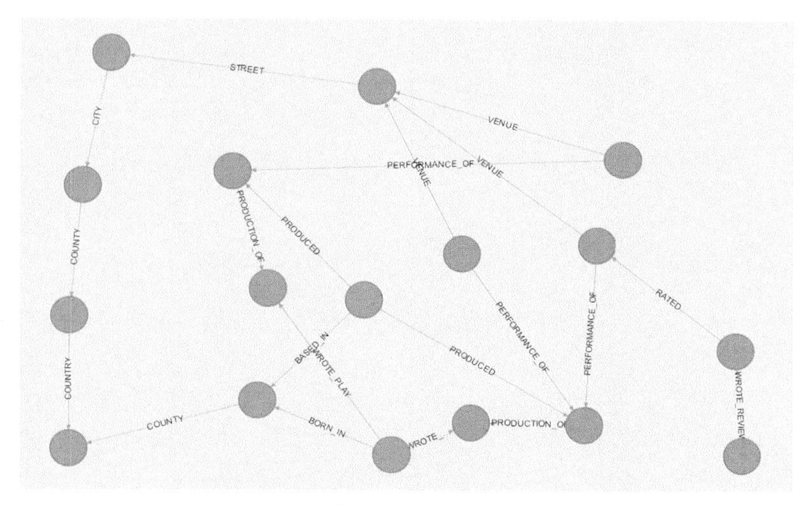

图 8-3 有关莎士比亚的一张图

8.3.3 列族存储

列族存储的设计源于 Google 的 Bigtable 论文，该论文对以后的列族存储（如 HBase、Cassandra、Hypertable）的实现产生了深远的影响。

先来看看熟悉的 Excel 表格，它有助于我们理解列族存储的模型，如图 8-4 所示。

电子表格是一个二维的表格，通过“行号+列号”（3+C）可以很快速地找到其对应的单元格的值（Column Family）。和键值存储类似，可以在这个单元格里存储任意类型的值。

我们可以将“行号+列号”看成单元格的键，单元格的值为值，如图 8-5 所示。

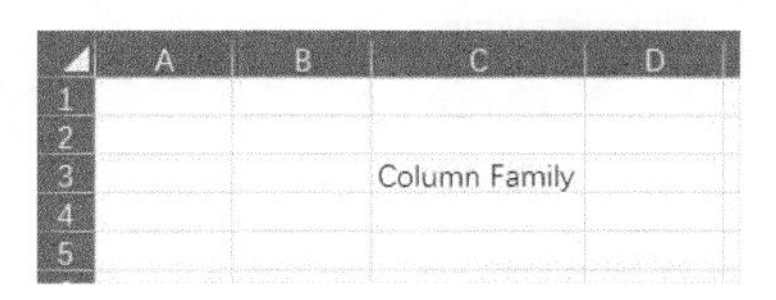

图 8-4 列族存储与 Excel

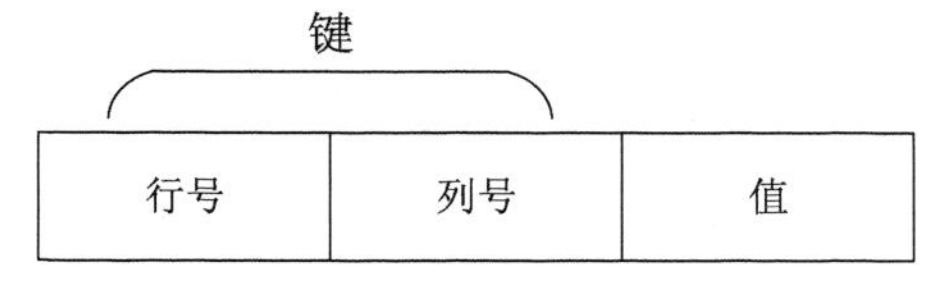

图 8-5 电子表格的键与值

这和列族存储很类似，每个单元格只会通过已知的行列标识符找到。并且，像电子表格一样，可以在任何时候向任何单元格插入数据，而不必为每一行插入所有列的数据。现在我们对图 8-5 中的键进行扩展，如图 8-6 所示。

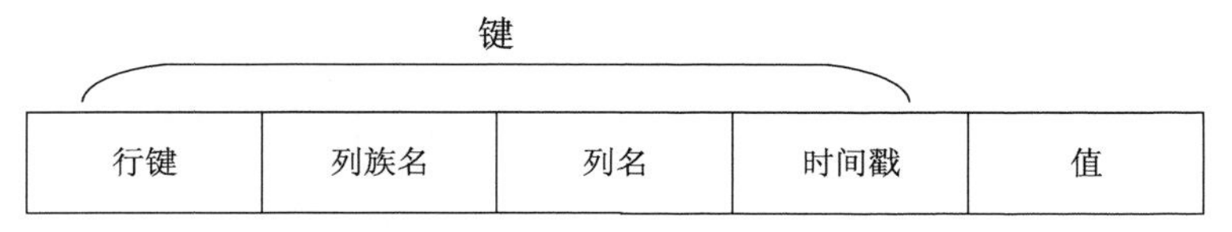

图 8-6 列族存储的键和值

除了行键和列名，列族存储的键还有列族名和时间戳这两个部分。列族通常用来将一些具有联系的列归在一起，时间戳允许值保存多个版本。

列族存储有点儿像三维的立方体（行、列、时间）被硬生生压缩成一维的键和值，当我们把这个一维的键值还原成二维的表时，会发现这个表是非常稀疏的。关系型数据库存储稀疏的数据不太在行，而列族存储就是为这个设计的。此外，列族系统还有良好的扩展性、可用性以及弱模式等优点。

8.3.4 文档存储

文档存储目前很受欢迎，因为它足够灵活，足够通用。通常一个文档就是一个 JSON 字符串，文档存储也有一个键（该键就是 JSON 中的一个字段），但是一般不会通过该键来查询文档中的内容，但是文档中的其他内容（字段）都可以被建立索引，所以你可以根据文档中的任何内容来查询，文档中几乎所有内容都是可搜索的。这就使得文档存储的查询方式很灵活，这是键值存储和列族存储不能比的。

在介绍完这几种 NoSQL 的架构模式以后，有必要对目前市面上的 NoSQL 产品进行一个归类，如表 8-1 所示。

表 8-1 NoSQL 架构模式和产品

架构模式	说明应用场景	产 品
键值对	图像存储 基于键的文件系统 对象缓存 设计为可扩展的系统	Berkeley DB Memcache Redis Riak DynamoDB
列族存储	网络爬虫的结果 大数据问题 软一致性	Apache HBase Apache Cassandra Hypertable Apache Accumulo
图存储	社交网络 欺诈侦测 强关联的数据	Neo4j AllegroGraph Bigdata InfiniteGraph
文档存储	高度变化的数据 文档搜索 集成中心 互联网内容管理 出版物	MongoDB CounchDB Couchbase MarkLogic eXist-db Berkeley DB XML

在了解了这几种架构模式和 CAP 理论的取舍后，就可以从这两个维度对某个 NoSQL 系统进行分类，可以说，这两个维度直接决定了该 NoSQL 产品的特点和应用场景。

8.4 HBase 的架构模式

下面进入 HBase 的架构模式。虽然 HBase 和 Cassandra 一样，都是列族存储，但是实现方式却有很大不同。在学习 HBase 的时候，先学习架构有助于深入理解 HBase。下面就先来看几个重要的概念。

8.4.1 行键、列族、列和单元格

HBase 的行、列和单元格的概念和 RDBMS 中不太一样，这里做一下详细的解释。虽然我们一直在强调列族存储和行式存储的区别，但是它们本质上都是保存一个二维表（如果不考虑时间戳）。先来看看行式存储如何保存数据，如表 8-2 所示。

表 8-2 行式存储

	qualifier1	qualifier2	qualifier3
row1	×		
row2	×		×
row3	×		
row4		×	
row5		×	×
row6		×	
row7		×	
row8	×	×	
row9	×	×	×
row10			×
row11			×
row12			×

如表 8-2 所示，一共 12 行 3 列，行式存储由固定数量的列组成，每一列有不同的名称和一种数据类型，数据一行一行地被添加到系统中，即使某一列为空，它也会耗费存储空间。从表 8-2 可以看出这是一个比较稀疏的表，很多行只有一列有值。

如果按照列族存储的模式来保存数据，如表 8-3 所示。

表 8-3 列族存储

	qualifier1	qualifier2	qualifier3
row1	×		
row2	×		
row2			×
row3	×		
row4		×	
row5		×	
row5			×
row6		×	
row7		×	
row8	×		
row8		×	
row9	×		
row9		×	
row9			×
row10			×
row11			×
row12			×

这样就比较清楚了，列族存储的一行代表的是若干列，并没有一个实际的行的概念，并且行键有冗余。列族存储与行式存储的“宽”表不同，它是“高”表。

在表 8-3 中，row1、row2……row12 被称为行键，qualifier1、qualifier2 和 qualifier3 是一个列族（column family），它们每一个都被称为一个列（qualifier）。表 8-3 中每一个值都被存储在单元格（cell）中。另外，HBase 保证同一个行键的单元格一定被保存在同一台机器上，所以 HBase 保证行级别的事务。另外，从表 8-3 中可以发现，数据是按照行键和列进行排序的，如果加上时间戳，最新的数据会排在老版本数据之前，所以基于行键的查找是非常快速的。在 HBase 中，更新和插入是一个操作，插入数据就是插入一条新数据，更新是对已有数据以不同时间戳的方式进行覆盖，而删除则是对某个单元格用墓碑标记进行标示。

8.4.2 HMaster

HMaster 可以认为是 HBase 的管理节点，它不存在单点故障，通过 Zookeeper 选举机制保证总有一个 HMaster 节点正在运行。它主要负责 Table 和 Region 的管理工作。

（1）管理用户对表的 CRUD 工作。

（2）管理 RegionServer 的负载均衡，调整 Region 分布。

（3）在 RegionServer 停机后，负责该 RegionServer 的迁移。

8.4.3 Region 和 RegionServer

RegionServer 是 HBase 最重要的节点，它负责处理并完成用户的读写请求。完成读写的过程在 8.5 节中会详细介绍。在分析 RegionServer 之前，有必要了解一下 HBase 中的 Region。HBase 中的 Region 是指对 HBase 中数据进行水平切分，而切分的原则是行键，如图 8-7 所示。

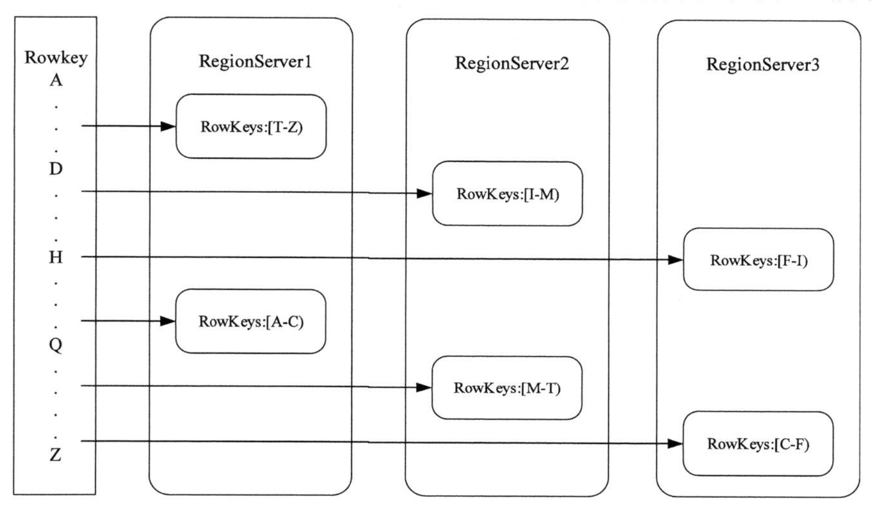

图 8-7 Region 切分

图 8-7 中最左边的 Rowkey 代表了表中所有行键出现的情况，它根据某种规则对行键进行切分，切分的区间互不重合（左闭右开）又相互连续，涵盖了整个行键的范围。例如，对表 8-3 来说，可以这样切分：row1~row4 一个区间，row5~row8 一个区间，row9~row12 一个区间。这样的话，基本上数据是均匀分布的（分别是 5 条、6 条、6 条）。Region 相当于 NoSQL 系统中经常提到的分片（sharding）。

RegionServer 负责管理 Region，负责接收客户端请求对 Region 进行读取和写入。RegionServer 上还有代表列族的 Store，每个 Store 都有一个写入缓冲区 MemStore。这些在后面的架构中会详细介绍。

8.4.4 WAL

WAL 全称为 Write-Ahead-Log，意思为预写日志。它指的是 HBase 在数据插入和删除的过程中，用来记录操作内容的一种日志，写入成功后，会再写 Memstore。预写日志功能会在一定程度上影响性能，但是一般不推荐关闭。此外，WAL 还可以在系统发生故障时用来恢复数据。

8.4.5 HFile

RegionServer 下有多个 Region，每个 Region 下又有多个 Store，而 Store 下又有若干 StoreFile，

StoreFile 是对 HFile 的简单封装，HFile 就是 HBase 最底层的文件。下面来看看 HFile 的格式，如图 8-8 所示。

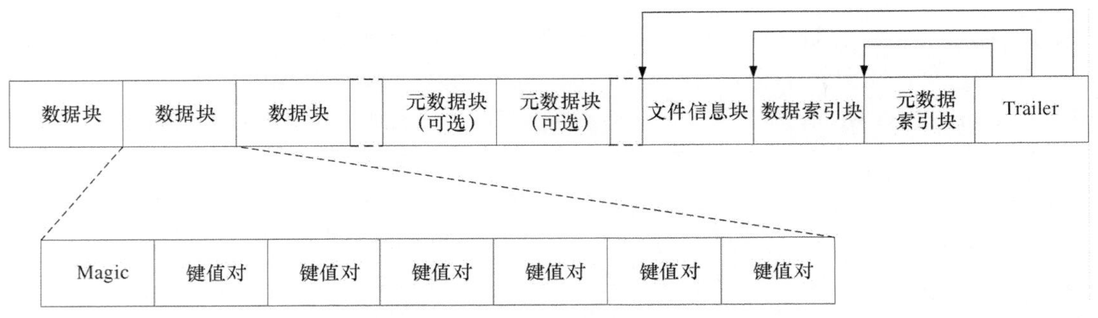

图 8-8 HFile 结构

HFile 结构被分为数据块、元数据块、文件信息块、数据索引块、元数据索引块、Trailer 这 6 个部分，其中文件信息块块和 Trailer 块是定长的，其余块是可变的。数据块和元数据块其实都是可选的，但一般来说，都会有数据块。

用户数据都保存在数据块中，如图 8-8 所示。每个块都包含一个 magic 头部和一定数量的序列化的键指对实例。在 HDFS 中，文件块大小是 64 MB，HFile 默认块大小是 64 KB，所以这两种块之间不存在对应关系，HBase 只是将文件透明地存储到文件系统中。每一个键指对是一个字节数组，所以它可以是任意类型的数据，键指对的格式如图 8-9 所示。

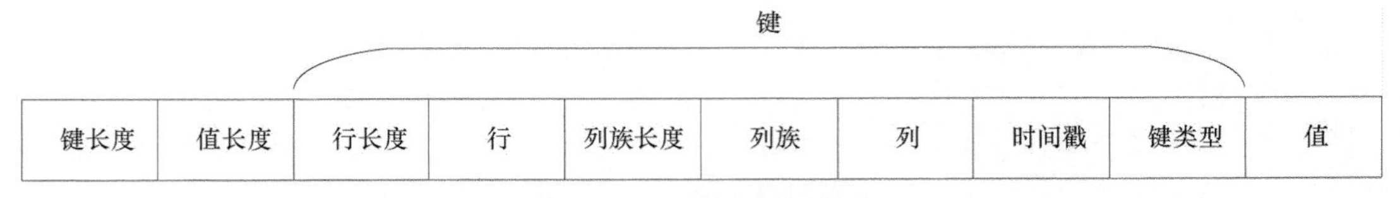

图 8-9 KeyValue 数据结构

该结构以两个定长数字开始，一个表示键长度，一个表示值长度。有了这两个信息，就可以在该数据结构中进行跳跃读取，例如，直接访问值。其中“键长度”为 4 字节 Int 型、“值长度”为 4 字节 Int 型、“行长度”为 2 字节 short 型、“行”的长度不固定、“列族长度”为 2 字节 byte 型、“列族”的长度不固定、“列限定符”长度不固定、“时间戳”为 4 字节 long 型、“键类型”为 1 字节 byte 型。

元数据块是可选的，布隆过滤器就是保存在元数据块中。文件信息保存了 HFile 的元信息。数据索引块保存了数据块的索引，每条索引的键是被索引的块（数据块）的第一条记录的键。数据索引块分为根索引块、枝索引块和叶索引块三种。检索数据时，首先通过查询数据索引块得到索引，再去扫描数据块。元数据索引块保存的是数据索引块的索引。最后的 Trailer 块是定长的，保存了每一段（由一种类型的块组成）的偏移量，读取一个 HFile 时，会首先读取 Trailer。

8.4.6　Zookeeper

Zookeeper 是一个分布式应用程序协同服务，以 Fast Paxos 算法为基础，本身亦提供高可用性，可以允许半数以内的节点出现故障。HBase 使用 Zookeeper 作为其协同服务组件，其主要功能包括跟踪 RegionServer，保存根 region 地址。

8.4.7　HBase 架构

熟悉了 HBase 的几个重要的概念和组件之后，下面来看看 HBase 的架构，如图 8-10 所示。

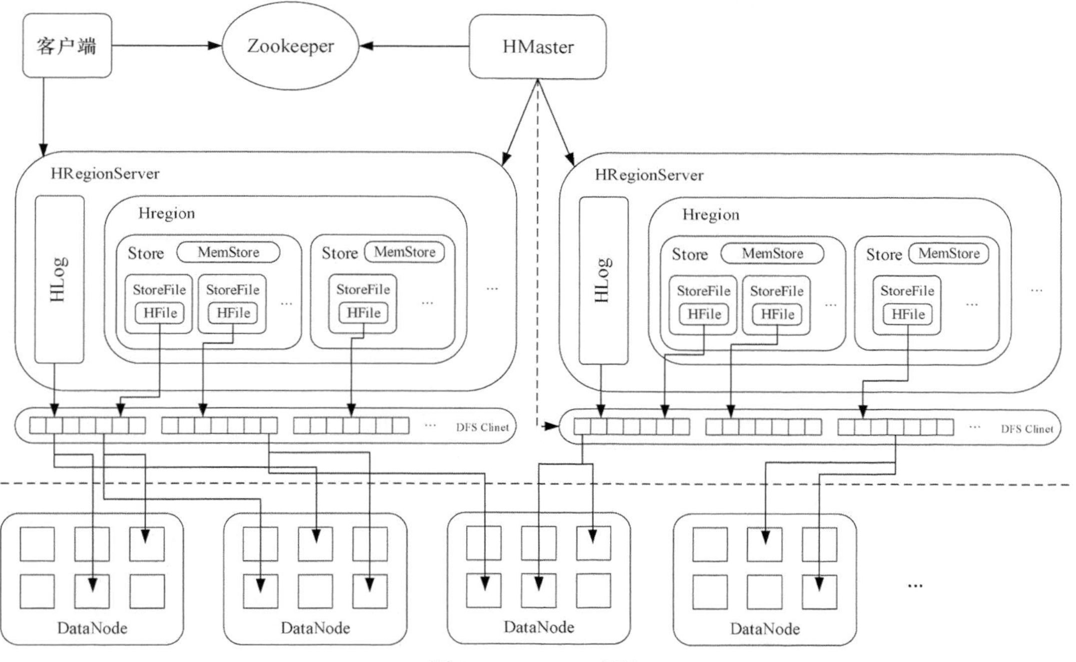

图 8-10　HBase 架构

HBase 的 Zookeeper 中保存 HBase 的元数据，HMaster 是 HBase 的管理节点，RegionServer 有多个，每个 RegionServer 管理了多个 Region，每个 Region 根据列族的个数可以有多个 Store，每个 Store 的 MemStore 是写入缓冲区，但在写入 MemStore 之前还是会先写入预写日志（HLog），HLog 文件还是会保存在 HDFS 上面，并且所有 Region 共用一个 HLog 实例。当缓冲区写满后会刷写磁盘为 HFile，StoreFile 只是对 HFile 的轻量封装，一个 Store 可以有多个 StoreFile，HFile 还是保存在 HDFS 之上。

那么回到 CAP 理论，单个 Region 可以认为是一个分片。由于有 RegionServer 的存在，对数据的更新操作是可以满足一致性的，但是 RegionServer 存在单点故障，所以 HBase 对 CAP 理论的取舍是 CP。

从以上 HBase 的架构模式我们得出，HBase 最好的查询数据方式是用行键加列名去定位某个值（单元格）。

8.5　HBase 写入和读取数据

在熟悉了架构之后，本节我们主要熟悉 HBase 的插入、更新（put）和读取（get）过程，深入了解读写流程对 HBase 调优非常有帮助。

8.5.1　Region 定位

无论是写入还是读取，客户端都需要对特定的 Region 进行定位。HBase 有两张元数据表-ROOT-和.META.，加上 Zookeeper 保存了-ROOT-的地址，HBase 采取了三层查找架构，如图 8-11 所示。

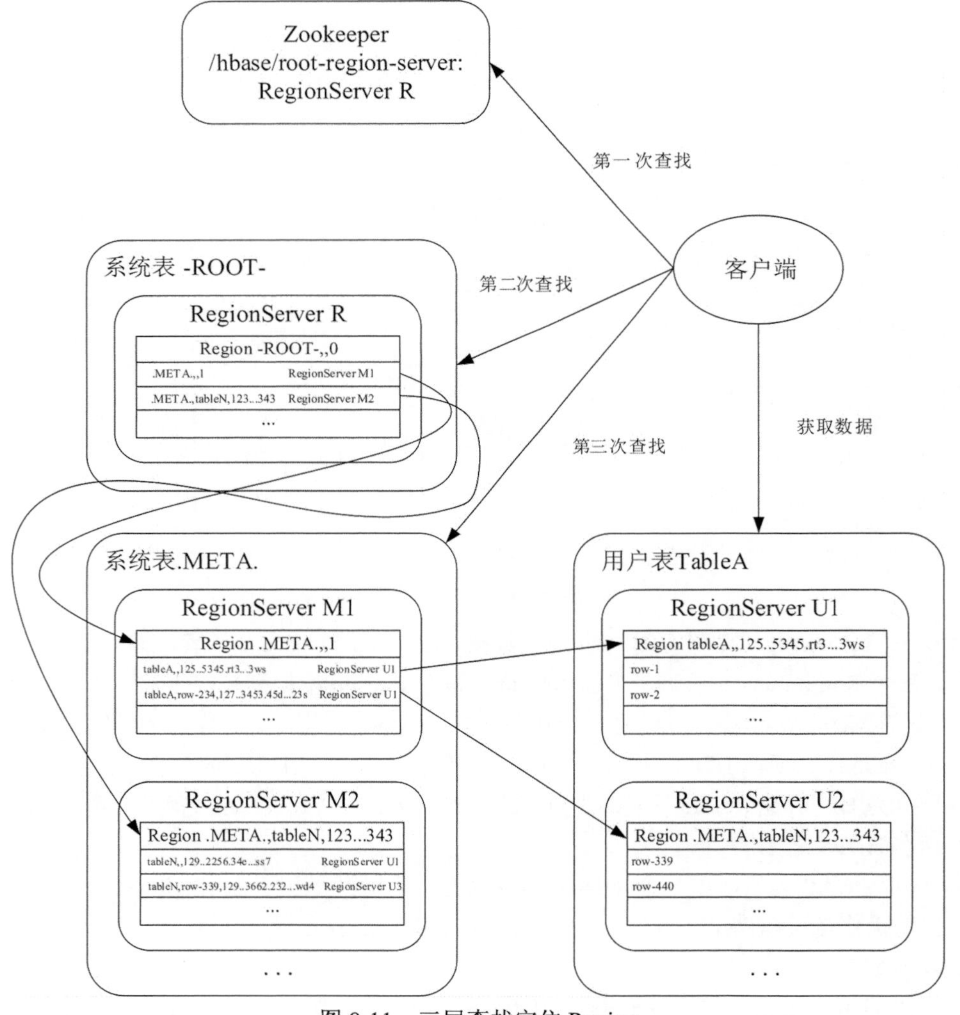

图 8-11　三层查找定位 Region

元数据表-ROOT-和.META.都是 HBase 中的表。-ROOT-表的 Region 被设定为永不拆分，意味着只有一个 Region，-ROOT-保存了.META.的 region 信息，而.META.保存了用户表的 Region 信息。用户需要得到 row1 的 Region 信息首先通过查找 Zookeeper（第一次查找）中的信息，得到-ROOT-的 Region 地址信息。用户根据第一次查找的信息定位到了-META-表，再根据表名查询.META.得到该表的 Region 信息所在，如图 8-11 所示。第二次查找可以理解为 tableA 在 RegionServer M1 上的 Region .META.,,1 上。有了这些信息，用户第三次查找.META.表则可以直接得到 tableA 的 row1 的 Region 信息。第三次查找可以理解为 row1 在 RegionServer U1 上的 Region tableA,125..5345.rt3...3ws 上。这样用户直接访问该地址就可以获取相应的数据。

另外，客户端有时会缓存 Region 信息，但有时需要重新查找 Region，如 Region 发生拆分、合并或移动的时候。当客户端缓存了不正确的 Region 信息时，用户最多需要额外的三次查询才能获取正确的 Region 信息。

8.5.2 HBase 写入数据

客户端在发起写入请求后，请求会发到对应的 RegionServer 上。在对数据进行写入时，会首先将改动记录到预写日志（WAL），写入的日志以 HLog 的形式保存在 HDFS 上，然后才会将数据写到 MemStore 中。一旦这个内存缓冲区写入的数据达到某个阈值，HBase 将会把缓冲区内容刷写到磁盘，成为 HFile。写到磁盘以后，相应内容的预写日志即可丢弃。MemStore 中的数据已经排序完成，刷写磁盘的 HFile 自然也是有序的。

我们知道 HDFS 上的文件是不能被修改的，要删除某个键值时，HBase 提供的解决方案是对该键值新增一个删除标记，也叫"墓碑标记"。因此，对某个键值进行删除后，实际上在后面的读取中会检索到该数据但不会返回给客户端。

随着 MemStore 中的数据不断刷写到磁盘中，HBase 会存在大量小文件（MemStore 的默认大小为 128 MB），这时就需要进行合并（compact），需要将小的 HFile 合并为大的 HFile。合并的方式有两种——minor 合并和 major 合并，两种合并在功能和性能上有所不同。

- minor 合并（minor compaction）：minor 合并是单纯为了减少文件数量。因为 MemStore 输出的文件是整体有序的，minor 合并的过程其实是多路归并排序的过程，速度比较快。
- major 合并（major compaction）：major 合并是将一个 Region 中一个列族的若干个 HFile 重写为一个 HFile。在合并的同时，还会将所有有删除标记的数据掠过，至此删除动作才真正生效。major 合并对性能消耗比较大，如在高并发的时候进行 major 合并，会极大地影响性能。

进行足够多次合并之后，HFile 会越来越大并超过单个 Region 所配置的最大大小，这时就会触发 Region 切分，将大的 Region 切分为两个小的 Region。

8.5.3 HBase 读取数据

HBase 读取数据的流程比写入数据的流程要复杂一些。这是因为数据有些存在 MemStore

中，有些存在硬盘上的 HFile 里。

如果在某个时间点，磁盘上有一条数据在一段时间内不停地被修改，这些修改有些随着磁盘刷写写到了磁盘（HFile），有些还在内存（MemStore）中，如何得到正确的结果是由图 8-12 所示的过程保证的。

当 Scaner 打开的时候，会直接定位到所要求的行键上，就准备开始读取数据了。它会如图 8-12 所示依次遍历记录，通过各种条件（如时间戳和布隆过滤器）过滤掉存储文件，在单个文件中，它也会过滤掉有删除标记的数据。最后，Scanner 会将符合要求的数据返回给客户端。

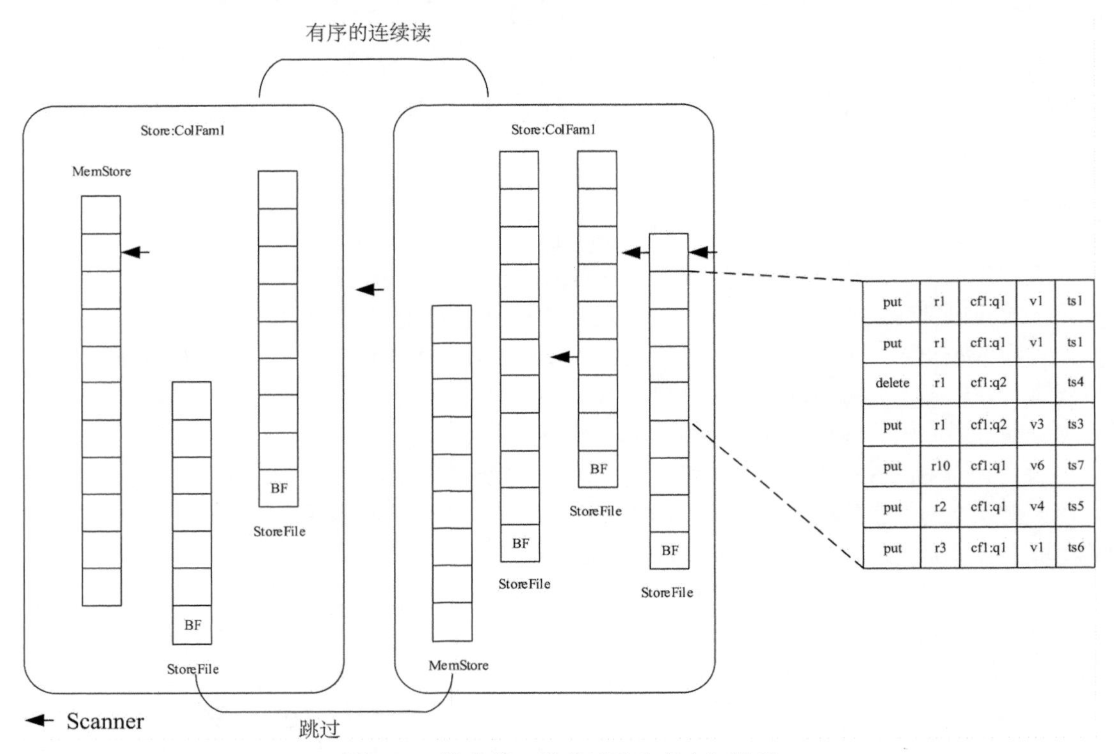

图 8-12　跨文件、磁盘以及内存来扫描行

可以认为 MemStore 是 HBase 的写缓存，HBase 也有读缓存。在 8.4.5 节中，我们知道所有的存储文件都被划分成了若干个小存储块（数据块），这些小存储块在读取（get）或扫描（scan）操作时会加载到内存中。HBase 会顺序地读取一个数据块到内存缓存（块缓存）中，在读取相邻数据时就可以从内存中读取而不需要从磁盘中再次读取，有效地减少了磁盘 I/O 的次数。这个参数默认为 TRUE，这意味着每次读取的块都会缓存到内存中。

8.6　HBase 基础 API

HBase 提供了多种 API 来操作 HBase，如命令行、Thrift 等，本质上都是通过 Java API 来进行操作的，Java API 是最方便、最原生的操作方式。HBase 基础 Java API 主要包括创建表、删除表、CRUD、扫描等。另外需要说明的是，本书的 HBase API 对应的 HBase 版本为 1.0。本节从创建表、插入、读取、删除单元格、删除表操作来介绍 HBase 的 API。

8.6.1 创建表

首先来看看创建表，创建表主要通过 HBase 的 Admin 类来进行，如代码清单 8-1 所示。

代码清单 8-1 创建表

```
package com.hbase;

import java.io.IOException;

import org.apache.hadoop.conf.Configuration;
import org.apache.hadoop.hbase.HBaseConfiguration;
import org.apache.hadoop.hbase.HColumnDescriptor;
import org.apache.hadoop.hbase.HTableDescriptor;
import org.apache.hadoop.hbase.TableName;
import org.apache.hadoop.hbase.client.Admin;
import org.apache.hadoop.hbase.client.Connection;
import org.apache.hadoop.hbase.client.ConnectionFactory;

public class HBaseClient {

    public static void main(String[] args) throws IOException {

        Configuration conf = HBaseConfiguration.create();
        //zookeeper 地址
        conf.set("hbase.zookeeper.quorum", "zk1,zk2,zk3");
        //建立连接
        Connection connection = ConnectionFactory.createConnection(conf);

        //表名
        String tableName = "test-hbase";
        //列族名
        String columnName = "info";

        //表管理类
        Admin admin = connection.getAdmin();
        //定义表名
        HTableDescriptor tableDescriptor = new
                HTableDescriptor(TableName.valueOf(tableName));
        admin.createTable(tableDescriptor);
        //定义表结构
        HColumnDescriptor columnDescriptor = new HColumnDescriptor(columnName);
        admin.addColumn(TableName.valueOf(tableName), columnDescriptor);
        admin.close();
        connection.close();
```

```
    }
}
```

从前面可知，我们首先都是通过 Zookeeper 地址来连接 HBase 的，任何情况都不例外。

8.6.2 插入

建表完成后，就可以往里面插入（put）一条数据。插入的数据行键为 rk1，列族为 info，列名为 c1，值为 value。插入是通过 HBase 的 Put 类完成的，如代码清单 8-2 所示。

代码清单 8-2 插入

```
package com.hbase;

import java.io.IOException;

import org.apache.hadoop.conf.Configuration;
import org.apache.hadoop.hbase.HBaseConfiguration;
import org.apache.hadoop.hbase.TableName;
import org.apache.hadoop.hbase.client.Connection;
import org.apache.hadoop.hbase.client.ConnectionFactory;
import org.apache.hadoop.hbase.client.Put;
import org.apache.hadoop.hbase.client.Table;

public class HBaseClient {

    public static void main(String[] args) throws IOException {

        Configuration conf = HBaseConfiguration.create();
        //zookeeper 地址
        conf.set("hbase.zookeeper.quorum", "zk1,zk2,zk3");
        //建立连接
        Connection connection = ConnectionFactory.createConnection(conf);

        //表名
        String tableName = "test-hbase";
        //列族名
        String columnName = "info";
        //行键
        String rowkey = "rk1";
        //列名
        String qulifier = "c1";
        //值
        String value = "value1";

        //建立表连接
        Table table = connection.getTable(TableName.valueOf(tableName));
        //用行键实例化 Put
        Put put = new Put(rowkey.getBytes());
```

```
        //指定列族名、列名和值
        put.addColumn(columnName.getBytes(), qulifier.getBytes(),
                value.getBytes());
        //执行 Put
        table.put(put);
        //关闭表
        table.close();
        //关闭连接
        connection.close();

    }
}
```

8.6.3 读取

HBase 的插入（put）完成后，立即就可以通过 HBase 的 Get 类来读取（get），如代码清单 8-3 所示。

代码清单 8-3　读取

```
package com.hbase;

import java.io.IOException;

import org.apache.hadoop.conf.Configuration;
import org.apache.hadoop.hbase.HBaseConfiguration;
import org.apache.hadoop.hbase.TableName;
import org.apache.hadoop.hbase.client.Connection;
import org.apache.hadoop.hbase.client.ConnectionFactory;
import org.apache.hadoop.hbase.client.Get;
import org.apache.hadoop.hbase.client.Result;
import org.apache.hadoop.hbase.client.Table;
import org.apache.hadoop.hbase.util.Bytes;

public class HBaseClient {

    public static void main(String[] args) throws IOException {

        Configuration conf = HBaseConfiguration.create();
        //zookeeper 地址
        conf.set("hbase.zookeeper.quorum", "zk1,zk2,zk3");
        //建立连接
        Connection connection = ConnectionFactory.createConnection(conf);

        //表名
        String tableName = "test-hbase";
        //列族名
        String columnName = "info";
        //行键
        String rowkey = "rk1";
```

```
        //列名
        String qulifier = "c1";

        //建立表连接
        Table table = connection.getTable(TableName.valueOf(tableName));
        //用行键实例化 Get
        Get get = new Get(rowkey.getBytes());
        //增加列族名和列名条件
        get.addColumn(columnName.getBytes(), qulifier.getBytes());
        //执行 Get，返回结果
        Result result = table.get(get);
        //取出结果
        String valueStr = Bytes.toString(result.getValue(columnName.getBytes(),
                qulifier.getBytes()));
        System.out.println(valueStr);
        //关闭表
        table.close();
        //关闭连接
        connection.close();

    }
}
```

8.6.4　扫描

HBase 读取数据有两种，一种是读取（get），另外一种是扫描（scan）。从读取的实例化方法可知，读取是针对单行（行键）的，那么相应的，扫描针对的是某个行键范围，即用户不用明确指定某一行，而只需指定一个范围即可。HBase 会返回所有符合条件的数据，如代码清单 8-4 所示。

代码清单 8-4　扫描

```
package com.hbase;

import java.io.IOException;

import org.apache.hadoop.conf.Configuration;
import org.apache.hadoop.hbase.HBaseConfiguration;
import org.apache.hadoop.hbase.TableName;
import org.apache.hadoop.hbase.client.Connection;
import org.apache.hadoop.hbase.client.ConnectionFactory;
import org.apache.hadoop.hbase.client.Result;
import org.apache.hadoop.hbase.client.ResultScanner;
import org.apache.hadoop.hbase.client.Scan;
import org.apache.hadoop.hbase.client.Table;
import org.apache.hadoop.hbase.util.Bytes;

public class HBaseClient {

    public static void main(String[] args) throws IOException {
```

```
        Configuration conf = HBaseConfiguration.create();
        //zookeeper 地址
        conf.set("hbase.zookeeper.quorum", "zk1,zk2,zk3 ");
        //建立连接
        Connection connection = ConnectionFactory.createConnection(conf);

        //表名
        String tableName = "test-hbase";
        //列族名
        String columnName = "info";
        //开始行键
        String startRow = "rk1";
        //结束行键
        String endRow = "rk5";
        //列名
        String qulifier = "c1";
        //值
        String value = "value1";

        //建立表连接
        Table table = connection.getTable(TableName.valueOf(tableName));
        //初始化 Scan 实例
        Scan scan = new Scan();
        //指定开始行键
        scan.setStartRow(startRow.getBytes());
        //指定结束行键
        scan.setStopRow(endRow.getBytes());
        //增加过滤条件
        scan.addColumn(columnName.getBytes(),qulifier.getBytes());
        //返回结果
        ResultScanner rs = table.getScanner(scan);
        //迭代并取出结果
        for(Result result:rs){
            String valueStr =
                Bytes.toString(result.getValue(columnName.getBytes(),
                        qulifier.getBytes()));
            System.out.println(valueStr);
        }
        //关闭表
        table.close();
        //关闭连接
        connection.close();
    }
}
```

通过这样的扫描操作，HBase 会返回 rk1~rk5 的数据。如果不显式指定开始行和结束行，那么扫描默认会是全表扫描。如果开始行和结束行一样呢？其实就是读取了，所以所有读操作都是扫描，读取是特殊的扫描。

8.6.5 删除单元格

删除单元格相对简单，只需指定行键、列族和列即可，如代码清单 8-5 所示。

代码清单 8-5 删除单元格

```
package com.hbase;
import java.io.IOException;

import org.apache.hadoop.conf.Configuration;
import org.apache.hadoop.hbase.HBaseConfiguration;
import org.apache.hadoop.hbase.TableName;
import org.apache.hadoop.hbase.client.Connection;
import org.apache.hadoop.hbase.client.ConnectionFactory;
import org.apache.hadoop.hbase.client.Delete;
import org.apache.hadoop.hbase.client.Table;

public class HBaseClient {

    public static void main(String[] args) throws IOException {

        Configuration conf = HBaseConfiguration.create();
        //zookeeper 地址
        conf.set("hbase.zookeeper.quorum", "zk1,zk2,zk3");
        //建立连接
        Connection connection = ConnectionFactory.createConnection(conf);

        //表名
        String tableName = "test-hbase";
        //列族名
        String columnName = "info";
        //行键
        String rowkey = "rk1";
        //列名
        String qulifier = "c1";
        //值
        String value = "value1";
        //建立表连接
        Table table = connection.getTable(TableName.valueOf(tableName));
        //用行键来实例化 Delete 实例
        Delete delete = new Delete(rowkey.getBytes());
        //增加删除条件
        delete.addColumn(columnName.getBytes(), qulifier.getBytes());
        //执行删除
        table.delete(delete);
        //关闭表
        table.close();
        //关闭连接
        connection.close();
    }
}
```

8.6.6 删除表

最后来介绍下删除表，删除表之前需要先禁用（disable）表，最后再删除表，如代码清单 8-6 所示。

代码清单 8-6 删除表

```
package com.hbase;

import java.io.IOException;

import org.apache.hadoop.conf.Configuration;
import org.apache.hadoop.hbase.HBaseConfiguration;
import org.apache.hadoop.hbase.TableName;
import org.apache.hadoop.hbase.client.Admin;
import org.apache.hadoop.hbase.client.Connection;
import org.apache.hadoop.hbase.client.ConnectionFactory;

public class HBaseClient {

    public static void main(String[] args) throws IOException {

        Configuration conf = HBaseConfiguration.create();
        //zookeeper 地址
        conf.set("hbase.zookeeper.quorum", "zk1,zk2,zk3");
        //建立连接
        Connection connection = ConnectionFactory.createConnection(conf);

        //表名
        String tableName = "test-hbase";

        //表管理类
        Admin admin = connection.getAdmin();
        //首先禁用表
        admin.disableTable(TableName.valueOf(tableName));
        //最后删除表
        admin.deleteTable(TableName.valueOf(tableName));
        //关闭表管理
        admin.close();
        //关闭连接
        connection.close();
    }
}
```

8.7 HBase 高级 API

HBase 高级 API 主要分为三类：过滤器、协处理器和计数器。

8.7.1　过滤器

在设置 Scan、Get 的时候会发现有一个方法——setFilter(filter)，它可以让我们在查询时添加更多限制条件，如正则匹配、根据列值进行匹配等。这时，就可以用过滤器（filter）来实现。HBase 内置了一些常用的过滤器，如果还不能满足需求的话，用户还可以实现 Filter 接口，编写自己的过滤器。

过滤器是服务器端的操作。它在客户端被创建，通过 RPC 传送到服务器端，然后在服务器端进行过滤操作。HBase 有很多常用的过滤器，下面选几个有代表性的进行介绍。

- 行过滤器（RowFilter）：行过滤器基于行键来过滤数据，构造方式如下：

```
Filter filter = new RowFilter(CompareOp.LESS_OR_EQUAL,
    new BinaryComparator(Bytes.toBytes("row-100")));
```

  需要有一个比较符，上面代码是符合行键小于等于 row-100 的数据才会返回。

- 前缀过滤器（PrefixFilter）：前缀过滤器的效果是所有与前缀匹配的行都会返回给客户端。构造方法如下：

```
Filter filter = new PrefixFilter(Bytes.toBytes("1990"));
```

- 首次行键过滤器（FirstKeyOnlyFilter）：首次行键过滤器在找到所有行第一列的值时，就会返回数据。在业务许可的情况下，会一定程度上提升性能。构造方法如下：

```
Filter filter = new FirstKeyOnlyFilter();
```

- 单列值过滤器（SingleColumnValueFilter）：单列值过滤器根据某列的值进行过滤，构造方法如下：

```
Filter filter = new SingleColumnValueFilter(Bytes.toBytes("cf"),
Bytes.toBytes("qual"), CompareOp.EQUAL, Bytes.toBytes("value-100"));
```

该构造器的作用是返回所有行的列族为 cf、列为 qual、值等于 value-100 的数据。

8.7.2　计数器

HBase 由于没有二级索引，所以统计功能相对很弱。针对这种情况，HBase 有一个高级功能——计数器（counter），它被用于实时统计的业务场景下。

计数器的原理同 HBase 内置的一种原子操作（check-and-modify）相同。计数器实际上是 HBase 表中某一列的值，当进行写操作时，使用 Table 类的 API 对该列加 1 即可。计数器有两种：单计数器和多计数器。

- 单计数器：使用单计数器，用户自己设定计数器的行、列族和列，代码如下：

```
Table table = connection.getTable(TableName.valueOf(tableName));
          //计数器增加 1
          long a = table.incrementColumnValue(
                  Bytes.toBytes("row-count"),
                  Bytes.toBytes("info"),
```

```
                Bytes.toBytes("q1"), 1);
        //返回计数器当前值
        long b = table.incrementColumnValue(
                Bytes.toBytes("row-count"),
                Bytes.toBytes("info"),
                Bytes.toBytes("q1"), 0);

        System.out.println("increase: " + a);
        System.out.println("current: " + b);
```

运行完成后，会显示：

```
increase:  1
current:   1
```

incrementColumnValue 方法的最后一个参数是一个数字，如果是比 0 大的值，则按给定值增加计数器中的数值；如果是 0，则返回当前计数器的值；如果是比 0 小的值，则按给定值减少计数器中的数值。

- 多计数器：多计数器允许用户同时更新多个计数器的值，但这些计数器的值都必须处于同一行。代码如下：

```
Table table = connection.getTable(TableName.valueOf(tableName));
        //用行键初始化计数器
        Increment increment = new Increment(Bytes.toBytes("row-count"));
        //添加多个列
        increment.addColumn(Bytes.toBytes("info"),Bytes.toBytes("q2"),1);
        increment.addColumn(Bytes.toBytes("info"),Bytes.toBytes("q3"),1);

        Result result = table.increment(increment);
        //打印计数器返回的结果
        for(KeyValue kv:result.raw()){
            System.out.println("KV: " + kv + " Value: " +
                Bytes.toLong(kv.getValue()));
        }
```

8.7.3 协处理器

协处理器（coprocessor）允许用户在 RegionServer 上运行自己的代码。协处理器框架主要有 Observer 和 Endpoint 两大类，用户可以继承这些类实现自己的逻辑。其中 Observer 类似于 RDBMS 的触发器，可以重写一些在特定事件发生时执行的回调函数。Observer 类有 RegionObserver、MasterObserver 和 WALObserver 三种：RegionObserver 可以被用来处理数据修改事件，它发生的地点是 Region；MasterObserver 可以被用来管理表，如新定义表；WALObserver 提供了控制 WAL 的回调函数。而 Endpoint 则类似于 RDBMS 的存储过程，允许用户将自定义操作添加到服务端。

先来看看 Observer。我们知道，HBase 没有二级索引，所以无法使用值来进行查找，但是这种需求在业务中又出现得非常频繁。这样的话，可以采用 Observer 来实现二级索引，如代码清单 8-7 所示。

代码清单 8-7　用 Observer 来实现二级索引

```
package com.hbase.coprocessor;

import java.io.IOException;
import java.util.Iterator;
import java.util.List;

import org.apache.hadoop.conf.Configuration;
import org.apache.hadoop.hbase.Cell;
import org.apache.hadoop.hbase.TableName;
import org.apache.hadoop.hbase.client.Connection;
import org.apache.hadoop.hbase.client.ConnectionFactory;
import org.apache.hadoop.hbase.client.Durability;
import org.apache.hadoop.hbase.client.Put;
import org.apache.hadoop.hbase.client.Table;
import org.apache.hadoop.hbase.coprocessor.BaseRegionObserver;
import org.apache.hadoop.hbase.coprocessor.ObserverContext;
import org.apache.hadoop.hbase.coprocessor.RegionCoprocessorEnvironment;
import org.apache.hadoop.hbase.regionserver.wal.WALEdit;
import org.apache.hadoop.hbase.util.Bytes;

public class TestCoprocessor extends BaseRegionObserver {

    @Override
    public void prePut(final ObserverContext<RegionCoprocessorEnvironment> e,
           final Put put, final WALEdit edit, final Durability durability)
    throws IOException {
       Configuration conf = new Configuration();
       Connection connection = ConnectionFactory.createConnection(conf);
       //索引表
       Table table = connection.getTable(TableName.valueOf("index_table"));
       //取出要插入的数据
       List<Cell> cells = put.get("cf".getBytes(), "info".getBytes());

       Iterator<Cell> kvItor = cells.iterator();

       while (kvItor.hasNext()) {

         Cell tmp = kvItor.next();
         //用值作为行键
          Put indexPut = new Put(tmp.getValue());
          indexPut.add("cf".getBytes(), tmp.getRow(),
                Bytes.toBytes(System.currentTimeMillis()));
          //插入索引表
          table.put(indexPut);
       }

       table.close();
       connection.close();
    }
}
```

只需要继承 BaseObserver，实现一个 prePut 的钩子函数即可，顾名思义，这个钩子会在 put 之前调用，在该函数中，用值作为行键，值作为列名，另外插入索引表，这样，就可以先对索引表进行查找，然后再对数据表进行查找，达到二级索引的目的。

下面再来看看 Endpoint。我们都试过 HBase 的 count 命令，它将所有 count 计算放在客户端，这样当然会非常缓慢。如果将所有的 count 计算都放在 Region 端计算完成后再汇总返回，速度当然会快很多。下来看用 Endpoint 完成的一个对 HBase 的 test-endpoint 表的 cf1 列族的 qual 列的值进行加总累和，类似于 Sum 函数。

因为 Endpoint 需要将统计的结果返回给调用的客户端，所以 RPC 需要一个整数类型的值作为返回值，它接受两个参数，即要统计的列族名和列名。HBase 在 0.98 版本以后都使用了 Google 的 Protobuf 作为序列化的方式。首先写下代码清单 8-8 所示的定义文件。

代码清单 8-8　定义文件

```
option java_package = "org.hbase.coprocessor";
option java_outer_classname = "Sum";
option java_generic_services = true;
option java_generate_equals_and_hash = true;
option optimize_for = SPEED;
message SumRequest {
    required string family = 1;
    required string column = 2;
}

message SumResponse {
  required int64 sum = 1 [default = 0];
}

service SumService {
  rpc getSum(SumRequest)
    returns (SumResponse);
}
```

执行 protoc --java_out=src ./sum.proto 命令，会在目录下生成 Sum.java 代码。接下来再来编写 Endpoint 类，如代码清单 8-9 所示。

代码清单 8-9　Endpoint 类

```
//该类需要继承上一步生成的 SumService 类，再实现 Coprocessor、CoprocessorService 接口
public class SumEndPoint extends SumService implements Coprocessor,
CoprocessorService {

   private RegionCoprocessorEnvironment env;

   @Override
   public Service getService() {
      return this;
```

```
    }

    @Override
    public void start(CoprocessorEnvironment env) throws IOException {
        if (env instanceof RegionCoprocessorEnvironment) {
            this.env = (RegionCoprocessorEnvironment)env;
        } else {
            throw new CoprocessorException("Must be loaded on a table region!");
        }
    }

    @Override
    public void stop(CoprocessorEnvironment env) throws IOException {
        //什么都不做
    }

    //重写 SumService 的 getSum 方法，在这里完成累和的操作
    @Override
    public void getSum(RpcController controller, SumRequest request, RpcCallback done) {
        Scan scan = new Scan();
        //指定列族和列
        scan.addFamily(Bytes.toBytes(request.getFamily()));
        scan.addColumn(Bytes.toBytes(request.getFamily()),
              Bytes.toBytes(request.getColumn()));
        SumResponse response = null;
        InternalScanner scanner = null;
        try {
            scanner = env.getRegion().getScanner(scan);
            List results = new ArrayList();
            boolean hasMore = false;
                    long sum = 0L;
            do {
                  hasMore = scanner.next(results);
                  for (Cell cell : results) {
                       //加总累和
                       sum = sum + Bytes.toLong(CellUtil.cloneValue(cell));
                  }
                  results.clear();
            } while (hasMore);

            response = SumResponse.newBuilder().setSum(sum).build();

        } catch (IOException ioe) {
           ResponseConverter.setControllerException(controller, ioe);
        } finally {
            if (scanner != null) {
                 try {
                      scanner.close();
                 } catch (IOException ignored) {}
            }
```

```
        }
        done.run(response);
    }
}
```

这样 Endpoint 的代码就完成了，我们还需要在客户端调用，如代码清单 8-10 所示。

代码清单 8-10 在客户端调用

```
Configuration conf = HBaseConfiguration.create();
Connection connection = ConnectionFactory.createConnection(conf);
TableName tableName = TableName.valueOf("test-endpoint");
Table table = connection.getTable(tableName);

//初始化 RPC 调用实例
final SumRequest request =
        SumRequest.newBuilder().setFamily("cf1").setColumn("qual1").build();
try {
    //调用 Endpoint
    Map<byte[], Long> results = table.CoprocessorService (SumService.class, null,
            null, new Batch.Call<SumService, Long>() {
        @Override
         public Long call(SumService aggregate) throws IOException {
            BlockingRpcCallback rpcCallback = new BlockingRpcCallback();
            aggregate.getSum(null, request, rpcCallback);
            SumResponse response = rpcCallback.get();
            return response.hasSum() ? response.getSum() : 0L;
         }
    });
    for (Long sum : results.values()) {
        System.out.println("Sum = " + sum);
    }
} catch (ServiceException e) {
        e.printStackTrace();
} catch (Throwable e) {
    e.printStackTrace();
}
```

这两类协处理器是 HBase 的重要功能，合理使用可以为业务提供很大的帮助。最后来看一下如何加载协处理器。我们都需要将自己写的 Java 类编译成 jar 文件，并上传至 HBASE_CLASSPATH 下面的目录重。有以下两种加载方式。

- 从配置中加载：可以修改 hbase-site.xml 中的配置来加载协处理器，如下：

```
<property>
<name>hbase.coprocessor.region.classes</name>
<value>org.apache.hbase.kora.coprocessor.RegionObserverExample</value>
</property>
```

这样的话，当某张表的 Region 被打开后，该配置下被定义的协处理器会被加载，但用户不能具体指定哪张表或是哪个 Region 加载这个类，默认会被所有表和所有 Region 加载。另外，还可以配置 hbase.coprocessor.master.classes、hbase.coprocessor.wal.classes，配置的顺序决定了协处理器加载的顺序。

- 从表描述符中加载：如果想指定协处理器被某张表加载，需要用表描述符来完成，它用 HTableDescriptor 实例方法 setValue(key, value)来进行设置，其中 key 必须以 COPROCESSOR 开头，value 的格式为<path-to-jar>|<classname>|<priority>。代码如下：

```
HTableDescriptor tableDescriptor = new HTableDescriptor(TableName.valueOf("test"));
tableDescriptor.setValue("COPROCESSOR$1",
        "hdfs://master:8020/user/hadoop/myobserver.jar|com.hbase.MyCoprocessor|SYSTEM");
```

它表示对 test 表使用系统级别的协处理器，协处理器类为 hdfs 上的 jar 文件的 com.hbase.MyCoprocessor 类。

8.8　小结

与 RDBMS 相比，NoSQL 更加偏向于进行取舍，从而解决某一类问题。HBase 保留了一致性，舍弃了可用性，擅长基于行键的随机读写。HBase 的行键对于 HBase 的查询非常重要，直接影响了 HBase 的查询模式，这源于它的架构。另外，HBase 的高级功能——过滤器、计数器和协处理器，也需要熟练掌握。

第 9 章

Hadoop 性能调优和运维

压倒她的不是重，而是不能承受的生命之轻。

——米兰·昆德拉《不能承受的生命之轻》

在经过了前几章的学习，我们对 Hadoop 已经有了系统的认识，本章将会介绍 Hadoop 性能调优和运维，性能调优之与 Hadoop 来说无异于打通“任督二脉”，对于 Hadoop 的计算能力会有质的提升，而运维之于 Hadoop 来说，就好像“金钟罩，铁布衫”一般，有了稳定的运维，Hadoop 才能在海量数据中大展拳脚，两者相辅相成，缺一不可。

9.1 Hadoop 客户端

在开始介绍性能调优和运维之前，我们先来回顾一下 Hadoop 的架构，Hadoop 是主从（master/slave）架构，具体存储和计算都由从节点负责，主节点负责调度、元数据存储、资源管理等。我们不禁会问，应该在哪个节点提交计算任务、上传文件呢？在前面的章节中，我们将提交计算任务的工作都放在了主节点来完成，这当然是可行的，事实上在集群中任意一个节点都可以被用来提交任务，但是这样做，会使得运维难度增大，使得集群不再“纯净”，所以不推荐这样做。

我们很自然地希望将这些提交任务的工作交由一个节点来完成，但又希望这个节点在集群之外，事实上，这样的节点是存在的，我们称之为 Hadoop 客户端。Hadoop 客户端可以被认为是独立于集群之外，或是集群内特殊的一个节点，它不参与计算和存储，可以用来提交任务。

该节点的部署方式非常简单，将集群内任意一台机器的安装文件，不做任何修改，发送到被用来做 Hadoop 客户端的节点的相同目录下即部署完成。这么一来，在 Hadoop 客户端就可以直接执行 hadoop 的所有命令，如 hadoop jar、hadoop dfs 等，甚至直接可以在 Hadoop 客户端执行 start-all.sh 和 stop-all.sh 脚本。由于在集群的配置文件 slaves 中并没有配置 Hadoop 客户端的 IP 地址，所以 Hadoop 不会在 Hadoop 客户端启动 DataNode、NodeManager 进程。

当这个节点部署好之后，Hadoop 客户端就接管了集群中所有与计算存储无关的任务，例如向 HDFS 中上传下载文件、提交计算任务等。那么自然而然地，Hive、Sqoop 的安装位置也应该是 Hadoop 客户端。本质上，Hive 和 Sqoop 对于 Hadoop 来说都是一个客户端，通过提交任务和集群进行交互。那么一个规范的集群，用户应该通过访问 Hadoop 客户端来和 Hadoop 集群进行交互，如图 9-1 所示。

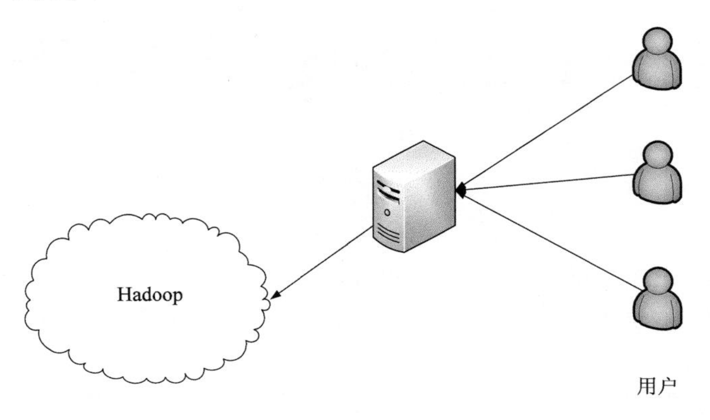

图 9-1 通过客户端和 Hadoop 进行交互

9.2 Hadoop 性能调优

对于 Hadoop 来说，初始配置和调优后的配置，两者性能之间的差距非常明显，为了加深印象，读者不妨先运行一个 10 GB 大小的 Word Count 作业，或是对一个 Hive 大表执行一条 HiveQL，记下运行时间，然后和调优过后的时间进行比较。

Hadoop 性能调优需要全方面地进行考虑，本身 Hadoop 就不是独立存在的，它和 Java 虚拟机（JVM）、操作系统甚至硬件都有很紧密的联系，如图 9-2 所示。

Hadoop
Java 虚拟机
操作系统
硬件

图 9-2 Hadoop 运行环境

接下的调优工作就围绕这 4 个方面展开。

9.2.1 选择合适的硬件

Hadoop 的优点之一是能在普通硬件上良好地运行，所以不需要购买昂贵的硬件，但是仍然需要考虑实际工作中的硬件负荷，例如 CPU、内存和磁盘。Hadoop 是主从架构，这意味着在硬件选择上分为不同的两类，主节点负责整个集群的运行，甚至有出现单点故障的可能，所以主节点从可用性方面要好于从节点。

对于主节点，也就是运行着 NameNode、ResourceManager 的节点，可靠性至关重要，这些关键进程一旦失效，意味着整个集群宕机。所以对于主节点，我们可以部署一些保证高可用的技术。如果集群规模不大，可以参考的硬件配置如下：

CPU	双路四核 2.6 GHz
内存	64 GB DDR3
磁盘控制器	SAS 控制器
磁盘	1 TB × 4

对于 NameNode 来说，在内存方面还需要特别考虑，每当 HDFS 启动时，NameNode 会将元数据加载进内存。所以 HDFS 所能存储的文件总数受限于 NameNode 的内存容量。一般来说，如果每个文件占一个块，那么 100 万个文件大概需要 300 MB 内存。我们可以根据这个数字来计算 NameNode 的内存大小。而 SecondaryNameNode 的硬件配置原则上应和 NameNode 相同，当 NameNode 宕机时，有可能会让 SecondaryNameNode 作为替代马上补上。

ResourceManager 的内存需求也很高，与 NameNode 不同的是，ResourceManager 对内存的需求和 HDFS 的文件数无关，而是和需要处理的作业有关。ResourceManager 保存了最近 100 个（默认配置）运行在集群上的作业的元数据信息，这些信息随着作业的完成度增长而增长，这些信息都被存放在 ResourceManager 的内存中，所以在考虑 ResourceManager 的内存时，需要考虑集群的使用场景。

Hadoop 中的从节点，负责计算和存储，所以需要保证 CPU 和内存能够满足计算需求，而磁盘能够满足存储需求。对 YARN 来说，它要运行各种各样的计算任务，当然希望有足够的计算资源。一般来说，内存和虚拟 CPU 要满足一个线性比例，这样在分配的时候才不容易造成浪费。虚拟 CPU 的个数计算公式为“CPU 数×单个 CPU 核数×单个 CPU 核的超线程数”，例如，一个双路的六核 CPU，具有 HT（超线程）技术，那么它的虚拟 CPU 个数为 2×6×2=24，那么按照每个虚拟 CPU 分配 4 GB～8 GB 的原则，服务内存应至少为 96 GB～192 GB，此外还需要操作系统及其他服务预留资源。

基于此，我们需要考虑每天集群处理的数据量才能对从节点进行规划，并且考虑到每天的作业并不是均匀分布，可能会出现数据大量倾斜到某个时间段，还需要额外规划一些计算资源。

在规划存储能力时，首要考虑因素是块的副本数，如果副本数为 3，那么平均下来 1 TB 的文件在集群中实际需要 3 TB，平摊到集群中的每个节点，就是每个节点所需要的最小容量，当然这个容量是完全不够的，我们还至少需要为临时数据保留 20%～30%的磁盘空间。

在考虑这些之后，还需要考虑在作业运行时，产生的大量中间结果所带来的磁盘和网络开销，对 Hadoop 作业来说，并不是计算密集型而是数据密集型，也就是说瓶颈往往在于 I/O 上而不是计算能力上，但一台 1 GB 交换机和 10 GB 交换机的价格相差 3 倍，所以在规划网络时，需要权衡。

下面是两个比较典型的从节点的配置，以供读者参考。

中档配置

CPU	2×6 Core 2.9 GHz/15 MB cache
内存	128 GB DDR3-1600 ECC

磁盘控制器	SAS 6 GB/s
磁盘	12×3 TB LFF SATA II 7200 RPM
交换机	2×千兆交换机
	高档配置
CPU	2×6 Core 2.9 GHz/15 MB cache
内存	256 GB DDR3-1600 ECC
磁盘控制器	2×SAS 6 GB/s
磁盘	24×1 TB SFF Nearline/MDL SAS 7200 RPM
交换机	万兆交换机

当确定好了各个节点的配置后，需要对整个集群的规模做一个整体的规划，最常见的是根据存储空间来考虑整个集群的大小，因为在得到存储能力的同时，也得到了计算资源。

9.2.2 操作系统调优

对于操作系统主要从以下几个方面进行调整。

1. 避免使用 swap 分区

swap 分区是指在系统的物理内存不够用的时候，把物理内存中的一部分空间释放出来，以供当前运行的程序使用。通过 vm.swappiness 参数进行控制，值域为 0～100，值越高说明操作系统内核更积极地将应用程序的数据交换到磁盘。将 Hadoop 守护进程的数据交换到磁盘的行为是危险的，有可能导致操作超时，所以将该值设为 0。

2. 调整内存分配策略

操作系统内核根据 vm.overcommit_memory 的值来决定分配策略，其值为 0、1 和 2。

- 0：表示内核将检查是否有足够的可用内存供应用进程使用；如果有足够的可用内存，内存申请允许；否则，内存申请失败，并把错误返回给应用进程。
- 1：表示内核允许分配所有的物理内存，而不管当前的内存状态如何。
- 2：表示内核允许分配超过所有物理内存和交换空间总和的内存，并且通过 vm.overcommit_ratio 的值设置超过的比率，50 表示超过物理内存 50%。

建议将其设置为 2，并且调整 vm.overcommit_ratio。

3. 修改 net.core.somaxconn 参数

net.core.somaxconn 是 Linux 中的一个内核参数，表示套接字（socket）监听的 backlog 上限。backlog 是套接字的监听队列，当一个请求尚未被处理或建立时，会进入 backlog。而套接字服务器可以一次性处理 backlog 中的所有请求，处理后的请求不再位于监听队列中。当服务器处理请求较慢，以至于监听队列被填满后，新来的请求会被拒绝。

在 core-default.xml 文件中，参数 ipc.server.listen.queue.size 控制了服务端套接字的监听队列长度，即 backlog 长度，默认值是 128。而 Linux 的参数 net.core.somaxconn 默认值同样为 128。当服务端繁忙时，如 NameNode 或 ResourceManager，128 是远远不够的，这样就需要增大

backlog，建议为大于等于 32 768，并且修改 Hadoop 的 ipc.server.listen.queue.size 的参数。

4. 增大同时打开文件描述符的上限

对于内核而言，所有打开的文件都通过文件描述符引用。文件描述符是一个非负整数。当打开一个现有文件或创建一个新文件时，内核向进程返回一个文件描述符。当读或写一个文件时，使用 open 或 creat 返回的文件描述符标识该文件，将其作为参数传递给 read 或 write。Hadoop 作业可能同时会打开多个文件，所以需要增大同时打开文件描述符的上限。

5. 选择合适的文件系统

Hadoop 主要运行在 Linux 上，常见的文件系统有 ext3、ext4、xfs 等，不同的文件系统，性能会有所不同。

当文件系统被格式化后，还需做一项优化工作：禁用文件的访问时间。对于普通的机器，这项功能可以让用户知道哪些文件近期查看或者修改，但是对于 HDFS 没有多大意义，因为 HDFS 目前并不支持修改操作，并且获取某个文件的某个块什么时候被访问过并没有意义。如果记录文件的访问时间的话，在每次读操作的时候，也会伴随一个写操作，这个开销是无谓的，所以在挂载数据分区时，需要禁用文件的访问时间。

6. 关闭 THP

Huge Pages 就是大小为 2 MB～1 GB 的内存页，而 THP（Transparent Huge Pages）是一个使管理 Huge Pages 自动化的抽象层，但是在运行 Hadoop 作业时，THP 会引起 CPU 占用率偏高，需要将其关闭。

9.2.3 JVM 调优

主要是调整 JVM FLAGS 和 JVM GC，调整后的执行效率大概有 4%的提升。

9.2.4 Hadoop 参数调优

Hadoop 级别的调优主要通过调整 Hadoop 参数来完成。本节主要针对 CDH5 版本的 Hadoop 进行调优，其他版本可能一些参数名有改变。

1. hdfs-site.xml

```
<property>
     <name>dfs.block.size</name>
    <value>134217728</value>
</property>
```

解释：该参数表示 Hadoop 的文件块大小，通常设为 128 MB 或者 256 MB。

```
<property>
     <name>dfs.namenode.handler.count</name>
     <value>40</value>
</property>
```

解释：该参数表示 NameNode 同时和 DataNode 通信的线程数，默认为 10，将其增大为 40。

```
<property>
 <name>dfs.datanode.max.xcievers</name>
  <value>65536</value>
</property>
```

解释：dfs.datanode.max.xcievers 对于 DataNode 来说就如同 Linux 上的文件句柄的限制，当 DataNode 上面的连接数超过配置中的设置时，DataNode 就会拒绝连接，修改设置为 65 536。

```
<property>
  <name>dfs.datanode.balance.bandwidthPerSe</name>
  <value>20485760</value>
</property>
```

解释：该参数表示执行 start-balancer.sh 的带宽，默认为 1 048 576（1 MB/s），将其增大到 20 MB/s。

```
<property>
  <name>dfs.replication</name>
  <value>3</value>
</property>
```

解释：该项参数表示控制 HDFS 文件的副本数，默认为 3，当许多任务同时读取一个文件时，读取可能会造成瓶颈，这时增大副本数可以有效缓解这种情况，但是也会造成大量的磁盘空间占用，这时可以只修改 Hadoop 客户端的配置，这样，从 Hadoop 客户端上传的文件的副本数将以 Hadoop 客户端的为准。

```
<property>
  <name>dfs.datanode.max.transfer.threads</name>
  <value>4096</value>
</property>
```

解释：该参数表示设置 DataNode 在进行文件传输时最大线程数，通常设置为 8192，如果集群中有某台 DataNode 主机的这个值比其他主机的大，那么出现的问题是，这台主机上存储的数据相对别的主机比较多，导致数据分布不均匀的问题，即使 balance 仍然会不均匀。

2. core-site.xml

```
<property>
  <name>io.file.buffer.size</name>
  <value>131072</value>
</property>
```

解释：Hadoop 的缓冲区大小用于 Hadoop 读 HDFS 的文件和写 HDFS 的文件，还有 map 的中间结果输出都用到了这个缓冲区容量，默认为 4 KB，增加为 128 KB。

3. yarn-site.xml

```
<property>
    <name>yarn.nodemanager.resource.memory-mb</name>
    <value>8192</value>
</property>
```

解释：该参数表示该物理节点有多少内存加入资源池，设定该值时，注意为操作系统和其他服务预留资源。

```
<property>
    <name>yarn.nodemanager.resource.cpu-vcores</name>
    <value>8</value>
  </property>
```

解释：该参数表示该物理节点有多少虚拟 CPU 加入资源池，设定该值时，注意为操作系统和其他服务预留资源。这里的虚拟 CPU 的概念和 9.2.1 节的虚拟 CPU 概念一致，该参数与上一个参数构成了容器资源的两个维度。

```
<property>
    <name>yarn.scheduler.increment-allocation-mb</name>
    <value>1024</value>
 </property>
```

解释：该参数表示内存申请大小的规整化单位，默认为 1 024 MB，即如果申请的内存为 1.5 GB，将被计算为 2 GB。

```
<property>
    <name>yarn.scheduler.increment-allocation-vcores</name>
    <value>1024</value>
 </property>
```

解释：该参数表示虚拟 CPU 申请的规整化单位，默认为 1 个。

```
<property>
    <name>yarn.scheduler.maximum-allocation-mb</name>
    <value>8192</value>
</property>
```

解释：该参数表示单个任务（容器）能够申请到的最大内存，根据容器内存总量进行设置，默认为 8 GB，如果设定为和参数 yarn.nodemanager.resource.memory-mb 一样，那么表示单个任务使用的内存资源不受限制。

```
<property>
    <name>yarn.scheduler.minimum-allocation-mb</name>
    <value>1024</value>
  </property>
```

解释：该参数表示单个任务（容器）能够申请到的最小内存资源，默认为 1 GB。

```
<property>
    <name>yarn.scheduler.maximum-allocation-vcores</name>
    <value>4</value>
  </property>
```

解释：该参数表示单个任务（容器）能够申请到的最大虚拟 CPU 数，根据容器虚拟 CPU 总数进行设置，默认为 4，如果设定为和参数 yarn.nodemanager.resource.cpu-vcores 一样，那么表示单个任务使用的 CPU 资源不受限制。

```
<property>
   <name>yarn.scheduler.minimum-allocation-vcores</name>
   <value>1</value>
</property>
```

解释：该参数表示单个任务（容器）能够申请到的最小 CPU 资源，默认为 1。

4. mapred-site.xml

```
<property>
  <name> mapreduce.map.output.compress</name>
  <value>true</value>
</property>
```

解释：该参数表示 Map 任务的中间结果是否进行压缩，当设为 true 时，会对中间结果进行压缩，这样会减少数据传输时带宽的需要，设为 true 后，还可以设置 mapred.map.output.compression.codec 进行压缩算法的选择，CDH5 已经内置 snappy 算法，还可以选择 LZO 等压缩算法，其中有些需要额外安装。

```
<property>
  <name> mapreduce.job.jvm.numtasks</name>
  <value>-1</value>
</property>
```

解释：该参数表示 JVM 重用设置（CDH3 中为 mapred.job.reuse.jvm.num.tasks），默认为 1，表示 1 个 JVM 只能启动一个任务，可以设置为-1，表示 1 个 JVM 可以启动的任务不受限制。

```
<property>
  <name> mapreduce.map.speculative</name>
  <value>true</value>
</property>

<property>
  <name> mapreduce.reduce.speculative</name>
  <value>true</value>
</property>
```

解释：以上两个参数是分别开启 Map 任务/Reduce 任务的推测机制，推测机制可以有效地防止因为瓶颈而导致拖累整个作业，但也要注意，推测执行会抢占系统资源，这两项设置默认为 true。

```
<property>
  <name>mapreduce.cluster.local.dir</name>
  <value>/data0/mapred,/data1/mapred,/data2/mapred,/data3/mapred</value>
</property>
```

解释：该参数表示 MapReduce 的中间结果的本地存储路径（CDH3 中为 mapred.local.dir），将该值设定为一系列多磁盘目录有助于提高 I/O 效率。

```
<property>
  <name>mapred.child.java.opts</name>
  <value></value>
</property>
```

解释：该参数表示执行 Map 任务和 Reduce 任务的 JVM 参数，该配置还可以配置 GC 等一些常见的 Java 选项，如-Xmx1024m -verbose:gc，但该参数粒度过粗，例如，Map 任务和 Reduce 任务的内存需求和堆大小一般是不同的，所以这些参数一般要单独设定。

```
<property>
  <name>mapreduce.map.java.opts</name>
  <value></value
</property>
```

解释：该参数表示执行 Map 任务的 JVM 参数，弥补 mapred.child.java.opts 参数粒度过粗的不足，例如，堆大小就可以在这里分别设置。

```
<property>
  <name>mapreduce.reduce.java.opts</name>
  <value></value>
</property>
```

解释：该参数为执行 Reduc 任务的 JVM 参数，弥补 mapred.child.java.opts 参数粒度过粗的不足，例如，堆大小就可以在这里分别设置。

```
<property>
  <name>mapreduce.map.memory.mb</name>
  <value>-1</value>
</property>
```

解释：该参数表示 Map 任务需要的内存大小。它可以从 mapreduce.map.java.opts 参数设定值继承，如果没有设定，该值根据容器内存设置。

```
<property>
  <name>mapreduce.map.cpu.vcores</name>
  <value>1</value>
</property>
```

解释：该参数表示 Map 任务需要的虚拟 CPU 数，默认为 1，根据容器虚拟 CPU 数设定，可以适当加大，并且该值与 mapreduce.map.memory.mb 要成线性比例才不至于浪费。

```
<property>
  <name>mapreduce.reduce.memory.mb</name>
  <value>-1</value>
</property>
```

解释：该配置为 Reduce 任务需要的内存大小，它可以从 mapreduce.map.java.opts 参数设定值继承，如果没有设定，该值根据容器内存设置。一般要大于 mapreduce.map.memory.mb。

```
<property>
  <name>mapreduce.reduce.cpu.vcores</name>
  <value>1</value>
</property>
```

解释：该配置为 Reduce 任务向调度器需要的虚拟 CPU 数，默认为 1，根据容器虚拟 CPU 数设定，可以适当加大，并且该值与 mapreduce.reduce.memory.mb 要成线性比例才不至于浪费。

一般要大于 mapreduce.map.cpu.vcores。

```
<property>
  <name>yarn.app.mapreduce.am.resource.cpu-vcores</name>
  <value>1</value>
</property>
```

解释：该参数为 MapReduce 作业的 ApplicationMaster（二级调度器）向 ResourceManager（一级调度器）申请的虚拟 CPU 个数，默认为 1，可以适当增大。

```
<property>
  <name>yarn.app.mapreduce.am.resource.mb</name>
  <value>1536</value>
</property>
```

解释：该参数为 MapReduce 作业的 ApplicationMaster（二级调度器）向 ResourceManager（一级调度器）申请的内存大小，默认为 1 536 MB，可以适当增大。

```
<property>
   <name>mapreduce.task.io.sort.mb</name>
   <value>100</value>
</property>
```

解释：该参数为 Map 任务的输出的环形缓冲区（CDH3 中为 io.sort.mb），默认为 100 MB，该值可以适当调大。

```
<property>
  <name>mapreduce.task.io.sort.factor</name>
  <value>10</value>
</property>
```

解释：该参数为（CDH3 中为 io.sort.factor）控制 Map 端和 Reduce 端的合并策略，表现为一次合并的文件数目，默认为 10，该值如果设得过大会使合并时内存消耗过大，该值如果设得太小会增加合并次数。

```
<property>
   <name>mapreduce.map.sort.spill.percent</name>
   <value>0.80</value>
</property>
```

解释：该参数为 Map 任务的输出的环形缓冲区的阈值（CDH3 中为 io.sort.spill.percent），一旦缓冲区的内容占缓冲区的比例超过该值，则将缓冲区内容刷写到 mapreduce.cluster.local.dir 所配置的目录，默认为 0.8，建议不低于 0.5。

```
<property>
   <name>mapreduce.reduce.shuffle.parallelcopies</name>
   <value>25</value>
</property>
```

解释：该参数为 Reduce 任务从 Map 任务复制输出的工作线程数（CDH3 中为 mapred.reduce.

parallel.copies），默认为 5，可以适当调高，不过该值并不是越大越好，如果设得过大，会使大量数据同时在网络传输，引起 I/O 压力，比较科学的设定方式为 4×lg*n*，其中 *n* 为集群容量大小。

```
<property>
    <name>mapreduce.reduce.shuffle.input.buffer.percent </name>
   <value>0.7</value>
</property>
```

解释：该参数为 shuffle 中的复制阶段耗费 Reduce 任务堆比例（CDH3 中 mapred.job.shuffle.input.buffer.percent），默认为 0.7，Reduce 任务的堆由前面的配置计算得出，可以根据具体情况进行增减。

```
<property>
    <name>mapreduce.reduce.shuffle.merge.percent</name>
    <value>0.66</value>
</property>
```

解释：当内存使用率超过该参数时（CDH3 中为 mapred.job.shuffle.merge.percent），将会触发一次合并操作，已将内存中的数据刷写到磁盘上，默认值为 0.66，可以根据具体情况进行增减。

```
<property>
  <name>mapreduce.job.reduce.slowstart.completedmaps</name>
  <value>0.05</value>
</property>
```

解释：该参数（CDH3 中为 mapred.reduce.slowstart.completed.maps）控制 Reduce 任务的启动时机，默认为 0.05，也就是说，当 Map 任务完成数目达到 5%时，启动 Reduce 任务，这是为较缓慢的网络传输设计的，可以适当调高，不过 Reduce 任务启动时间过早或者过晚都会增加作业完成时间。

如果不加设定，MapReduce 作业的 Reducer 个数默认为 1，我们可以根据需要在作业中进行设定。除了以上配置，我们还可以配置任务调度器、设置跳过坏记录来提高执行效率等。

Hadoop 的参数调优看似复杂，其实主要是遵循以下 3 条原则：

（1）增大作业的并行程度，如增大 Map 任务的数量；

（2）保证任务执行时有足够的资源；

（3）满足前两条原则的前提下，尽可能地为 Shuffle 阶段提供资源。

这 3 点不只对 Hadoop 适用，对很多分布式计算框架（如 Apache Spark）同样适用。

9.3 Hive 性能调优

在实际应用中，我们经常会选择 Hive 而不是直接开发 MapReduce 应用，所以 Hive 的使用频率非常高，有必要对其进行调优，调优的方法为修改配置、优化 HQL 等，Hive 的配置文件为$HIVE_HOME/conf/hive-site.xml 文件。

其实 Hive 已经做了很多原生优化工作，所以在执行效率和稳定性上面都很不错，但是仍有优化的空间，经过有针对性地调优后，有利于 Hive 高效运行。

9.3.1　JOIN 优化

在执行 JOIN 语句的时候，需要将大表放在右边以获得更好的性能，如果一个表小到能够全部加载到内存中，那么可以考虑执行 map 端 JOIN。

9.3.2　Reducer 的数量

Reducer 的数量会直接影响计算效率，可以将 Reducer 的最大值设定为 n×0.95，其中 n 为 NodeManager 的数量，通过设置 hive.exec.reducers.max 可以增大 Reducer 的数量。但是这样并不能直接增大 Hive 作业的 Reducer 的个数，Hive 作业的 Reducer 个数直接由以下两个参数配置决定。

（1）hive.exec.reducers.bytes.per.reducer（默认为 1 000 000 000 字节，即 1 GB）。

（2）hive.exec.reducers.max（默认为 999）。

计算 Reducer 的个数的公式为“Reducer 的个数=min（参数 2, 总输入数据量/参数 1）”，所以在如果输入数据在 5 GB 的情况下，Hive 会开启 5 个 Reducer，我们可以通过改变这两个参数，来达到控制 Reducer 个数的目的。

9.3.3　列裁剪

表 test 有 a、b、c、d、e 列，当开启了列裁剪后，执行如下 HQL 语句：

```
SELECT a,b FROM test WHERE a < 10;
```

Hive 将不会读取 c、d、e 列，减少读取开销。列裁剪的配置项为 hive.optimize.cp，此选项默认为 true，也就是默认开启列裁剪。

9.3.4　分区裁剪

在查询的过程中减少不必要的分区。例如，对于下列查询：

```
SELECT * FROM (SELECT c1, COUNT(1) FROM T GROUP BY c1) subq WHERE subq.prtn = 100;
SELECT * FROM T1 JOIN (SELECT * FROM T2) subq ON (T1.c1=subq.c2) WHERE subq.prtn = 100;
```

会在子查询中就考虑 subq.prtn = 100 条件，从而减少读入的分区数目。

此选项默认为真：hive.optimize.pruner=true。

9.3.5　GROUP BY 优化

并不是所有的聚合操作都需要在 Reduce 端完成，很多聚合操作都可以先在 Map 端进行部分聚合，最后在 Reduce 端得出最终结果。相关配置如下。

- hive.map.aggr=true。是否在 Map 端进行聚合，默认为 true。
- hive.groupby.mapaggr.checkinterval = 100000。在 Map 端进行聚合操作的条目数目。

执行如下 HQL：

```
SELECT a,AVG(price) FROM test GROUP BY a;
```

如果 a 字段存在数据倾斜，例如表 test 中有 100 万条记录 a 字段的值为 1，其余 20 万条记录 a 字段的值为 2，那么会产生两个 Reduce 任务，如图 9-3 所示。

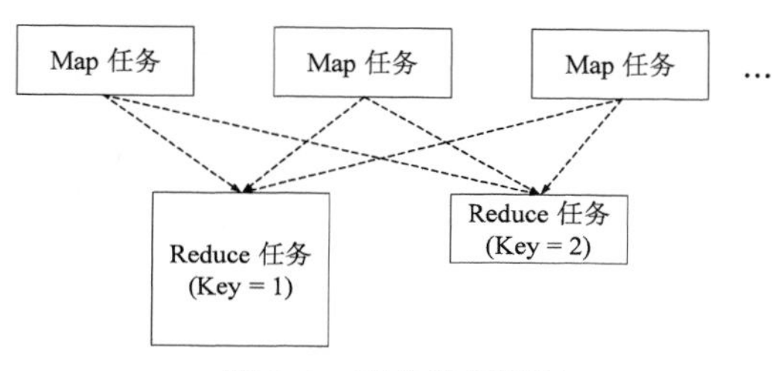

图 9-3 存在数据倾斜

整个作业的完成时间很大程度上决定于 Key = 1 的 Reduce 任务的完成时间。当设置配置 hive.groupby.skewindata = true 时，Hive 会产生两个作业，第一个作业将 Key 随机均匀分发，并在 Reduce 阶段做聚合操作，第二个作业再按照 Key 分发，保证同一个 Key 的数据进入同一个 Reduce 任务中，如图 9-4 所示。

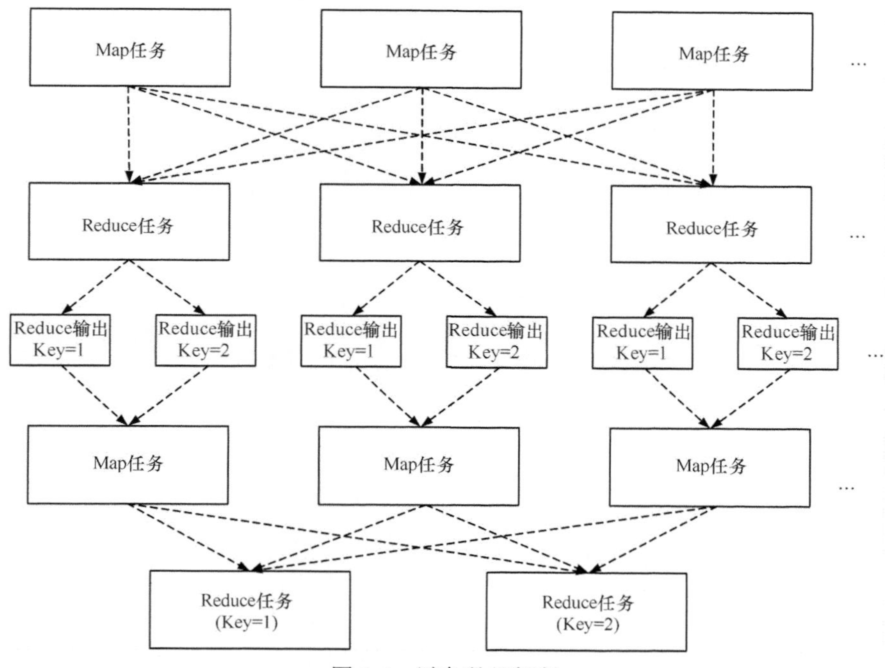

图 9-4 避免数据倾斜

其中第一个作业的 Reduce 输出的数据是经过聚合的，这样就大大减少第二个作业的输入，最后再在第二个作业的 Reduce 任务做一次聚合，得到最后结果，其思想和 combine 操作类似。

9.3.6 合并小文件

当文件数目过多时，会给 HDFS 带来压力，可以通过合并 Map 和 Reduce 的输出文件来减少文件数。相关配置如下。

- hive.merge.mapfiles = true。是否合并 Map 阶段的输出文件，默认为 true。
- hive.merge.mapredfiles = true。是否合并 Reduce 阶段的输出文件，默认为 false。

- hive.merge.size.per.task= 256000000。合并的文件的大小，默认为 256 000 000。

9.3.7　MULTI-GROUP BY 和 MULTI-INSERT

Hive 的 MULTI-GROUP BY 和 MULTI-INSERT BY 特有的语法可以在同一个查询语句中使用多个不相交的 INSERT 语句，这样比分开使用多个 INSERT 语句效率高，因为只需要扫面一遍全表。如下：

```
FROM test
INSERT OVERWRITE TABLE test_by_a
SELECT a,COUNT(e) GROUP BY a
INSERT OVERWRITE TABLE test_by_b
SELECT b,COUNT(f) GROUP BY b
INSERT OVERWRITE TABLE test_by_c
SELECT c,COUNT(g) GROUP BY c
```

使用这种特性需要将 FROM 子句置于最前面。

9.3.8　利用 UNION ALL 特性

可以利用 UNION ALL 特性将多个 MapReduce 作业合并，如下：

```
SELECT * FROM  (SELECT * FROM t1 GROUP BY c1,c2,c3
UNION ALL
SELECT * FROM t2 GROUP BY c1,c2,c3) t3
GROUP BY c1,c2,c3;
```

该句 HQL 包含了 3 个 MapReduce 作业，而转化为如下 HQL：

```
SELECT * FROM
(SELECT * FROM t1
UNION ALL
SELECT * FROM t2) t3
GROUP BY c1,c2,c3;
```

该句 HQL 只转化为一个 MapReduce 作业。

9.3.9　并行执行

一个 HQL 会被 Hive 拆分为多个作业，这些作业有时相互之间会有依赖，有时则相互独立，如表 1 和表 2 JOIN 的结果与表 3 和表 4 JOIN 的结果再 JOIN，那么表 1 和表 2 JOIN 与表 3 和表 4 JOIN 这两个作业则互相独立，而最后一次 JOIN 的作业则依赖于前两个作业。从逻辑上看，第一个作业和第二个作业可以同时进行。但是 Hive 默认是不考虑并行性，依次执行作业。我们可以通过设置参数 hive.exec.parallel 为 true，开启 Hive 并行执行模式。

9.3.10　全排序

当执行 ORDER BY 操作时，所有的数据将会集中到 Reducer 里面做一次全排序，当执行 SORT BY 时，则是进行局部排序。在 4.8 节中，我们选择使用 TotalOrderPartitioner 将全排序变成局部排序，在 Hive 中，也可以选择这样做。

首先，指定使用的 Partitioner 和分发区间文件，如下。

```
set hive.mapred.partitioner=org.apache.hadoop.mapred.lib.TotalOrderPartitioner;
set total.order.partitioner.path=/tmp/range_key;
```

/tmp/range_key 文件是一个 SequenceFile 格式文件，它指定了数据的分发区间。生成分发文件的区间可以通过分桶抽样的形式生成，如下：

```
CREATE EXTERNAL TABLE range_keys(id int) ROW FORMAT SERDE  'org.apache.hadoop.hive.
serde2.binarysortable.BinarySortableSerDe' STORED AS  INPUTFORMAT 'org.apache.hadoop.
mapred.TextInputFormat' OUTPUTFORMAT  'org.apache.hadoop.hive.ql.io.HiveNullValue
SequenceFileOutputFormat' LOCATION '/tmp/range_key';
INSERT OVERWRITE TABLE range_keys SELECT DISTINCT id FROM source t_sale SAMPLETABLE
(BUCKET 100 OUT OF 100 ON rand()) s SORT BY id
```

9.3.11 Top N

在实际情况中，经常会有求 Top N 的需求，如果使用 ORDER BY…LIMIT N 的话，该 HQL 只会生成一个作业，所有的数据将会集中到一个 Reducer 中进行全排序，这样效率会非常低。

如果使用 SORT BY…LIMIT N 的方式，Hive 会生成两个作业，在第一个作业中，按照 SORT BY 的排序方式，Hive 会生成多个 Reducer 进行局部排序，并求 Top N，假设 Reducer 的个数为 N，那么在第二个作业的 Reducer 中，将接收到 M*N 条数据并进行排序再取 Top N。

9.4 HBase 调优

HBase 在使用过程中也需要调优，才能保证在极大数据量下满足业务的需求。但 HBase 调优其实比 Hadoop 要复杂和灵活一些，因为面对的情况不一样，如高并发读、高并发写、高并发读写混合，要求低延迟，等等，所以经常会用对某几个参数反复调试才能达到最佳效果。HBase 调优覆盖面是全方位的，有表设计上的，有运维上的，有硬件还有配置参数上的。

9.4.1 通用调优

HBase 是面向业务的，业务场景不同，调优的方向也完全不同。例如，有些场景是读多写少，有些是写少读多，有些是读写各半。HBase 有些通用调优点几乎适用于所有场景，能让 HBase 的性能获得整体提升，下面详细介绍。

- 增大 Zookeeper 连接数：Zookeeper 的最大连接数会影响 HBase 的并发性能，最大连接数可以通过 Zookeeper 的 maxClientCnxns 参数进行配置，在配置时注意考虑硬件的性能。
- 适当的 region 大小：region 越大越少，性能越好。小 region 对 split 和 compact 友好，会频繁 split，引起 IO 波动，如果太大的话，则 compact 和 split 会比较缓慢，但是可以考虑在晚上手动进行（但是 companct 是无法避免的，而 region split 则可以手动运行，并且强烈推荐手动 split，因为手动 split 对运维难度不大，带来的性能提升却是很明显的）。另外，可以通过预分 region 来减少 split。一般设置为 1 GB。该配置为 hbase.hregion.max.filesize。

- Region 处理器的数量：该配置定义了每个 RegionServer 上的 RPC 处理器（handler）的数量。Region Server 通过 RPC 处理器接收外部请求并加以处理。所以增加 RPC 处理器的数量可以一定程度上提高 HBase 接收请求的能力，也就是 RegionServer 接受请求的能力。这个参数与内存息息相关，这是由于服务器所消耗的内存为 hbase.client.write.buffer（客户端缓存）× hbase.regionserver.handler.count。也就是说，如果客户端缓存一定的情况下，region 处理器的数量越多，内存消耗越多，这时如果 MemStore 过小会很快被消耗完；如果所消耗内存一定，那么客户端缓存越大，region 处理器的数量要设定为越少（这适用于单次插入数据较大的情况）。
- 开启压缩：在意性能的用户最好都开启压缩选项，相对于 HBase 默认的压缩格式 Gzip，LZO 性能较高，Gzip 压缩比较高。Gizp 适合在乎存储空间的用户，相比之下 Snappy 性价比最高。
- BulkLoad：对于需要批量加载数据的情况，尽量选用 BulkLoad，BulkLoud 是目前已知最快的数据加载方式。
- RegionServer 内存：推荐 32 GB，再大的话，对性能影响不大。
- 考虑 SSD 硬盘：当对性能要求比较严苛时，可以采取 SSD，这样性能可以得到显著提升，HBase 的瓶颈一般在磁盘和网络。
- 手动进行 major 合并：minor 合并不会删除有墓碑标记的数据和过期的数据，major 合并会删除需删除的数据，major 合并之后，一个 Store 只有一个 StoreFile 文件，会对 Store 的所有数据进行重写，有较大的性能消耗，如果当时正在高并发读写，会对 I/O 性能造成一个较大的波动。手动进行 major 合并对运维难度不太大，但对性能方面的帮助却不小。另外，配置 hbase.hstore.compactionThreshold 表示 HStore 的 StoreFile 数量大于该配置的值，则可能会进行合并，默认值为 3，可以调大，如设置为 6，再定期 major 合并进行剩下文件的合并。

9.4.2 客户端调优

因为 HBase 的读写请求都是由客户端发起的，所以根据不同的业务改变客户端的查询和写入方式，也能使 HBase 的性能有所提升，并且客户端的参数的作用域都是会话范围，非常灵活。

- 客户端写入缓冲区：该配置可以根据写需求适当调大。该配置为 hbase.client.write. buffer。
- 禁止自动刷新：用 HTable 的 setAutoFlush 方法设为 false，可以支持客户端批量更新。也就是说，当写数据填满客户端缓存时，才发送到服务端。默认是 true。
- 设置客户端高速缓存：该配置为 hbase.client.scanner.caching。该配置项可以表示一次从服务端抓取的数据条数，默认情况下一次一条。通过将其设置成一个合理的值，可以减少扫描过程中 next()的时间开销，代价是扫描器（scanner）需要通过客户端的内存来维持这些被缓存的记录。

- 扫描时尽量指定列和列族：如果业务允许，一定要在扫描时指定列和列族，减少网络传输量，否则是默认该行所有列族一起返回。
- 并行插入框架：如果需要大量插入数据，可以考虑实现一个并行插入框架，每个线程只负责行键的一部分。

9.4.3 写调优

在进行写优化和读优化之前，用户要很清楚自己的应用场景，是并发读还是并发写，还是并发读写，甚至对读写的比例也要非常清楚才行。目前假设应用场景一半读一半写。

- RegionServer 中所有 MemStore 的最大大小：阻止新更新和强迫刷新前，RegionServer 中所有 MemStore 的最大大小。该配置为 hbase.regionserver.global.memstore. upperLimit，该参数对写性能影响至关重大，可以大致认为是写缓存占总共内存的比例，该配置和读缓存的配置值相加不能超过 0.8，考虑到应用场景读写各半，这里设置为 0.4。
- MemStore 刷新的低水位线：该配置为 hbase.regionserver.global.memstore.lowerLimit。当 MemStore 被迫刷新以节省内存时，请一直刷新直到达到此比例，由于 MemStore 限制阻止更新时，可能会最低限度地进行刷新。
- MemStore 大小：该配置为 hbase.hregion.memstore.flush.size。该配置直接影响到了写缓存的大小，写缓存如果太小，会频繁刷写磁盘，如果写缓存太大，刷写磁盘时会引起 I/O 波动。
- HBase MemStore 块乘法器：该配置为 hbase.hregion.memstore.block.multiplier。它意味着，如果 MemStore 的内存大小超过了 hbase.hregion.memstore.block.multiplier × hbase.hregion.memstore.flush.size，则会阻塞写操作，刷写磁盘直到降至该值之下。如果不想发生阻塞，可以调大该值，但亦不可太大，否则会导致 MemStore 的内存超过 hbase.regionserver.global.memstore.upperLimit 值。这样会导致阻塞 RegionServer 写入，如果 region 发生阻塞，会导致大量线程被阻塞到该 region 上，其余 region 拿不线程资源，影响整体 RegionServer 的服务能力。
- 指定线程检查 MemStore 的频率：该配置为 hbase.server.thread.wakefrequency，表示线程去检查 MemStore 的时间间隔，单位为毫秒（ms），可以根据 CPU 资源和写入速率来指定。
- 视情况关闭预写日志（WAL）：该配置关闭确实会提高写性能，但是会降低数据可靠性，在采用之前需要慎重评估。

9.4.4 读调优

总体说来，HBase 基于行的读性能要优于写性能。这也使得 HBase 在以读为主的场景中应用很广泛，但是 HBase 的读性能还有很多提升的空间，如改变缓存比例、读取方式等。

- 块缓存比例：该参数可以认为是读缓存大小，对读性能影响很大。该项与 hbase. regionserver.global.memstore.upperLimit 配置项相加不能大于 0.8。
- 启用布隆过滤器：开启后可以提高随机读性能，利用空间换时间，如果定期修改所有行，不适合用布隆过滤器。但是，如果用户批量更新数据，使得一行数据每次只被写入少数几个存储文件中，那么过滤器就能够为减少整个系统 I/O 操作的数量发挥很大作用。

- 批量读：HBase API 允许将多个 Get 请求一次性提交，可以理解为批量执行读操作。它可以显著减少网络传输次数，对于数据实时性要求高的场景下，可显著减少网络往返时延。
- 多表并发读，多线程并发读：在某些情况下，可以采取多张表并发读，多个线程同时读一张表。
- 缓存查询结果：对于频繁查询的应用场景，可以考虑在应用程序中做缓存，当有新的查询请求时，首先在缓存中查找，如果存在则直接返回，否则对 HBase 发起读请求查询，然后在应用程序中将查询结果缓存起来。至于缓存的替换策略，可以考虑 LRU（Least Recently Used，近期最少使用）等常用策略。
- hfile.index.block.max.size 和 hfile.data.block.size：从第 8 章我们知道，hfile.index.block.max.size 是 HFile 的索引块大小，hfile.data.block.size 是 HFile 的数据块大小。如果索引块太小，那么索引的层级会变深，会增加扫描时间；如果索引块太大，对索引块本身的扫描时间也会增加。如果数据块太小，也会使索引块增加；如果数据块太大，会占用块缓存的时间。

9.4.5 表设计调优

HBase 的表设计对性能至关重要，并且它也会影响 HBase 的表查询模式。在表设计之前，需要充分了解业务，了解查询方式和数据量，这样在设计时才更有针对性。

- 行键设计：行键设计对 HBase 来说非常重要，它的设计直接影响了查询模式、查询性能和数据分布。举一个简单的例子，如果我们想查询当天收集的日志，那么用日期开头作为行键无疑是很好的选择，我们可以用时间范围来进行筛选，但是，如果某些天的日志太多的话，会导致某个 Region 太大，无法均匀分布。如果我们将行键的 MD5 值作为新的行键，那么数据确实会均匀分布，但我们就无法按照时间范围来扫描数据，所以行键的设计和查询模式、查询性能紧密相关，是 HBase 表设计中最重要的工作。
- 不要在一张表里定义太多的列族：我们从第 8 章可知，一个列族对应一个 RegionServer 上的 Store，Store 里会有一个 MemStore，如果列族太多，会大量消耗内存，并引起频繁的 I/O。事实上，一般我们建议一个表就定义一个列族。另外，列族名可以尽量简短。
- 列族 MAX_VERSIONS 和列族 MAX_LENGTH：前者确定保存一个单元格的最大历史版本数，后者一个单元格可以存入多少字节。对于某些情况，可以降低这些值。
- 在创建表时，可以进行预分区：这样可以避免表频繁进行 split，数据自然在集群分散分布。

9.5 Hadoop 运维

为了使 Hadoop 集群保持健康的状态，集群需要进行日常的运维，本节将从集群扩容和异常处理等方面介绍如何运维 Hadoop 集群。

9.5.1 集群节点动态扩容和卸载

当集群的存储能力或者计算能力出现瓶颈时，一般会采取对集群扩容的方法解决。Hadoop 支持集群的动态扩容，即不用重启主节点的进程就可将节点添加至集群中。当某些节点需要被移出集群，Hadoop 同样也支持动态地卸载节点。

1. 增加 DataNode

如果没有配置 dfs.hosts（保存允许连接 NameNode 的 host 的列表的文件的路径）的话，意味着所有节点都可以连接 NameNode，增加 DataNode 则变得非常容易，只需要修改节点上的$HADOOP_HOME/conf/slaves 文件，在文件末尾追加本机的主机名即可，接着在被添加节点上执行命令：

```
./hadoop-daemon.sh start datanode
```

这样节点就被动态地添加到了 HDFS 集群中，读者可以通过 50070 端口进行查看。

当配置了 dfs.hosts 的选项后，情况有所不同。在启动 DataNode 之前还需将被添加的节点的 IP 地址添加到 dfs.hosts 参数指定的文件的末尾，接着再执行命令：

```
hadoop dfsadmin -refreshNodes
```

执行完成后，启动 DataNode 即可。

在节点被添加到集群后，还需要执行一次 start-balancer.sh 脚本才能使被添加的节点进入最佳工作状态。最后，再将各个节点的配置文件统一即可，以便下次重启集群时，会将增加的节点一并启动。

2. 卸载 DataNode

和增加 DataNode 节点相比，卸载 DataNode 的问题要复杂得多。虽然可以采取直接 stop datanode 的命令来停止 DataNode 进程从而达到卸载节点的目的，但是这样无法使卸载节点保存的数据移动到集群的其他节点，这样集群的副本数就不能维持所配置的水平，甚至可能出现数据丢失的情况。

Hadoop 提供了一种安全卸载 DataNode 的方式，使用这种方法，可以保证数据的完整性，但是必须依赖 dfs.hosts 和 dfs.hosts.exclude（保存禁止连接 NameNode 的 host 的列表的文件的路径）的参数所表示的文件。首先将被卸载的节点的 IP 地址添加到 dfs.hosts.exclude 参数指定的文件的末尾，并执行命令：

```
hadoop dfsadmin -refreshNodes
```

此时，卸载工作将开始运行，可以通过 50070 的 Web UI 进行查看。此过程将涉及大量的数据传输，将耗费很多时间。当卸载工作完成，Web UI 将会显示已完成卸载。卸载完成后，就可以停止 DataNode 进程，并修改 dfs.hosts 和 dfs.hosts.exclude 的参数所表示的文件，将该节点的地址去掉，最后再次执行命令：

```
hadoop dfsadmin -refreshNodes
```

3. 增加 NodeManager

增加 NodeManager 的操作十分简单，仅仅在添加完 DataNode 的操作后，直接启动 NodeManager 即可。

4. 卸载 NodeManager

Hadoop 并没有一种安全的方法卸载 NodeManager，直接执行命令停止 NodeManager 进程即可，当被卸载的 NodeManager 有正在运行的任务时，只能依赖计算框架本身提供的容错性保证任务执行。

9.5.2　利用 SecondaryNameNode 恢复 NameNode

在 CDH5 中，NameNode 如果没有进行热备则存在单点故障，一旦 NameNode 出现问题，最快的方法就是利用 SecondaryNameNode 恢复 NameNode，这也是 SecondaryNameNode 的设计初衷。下面将介绍恢复方法。

这里介绍的恢复方法其前提为，作为新的 NameNode 的机器的 IP、主机名、Hadoop 参数配置、目录结构和被替换的 NameNode 保持一致。恢复方法如下。

（1）确保新 NameNode ${dfs.name.dir}目录存在，并移除其内容。

（2）把 SecondaryNameNode 节点中${fs.checkpoint.dir}的所有内容复制到新的 NameNode 节点的${fs.checkpoint.dir}目录中。

（3）在新 NameNode 上执行 命令：

```
hadoop namenode -importCheckpoint
```

这一步会从${fs.checkpoint.dir}中恢复${dfs.name.dir}，并启动 NameNode。

（4）检查文件块完整性，执行命令：

```
hadoop fsck /
```

（5）停止 NameNode。

（6）删除新 NameNode ${fs.checkpoint.dir}目录下的文件。

（7）正式启动 NameNode，恢复工作完成。

9.5.3　常见的运维技巧

Hadoop 是一个大型的分布式系统，在实际运行中不免会出现一些问题，这些都增加了 Hadoop 运维的难度。下面介绍一下常见的 Hadoop 运维技巧。

1. 查看日志

日志是 Hadoop 运维最重要的依据，无论遇到什么异常情况，通常首先做的就是查看日志。下面介绍日志的存放路径。

- NameNode 当天日志路径：$HADOOP_HOME/logs/hadoop-hadoop-namenode-master.log。
- ResourceManager 当天日志路径：$HADOOP_HOME/logs/hadoop-hadoop-resourcemanager-master.log。
- DataNode 当天日志路径：$HADOOP_HOME/logs/hadoop-hadoop-datanode-slave1.log。
- NodeManager 当天日志路径：$HADOOP_HOME/logs/hadoop-hadoop-nodemanager-slave1.log。

我们可以通过直接查看日志文件的方式查看日志，也可以通过 tail -f 的命令实时地查看更新的日志，在有些情况下，第二种方法显得非常有效。

2. 清理临时文件

很多时候，由于对集群的操作太频繁，或是日志输出不太合理时，日志文件或者是临时文件可能变得十分巨大，影响正常 HDFS 的存储，可以视情况定期清理。

- HDFS 的临时文件路径：/export/hadoop/tmp/mapred/staging。
- 本地临时文件路径：${mapred.local.dir}/mapred/userlogs。

3. 定期执行数据均衡脚本

导致 HDFS 数据不均衡的原因有很多种，如新增一个 DataNode、快速删除 HDFS 上的大量文件、计算任务分布不均匀等。数据不均衡会降低 MapReduce 计算本地化的可能，降低作业执行效率。当察觉到了数据不均衡的情况后，可以通过执行 Hadoop 自带的均衡器脚本来重新平衡整个集群，脚本的路径为$HADOOP_HOME/bin/start-balancer.sh。

需要注意的是，在执行脚本时，网络带宽会被大量地消耗，这时如果有作业正在运行，作业的执行将会变得非常缓慢。我们可以通过 dfs.balance.bandwidthPerSec 来设置传输速率。在均衡器执行的时候，可以随时中断，不会影响数据的完整性。

9.5.4 常见的异常处理

Hadoop 由众多模块组成，哪一个出错，都会导致 Hadoop 整个系统出现异常。下面介绍下常见的 Hadoop 异常处理。

（1）ERROR org.apache.hadoop.hdfs.server.datanode.DataNode: java.io.IOException: Incompatible namespaceIDs in /home/hadoop/tmp/dfs/data: namenode namespaceID = 39895076; datanode namespaceID = 1030326122

原因：NameNode 被重新格式化，DataNode 数据版本与 NameNode 不一致。

解决：（1）删除 DataNode 所有文件。

（2）修改 DataNode 的 dfs/data/current/VERSION 文件与 NameNode 相同。

（2）ERROR org.apache.hadoop.hdfs.server.datanode.DataNode: org.apache.hadoop. util.Disk Checker$DiskError

Exception: Invalid value for volsFailed : 3 , Volumes tolerated : 0

原因：磁盘损坏。

解决：更换硬盘。

（3）Hive 查询时的 FileNotFound Exception

原因：文件确实不存在，或者是权限问题导致数据没有正确地写入 Hive 的读取路径。

解决：设置 dfs.permissions = false 或设置 Hive 读取路径正确的可写权限。

（4）INFO org.apache.hadoop.hdfs.server.datanode.DataNode: writeBlock blk_ -8336485569098955809_ 2093928 received exception java.io.IOException: Permission denied

原因：之前用错误账户启动 Hadoop，导致 HDFS 存储所使用的本地目录被变更，导致目录不可写入，DataNode 无法启动。

解决：切换至高权限用户，变更为正确的权限，再重启 DataNode。

（5）FAILED: RuntimeException org.apache.hadoop.ipc.RemoteException (org.apache. hadoop. hdfs. server.namenode.SafeModeException): Cannot create directory/tmp/ hive-hadoop/hive_ 2014-02-12_

19-08-53_924_3815707560010618162-1. Name node is in safe mode.

原因：NameNode 处于安全模式。

解决：当 Hadoop 的 NameNode 节点启动时，会进入安全模式阶段。在此阶段，DataNode 会向 NameNode 上传它们数据块的列表，让 NameNode 得到块的位置信息，并对每个文件对应的数据块副本进行统计。当最小副本条件满足时，即一定比例的数据块都达到最小副本数，系统就会退出安全模式，而这需要一定的延迟时间。当最小副本条件未达到要求时，就会对副本数不足的数据块安排 DataNode 进行复制，直至达到最小副本数。而在安全模式下，系统会处于只读状态，NameNode 不会处理任何块的复制和删除命令。当处于安全模式时，无论是 Hive 作业还是普通的 MapReduce 作业均不能正常启动，使用命令退出安全模式：

```
hadoop dfsadmin -safemode leave
```

（6）java.lang.OutOfMemoryError: Java heap space

原因：内存溢出。

修改：可以通过增大内存和减少内存消耗两个方面进行调优。

（7）error: org.apache.hadoop.hdfs.server.namenode.LeaseExpiredException: No lease on /tmp/hive-hadoop /hive_2014-03-07_03-00-16_430_6468012546084389462/ _tmp.-ext-10001/_tmp.000053_1 File does not exist. Holder DFSClient_attempt_ 201403051238_0516_r_000053_1 does not have any open files.

原因：dfs.datanode.max.xcievers 参数到达上限。

解决：增大 hdfs-site.xml 的 dfs.datanode.max.xcievers 参数。

（8）Error: JAVA_HOME is not set.

原因：JAVA_HOME 环境变量缺失。

解决：在$HADOOP_HOME/conf/hadoop-env.sh 文件中设置。

（9）ERROR org.apache.hadoop.hdfs.server.datanode.DataNode: java.io.IOException: Call to ... failed on local exception: java.net.NoRouteToHostException: No route to host

原因：有可能是防火墙导致 DataNode 连接不上 NameNode，导致 DataNode 无法启动。

解决：关闭防火墙，执行命令：service iptables stop。

总的来说，Hadoop 的性能调优和运维是一个长期的工作，经验有时起了很大作用，所以读者在平时工作中注意积累，就会逐渐成长为一个有经验的 Hadoop 运维工程师。

9.6　小结

Hadoop 调优和运维是 Hadoop 日常工作中非常重要的一部分，调优是区分大数据工程师能力的重要标准，本章从 Hadoop 调优的四个维度进行了介绍，另外还介绍了 Hive 调优和 HBase 调优，但调优这个工作是无止境的，读者一定要在数据处理时多积累经验，多从原理出发，才能获得更好的调优效果。在随着 Hadoop 的日益流行，Hadoop 运维的重要性也逐渐凸显，运维工作同样多积累才能多收获。

应用篇：商业智能系统项目实战

当人们熟悉了工具的使用后，很自然地，人们将关心工具的应用。如果将基础篇算作 Hadoop 的理性认识，那么应用篇将给读者一个关于 Hadoop 的感性认识。在这一部分，将介绍一个基于 Hadoop 的商业智能系统的设计和实现，是对基础篇所介绍的技术的综合运用。通过这一部分的学习，读者将得到 Hadoop 工程师的项目经验。

第 10 章

在线图书销售商业智能系统

没有需要，就没有生产。

——马克思

在这一章，主要解决将要开发的商业智能系统“做什么”的问题。

10.1 项目背景

随着互联网的发展，网络购物随之进入寻常百姓家，目前我国电子商务 2014 年第二季度 B2C 市场交易规模已达 3 111.6 亿元，环比上涨近一倍，“双十一”“618”等大促更是屡屡刷新交易额记录。目前国内 B2C 市场的排名第一的依旧是天猫商城，占 50.1%；京东商城名列第二，占据 22.4%；位于第三位的是苏宁易购达到 4.9%，后续 4～10 位的排名依次为腾讯电商（3.1%）、亚马逊中国（2.7%）、1 号店（2.6%）、唯品会（2.3%）、当当网（1.4%）、国美在线（0.4%）、凡客诚品（0.2%）。

虽然目前国内 B2C 公司大多已经意识到电子商务的竞争已经由简单的价格竞争升级成以产品和服务为中心的竞争，并投放了大量的人力物力在产品研发上面，但是由于缺乏数据和分析的支持，这些努力尚不足以帮助 B2C 公司在与众多竞争者的竞争中生存。市场和决策者提出了越来越多的数据分析要求，急需通过准确的数据分析对日常运营以及未来的发展策略给予建议性指导，帮助 B2C 电商的运营从经验导向型转型为分析导向型。

而商业智能正可以解决这些 B2C 公司的燃眉之急，商业智能可以确保运营数据和历史信息能够成为企业可信赖的数据资产，能够为业务创新和企业变革提供支持，帮助业务和管理部门的各级人员随时高效地获得可转化为洞察力的信息。

正如前文所说，得益于大数据技术的发展，大数据时代的商业智能越来越受到决策者和数据分析师的青睐。本书的第二部分正是讨论如何设计和实现一个基于 Hadoop 的在线图书销售商业智能系统。

10.2 功能需求

为了读者了解该商业智能系统，这一部分将介绍该商业智能系统的功能需求。

1. 并行数据导入

在购书网站的业务数据里，订单数据库的数据大概在 1 TB 左右，需要将这些数据并行地导入 Hadoop 中，在系统上线之后，每天需要进行增量导入，每日增量数据大概在 20 GB 左右，为了效率，整个过程必须并行地执行。

2. 数据清洗

在数据导入后，需要对导入的数据进行数据清洗工作，使之变成“干净的、可用的”数据。由于数据分为结构化的业务数据和半结构化的点击流日志数据，所以清洗方式有所不同。

点击流日志主要来源于 Apache 服务器日志，如下：

```
120.196.145.58
[11/Dec/2013:10:00:32 +0800] "GET /__utm.gif?utmwv=5.4.6&utms=5&utmn=1287471078&utmhn=
bookbuy. com&utmcs=UTF-8&utmsr=1600x900&utmvp=1267x652&utmsc=32-bit&utmul=zh-tw&utmje=
1&utmfl=11.9%20r900&utmdt=%E8%88%AA%E7%8F%AD%E9%A2%84%E8%AE%A2%20-%20%E4%B8%AD%E5%9B%
BD%E4%B8%9C%E6%96%B9%E8%88%AA%E7%A9%BA%E5%85%AC%E5%8F%B8&utmhid=419460179&utmr=0&
utmp=%2Fflight%2Findex.html HTTP/1.1"
bookbuy.com:80
http://bookbuy.com/index.html
"Mozilla/5.0 (Windows NT 6.1; WOW64) AppleWebKit/537.36 (KHTML, like Gecko) Chrome/
31.0.1650.63 Safari/537.36"
```

点击流日志属于半结构化数据，其中包括远端主机、远端登录名、远程用户名、服务器接收时间、请求的第一行、最后请求的状态、以 CLF 格式显示的除 HTTP 头以外传送的字节数、上一个访问页面、用户浏览器信息、Cookie 的信息、接收的字节数、发送的字节数、访问主机地址、服务器处理本请求所用时间，而需要的数据信息有 IP 地址、用户唯一标识、点击的链接、用户的会话 ID、用户的会话的次数、用户上网的区域（大）、用户上网的区域（小）、浏览器类型、操作系统、用户上一次点击的链接、服务器端接收的时间、用户的登录账号、用户点击的页面在会话中的顺序。需要在点击流日志进行数据清洗的过程中，抛弃掉无用的信息，取得需要的信息，使半结构化的日志文件清洗过后变成结构化的文件。

购书订单数据库属于结构化数据，由于导入的方式不可避免地会出现重复数据，需要在数据清洗时进行数据去重。

3. 购书转化率分析

转化率是目标转化的比例，假设一个图书促销活动分为图书选择页面，支付页面和支付完成页面，在图书选择页面停留的用户有 100 人，支付页面有 80 人，支付完成有 60 人，那么每一步的转化率为 100%、80%、60%。转化率分析将基于清洗后的点击流日志的数据进行分析。购书转化率分析的结果能够反映产品的营销策略、用户体验等方面的不足。

4. 购书用户聚类分析

通过聚类分析，可以将潜在的相似的购书用户区分出来，从而进行有针对的营销活动。

5. 其他分析需求

例如支付统计、销售统计、用户行为统计等一些常规的统计数据需要定期进行分析。

6. 并行数据导出

在数据分析完成之后，需要将分析的结果数据导出到关系型数据库中，整个过程需要并行地执行。

7. 报表系统

所有的分析的结果最终都会被导入关系型数据库中，报表系统需要定时对数据库的数据进行简单的二次分析，如上卷、下钻等，定时生成日报、周报和月报。由于报表系统本质上所用的技术与 Hadoop 无关，所以本书不予介绍，但对于商业智能系统来说，报表是商业系统的最终产出物，是用来呈现给决策层的，所以必不可少。

整个系统的功能需求相对简单：数据导入——数据清洗——数据分析——数据导出——生成报表。

10.3 非功能需求

1. 性能需求

对 100 GB～1 TB 以上的数据进行简单的查询分析，例如 group by、count 等，能够在 2～10 分钟完成，对于复杂的作业（例如多表连接、MapReduce 作业）能够在 20 分钟～1 小时内完成。业务数据的增量导入和数据和数据清洗需要在 1 小时内完成。

2. 可靠性需求和可用性需求

对于可靠性需求，要求系统每月不能宕机超过一次。而可用性与可靠性密切相关，可用性需求为每次宕机时间不能超过两小时，并且一个月内系统内任何一台计算机系统不可用的时间不能超过总时间的 2%。

3. 容错性需求

系统要求能够在 3 个节点出现机器宕机、服务停止、硬件损坏等情况下不会出现数据丢失的情况，恢复时间依据具体情况，如果是宕机或是服务停止等问题，恢复时间在 10 分钟以内；如果是 NameNode 硬件损坏，恢复时间在 2 小时以内；如果其余节点硬件故障需要按具体情况解决。

4. 硬件需求

参见 9.2.1 节的硬件选型。目前业务数据库里的数据在 1 TB 左右，业务数据和点击流日志每天的增量数据大概在 20 GB 左右，要求系统能够在目前的数据增长速度下，在不增加节点的情况下至少使用一年。

5. 扩展性需求

要求能够通过动态地增加节点来提高系统的计算能力和存储能力。

10.4 小结

本章主要介绍了项目背景和需求说明。

第 11 章

系统结构设计

设计是一种永恒的挑战，它要在舒适和奢华之间、在实用与梦想之间取得平衡。

——DKNY 品牌创始人 Donna Karan

在第 10 章中，我们已经知道了系统要“做什么”，而这一章主要是解决系统要“如何做”的问题。

11.1 系统架构

该商业智能系统的架构如图 11-1 所示，从上至下分为数据源、数据导入层、数据获取层、数据管理层、数据服务层、数据应用层和数据访问层，数据从上到下地流动。

（1）数据源。该商业智能系统的数据源具有很明显的大数据的特征：全量而不是抽样，结构化与半结构化共存。我们将基于购书订单数据库全量的业务数据和点击流日志进行分析。订单数据库的业务数据是购书网站的操作数据库里的数据，也就是我们所说的结构化数据，而点击流日志则记录了用户在在线图书销售网站上的浏览行为和状态信息，如用户的浏览器版本、操作系统、点击的页面、时间戳、IP 地址等，属于半结构化的数据。

（2）数据导入层。数据导入层主要负责将业务数据库的数据定时导入 HDFS 中，并做简单的数据清洗，点击流日志则是由日志采集服务器定期上传到 HDFS 中。需要注意的是，系统首次导入的时候需要将业务数据一次性全量导入，以后则是定期增量导入。

（3）数据存储层。该商业智能系统的所有数据均保存在 HDFS 中。

（4）数据获取层。数据仓库是一个包含输入、处理、输出的系统，该层着眼于输入，在这一层需要将所有数据进行数据清洗，将脏数据、无用的数据、错误的数据去掉，得到干净的、可用的数据。

（5）数据管理层。整个商业智能系统的数据仓库的数据由 Hive 来管理，也就是说，无论是结构化数据还是半结构化数据，数据获取层都是以 Hive 表的形式输出到数据管理层。

（6）数据服务层。在这一层，根据分析的需求，基于数据仓库的数据定期进行各种分析和数据挖掘。

（7）数据应用层。数据服务层的结果数据必须导回到关系型数据库中，这是由于 Hive 执行的高延迟不适合用来生成报表，所以需要将数据服务层的结果导入报表系统的关系型数据库中再由报表系统进行简单的二次分析从而生成报表。

（8）数据访问层。用户通过浏览器查看生成的报表。

图 11-1 系统架构图

11.2 功能设计

在本节中，主要基于功能需求和系统架构图将功能分解为一个个相对独立的功能模块，如图 11-2 所示。

设计的原则如下。

（1）用户不直接和 Hadoop 进行交互，虽然整个商业智能系统是建立在 Hadoop 之上，但是用户在使用时不会直接和 Hadoop 进行交互，这样该系统的用户可以不需要学习 Hadoop 的使用。

（2）除了个别功能模块，用户不直接执行某个功能模块，而是统一通过调度模块来执行所有功能。

（3）在系统架构图的基础上，功能模块要相对独立，可以看到，在功能需求中的数据清洗需求被拆分为两个功能模块：点击流日志数据清洗模块和业务数据数据清洗模块，这是因为结构化数据（业务数据）和半结构化数据（点击流日志）的数据清洗方式迥异，为了保持模块的独立性，需分开为两个模块。

另外，由于报表系统模块所采用的无非是一些 C/S、B/S 的数据可视化技术，与本书主题无关，故不对其进行实现。

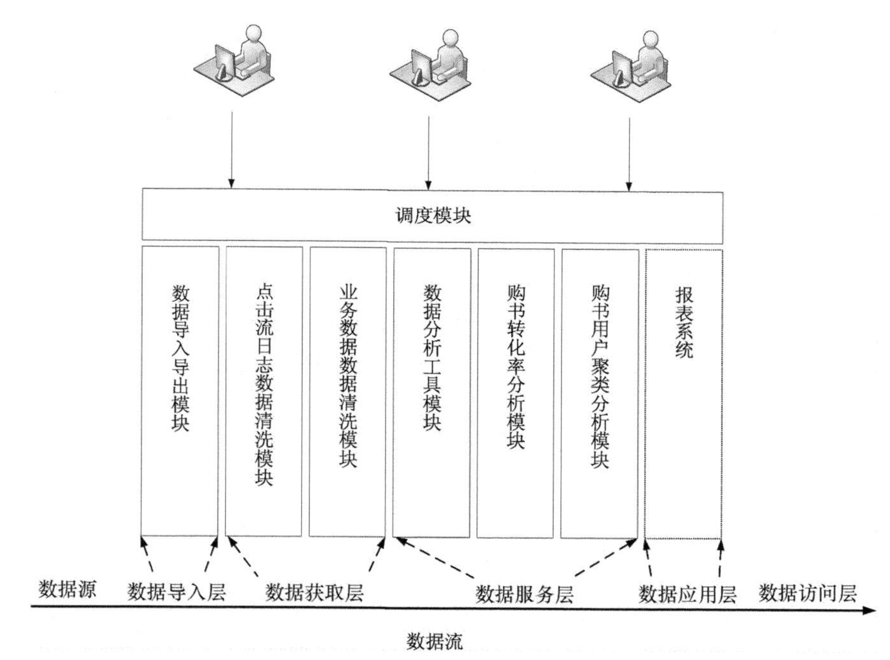

图 11-2　功能模块图

11.3　数据仓库结构

该商业智能系统基于一个在线图书销售系统，我们特定选取微软的 Duwamish 系统作为商业智能系统背后的业务系统。Duwamish 7.0 是一个专门为 Microsoft .NET 平台生成的多层分布式企业应用程序。Duwamish 7.0 的设计初衷是为开发人员提供了一个生动的例子，通过该示例，开发人员可以深入了解如何利用.NET 平台的各种功能来生成可靠的、可伸缩的和性能良好的应用程序。Duwamish 结构完整，业务简单，很多从事 ASP 开发的程序员都应该对其不陌生。

Duwamish 的订单数据库表结构如图 11-3 所示。

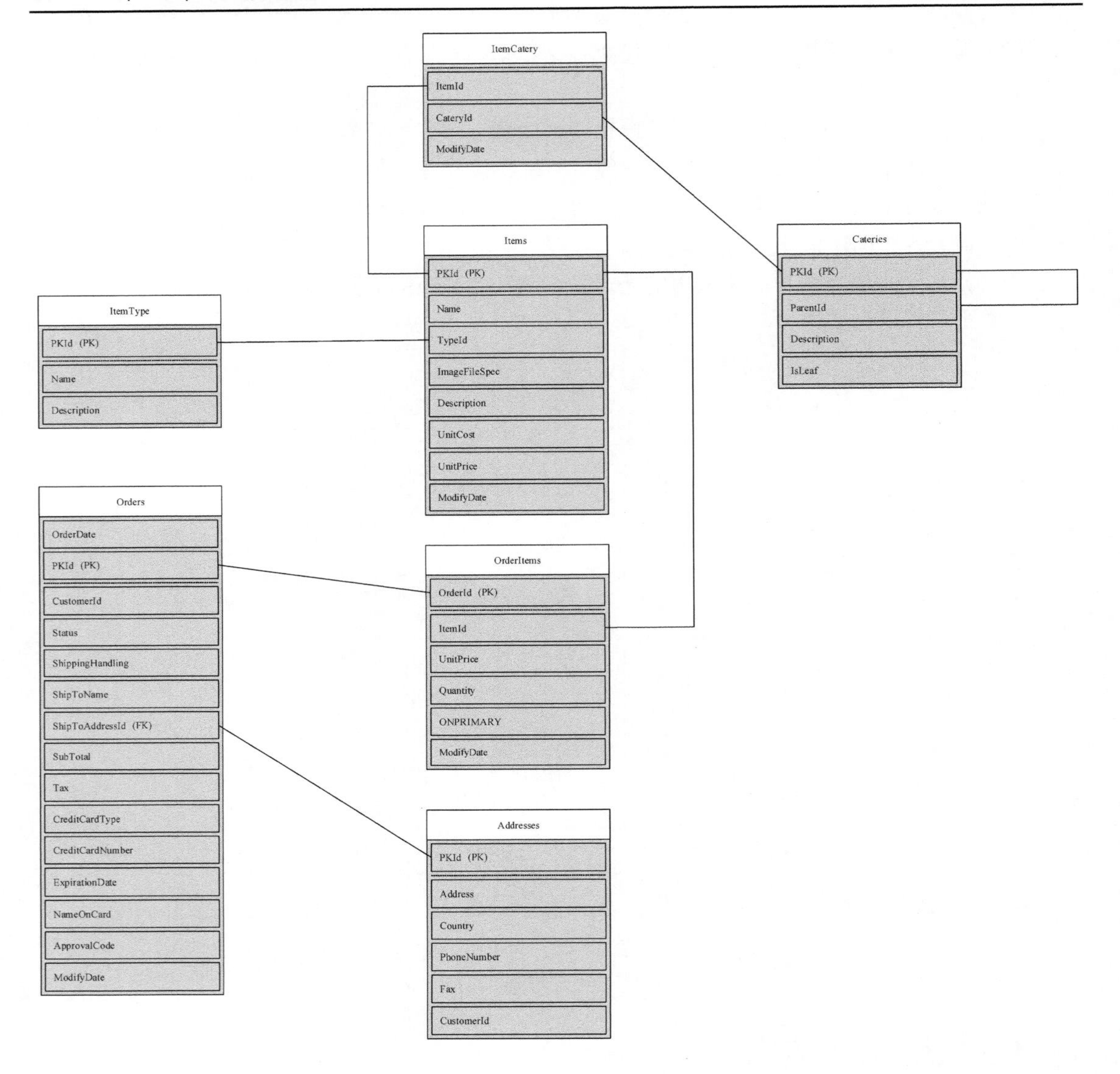

图 11-3　订单数据库

（1）Items 表：存储图书的详细信息。字段为：

```
PKId
Name
TypeId
ImageFileSpec
Description
UnitCost
UnitPrice
ModifyDate
```

（2）Orders 表：存储订单的信息。字段为：

```
PKId
CustomerId
Status
OrderDate
ShippingHandling
ShipToName
ShipToAddressId
SubTotal
Tax
CreditCardType
CreditCardNumber
ExpirationDate
NameOnCard
ApprovalCode
ModifyDate
```

（3）OrderItems 表：存储订单明细信息。字段为：

```
OrderId
ItemId
UnitPrice
Quantity
ONPRIMARY
ModifyDate
```

（4）Addresses 表：存储地址信息。字段为：

```
PKId
Address
Country
PhoneNumber
Fax
CustomerId
```

（5）ItemType 表：存储物品类型信息。字段为：

```
PKId
Name
Description
```

（6）ItemCatery 表：存储物品类别信息。字段为：

```
ItemId
CateryId
ModifyDate
```

（7）Cateries 表：存储类别。字段为：

```
PKId
ParentId
Description
IsLeaf
```

我们需要将这些表导入 HDFS 中，作为数据仓库。数据仓库中的表结构和订单数据库完全相同。需要说明的是，这和传统的数据仓库有很大不同，甚至某种意义上来说不是一个常规意义上的数据仓库，只能算一个“用来进行数据分析的”存储结构。从数据仓库的最本质上的定义来说：“数据仓库是一个面向主题的、集成的、时变的、非易失的数据集合，支持管理者的决策过程”，对于面向主题（订单主题）、集成的、时变的这三个定义上来说，是符合的，但对于非易失这个角度上来说，却是不满足的，数据的非易失性代表着数据一旦进入数据仓库就不会再有更新操作，但是由于导入数据的方式每天增量导入，如果数据库在某一天修改了前几天的数据，那么相应的需要在数据仓库中进行数据更改，以保持和数据库一致。但从大数据的角度来说，大数据的第三个“V”（Velocity）要求有效处理大数据，需要在数据变化的过程中对它的数量和种类进行分析，而不只是在它静止后进行分析。从这点看每日导入并加以分析是有必要的，所以读者姑且可以将其看做“具有大数据特色的数据仓库”。

除了订单数据库中的这 7 张表，还需一张表用来保存点击流日志，在半结构化的点击流日志经过数据清洗后将以结构化数据的形式存放在数据仓库中，表名为 Clickstream_log，结构如表 11-1 所示。

表 11-1 Clickstream_log 表字段

字段名	意义
ipAddress	IP 地址
uniqueId	用户的唯一编号
url	用户访问的链接
SessionId	Session 的唯一编号
sessionTimes	Session 的次数
areaAddress	发生点击行为的地区
loaclAddress	发生点击行为的详细地址
browserType	用户浏览器信息
operationSys	用户操作系统信息
referUrl	上一个浏览网页
receiveTime	日志接收服务端接收时间
userId	用户的账号
csvp	该点击行为在其 Session 中的顺序

11.4 系统网络拓扑与硬件选型

11.4.1 系统网络拓扑

该系统的网络拓扑图如图 11-4 所示。

业务数据库通过交换机和集群相连，集群和 Hadoop 客户端在同一个局域网内，并且系统将被部署到 Hadoop 客户端之上。

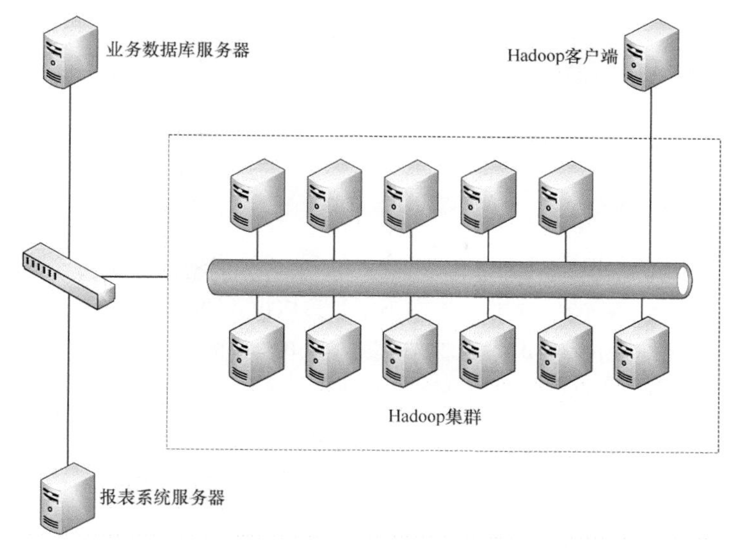

图 11-4 系统网络拓扑图

图 11-5 为 Hadoop 的网络拓扑图。

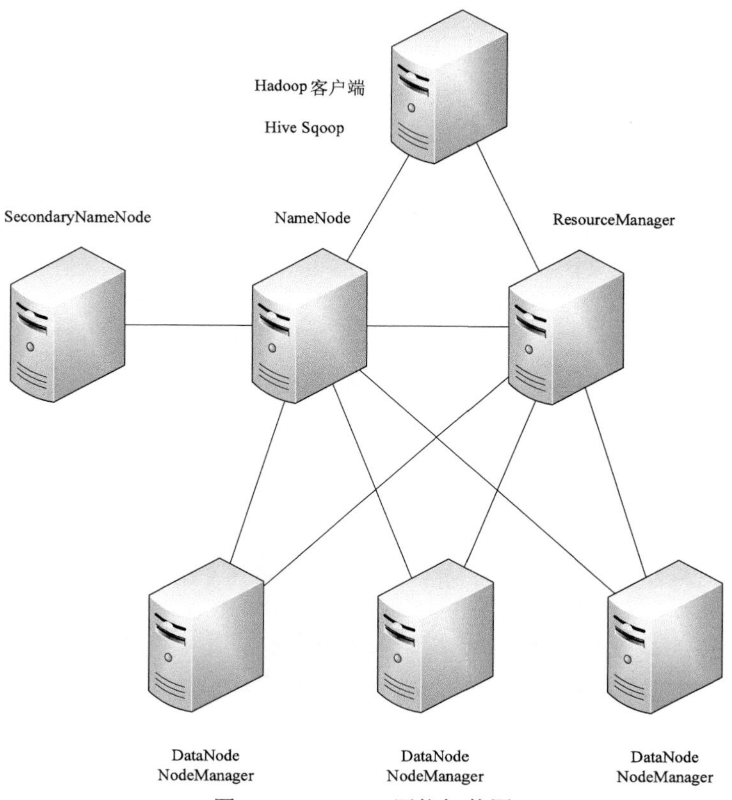

图 11-5 Hadoop 网络拓扑图

由于 NameNode 和 ResourceManager 扮演主的角色，在集群中性能开销很大，所以它们需要分开部署，并且当 ResourceManager 一旦坏掉，HDFS 也能正常使用，另外，为了保持集群的纯净性，还需要一个 Hadoop 客户端，Hive 和 Sqoop 都会被部署在 Hadoop 客户端上，这样集群就只负责计算和存储。

11.4.2　系统硬件选型

按照硬件需求和第 7 章 Hadoop 的硬件选型，由于每天的数据增量为 20 GB，历史数据为 1 TB，集群需要在不增加节点的情况下工作至少 1 年，所以集群的存储能力必须能够胜任上述需求，由于 HDFS 的有自己的备份策略（即副本数，选用默认的 3），所以一份数据在 HDFS 中保存了 3 份，由此推算，集群的初始存储能力至少为（1 TB + 20 GB×365）× 3 = 24.24 TB（不考虑操作系统和驱动所占空间，还需为临时结果预留 20%～30%的空间）。基于此，并考虑 Hadoop 的计算需求，需要采用多核心、大内存的机型，综合成本因素，硬件选型如下。

（1）从节点× 9

CPU：**Xeon E3-1230 V2**（四核）

内存：32 GB

硬盘：8 TB

（2）主节点和 SecondaryNameNode 节点

CPU：**Xeon E5-2687W**（八核）

内存：64 GB

硬盘：8 TB

（3）Hadoop 客户端× 1

CPU：**Xeon E3-1230 V2**（四核）

内存：32 GB

硬盘：4 TB

（4）交换机

万兆交换机

这样，一共需要 13 台 PC 服务器，其中包括 1 台 NameNode、1 台 SecondaryNameNode、1 台 ResourceManager、9 台从节点，1 台 Hadoop 客户端，其存储能力在 72 TB，满足存储需求，并且可以根据需求动态扩展。

其中主节点要在可靠性和性能上好于从节点，并且要保证 NameNode 和 SecondaryNameNode 节点在配置和环境上要一模一样，方便在 NameNode 不可用的情况下，可以以最快的速度替换。由于 Hadoop 的作业基本上都是数据密集型，在进行作业时，有大量的中间结果需要通过交换机进行传输，为了不让带宽成为瓶颈，应该选用万兆交换机。

11.5 技术选型

11.5.1 平台选型

1. Hadoop 选型

由于可靠性需求和容错性需求，需要选择一个稳定的 Hadoop 发行版，经过 2.1 节的介绍，选用 CDH5 这个 Hadoop 发行版，其中 Hadoop 的详细版本号为 hadoop-2.6.0-cdh5.6.0，Hive 的详细版本号为 hive-1.1.0-cdh5.6.0、Sqoop 的详细版本号为 sqoop-1.4.6-cdh5.6.0。

2. JDK 选型

由于 CDH5 需要 JDK 1.7 以上版本才能顺利运行，所以 JDK 选择 JDK 1.7。

11.5.2 系统开发语言选型

选择脚本语言 Python 作为系统开发语言，原因如下。

（1）Python 具有良好的可读性。Python 语法简洁而清晰，熟悉 C、C++、Java 的程序员都能够轻松上手。

（2）Python 作为一种开源语言，具有强大而丰富的类库。

（3）Python 能够很方便地将其他语言开发的模块很好地联接在一起，它也因此被称为“胶水”语言，例如在实际开发中，经常会遇到如下场景，如图 11-6 所示。

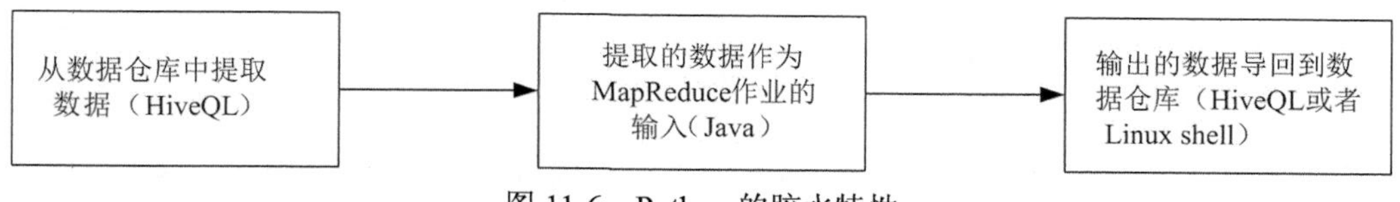

图 11-6 Python 的胶水特性

这 3 个过程分别使用不同的语言实现，但是需要将这 3 个过程很好的“粘合”在一起，而 Python 具有的“胶水”特性能很好地完成任务。

11.6 小结

本章主要根据需求进行了系统总体设计。

第 12 章

在开发之前

当你拼命想完成一件事的时候，你就不再是别人的对手，或者说得更确切一些，别人就不再是你的对手了，不管是谁，只要下了这个决心，他就会立刻觉得增添了无穷的力量，而他的视野也随之开阔了。

——大仲马《基督山伯爵》

在真正开始开发之前，本章主要介绍项目的代码组织、结构，调试方法等，为之后的开发做准备工作。

12.1　新建一个工程

由于本系统是由 Python 语言开发，所以需要准备 Python 的集成开发环境（IDE）。采用的是 Eclipse 作为 IDE，本身 Eclipse 可插拔的特性使其可以被多种编程语言作为其编程环境，并且使用 Eclipse 的人数众多，容易上手。

12.1.1　安装 Python

由于 CentOS 是原生支持 Python 的，所以本小节介绍如何安装在 Windows 环境下安装 Python。安装的方式非常简单，首先在 Python 官网的下载页面 https://www.python.org/downloads/ 选择一个 Python 版本，Python 2.7.x 版本是目前最成熟和稳定的版本，也是实际开发中用的最多的版本，选择并下载之，如图 12-1 所示。

Python 的安装包是以 msi 文件存在的，双击直接进入安装页面，选择路径并安装，如图 12-2 所示。安装完成后系统会提示安装成功。

Release version	Release date	
Python 2.7.8	2014-07-2	Download
Python 2.7.7	2014-06-1	Download
Python 3.4.1	2014-05-19	Download
Python 3.4.0	2014-03-17	Download
Python 3.3.5	2014-03-9	Download
Python 3.3.4	2014-02-9	Download
Python 3.3.3	2013-11-17	Download

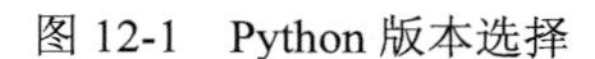

图 12-1 Python 版本选择

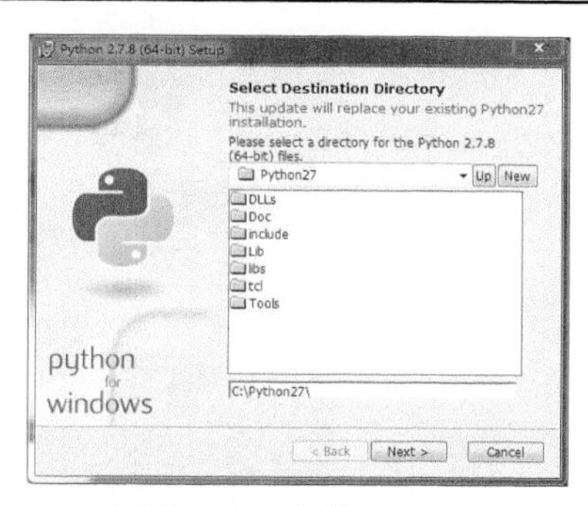

图 12-2 安装 Python

12.1.2 安装 PyDev 插件

为了使Eclipse支持Python作为开发语言，需要为其安装一个Eclipse插件。PyDev for Eclipse是一个功能强大且易用的 Eclipse Python IDE 插件，安装之后，用户可以通过 Eclipse 来进行Python 应用程序的开发和调试。

安装 PyDev 的方式有两种，一种是可以通过 Eclipse Market，选择 PyDev 并安装，Eclipse 会完成剩下来的工作，如图 12-3 所示。

另外一种是下载 PyDev 的安装文件，下载地址为 http://sourceforge.net/projects/pydev/ files/。下载完成后，同其他 Eclipse 插件一样，解压后会出现 plugins 和 features 两个文件夹。将其复制到 Eclipse 安装目录与同名文件夹合并，安装完成。

进入 Eclipse，如果右上角出现 PyDev 视图标志，即安装成功，如图 12-4 所示。

图 12-3 通过 Eclipse 安装 PyDev 插件

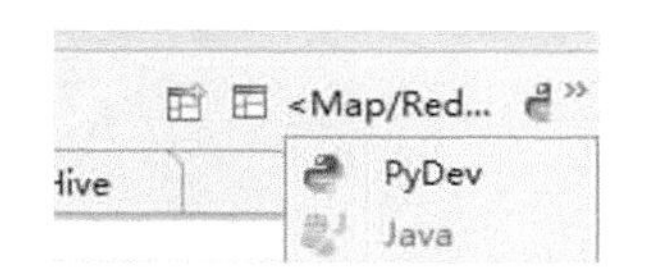

图 12-4 选择 Python 视图

接下来需要将系统的 Python 运行环境和 Eclipse 的 PyDev 插件联系起来。点击 Eclipse 的“Window”，点击“Preferences”，选择左边栏的“Python”，然后选择“Python Interpreter”，新

建一个 Python Interpreter，将上一节的 Python 的安装目录下的 python.exe 文件路径填到“Interpreter Executable”中，如图 12-5 所示。至此 PyDev 设置完成。

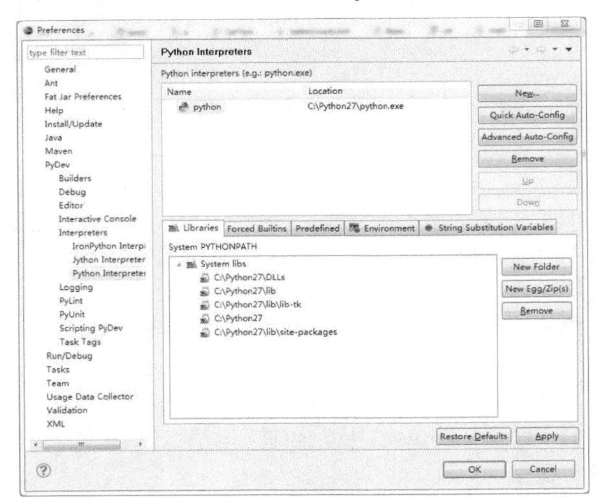

图 12-5　配置 PyDev

12.1.3　新建 PyDev 项目

和其他普通的 Eclipse 项目一样，新建 PyDev 项目的步骤为点击“File”，选择“New”，选择“Project...”，然后选择“PyDev Project”，如图 12-6 所示。

单击“Next”，然后单击“Finish”，新建项目完成，在 Project Explorer 中已经可以看见 MyBI 项目，如图 12-7 所示。

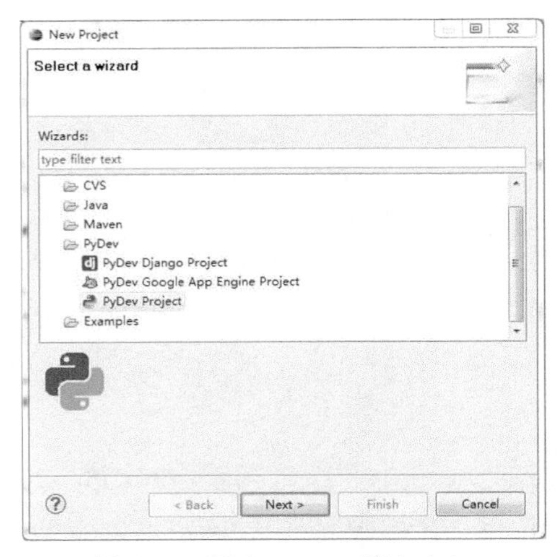

图 12-6　新建 Python 项目（1）

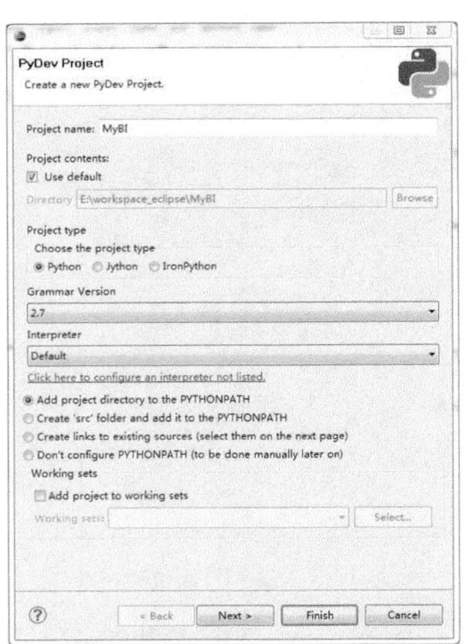

图 12-7　新建 Python 项目（2）

12.2 代码目录结构

Python 模块（Module）是最高级别的程序组织单元，它将程序代码和数据封装起来以便重用，从实际角度来看，模块对应于 Python 程序文件（.py 文件），而 Python 模块又可以通过包组织起来。

在项目目录下新建一个包（PyDev Package），取名为 com，作为项目的第一级包目录，在 com 包下，新建 3 个包分别为 com.cal、com.driver、com.utls，作为项目的第二级包目录，如图 12-8 所示。

其中_init_.py 为自动生成。本项目中开发的所有模块都将被存放于这 3 个包中，其中 com.cal 包存放的是功能模块，com.driver 存放的是调度模块，而 com.utl 存放的是一些帮助工具模块和环境变量模块。

在项目目录下新建一个 conf 目录，用来保存配置文件；新建一个 lib 目录，用来保存项目中用到其他依赖库文件；新建一个 temp 目录，用来保存一些临时文件。最后完整的项目文件结构如图 12-9 所示。

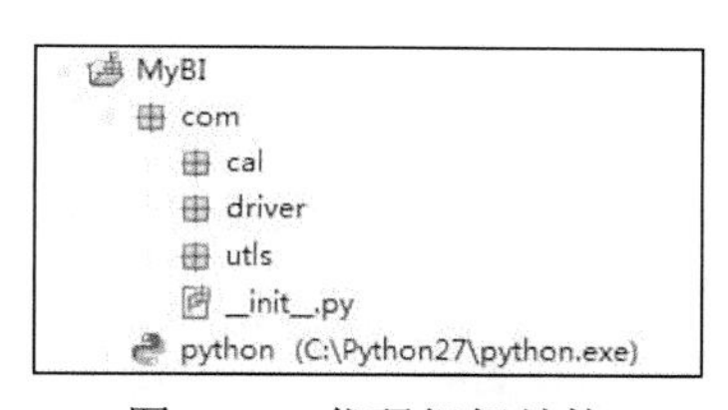

图 12-8 代码组织结构

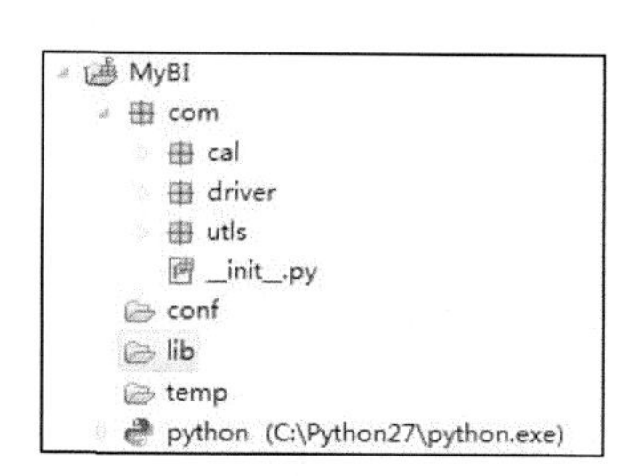

图 12-9 项目文件结构

12.3 项目的环境变量

Python 这种语言本身是跨平台的，所以我们在不改动代码的前提下可以方便地将项目部署到 Windows 或者 Linux 环境运行。但是由于平台的不同，在某些路径会有一些不同，所以我们需要将这些提取出来，作为环境变量，当需要跨平台部署时，不用改动其他代码而只需改动环境变量。

在 utls 包中新建 pro_env.py 模块，保存项目的环境变量，代码如下：

```
# -*- coding:UTF-8 -*-
#*******************************************
#项目的路径
PROJECT_DIR = "E:\\workspace_eclipse\\MyBI\\"
#项目配置文件的路径
PROJECT_CONF_DIR = PROJECT_DIR + "conf\\"
#项目第三方库的路径
PROJECT_LIB_DIR = PROJECT_DIR + "lib\\"
#项目临时文件的路径
```

```
PROJECT_TMP_DIR = PROJECT_DIR + "temp\\"
#*******************************************
#Hadoop 的安装路径
HADOOP_HOME = "/opt/hadoop-2.6.0-cdh5.6.0/"
#Hadoop 命令的路径
HADOOP_PATH = HADOOP_HOME + "bin"
#HIVE 的安装路径
HIVE_HOME = "/opt/hive-1.1.0-cdh5.6.0/"
#Hive 命令路径
HIVE_PATH = HIVE_HOME + "bin/"
#Sqoop 的安装路径
SQOOP_HOME = "/opt/sqoop-1.4.6-cdh5.6.0/"
#Sqoop 的命令路径
SQOOP_PATH = SQOOP_HOME + "bin/"
#*******************************************
#Java 的安装路径
JAVA_HOME = "/opt/jdk1.7.0_80/"
```

其他模块只需引入 pro_env.py 模块，就可使用这些环境变量。第一行“# -*- coding:UTF-8 -*-”是添加对中文支持。

12.4　如何调试

如果使用 Windows 作为开发环境，在一些不涉及平台（Hadoop、Hive 等）的代码，如读取配置文件等，可以直接通过 Eclipse 进行调试，如果涉及平台，那么只能将项目部署到 Hadoop 所在的 Linux 环境下，执行需要调试的模块进行功能测试。

如果使用 Linux 作为开发环境，那么调试和开发都可以直接通过 Eclipse 进行。

12.5　小结

本章主要进行了一些项目开发前的准备工作。

第 13 章

实现数据导入导出模块

如果所有土地连在一起，走上一生，只为拥抱你，喝醉了他的梦，晚安。

——马頔《南山南》

数据导入导出模块是数据流经 Hadoop 的的第一层和最后一层，这一层存在的必要性是为了让数据服务层的应用能够使用 HDFS 之外的数据作为数据源。在现在的软件系统中，有价值的数据都保存在关系型数据库（如 Oracle、MySQL）中，所以需要一个工具将其从关系型数据库中抽取出来并导入 HDFS 中，并将数据服务层的结果导出到关系型数据库。经过前面的学习，我们知道 Sqoop 非常适合完成数据导入和导出的工作，本章正是基于 Sqoop 来开发数据导入和导出的功能模块。

13.1 处理流程

由于导出模块和导入模块实质上都是基于 Sqoop 做二次开发，两者有很强的相似之处，大同小异，所以将这两个模块放在同一章进行介绍，其中导入模块处理流程如图 13-1 所示。

需要注意的是，在该系统上线时，需要一次性将数据库中的所有历史数据都导入至 HDFS 中（全量导入），上线之后，该模块仍需定期执行将前一天的数据定期导入 HDFS 中（一般在凌晨定期执行）。这样数据仓库的数据才能与数据库同步，这也体现了数据仓库时变的特点。

导出模块处理流程如图 13-2 所示。

本章将实现导入模块，并基于导入模块修改成为导出模块。

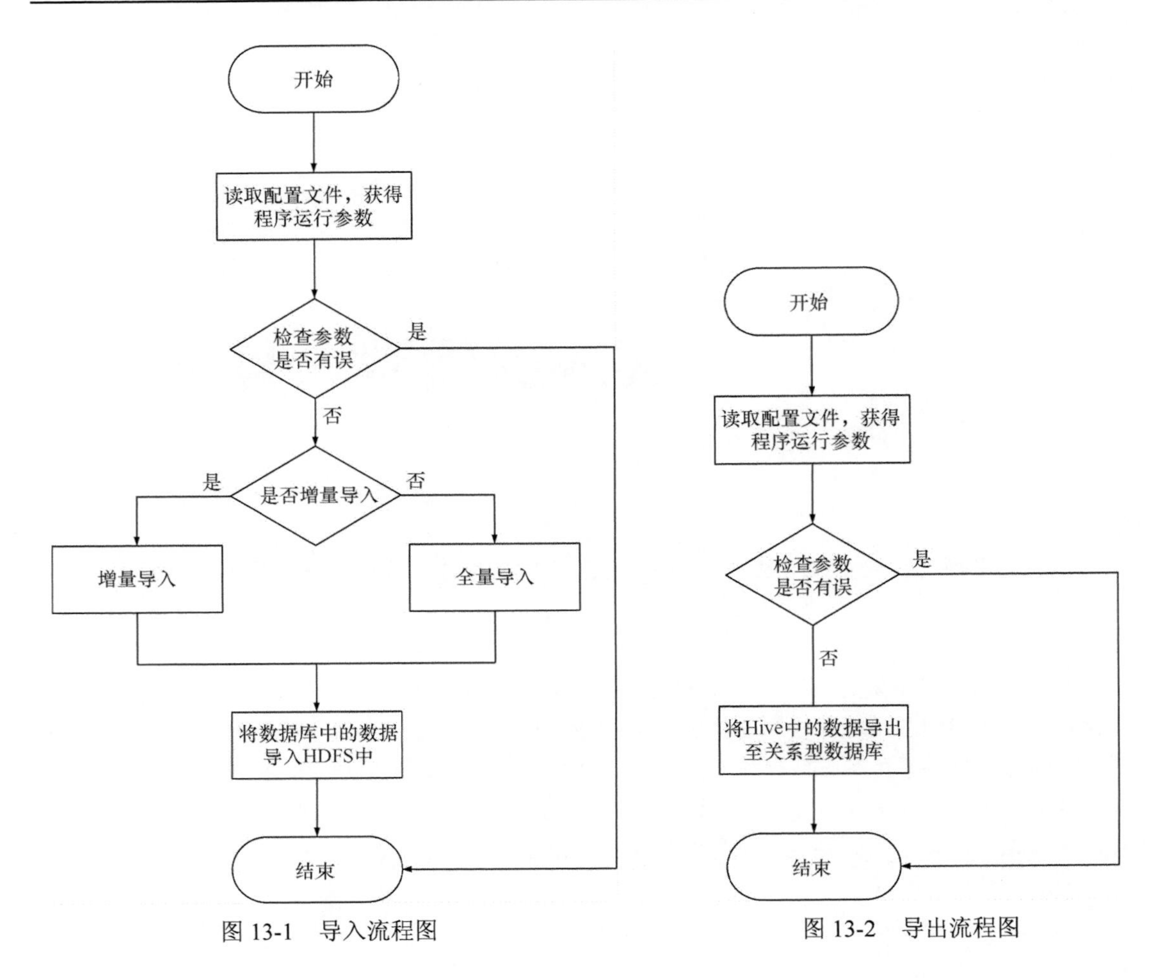

图 13-1　导入流程图

图 13-2　导出流程图

13.2　导入方式

在数据进行导入的过程中，根据导入的时间、对象会有不同的导入方式，主要分为全量导入和增量导入。

13.2.1　全量导入

全量导入就是一次性将表中的数据全部导入，在系统上线时，将数据库中需要导入的表一次性全量导入。另外，某些特别的常量表，如 ItemType 等，几乎不会改变的表，在其全量导入后，就不需要进行增量导入。

13.2.2　增量导入

增量导入是在全量导入的基础之上，将增加的数据进行导入的一种导入方式，一般在凌晨导入前一天的数据，增量导入的依据一般来自于表的时间戳字段。

13.3 读取配置文件

导入模块的配置文件主要的目的就是要告诉 Sqoop，导入哪些表，怎么导入。在 conf 目录下新建一个 XML 文件，作为该功能模块的配置文件，名为 Import.xml，内容如代码清单 13-1 所示。

代码清单 13-1 Import.xml

```
<?xml version="1.0" encoding="UTF-8"?>
<root>
    <task type="add">
        <table>table1</table><!--数据库中需要增量导入的第一张表名 -->
        <table>table2</table><!--数据库中需要增量导入的第二张表名 -->
        <table>table3</table><!--数据库中需要增量导入的第三张表名 -->
        <!--其他需要增量导入的表名 -->
    </task>
    <task type="all">
        <table>table1</table><!--数据库中需要全量导入的第一张表名 -->
        <table>table2</table><!--数据库中需要全量导入的第二张表名 -->
        <table>table3</table><!--数据库中需要全量导入的第三张表名 -->
        <!--其他需要增量导入的表名 -->
    </task>
</root>
```

task 标记的属性 type 表示了导入的方式，all 为全量导入，如果为 add，则为增量导入。table 标记的内容为需要导入的数据库表名。当在系统第一次上线时，可以按如下配置：

```
<?xml version="1.0" encoding="UTF-8"?>
<root>
    <task type="all">
        <table>table1</table>
        <table>table2</table>
        <table>table3</table>
        <!-- ... -->
    </task>
</root>
```

表示全量导入所有表，在这之后以后就可以只执行增量导入部分：

```
<?xml version="1.0" encoding="UTF-8"?>
<root>
    <task type="add">
        <table>table1</table>
        <table>table2</table>
        <table>table3</table>
        <!-- ... -->
    </task>
</root>
```

Sqoop 可以通过上面这个配置文件知道导入的表名和导入的方式，但是从我们对 Sqoop 的了解，知道这些信息还不足以让 Sqoop 完成导入的任务。所以需要对每张表进行更细一步的配置，告诉 Sqoop 关于表的具体信息，包括数据库的用户名和密码，数据库服务器的 IP 地址等等。所以还需对每张表新增一个配置文件，配置文件为表名.xml，如 table1.xml，以一张表为例，文件内容如代码清单 13-2 所示。

代码清单 13-2　配置文件内容

```
<?xml version="1.0" encoding="utf-8"?>
<root>
    <sqoop-shell type="import">
        <param key="connect">jdbc:oracle:thin:@172.25.2.150:1521:orcl</param>
        <param key="username">sam</param>
        <param key="password">pwd</param>
        <param key="query">"select * from ORDERS where to_char(ModifyDate,
                'yyyy-mm-dd hh24:mi:ss') \$CONDITIONS"</param>
        <param key="target-dir">/user/hive/warehouse/orders</param>
        <param key="hive-import"></param>
      <param key="hive-table">ORDERS</param>
      <param key="hive-partition-key">dt</param>
        <param key="hive-partition-value">\$dt</param>
        <param key="m">5</param>
      <param key="hive-overwrite"></param>
      <param key="hive-delims-replacement">'\\t'</param>
      <param key="null-string">'\\N'</param>
      <param key="null-non-string">'\\N'</param>
        <param key="split-by">PKId</param>
        <param key="map-column-hive">'SubTotal=DOUBLE,PKId=BIGINT'</param>
    </sqoop-shell>
</root>
```

通过第 6 章的学习，可以看出该配置文件将常见的 Sqoop 命令以键值对的形式展现出来，现在只需按照 Sqoop 命令的语法对文件进行配置，但是配置文件本身并不会对命令的语法进行检查。另外，注意某些元素中出现了$...（加粗的部分）的字样，这是在由于 Sqoop 命令本身需要根据时间点的变化进行变化（如增量导入时，where 后面的时间条件的区间是会随着时间递增而变化，所以导入的分区也会随着时间递增而变化），所以必须把和时间有关的部分在解析配置文件时再添加进去，并且对导入类型来说，增量导入是时间点当天的数据，而全量导入是时间点以前的数据，这也是增量导入和全量导入的 Sqoop 命令的唯一不同。对于少数不是键值对命令的选项，如 hive-overwrite、hive-import 等，只需将 param 标记留空即可。

在 Import.xml 中我们配置了几个表名，那么相应地，就该有几个表的配置文件。现在所有的信息都通过了配置文件告诉了 Sqoop，剩下的工作就是解析配置文件，然后将其拼装成 Sqoop 命令。

在 cal 包下新建一个模块，取名为 import.py，在模块中写一个方法，名为 resolve_conf，代码如代码清单 13-3 所示。

代码清单 13-3 resolve_conf 方法

```
#其中 dt 为昨天的日期，将由调度模块传入
def resolve_conf(dt):

    #获得配置文件名
    conf_file = PROJECT_CONF_DIR + "Import.xml"
    #解析配置文件
    xml_tree = ElementTree.parse(conf_file)
    #获得 task 元素
    tasks = xml_tree.findall('./task')

    for task in tasks:
        #获得导入类型，增量导入或者全量导入
        import_type = task.attrib["type"]

        #获得表名集合
        tables = task.findall('./table')

        #用来保存待执行的 Sqoop 命令的集合
        cmds = []

        #迭代表名集合，解析表配置文件
        for i in range(len(tables)):
            #表名
            table_name = tables[i].text
            #表配置文件名
            table_conf_file = PROJECT_CONF_DIR + table_name + ".xml"

            #解析表配置文件
            xmlTree = ElementTree.parse(table_conf_file)

            #获取 sqoop-shell 节点
            sqoopNodes = xmlTree.findall("./sqoop-shell")

            #获取 sqoop 命令类型
            sqoop_cmd_type = sqoopNodes[0].attrib["type"]
            #获取
            praNodes = sqoopNodes[0].findall("./param")

            #用来保存 param 的信息的字典
            cmap = {}

            for i in range(len(praNodes)):
                #获得 key 属性的值
                key = praNodes[i].attrib["key"]
                #获得 param 标签中间的值
                value = praNodes[i].text
                #保存到字典中
```

```
                cmap[key] = value

                #首先组装成 sqoop 命令头
                command = "sqoop " + "--" +  sqoop_cmd_type

                #如果为全量导入
                if (import_type == "all"):
                    #query 的查询条件为<dt
import_condition = "< " + dt
                #如果为增量导入
                elif (import_type == "add"):
                     #query 的查询条件为=dt
import_condition = "= " + dt
                else:
                    raise Exception

                ##迭代字典将 param 的信息拼装成字符串
                for key in cmap.keys():

                    value = cmap[key]

                    #如果不是键值对形式的命令选项
                    if(value == None or value == "" or value == " "):
                        value = ""

                    #将 query 的 CONDITIONS 替换为查询条件
                    if(key == "query"):
                        value = value.replace("\$CONDITIONS", import_condition)

                    # #将导入分区替换为传入的时间
                    if(key == "hive-partition-value"):
                        value = value.replace("$dt", dt)

                    #拼装为命令
                    command += " --" + key + " " + value + "\n"

             #将命令加入至待执行命令集合
             cmds.append(command)
 return cmds
```

通过字符串拼装成的命令如下：

```
sqoop --import --username sam
 --hive-import
 --hive-overwrite
 --target-dir /user/hive/warehouse/orders
 --m 5
 --hive-delims-replacement '\\t'
 --hive-partition-key dt
 --hive-table ORDERS
 --map-column-hive 'SubTotal=DOUBLE,PKId=BIGINT'
```

```
--connect jdbc:oracle:thin:@172.25.2.150:1521:orcl
--split-by PKId
--hive-partition-value 2014-10-11
--null-string '\\N'
--query "select * from ORDERS where to_char(ModifyDate,'yyyy-mm-dd hh24:mi:ss') =
        2014-10-11"
--password pwd
--null-non-string '\\N'
```

这里通过代码可以看到，如果是增量导入（Import.xml 中的 task 标记的 type 为 add）时，只会导入传进来的时间当天的数据，而如果是全量导入（Import.xml 中的 task 标记的 type 为 all）时，导入传进来的时间以前的所有数据都将会被导入。当系统上线以后，每天只需增量导入，可以在 Import.xml 将 type 设定为 all 的任务删掉。

13.4 SqoopUtil

上一节已经将 Sqoop 需要知道的信息通过配置文件的方式告诉了 Sqoop，那么如何把这些信息如何转化为实实在在的导入操作，Python 模块又是如何调用 Sqoop，本节将解答这些问题。

在 com.utls 包下新建一个模块，名为 sqoop.py，在该类中编写一个类，取名为 SqoopUtil，代码如代码清单 13-4 所示。

代码清单 13-4　SqoopUtil 类

```
class SqoopUtil(object):
    '''
    sqoop operation
    '''
    def __init__(self):
        pass
```

接下来，为该类编写一个函数，名为 execute_shell，目的为用 Python 调用 Sqoop 命令，代码如代码清单 13-5 所示。

代码清单 13-5　execute_shell 函数

```
@staticmethod
def execute_shell(shell, sqoop_path=SQOOP_PATH) :

    #将传入的 shell 命令执行
    status, output = commands.getstatusoutput(SQOOP_PATH + shell)
    if status != 0:
        return None
    else:
        print "success"

    output = str(output).split("\n")

return output
```

从上面的代码可以看到，Python 本身的 API 就可支持直接调用 Linux shell，非常方便，体现了 Python 的“胶水”特性。

13.5 整合

通过 resolve_conf 函数得到了需要执行的 Sqoop 命令，通过 SqoopUtil 类，得到了执行 Sqoop 命令的方法，下面就在 import.py 的 main 函数中将其整合即可，如代码清单 13-6 所示。

代码清单 13-6　main 函数

```
#Python 模块的入口：main 函数
if __name__ == '__main__':

    #调度模块将昨天的时间传入
    dt = sys.argv[0]
    #解析配置文件，获得 sqoop 命令集合
    cmds = resolve_conf(dt)

    #迭代集合，执行命令
    for i in range(len(cmds)):

        cmd = cmds[i]

        #执行导入过程
        SqoopUtil.execute_shell(cmd)
```

调度模块将会调用该模块执行 main 函数，并将前一天的日期作为命令行参数传入。

13.6 导入说明

下面针对一张表的导入参数进行说明，其余表的导入方式大同小异，无非就是 query 写得稍有差异。

```
<?xml version="1.0" encoding="utf-8"?>
<root>
    <task>
        <sqoop-shell type="import">
            <param key="connect">jdbc:oracle:thin:@172.25.2.150:1521:orcl</param>
            <param key="username">sam</param>
            <param key="password">pwd</param>
            <param key="query">"select PKId,CustomerId,Status,to_char(OrderDate,
            'yyyy-mm-dd hh24:mi:ss'),ShippingHandling,ShipToName,ShipToAddressId,
            SubTotal,Tax, CreditCardType, CreditCardNumber,to_char(ExpirationDate,
            'yyyy-mm-dd hh24:mi:ss'),NameOnCard, ApprovalCode,to_char(ModifyDate,
            'yyyy-mm-dd hh24:mi:ss') from Orders where to_char (ExpirationDate,
            'yyyy-mm-dd hh24:mi:ss') \$CONDITIONS"</param>
```

```
        <param key="target-dir">/user/hive/warehouse/orders</param>
        <param key="hive-import"></param>
      <param key="hive-table">ORDERS</param>
      <param key="hive-partition-key">dt</param>
        <param key="hive-partition-value">$dt</param>
        <param key="m">10</param>
      <param key="hive-overwrite"></param>
      <param key="hive-delims-replacement">'\\t'</param>
      <param key="null-string">'\\N'</param>
      <param key="null-non-string">'\\N'</param>
        <param key="split-by">PKId</param>
        <param key="map-column-hive">'SubTotal=DOUBLE,PKId=BIGINT'</param>
    </sqoop-shell>
  </task>
</root>
```

其中 query 的内容是最关键的，我们看见在 query 中对 order 表中的和时间有关的字段进行了 to_char 的函数处理，这是因为 Oracle 中有 Date 类型，而 Hive 中只有字符串类型，如果不加处理直接进行导入，那么会造成数据错误，所以必须用 Oracle 的 to_char 函数将其转换为字符串类型。另外所有的表的分区字段都设为 dt，也就是说每次导入的数据都会重新产生一个分区，每天导入数据都会在这个分区，分区字段的值为前一天的日期（每次增量导入的数据为前一天的数据）。

从 9.2 节可知，所有的表都有 ModifyDate 这个字段，所以，query 可以通过该字段进行条件查询来实现增量或全量导入。

对于 null-string、null-non-string 的数据要进行处理，用 Hive 中的 None 即\N 表示，为了提高效率，将表按主键 PKId 进行水平切分并交由 10 个 Map 任务来完成，其中 Map 任务的数量视集群的计算能力而定。

13.7 导出模块

导出模块和导入模块如出一辙，配置文件和 resolve_conf 函数略有不同，配置文件为 Export.xml，如代码清单 13-7 所示。

代码清单 13-7 Export.xml

```
<?xml version="1.0" encoding="UTF-8"?>
<root>
    <task>
        <table>table1</table><!--数据库中需要导出的第一张表名 -->
        <table>table2</table><!--数据库中需要导出的第二张表名 -->
        <table>table3</table><!--数据库中需要导出的第三张表名 -->
    </task>
</root>
```

表配置文件如代码清单 13-8 所示。

代码清单 13-8　表配置文件

```
<?xml version="1.0" encoding="utf-8"?>
<root>
    <sqoop-shell type="export">
        <param key="connect">jdbc:mysql://localhost:3306/resultDB</param>
        <param key="username">sam</param>
        <param key="password">pwd</param>
        <param key="target-dir">/user/hive/warehouse/orders</param>
        <param key="m">10</param>
      <param key="null-string">'\\N'</param>
      <param key="null-non-string">'\\N'</param>
        <param key="split-by">PKId</param>
    </sqoop-shell>
</root>
```

导出模块为 export.py，复制所有代码并修改 resolve_conf 函数如代码清单 13-9 所示。

代码清单 13-9　export.py

```
#其中 dt 为昨天的日期，将由调度模块传入
def resolve_conf(dt):

    #获得导出配置文件名
    conf_file = PROJECT_CONF_DIR + "Export.xml"

    #解析配置文件
    xml_tree = ElementTree.parse(conf_file)

    #获得 task 元素
    tasks = xml_tree.findall('./task')

    for task in tasks:
        #获得表名集合
        tables = task.findall('./table')

        #用来保存待执行的 Sqoop 命令的集合
        cmds = []

        #迭代表名集合，解析表配置文件
        for i in range(len(tables)):
            #表名
            table_name = tables[i].text
            #表配置文件名
            table_conf_file = PROJECT_CONF_DIR + table_name + ".xml"

            #解析表配置文件
            xmlTree = ElementTree.parse(table_conf_file)

            #获取 sqoop-shell 节点
```

```
        sqoopNodes = xmlTree.findall("./sqoop-shell")

        #获取 sqoop 命令类型
        sqoop_cmd_type = sqoopNodes[0].attrib["type"]
        #获取
        praNodes = sqoopNodes[0].findall("./param")

        #用来保存 param 的信息的字典
        cmap = {}

        for i in range(len(praNodes)):
            #获得 key 属性的值
            key = praNodes[i].attrib["key"]
            #获得 param 标签中间的值
            value = praNodes[i].text
            #保存到字典中
            cmap[key] = value

            #首先组装成 sqoop 命令头
            command = "sqoop " + "--" +  sqoop_cmd_type

            ##迭代字典将 param 的信息拼装成字符串
            for key in cmap.keys():

                value = cmap[key]

                #如果不是键值对形式的命令选项
                if(value == None or value == "" or value == " "):
                    value = ""

                #拼装为命令
                command += " --" + key + " " + value + "\n"

        #将命令加入至待执行命令集合
        cmds.append(command)

    return cmds
```

13.8 小结

本章实现了数据导入导出模块，读者着重注意下全量导入和增量导入的区别。

第 14 章

实现数据分析工具模块

投我以木桃，报之以琼瑶。

——《诗经》

本章主要实现数据分析工具模块。数据分析工具模块本质上就是一个执行 HQL 的工具，大部分分析都是利用 HQL 查询数据仓库中的表完成的，如 10.2 节的需求 5，按照系统的层级，这一个功能模块应该属于数据服务层的功能，但是在业务数据的数据清洗功能模块中也需要多次执行 HQL，因此在介绍数据清洗模块前，先实现数据分析工具模块。

14.1 处理流程

数据分析工具模块处理流程如图 14-1 所示，分为两步。

（1）读取配置文件，获得需要执行的 HiveQL。

（2）执行 Hive 查询任务。

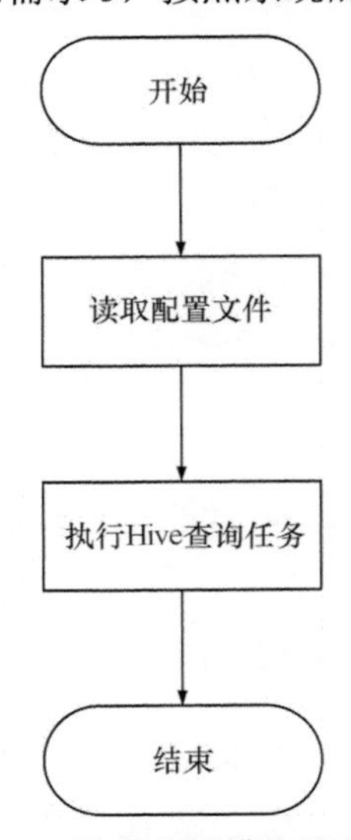

图 14-1 数据分析模块处理流程

14.2 读取配置文件

分析模块的配置文件在项目目录下的 conf 目录下，名为 HiveJob.xml，格式如代码清单 14-1 所示。

代码清单 14-1 HiveJob.xml

```
<?xml version="1.0" encoding="utf-8"?>
<root>
    <Job type="analysis"><!--表示可执行的 type-->
```

```
        <hql>select * from test where dt = \$dt</hql><!--表示执行的HQL语句,$dt包含了时间信息-->
        <hql>...</hql>
        <hql>...</hql>
    </Job>
</root>
```

HQL 将会按照书写的顺序依次执行，另外 Job 标记的 type 属性是用来判断该 Job 是否被执行的标记，因为数据分析工具也可用作数据清洗等其他功能，所以这里设立一个标记以示区分。

在 8.2.5 节中，我们提到过有些分析需要定期执行，如销售分析，所以该模块需要定期进行数据分析，也就是执行 HQL，定期分析意味着每次执行数据分析的时间属性互不重合，如周报、月报等，所以在执行 HQL 时，需要每次对数据分析的时间范围进行限定，所以当执行时，系统会将$dt 替换为一个传入的时间。

在项目 com.cal 包下新建一个模块，取名为 exe_hql.py，编写一个函数 resolve_conf，用来解析配置文件，代码如代码清单 14-2 所示。

代码清单 14-2 exe_hql.py

```
#解析配置文件
def resolve_conf(type,dt):

        #获得配置文件名
        confFile = PROJECT_CONF_DIR + "HiveJob.xml"

        #解析配置文件
        xmlTree = ET.parse(confFile)

        #Job 元素
        jobs = xmlTree.findall('./Job')

        #用来保存 hql
        hqls = []

        #遍历 Job 的子元素，获得所需参数
        for job in jobs:

            #如果 Job 的 type 是需要执行的 type
            if job.attrib["type"] == type:

                for hql in job.getchildren():
                    #获得 hql 标签的值去掉两头的空字符
                    hql = hql.text.strip()

                    #检查 hql 有效性，无效则抛出异常
                    if len(hql) == 0 or hql == "" or hql == None:
                        raise Exception('参数有误，终止运行')
                    else:
                        #将时间信息替换
                        hql = hql.replace("\$dt",dt)
```

```
                hqls.append(hql)

        return hqls
```

14.3 HiveUtil

从 resolve_conf 函数中我们已经获取了需要执行的 HQL，与导入模块的问题类似，现在需要通过 Python 执行 HQL。我们在 com.utls 类下新建一个模块，取名为 hive.py，在该模块新建一个类，取名为 HiveUtil，代码如代码清单 14-3 所示。

代码清单 14-3　HiveUtil 类

```
class HiveUtil(object):

    def __init__(self):
        pass
```

为该类编写一个函数，用来执行 Hive 查询，代码如代码清单 14-4 所示。

代码清单 14-4　执行 Hive 查询的函数

```
@staticmethod
def execute_shell(hql) :

        #将 hql 语句进行字符串转义
        hql = hql.replace("\"", "'")

        #执行查询，并取得执行的状态和输出
        status, output = commands.getstatusoutput(HIVE_PATH + "hive -S -e \"" + hql + "\"")

        if status != 0:
            return None
        else:
            print "success"

        output = str(output).split("\n")

        return output
```

同 SqoopUtil 类似，execute_shell 本质上还是使用 Python 内置的方法执行 Linux shell 命令，整个方法都是基于 hive -e 这条命令封装而成的。

14.4 整合

本节主要将上述流程进行整合，代码如代码清单 14-5 所示。

代码清单 14-5 整合后的代码

```
#Python 模块的入口：main 函数
if __name__ == '__main__':

    #使用调度模块传入的两个参数，第一个为可执行的 type，第二个日期
    hqls = resolve_conf(sys.argv[0],sys.argv[1])

    for hql in hqls:
        HiveUtil.execute_shell(hql)
```

调度模块会执行该模块并将可执行的 type 和日期传入 resolve_conf 函数。

第 12 章和后面的第 14 章、第 15 章，都是数据分析模块，只不过第 12 章解决的是结构化数据分析任务，如 8.2.5 节，但是对于一些复杂的数据分析需求，还是需要另外开发模块完成，如 8.2.3 节和 8.2.4 节。

14.5 数据分析和报表

本章完成了数据分析工具模块，利用该模块我们可以很轻松地进行一些常规的分析，例如 8.2.5 节的需求，再将分析的结果数据导回至关系型数据库，由报表系统生成报表。本节将讨论两个问题：为什么要将 Hive 的分析结果导回至关系型数据库，如何选择关系型数据库的数据模型。

14.5.1 OLAP 和 Hive

在 6.1.2 节中提到：同 OLTP 相比，Hive 虽然更倾向于 OLAP，但是 Hive 并不能做到“联机”的部分，所以 Hive 更合适的定位是离线计算。事实上，Hadoop 真正意义上的实时只有 HBase 能够做到，Impala 在极大数据量下，也不能做到实时。Hive 的响应时间是分钟级别，当然不能满足 OLAP 的“联机”需求。Hive 执行的时间慢是由于 MapReduce 计算框架的本身的原因，例如初始化耗费时间长、中间结果需要写磁盘等，所以 Hive 天然不能够作为 OLAP 的工具，即使一个很简单的查询也要耗费 10 几秒的时间，这对于用户是不可想象的。如果报表系统基于 Hive，那么可想而知用户体验是多么差。

Hive 的慢是相对的，和实时级别的响应比较，Hive 是慢的，但是在大数据量下的计算，Hive 的执行效率是很可观的，尤其是在数据量不断增大的情况下，Hive 相应的时间仍成线性增长，这也得益于 MapReduce 模型，所以最好的结果是先由 Hive 进行离线计算，将其结果导入关系型数据库中进行 OLAP 操作，如图 14-2 所示。

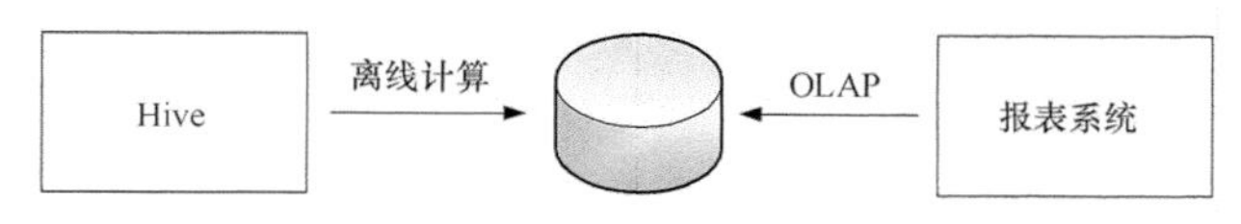

图 14-2 Hive 和 OLAP

这样的解决方案即利用了 Hive 离线计算能力强的优点又克服了 Hive 响应慢的缺点，结果

数据库即使选用 MySQL 之类的小型数据库也能轻松应对报表系统的 OLAP 操作和并发量。

14.5.2 OLAP 和多维模型

当 Hive 完成了离线计算的工作，用什么数据模型保存在结果数据库中以供报表系统使用，这是一个问题。同 OLTP 和关系模型有着紧密联系一样，OLAP 也和多维模型密切相关，或者说多维模型是一种很适合做 OLAP 操作的模型。

多维模型常见的表现形式为“星形”，如图 14-3 所示。

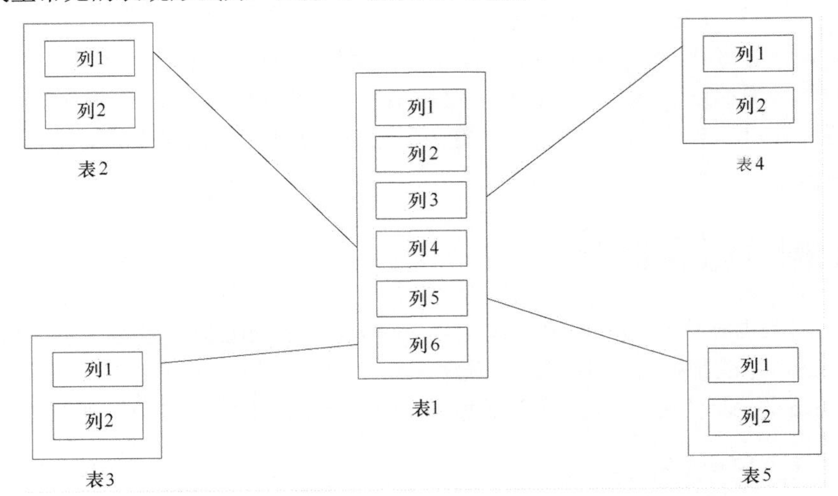

图 14-3 星形模型

在星形结构的中间，也就是表 1，被称为事实表，事实表存储了大量的数据值，表 1 的列 3～列 6 保存了维标示符，而列 1～列 2 则是表 1 的两个度量；围绕在表 1 的周围的表即为维表，维表保存了事实表某个维度的信息。例如，如果表 1 是某个产品的销售事实表，表 1 的列 1 和列 2 分别表示人民币和美元的销售额表示，而表 2 则是地域维度表，保存的是全球所有的城市，例如中国广东深圳、中国四川成都等，如下：

表 1

列 1	列 2	列 4
6000000	1000000	376 …
3000000	500000	377 …

……

表 2

列 1	列 2
376	中国北京
377	中国上海

……

从上面我们可以发现，星形模型的数据不是标准化的，存在着冗余，如“中国”就在表 2 中多次出现。

为了解决这个问题，在星形模型之上，又出现了一种雪花模型，如图 14-4 所示。

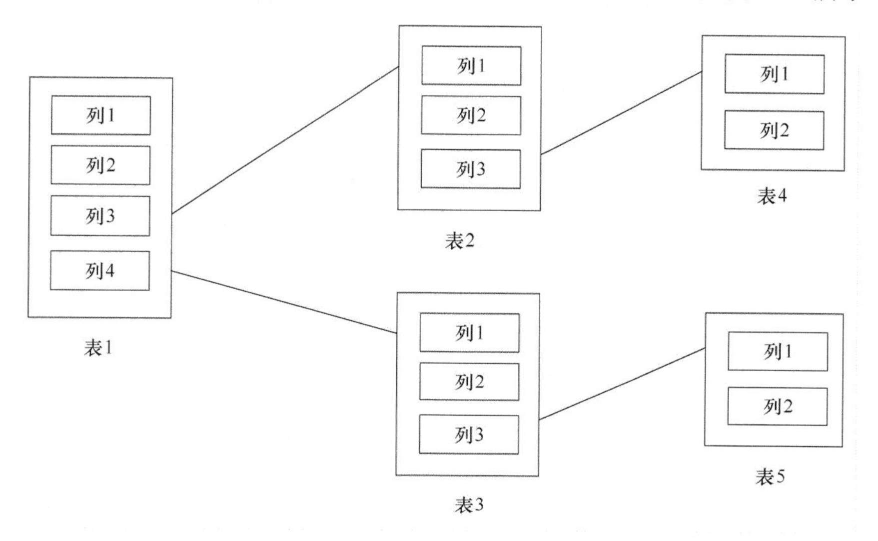

图 14-4 雪花模型

雪花模型是对星形模型的扩展。它对星形模型的维表进一步层次化，原有的各维表可能被扩展为小的事实表，形成一些局部的“层次”区域，这些被分解的表都连接到主维度表而不是事实表。如在地域维度表中，又分解为国家维度表，省份维度表，甚至到街道维度表，直到所选的粒度没有出现冗余为止。

当多个事实表需要共用维表的时候，则又派生出一种模型，即事实星座模型，如图 14-5 所示。

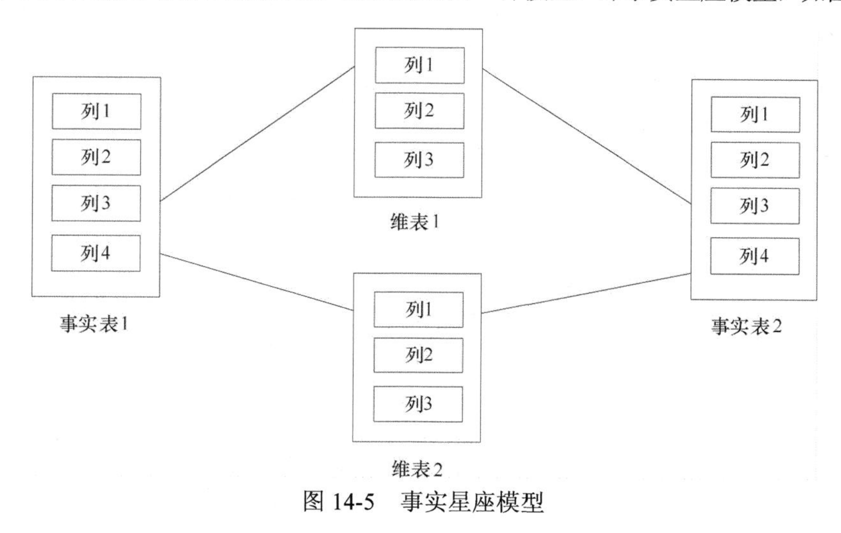

图 14-5 事实星座模型

事实表 1 和事实表 2 共用维表 1 和维表 2。

在多维模型中，维主要起到了概念分层的作用。如果数据分析结果是以多维模型的方式存储，如图 14-6 所示，那么很容易地对数据进行典型的 OLAP 操作，如上卷、下钻、切片、切块、转轴等。

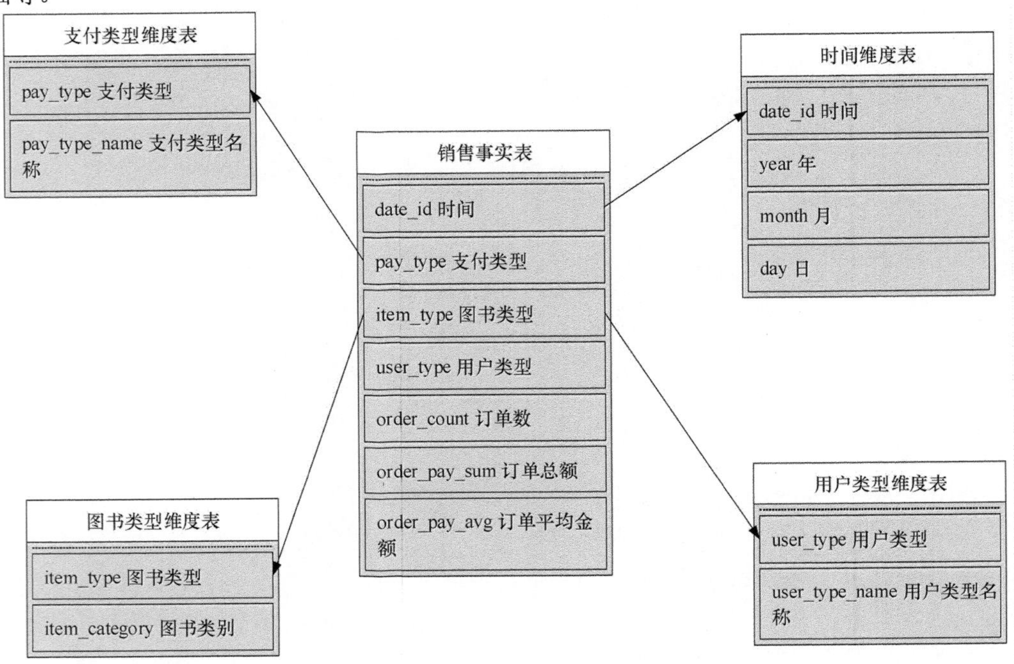

图 14-6　销售事实表和维度表

14.5.3　选 MySQL 还是选 HBase

现在我们可以已经将数据导入 MySQL 中了，如图 14-6 所示，现在已经有五张表了，分别是五张维表和一张事实表，这样我们就能方便地利用 SQL 中的 join 操作进行查询分析，还能用 where 子句对数据方体进行切片。这当然是可行的，这也是标准做法。

假设某个场景，事实表的条数非常大，例如数十亿条。这样的话 MySQL 就有些力不从心了，我们当然可以用性能更好的数据库和更强大的机器进行垂直扩展，我们同样也可以考虑下 HBase 来满足我们的查询需求。假设我们的查询需求都是指定维度的查询，那么我们完全可以将这种多维的星形模型转换成 HBase 中的数据结构，如图 14-7 所示。

rowkey	colum family 1		
date_id+pay_type+item_type+user_type	order_count	order_pay_sum	order_pay_avg

图 14-7　HBase 数据结构设计

将维度组合成行键，事实表的度量单独成一列，但是同属于一个列族。用户可以通过指定维度和要分析的度量来确定行键、列族和列名，这样就可以直接得到结果。在本例中，如果如果原来的事实表有 10 亿条记录，在 HBase 中将有 30 亿个单元格（不考虑历史版本），即使是这个数量级，几台 HBase 也可以轻松应对。这种方式是将多维模型通过冗余处理压缩成一个维度，当然会存在空间上的浪费，但是通过 HBase 完成了垂直扩展。这种空间换时间的做法需要根据场景来取舍，这也是 SQL 和 NoSQL 的取舍。不过值得一提的是，本例刻意回避了在 OLAP 中经常出现的上卷、切片等操作，所以应根据具体情况进行取舍。

14.6 小结

本章实现了数据分析工具模块。读者需要理解 OLAP 和离线计算的区别，才能很好地理解架构。另外，HBase 也给 OLAP 提供了一些新选择。本章实现的数据分析工具模并不只限于数据分析，数据清洗也可以用。

第 15 章

实现业务数据的数据清洗模块

你千万不能为了某一人改变原则，破格迁就，也不要千方百计地说服我，或是说服你自己去相信，自私自利就是谨慎，糊涂大胆就等于幸福有了保障。

——简·奥斯丁《傲慢与偏见》

数据仓库系统是一个包含输入、处理和输出的系统，通过上一章的工作，我们已经成功地将业务数据导入了 HDFS 中，本章将着眼于对数据仓库的输入进行处理，需要将导入的数据进行处理，使其变成“干净的、可信的”数据。

15.1 ETL

ETL（Extract-Transform-Load）是将业务系统的数据经过抽取、转换之后加载到数据仓库的过程，目的是将企业中的分散、零乱、标准不统一的数据整合到一起，为企业的决策提供分析依据。ETL 是商业智能项目中重要的一个环节。 通常情况下，在商业智能项目中 ETL 会花掉整个项目至少三分之一甚至一半的时间，ETL 设计的好坏直接影响数据仓库的数据质量，所以说 ETL 是商业智能的“生命线”，必须高度重视。

15.1.1 数据抽取

在数据仓库系统中，数据抽取是指直接从业务系统进行抽取，如 Oracle、MySQL 等，在抽取的时候，我们需要解决如何与业务系统建立连接、增量更新以及不同数据源的问题（异构的数据）。该功能已经由数据导入模块完成。

15.1.2 数据转换

数据转换是指按照预先设计好的规则将抽取所得的数据进行转换，使本来异构的数据按照正确的格式能够统一起来，在这个步骤中，我们不可避免地会进行数据清洗的工作。在清洗时，我们着重会针对以下 3 类数据进行清洗。

（1）不完整的数据。这一类数据产生的原因主要是一些应该有的信息缺失，如出版商的名称、ISDN 号缺失、业务系统中主表与明细表不能匹配等。

（2）错误的数据。这一类错误产生的原因是业务系统不够健全，在接收输入后没有进行判断直接写入后台数据库造成的，比如数值数据输成全角数字字符、字符串数据后面有一个回车操作、日期格式不正确、日期越界等。

（3）重复的数据。重复数据产生的原因多种多样，有可能是数据抽取的时候没有进行很好的控制，也有可能由业务系统本身产生的。

在数据清洗完成后，我们会将数据进行转换，在转换中进行的工作包括以下 3 项。

（1）对某些非关键字段的重新格式化。如某些表中的日期是以 YY-MM-DD 或者 YYYY/MM/DD 的格式存储，需要统一转化为 DD/MM/YYYY 的格式，这只是其中一个例子，在实际环境中，情况要复杂的多。

（2）粒度的转换。业务系统在存储数据时，一般会事无巨细（精确到秒）地进行存储，而数据仓库中数据一般是为了数据分析用，不一定需要过细的粒度，一般来说，对于粒度确定的问题属于数据仓库设计的问题，难点在于保持一个合适的粒度（不要太高也不要太低）。

（3）业务规则的计算。不同的部门有不同的业务规则，在转换的过程中需要按照预先设定好的指标进行计算。

15.1.3 数据清洗工具

对于结构化的业务数据，最好的数据清洗方式通常是 SQL，在第 14 章中，已经开发了一个执行 HiveQL 的功能模块，该功能模块也可看成是数据清洗工具。

而对于非结构化的文本数据，数据清洗的工具则必须进行定制开发，该内容将在下一章进行详细介绍。本章只介绍如何实现业务数据也就是结构化数据的数据清洗功能模块。

15.2 处理流程

该模块不需要另外做开发，只需利用数据清洗工具将想要执行的 HQL 配置到配置文件即可。配置文件如代码清单 15-1 所示。

代码清单 15-1 配置文件

```
<?xml version="1.0" encoding="utf-8"?>
<root>
    <Job type="etl_db">
        <hql>数据清洗的 HQL </hql>
        <hql>...</hql>
        <hql>...</hql>
    </Job>
```

```
<Job type="analysis">
        <hql>数据分析的 HQL</hql>
        <hql>...</hql>
        <hql>...</hql>
    </Job>
</root>
```

由于使用的数据清洗工具也承担了数据分析的任务，所以特意在 Job 标记中将 type 属性置为 etl_db，其他数据分析的 Job 和此 Job 互相平行互不干扰，调度模块会根据 type 的不同在不同场景执行。在 hql 标记里面填写需要执行的 HQL 语句，由于数据清洗和业务有很大关系，并且数据清洗内容繁杂，本章选取数据去重这个有代表性的问题进行重点讲解。

15.3　数据去重

前面提到，数据仓库的特点中有一个是"时变的"，所以在一般情况下，记录都包含某种形式的时间标志用以说明在某一时间是准确的，通常都会利用记录的时间戳字段来获取记录的时间信息来进行导入，在这个过程中，可能会产生重复数据。

15.3.1　产生原因

在数据库中，Orders 这张表含有时间戳信息（ModifyTime 字段，表示最后一次修改记录的时间），每天都会基于 ModifyTime 字段来做增量导入，那么在导入的过程中，将不可避免地产生重复数据，产生重复数据的原因如图 15-1 所示。

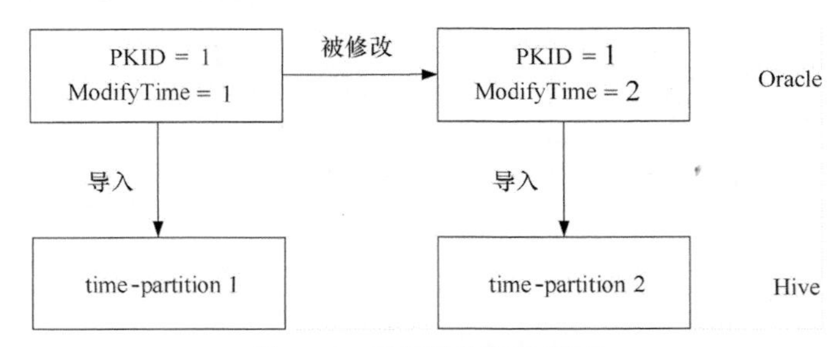

图 15-1　重复数据产生原因

例如，在数据库中的 Order 表中有一条主键为 1 的记录，它的 ModifyTime 为 1，这时系统会将其导入时间为 1 的表分区中。在第二天，数据库中的记录被修改了，相应的 ModifyTime 字段被修改为 2（这种情况对订单表非常常见，比如第一天下单，第二天该订单状态被修改为出库），那么该条记录将再次被导入时间为 2 的表分区中，此时在 Hive 中的 Order 表中存在了两条主键为 1 的记录，重复数据就是这样产生的，这样干扰分析结果，所以在开始分析前必须对数据进行去重。

15.3.2 去重方法

去重的方式有很多种，这里介绍一种比较有代表性的数据去重方法。通过前面介绍的重复数据产生的原因，很容易想到将数据全部取出，也就是图 15-1 中 time-partition 1 和 time-partition 2 两个分区的数据，然后取相同主键的 ModifyTime 为最新的数据，如下：

```
PKID MODIFYTIME
1     2014-08-10
1     2014-08-11
2     2014-08-11
3     2014-08-10
3     2014-08-11
```

我们希望去重后的数据为：

```
PKID MODIFYTIME
1     2014-08-11
2     2014-08-11
3     2014-08-11
```

很自然地，我们想到了 rownum 函数，rownum 可以认为是表中隐藏的一个字段，它代表了某条记录在结果集中的位置，传统关系型数据库如 Oracle、SQL Server 等数据库都将其实现了。那么如果在表中加入了 rownum 字段的话，结果如下：

```
PKID MODIFYTIME   ROWNUM
1     2014-08-10       2
1     2014-08-11       1
2     2014-08-11       1
3     2014-08-10       2
3     2014-08-11       1
```

此时，只需对整个结果集加上限制条件 ROWNUM = 1，那么重复数据就将会被过滤掉。这时，再将去重后的结果集按照 ModifyTime 导回到表分区即可完成去重工作。

15.3.3 一个很有用的 UDF：RowNum

很遗憾的，虽然 rownum 函数在实际开发中使用频率非常之高，但是 Hive 本身却没有提供这一功能。只能自己编写 Hive UDF 将其实现，代码如代码清单 15-2 所示。

代码清单 15-2 RowNumUDF 类

```
package com.udf;

import org.apache.hadoop.hive.ql.exec.UDF;
import org.apache.hadoop.io.Text;

//必须继承 UDF 类作为基类
public class RowNumUDF extends UDF{
```

```
    public static String signature = "-";
    public static int order = 0;

    public int evaluate(Text text){

        if(text != null){

            //分组排序的依据，列名，通常为主键
            String colName = text.toString();

            //处理第一条数据
            if(signature == "-"){

                //记下分组排序的字段：主键，并将 rownum 设为 1
                signature = colName;
                order = 1;

                //返回 rownum
                return order;
            }else{
                //首先比对是否和上一条的主键相同
                if(signature.equals(colName)){

                    //rownum 依次加 1
                    order ++;
                    return order;
                }else{

                    //如果主键改变，将 rownum 设为 1
                    signature = colName;
                    order = 1;
                    return order;
                }
            }
        }else{

            //如果主键为空，则返回-1
            return -1;
        }
    }
}
```

编写完成后，需要将其导出为一个 jar 包，并在 Hive 中注册，方可使用。

```
hive> add jar /home/hadoop/rownum.jar;
Added /home/hadoop/rownum.jar to class path
Added resource: /home/hadoop/rownum.jar
hive> CREATE TEMPORARY FUNCTION rownum AS 'com.udf.RowNumUDF';
OK
```

注册完毕后，我们就可以以 rownum 作为函数名来调用我们编写的 UDF 函数了。但是需要注意的是，数据在进入 rownum 函数之前必须对相同主键的数据按照 ModifyTime 排序。

15.3.4 第二种去重方法

前面介绍的方式可以很好地完成数据去重的任务，但是还需要编写 UDF。如果只用 HiveQL，也是完全可以做到的，如图 15-2 所示。

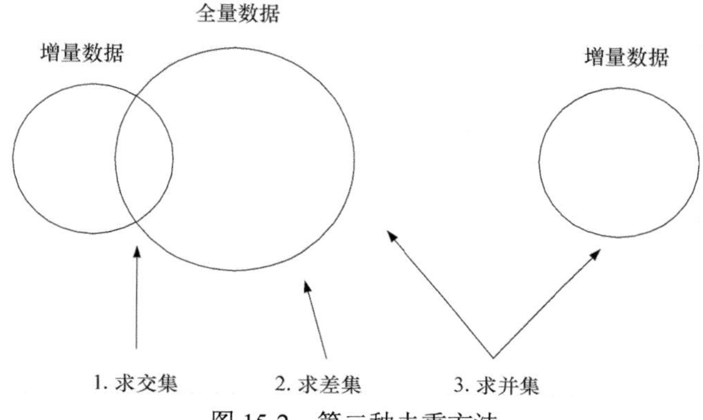

图 15-2 第二种去重方法

小的圆形代表每天增量的数据集，大的圆形代表全量数据集，首先，对两个集合求一次交集，将增量数据和全量数据中主键相同的数据提取出来，然后在全量数据中减去这部分和主键和增量数据相同的数据，最后再和增量数据求一次并集即可。用数学语言描述即为：

$$(S_{all}-(S_{add}\cap S_{all}))\cup S_{add}$$

其中求交集和求差集的运算可以用 HiveQL 中的 LEFT OUT JOIN 完成，求并集的运算可以由 HiveQL 中的 UNION ALL 来完成。

第二种方法虽然简单，但是隐含了两个前提条件。首先，默认增量数据的数据是最新的，并且增量数据中没有重复数据。

两种方法去重殊途同归，可以根据具体需求来选择，在执行效率方面，第二种方式会好于第一种方式。

15.3.5 进行去重

在这一节将具体运用数据清洗工具进行去重任务，以 Orders 表为例，去重的流程如图 15-3 所示。

如图 15-3 所示，在每天数据导入模块将数据导入 HDFS 后，就需要对数据进行去重，增量数据和全量数据进行去重后形成第二天的全量数据，周而复始。

以 Orders 表为例，如果按照第一种方式进行去重的话，HQL 如下：

```
SELECT * FROM (
SELECT * FROM (
```

```
    SELECT * FROM Orders WHERE dt = '2014-10-01'
    UNION ALL
    SELECT * FROM Orders WHERE dt < '2014-10-01') t1 DISTRIBUTE BY PKId SORT BY PKId ,
ModifyDate) t2
    WHERE rownum(PKId) = 1
```

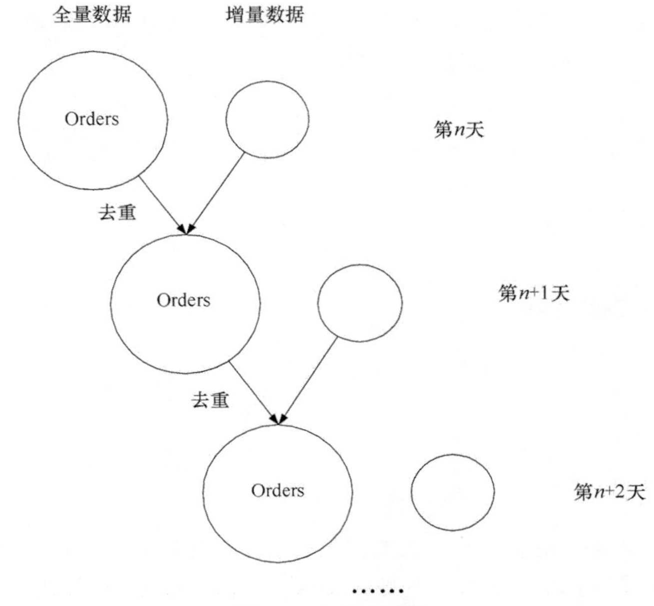

图 15-3　去重流程

在进入 rownum 函数之前，我们必须完成相同 PKId 的数据按照 ModifyTime 排序。这个有些类似于 4.7 节的二次排序，但是不需要 PKId 有序，采用 DISTRIBUTE BY PKId SORT BY PKId, ModifyDate 即可完成要求，该 HQL 语句将 Orders 表的 2014-10-01 的数据和 2014-10-01 以前的数据进行去重，执行的日期为 2014-10-02。

如果采用第二种的方式进行去重的话，HQL 如下：

```
SELECT * FROM (
    SELECT
    t1.PKId,
    t1.CustomerId,
    t1.Status,
    t1.OrderDate,
    t1.ShippingHandling,
    t1.ShipToName,
    t1.ShipToAddressId,
    t1.SubTotal,
    t1.Tax,
    t1.CreditCardType,
    t1.CreditCardNumber,
```

```
        t1.ExpirationDate,
        t1.NameOnCard,
        t1.ApprovalCode,
        t1.ModifyDate
        FROM (SELECT * FROM orders WHERE dt < "2014-10-01") t1 LEFT OUTER JOIN (SELECT
        * FROM orders WHERE dt = "2014-10-01") t2 ON t1.pkid = t2.pkid WHERE t2.pkid IS NULL
    UNION ALL
        SELECT
        PKId,
        CustomerId,
        Status,
        OrderDate,
        ShippingHandling,
        ShipToName,
        ShipToAddressId,
        SubTotal,
        Tax,
        CreditCardType,
        CreditCardNumber,
        ExpirationDate,
        NameOnCard,
        ApprovalCode,
        ModifyDate
        FROM orders WHERE dt = "2014-10-01"
    ) t3
```

以上是本节介绍的两种去重方法实现。但是我们发现，这仅仅是将重复数据去掉，这样是不够的，如何将去重的数据导回原表，这是一个问题。当重复数据去掉时，对应的所有的分区信息也就是丧失了，如图 15-4 所示。

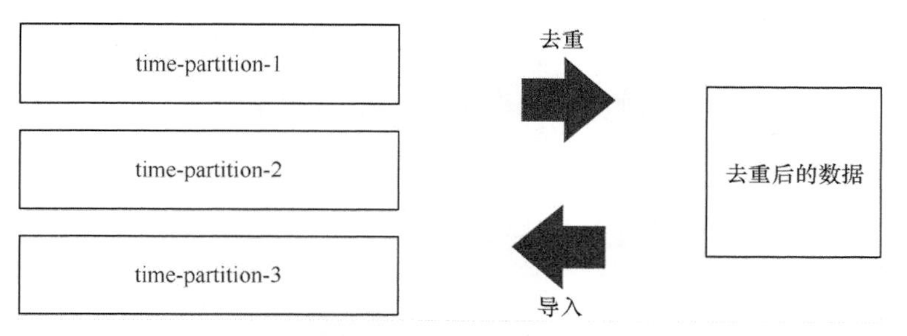

图 15-4　将去重后的数据重新导回至相应的分区图

刚才两句 HQL 只是做了去重的操作，也就是得到了正方形所代表的数据，还需要将这些数据按照时间信息插入原来存在的分区。通过对 Hive 的了解，我们知道 Hive 是不支持这样的操作的，好在 Hive 提供了另一种变通的方法：动态分区。

通过动态分区，我们可以直接根据结果集的字段重新创建分区，加上动态分区的导入功能后，这个去重的工作才算完成。

第一种方法的完整 HQL 为：

```
INSERT OVERWRITE TABLE orders PARTITION (dt)
SELECT
PKId,
CustomerId,
Status,
OrderDate,
ShippingHandling,
ShipToName,
ShipToAddressId,
SubTotal,
Tax,
CreditCardType,
CreditCardNumber,
ExpirationDate,
NameOnCard,
ApprovalCode,
ModifyDate,
ModifyDate,
FROM (
SELECT * FROM (SELECT * FROM Orders WHERE dt = '2014-10-01' UNION ALL SELECT * FROM
Orders WHERE dt < '2014-10-01') t1 DISTRIBUTE BY ModifyDate SORT BY PKId) t2
WHERE rownum(PKId) = 1
```

这样，数据才经过去重后，又按照 ModifyDate 重新回到相应的分区，由于动态分区默认是按照最后一个字段作为分区依据，所以在 SELECT 时，需要将 ModifyDate 列多查询一次。

最后，将 HQL 配置到 HiveJob.xml 文件即可，需要注意的是，将和时间有关的替换为\$dt，这样调度模块在执行数据清洗时，就可以通过参数将自动将时间替换。

15.4　小结

本章利用第 14 章实现的数据分析模块完成了结构化数据的清洗。本章只列举一个数据去重的例子，而实际情况要复杂得多。业务越复杂清洗也就越复杂，通常，这个阶段的工作量将占去整个项目大部分时间，是项目成败的关键。

第 16 章

实现点击流日志的数据清洗模块

我知道，这个世界，每天都有太多遗憾，所以你好，再见。

——宋冬野《安和桥》

在第 13 章中，我们运用 HQL 实现了业务数据的数据清洗，对于结构化数据 HQL 能够胜任，而对于半结构化或是非结构化的点击流日志，HQL 就显得捉襟见肘，所以本章将用另外一种方法完成对点击流日志的数据清洗。

16.1 数据仓库和 Web

在进行数据清洗之前，我们先来了解一下数据仓库和 Web 之间的关系。随着互联网技术的发展，互联网极大地促进了商业的发展，而商业的发展反过来也促成了数据仓库的产生，事实上，数据仓库和 Web 是有非常紧密的联系。

每个从事电子商务的企业都有 Web 入口和后台系统，用户在网站页面上面产生一个订单时，Web 和后台系统就发生了一次交互，交易请求被转换成结构化数据并被保存到数据库中。除了这种形式的交互，Web 还可以通过点击流日志收集用户活动信息并和后台系统进行交互，如图 16-1 所示。

每当用户在页面进行点击而跳转到另外一个页面时，一条点击流日志就产生了，一般来说，该条记录会异步地发送到日志采集服务器。点击流日志被认为是用户浏览了哪些产品、购买了哪些产品以及用户对购买本身的看法的记录，并且通过点击流日志，同样也可确定用户没关注什么、不关注什么。点击流日志是了解用户心理倾向的关键，有了这些，我们就能更加深刻地理解产品、营销和广告是如何对用户产生影响的。

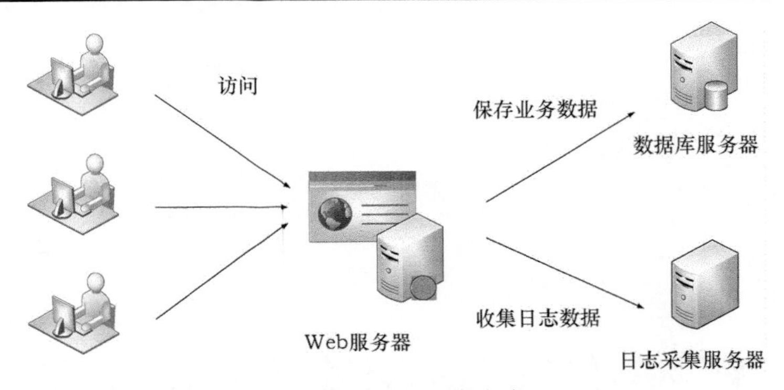

图 16-1　Web 和点击流

但是点击流日志是不能直接被用于分析的，因为它太“事无巨细”了，以下是一条最普通的 Apache 日志：

```
    120.196.145.58
    [11/Dec/2013:10:00:32 +0800] "GET /__utm.gif?utmwv=5.4.6&utms=5&utmn=1287471078&utmhn=
bookbuy.com&utmcs=UTF-8&utmsr=1600x900&utmvp=1267x652&utmsc=32-bit&utmul=zh-tw&utmje=
1&utmfl=11.9%20r900&utmdt=%E8%88%AA%E7%8F%AD%E9%A2%84%E8%AE%A2%20-%20%E4%B8%AD%E5%9B%
BD%E4%B8%9C%E6%96%B9%E8%88%AA%E7%A9%BA%E5%85%AC%E5%8F%B8&utmhid=419460179&utmr=0&utmp
=%2Fflight%2Findex.html HTTP/1.1"
    bookbuy.com:80
    http://bookbuy.com/index.html
    "Mozilla/5.0 (Windows NT 6.1; WOW64) AppleWebKit/537.36 (KHTML, like Gecko) Chrome/31.
0.1650.63 Safari/537.36"
```

它记录了很多我们不需要的数据，如接收的字节数、发送的字节数、服务器处理本请求所用时间等，所以我们想将点击流日志装载到数据仓库以便分析之前，必须对日志数据进行提炼。

在点击流数据在进入数据仓库之前，需要经过一个称为粒度管理器的软件进行处理，如图 16-2 所示。

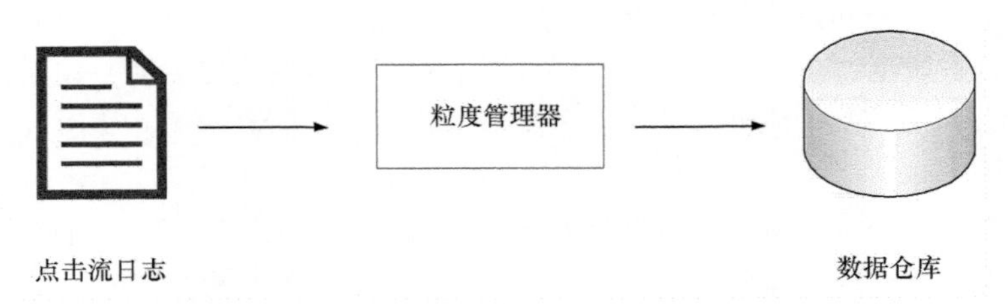

图 16-2　粒度管理器

粒度管理器执行许多处理，包括：

- 清除无关数据；
- 清除错误数据；

- 根据多条记录生成一条记录；
- 对数据进行转换；
- 对数据进行聚集；
- 对数据进行汇总。

经过了这些步骤，大概 80%～90%的数据被粒度管理器抛弃或进行了汇总。当完成了这些工作后，粒度管理器再将提炼过的数据传递给数据仓库。可以发现，粒度管理器和数据清洗是一样的，本章要开发的数据清洗模块实质上就是一个粒度管理器。

16.2　处理流程

点击流数据的数据清洗模块的处理流程如图 16-3 所示。

点击流日志已经由日志收集服务器每天定期上传至 HDFS 的指定目录，经过 MapReduce 作业清洗后再输出至 HDFS 的指定目录，最后再由 Hive 将清洗过后的数据加载到 Clickstream_log 表中的指定分区中（按照时间分区），这样点击流日志的数据清洗的工作就算完成了。

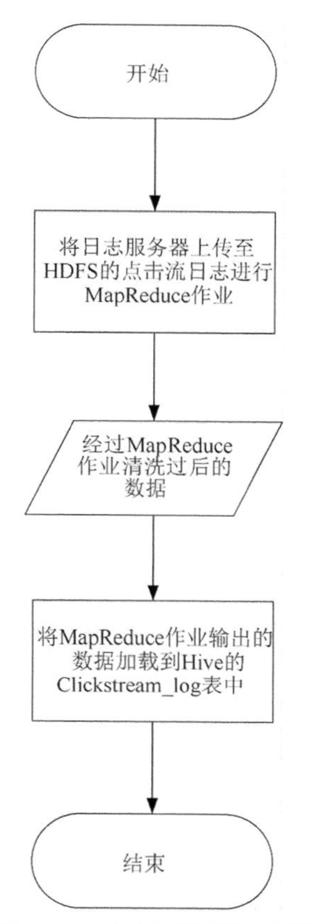

图 16-3　点击流数据清洗模块处理流程图

16.3　字段的获取

在前面提到过，点击流日志的数据的价值密度很低，对于这类数据需要“取其精华，弃其糟粕”，下面以一条标准的 Apache 服务器日志为例进行分析。

```
120.196.145.58                          远端主机
-                                       远端登录名
-                                       远程用户名
[11/Dec/2013:10:00:32 +0800]            服务器接收时间
"GET /__utm.gif HTTP/1.1"               请求的第一行
200                                     最后请求的状态
35                                      以 CLF 格式显示的除 HTTP 头以外传送的字节数
"http://easternmiles.ceair.com/flight/index.html"    上一个访问页面
"Mozilla/5.0 (Windows NT 6.1; WOW64) AppleWebKit/537.36 (KHTML, like Gecko) Chrome
/31.0.1650.63 Safari/537.36"  用户浏览器信息
"BIGipServermu_122.119.122.14=192575354.20480.0000;Webtrends=120.196.145.58.13867
24976245806; "                          Cookie 的信息
1482                                    接收的字节数，包括请求头的数据，并且不能为零
352                                     发送的字节数，包括请求头的数据，并且不能为零
-                                %{X-Forwarded-For}i
easternmiles.ceair.com                  访问主机地址
794                                     服务器处理本请求所用时间，以微为单位
```

其中日志之间每一项以空格隔开。表 16-1 列出了我们需要获取的信息。

表 16-1 需要获取的字段

字 段	说 明
ipAddress	可从点击流日志中直接获取
uniqueId	可从点击流日志的 cookie 信息中获取
url	可从点击流日志的访问的主机地址和请求的第一行获取
sessionId	由 uniqueId 和 sessionTimes 组合而成
sessionTimes	可从点击流日志的 cookie 信息中获取
AreaAddress	通过 IP 地址获取
loaclAddress	通过 IP 地址获取
browserType	可从点击流日志的用户浏览器信息获取
operationSys	可从点击流日志的用户浏览器信息获取
referUrl	可从点击流日志中直接获取
receiveTime	可从点击流日志的服务器接收时间获取
userId	可从点击流日志的 cookie 信息中获取
csvp	需要通过 receiveTime 进行排序得到

这些信息就是 Clickstream_log 表的字段，通过上面这张表（结合表 9-1）可以看出，除了 csvp，其他字段的获取都可以在 map 函数在中直接获取，非常简单。但是 csvp 必须经过排序才能得到，所以 csvp 只能通过 reduce 函数才能获取到。

csvp 这个字段的含义是在同一个 session 中的访问 url 的顺序，如同一个用户在同一个 session 中两条点击流的记录，receiveTime 分别为 1413482169684 和 1413482194966（long 型的时间，单位为毫秒），那么这两条记录的 csvp 分别为 1 和 2。这个字段非常重要，有了这个字段，才能完整重现用户在网站的点击行为，后面的转化率分析等其他分析需求都会依赖于这个字段。现在就来讨论如何通过 MapReduce 作业来获取该字段。由于 csvp 必须在同一个 session 中才有意义，所以很容易就能联想到在 map 输出时，采用 sessionId 作为键。然后再按照 receiveTime 进行排序得到 csvp，如图 16-4 所示。

这样，同一 sessionId 的数据将由一个 Reduce 任务完成，在 reduce 阶段，按照 receiveTime 排序即可。receiveTime 记录的是绝对的时间，而 csvp 表示的则是相对的访问顺序。

这样做当然是可以达到目的的，也就是说功能上没有问题。那么考虑一下比较极端的情况，当用户在某个 session 中点击了非常多个页面，那么在 reduce 阶段进行排序的时候，效率会非常低，如果严重甚至会导致该 Reduce 任务失败。虽然这种情况出现的概率不大，但仍然需要解决。在前面说过，在 MapReduce 作业中，不管流程是否需要，MapReduce 计算框架都会将其排序。在上述流程中，在 reduce 之前，MapReduce 计算框架已经将其按照 sessionId 排序了（默认是对键进行排序），但这没有意义。我们希望，在 shuffle 阶段，按照 sessionId 进行分发，但按照 receiveTime 进行排序，这样在 reduce 阶段，处理的数据就已经是属于同一个 sessionId，并且按照 receiveTime 排好序的数据，只需要根据数据进入的顺序为其加上 csvp 即可。这样一来，不仅解决效率的问题，并且利用了 MapReduce 过程中的排序操作。如果用这种方式，需要自定义分发规则和排序规则，也就是编写 Partitioner 类和 SortComparator 类，如图 16-5 所示。

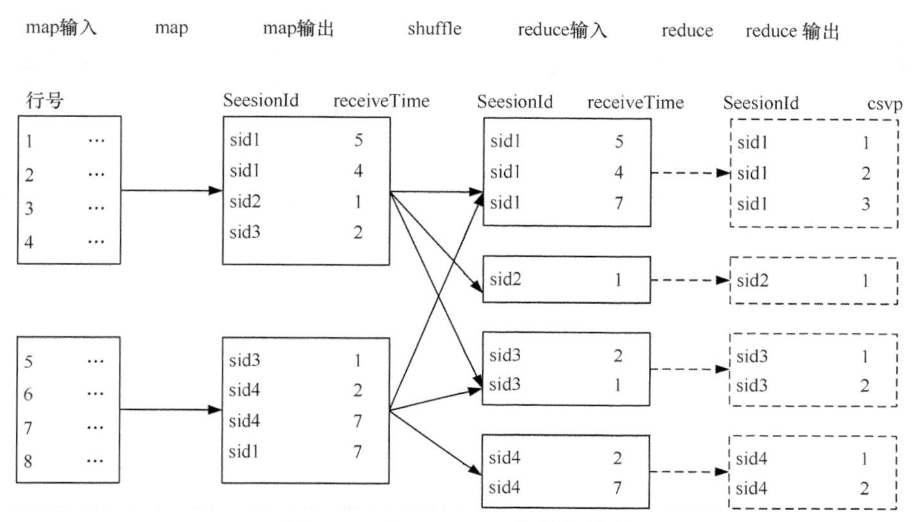

图 16-4 将 SessionId 作为键输出

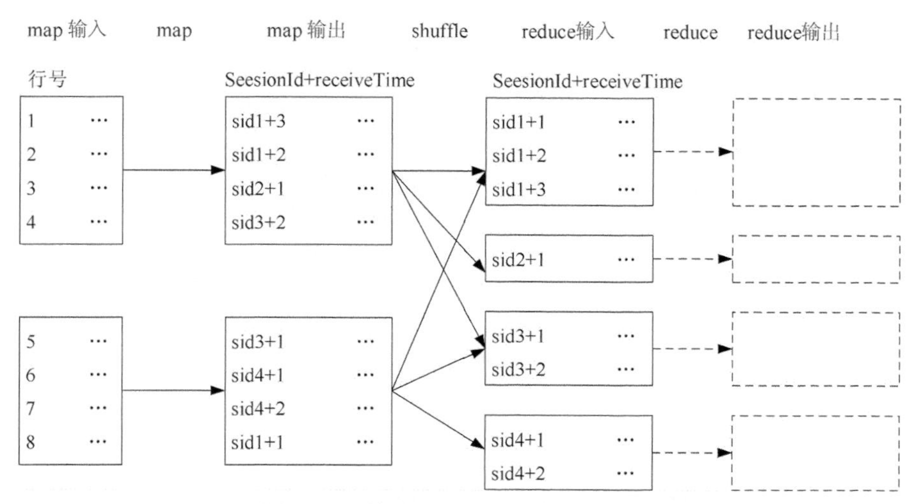

图 16-5 利用 MapReduce 的排序过程

在 map 输出时，将 sessionId+receiveTime 作为键输出，这样按照键的前半部分 sessionId 进行分发，而排序时对 sessionId 相同的按照 receiveTime 进行排序。

16.4 编写 MapReduce 作业

16.4.1 编写 IP 地址解析器

在编写 MapReduce 作业之前，我们先将 IP 地址的解析器完成，由于 IP 地址的解析需要解析 IP 数据库文件，比较繁琐，但又不是本章的重点，故简要将其实现。

我们选用免费开源的纯真 IP 地址数据库，下载地址为 http://www.cz88.net/。下载完成后，新建一个 Java 项目，将数据库文件复制到项目根目录即可，另外新建一个 com.etl.utls 包，在包下编写一个类，名为 IpParser，代码如代码清单 16-1 所示。

代码清单 16-1　IpParser 类

```
public class IpParser {
    //纯真 IP 数据库文件
    private String DbPath = "qqwry.dat";

private String Country, LocalStr;
    private long IPN;
    private int RecordCount, CountryFlag;
    private long RangE, RangB, OffSet, StartIP, EndIP, FirstStartIP, LastStartIP, EndIPOff;
    private RandomAccessFile fis;
    private byte[] buff;

    private long ByteArrayToLong(byte[] b) {
        long ret = 0;
        for (int i=0; i<b.length; i++) {
            long t = 1L;
            for (int j=0; j<i; j++) t = t * 256L;
            ret += ((b[i]<0)?256+b[i]:b[i]) * t;
        }
        return ret;
    }

    private long ipStrToInt(String ip) {
        String[] arr = ip.split("\\.");
        long ret = 0;
        for (int i=0; i<arr.length; i++) {
            long l = 1;
            for (int j=0; j<i; j++) l *= 256;
            try {
                ret += Long.parseLong(arr[arr.length-i-1]) * l;
            } catch (Exception e) {
                ret += 0;
            }
        }
        return ret;
```

```
    }

    public void seek(String ip) throws Exception {
        this.IPN = ipStrToInt(ip);
        fis = new RandomAccessFile(this.DbPath, "r");
        buff = new byte[4];
        fis.seek(0);
        fis.read(buff);
        FirstStartIP = this.ByteArrayToLong(buff);
        fis.read(buff);
        LastStartIP = this.ByteArrayToLong(buff);
        RecordCount = (int)((LastStartIP - FirstStartIP) / 7);

        if (RecordCount <= 1) {
            LocalStr = Country = "未知";
            throw new Exception();
        }

        RangB = 0;
        RangE = RecordCount;
        long RecNo;

        do {
            RecNo = (RangB+RangE)/2;
            getStartIP(RecNo);
            if (IPN == StartIP) {
               RangB = RecNo;
               break;
            }
            if (IPN > StartIP)
                RangB = RecNo;
            else
                RangE = RecNo;
        } while (RangB < RangE-1);

        getStartIP(RangB);
        getEndIP();
        getCountry(IPN);

        fis.close();
    }

    private String getFlagStr(long OffSet) throws IOException {
        int flag = 0;
        do {
            fis.seek(OffSet);
            buff = new byte[1];
            fis.read(buff);
            flag = (buff[0]<0)?256+buff[0]:buff[0];
            if (flag==1 || flag==2 ) {
```

```
            buff = new byte[3];
            fis.read(buff);
            if (flag == 2) {
                CountryFlag = 2;
                EndIPOff = OffSet-4;
            }
            OffSet = this.ByteArrayToLong(buff);
        } else
            break;
    } while (true);

    if (OffSet < 12) {
        return "";
    } else {
        fis.seek(OffSet);
        return getStr();
    }
}

private String getStr() throws IOException {
    long l = fis.length();
    ByteArrayOutputStream byteout = new ByteArrayOutputStream();
    byte c  = fis.readByte();
    do {
        byteout.write(c);
        c = fis.readByte();
    } while (c!=0 && fis.getFilePointer() < l);
    return byteout.toString();
}

private void getCountry(long ip) throws IOException {
    if (CountryFlag == 1 || CountryFlag == 2) {
        Country = getFlagStr(EndIPOff+4);
        if (CountryFlag == 1) {
            LocalStr = getFlagStr(fis.getFilePointer());
            if (IPN >= ipStrToInt("255.255.255.0") && IPN <= ipStrToInt("255.255.255.255")){
                LocalStr = getFlagStr(EndIPOff + 21);
                Country = getFlagStr(EndIPOff + 12);
            }
        } else {
            LocalStr = getFlagStr(EndIPOff+8);
        }
    } else {
        Country = getFlagStr(EndIPOff + 4);
        LocalStr = getFlagStr(fis.getFilePointer());
    }
}

private long getEndIP() throws IOException {
    fis.seek(EndIPOff);
```

```
        buff = new byte[4];
        fis.read(buff);
        EndIP = this.ByteArrayToLong(buff);
        buff = new byte[1];
        fis.read(buff);
        CountryFlag = (buff[0]<0)?256+buff[0]:buff[0];
        return EndIP;
    }

    private long getStartIP(long RecNo) throws IOException {
        OffSet = FirstStartIP + RecNo * 7;
        fis.seek(OffSet);
        buff = new byte[4];
        fis.read(buff);
        StartIP = this.ByteArrayToLong(buff);
        buff = new byte[3];
        fis.read(buff);
        EndIPOff = this.ByteArrayToLong(buff);
        return StartIP;
    }

    public String getLocal() { return this.LocalStr; }
    public String getCountry() { return this.Country; }
    public void setPath(String path) { this.DbPath = path; }

    //调用该函数即可获得 IP 地址所在的实际区域
    public String parse(String ipStr) throws Exception{

     this.seek(ipStr);
     return this.getCountry() + " " + this.getLocal();
    }
}
```

16.4.2 编写 Mapper 类

在 Mapper 类中，需要获取除了 csvp 字段的所有字段，需要完成这个作业的大部分工作。新建一个包，名为 com.etl.mapreduce，编写一个类，类名为 ClickStreamMapper，代码如代码清单 16-2 所示。

代码清单 16-2 ClickStreamMapper 类

```
package com.etl.mapreduce;

import java.text.DateFormat;
import java.text.ParseException;
import java.text.SimpleDateFormat;
import java.util.Date;
import java.util.HashMap;
import java.util.Locale;
```

```
import java.util.regex.Matcher;
import java.util.regex.Pattern;

import org.apache.hadoop.io.LongWritable;
import org.apache.hadoop.io.Text;
import org.apache.hadoop.mapreduce.Mapper;

import com.etl.utls.IpParser;

public class ClickStreamMapper extends Mapper<LongWritable, Text, Text, Text>{

    //Apache日志的正则表达式
    public static final String APACHE_LOG_REGEX =
            "^([0-9.]+)\\s([\\w.-]+)\\s([\\w.-]+)\\s(\\[[^\\[\\]]+\\])\\s\"((?:[^
            \"]|\\\")+)\"\\s(\\d{3})\\s(\\d+|-)\\s\"((?:[^\"]|\\\")+)\"\\s\"((?:
            [^\"]|\\\")+)\"\\s\"(.+)\"\\s(\\d+|-)\\s(\\d+|-)\\s(\\d+|-)\\s(.+)\\
            s(\\d+|-)$";
    public static final String CANNOT_GET = "can not get";

    //需要获取的字段
    private String ipAddress = CANNOT_GET;
    private String uniqueId = CANNOT_GET;
    private String url = CANNOT_GET;
    private String sessionId = CANNOT_GET;
    private String sessionTimes = CANNOT_GET;
    private String areaAddress = CANNOT_GET;
    private String loaclAddress = CANNOT_GET;
    private String browserType = CANNOT_GET;
    private String operationSys = CANNOT_GET;
    private String referUrl = CANNOT_GET;
   private String receiveTime = CANNOT_GET;
    private String userId = CANNOT_GET;

    protected void map(LongWritable key, Text value, Context context) throws java.
            io.IOException ,InterruptedException {

        String log = value.toString();

        //正则解析日志
        Pattern pattern = Pattern.compile(APACHE_LOG_REGEX);
        Matcher matcher = pattern.matcher(log);

        String ipStr = null;
        String receiveTimeStr = null;
        String urlStr = null;
        String referUrlStr = null;
        String userAgentStr = null;
        String cookieStr = null;
        String hostNameStr = null;
```

```
if(matcher.find()){

    //根据正则表达式将日志文件断开
    ipStr = matcher.group(1);
    receiveTimeStr = matcher.group(4);
    urlStr = matcher.group(5);
    userAgentStr = matcher.group(8);
    referUrlStr = matcher.group(9);
    cookieStr = matcher.group(10);
    hostNameStr = matcher.group(14);

    //保存 IP 地址
    ipAddress = ipStr;

    IpParser ipParser = new IpParser();

    try {
        //根据 IP 地址得出所在区域
        areaAddress = ipParser.parse(ipStr).split(" ")[0];
        loaclAddress = ipParser.parse(ipStr).split(" ")[1];

    } catch (Exception e) {
        // TODO Auto-generated catch block
        e.printStackTrace();
    }

    DateFormat df = new SimpleDateFormat("dd/MMM/yyyy:HH:mm:ss", Locale.US);

    try {
        Date date = df.parse(receiveTimeStr);
        //将时间字符串转换为长整行
        receiveTime = Long.toString(date.getTime());
    } catch (ParseException e) {
        // TODO Auto-generated catch block
        e.printStackTrace();
    }

    //将 url 中的无效字符串丢弃
    urlStr = urlStr.substring(5);
    //重新拼装成 url 字符串
    url = hostNameStr + urlStr;

    //用户浏览器信息的正则表达式
    String userAgentRegex = "^(.+)\\s\\((.+)\\)\\s(.+)\\s\\((.+)\\)\\s(.+)\\s(.+)$";
    pattern = Pattern.compile(userAgentRegex);
    matcher = pattern.matcher(userAgentStr);

    //获取浏览器类型
    browserType = matcher.group(5);
```

```
            //获取操作系统类型
            operationSys = matcher.group(2).split(" ")[0];

            //保存上一个页面 url
            referUrl = referUrlStr;

            //Hashmap 保存 cookie 信息
            HashMap<String, String> cookies = new HashMap<String, String>();

            String[] strs = cookieStr.split(";");

            for (int i = 0; i < strs.length; i++) {
                String[] kv = strs[i].split("=");
                String keyStr = kv[0];
                String valStr = kv[1];
                cookies.put(keyStr, valStr);
            }

            //获取 uuid 信息
            uniqueId = cookies.get("uuid");

            //获取账号信息
            userId = cookies.get("userId");

            //如果没有获取成功，说明用户没有登录
            if(userId == null){
                userId = "unlog_in";
            }

            //获取 seesionTimes
            sessionTimes = cookies.get("st");

            //拼装成 sessionId
            sessionId = uniqueId + "|" + sessionTimes;

            //用 sessionId 和 receiveTime 组成新的 key
            String mapOutKey = sessionId + "&" + receiveTime;
            //按照 clickstream_log 表的顺序重新组合这些字段
            String mapOutValue = ipAddress + "\t" + uniqueId + "\t" + url + "\t" +
                    sessionId + "\t" + sessionTimes + "\t" + areaAddress + "\t" + loaclAddress
                    + "\t" + browserType + "\t" + operationSys + "\t" + referUrl + "\t" +
                    receiveTime + "\t" + userId;

            context.write(new Text(mapOutKey), new Text(mapOutValue));

        }else{
            return;
        }
    };
}
```

在编写 MapReduce 作业时，一定注意要对异常情况捕获和处理，否则会由于某条记录导致整个作业失败。

16.4.3 编写 Partitioner 类

该类的用途为控制 shuffle，实现按照 sessionId 分发的规则，代码如代码清单 16-3 所示。

代码清单 16-3 Partitioner 类

```
package com.etl.mapreduce;

import org.apache.hadoop.io.Text;
import org.apache.hadoop.mapreduce.Partitioner;

public class SessionIdPartioner extends Partitioner<Text, Text>{

    @Override
    public int getPartition(Text key, Text value, int parts) {

        String sessionid = "-";

        if(key != null){
            //得到 sessionid
            sessionid = key.toString().split("&")[0];
        }

        //将 sessionId 从 0 到 Integer 的最大值散列
        int num = (sessionid.hashCode() & Integer.MAX_VALUE) % parts;

        return num;
    }
}
```

getPartition 函数的参数 key 为 map 函数输出的 key，即为 SessionId+receiveTime，value 为 map 函数输出的 value，而 parts 则为 reducer 的个数，该项由配置文件或者临时配置决定，在整个作业中，该值都为定值。

在 getPartition 函数中，得 sessionId 后，将其散列到 0～int 最大值的范围，并再对 parts 取模得到 reducer 的编号，0 为第一个 Reducer，1 为第二个 Reducer 等，这样既保证了同一个 sessionId 的数据进入同一个 Reducer，又保证了 Reducer 的编号不超过 Reducer 的个数。

16.4.4 编写 SortComparator 类

该类的用途为控制排序，实现按照 SessionId，并且当 SessionId 一致时按照 receiveTime 排序的规则，代码如代码清单 16-4 所示。

代码清单 16-4　SortComparator 类

```
package com.etl.mapreduce;

import org.apache.hadoop.io.Text;
import org.apache.hadoop.io.WritableComparable;
import org.apache.hadoop.io.Writable;

public class SortComparator extends WritableComparator{

    protected SortComparator() {
            super(Text.class, true);
        }

        @Override
        public int compare(WritableComparable w1, WritableComparable w2) {

            String[] comp1 = w1.toString().split("&");
            String[] comp2 = w2.toString().split("&");

            long result = 1;

            if(comp1 != null && comp2 != null){
                //比较 sessionId
                result = comp1[0].compareTo(comp2[0]);
                //在 sessionId 一样的情况下比较 receiveTime
                if(result == 0 && comp1.length > 1 && comp2.length > 1){

                    long receiveTime1 = 0;
                    long receiveTime2 = 0;

                    try {
                        //取得 receiveTime
                        receiveTime1 = Long.parseLong(comp1[1]);
                        receiveTime2 = Long.parseLong(comp2[1]);
                        result = receiveTime1 - receiveTime2;

                        if(result == 0){
                            //如果 receiveTime 相等，返回 0
                            return 0;
                        }else{
                            //如果 w1 的 receiveTime 大，返回 1，否则返回-1
                            return result > 0 ? 1 : -1;
                        }

                    } catch (Exception e) {
                        return 1;
                    }
                }
                return result > 0 ? 1 : -1;
```

```
            }

            return 1;
        }
    }
```

16.4.5 编写 Reducer 类

在经过 shuffle 和 sort 后，数据已经按照要求排好顺序，这个顺序就是我们需要的 csvp，现在只需按照这个顺序对 csvp 赋值即可，代码如代码清单 16-5 所示。

代码清单 16-5 Reducer 类

```
package com.etl.mapreduce;

import org.apache.hadoop.io.NullWritable;
import org.apache.hadoop.io.Text;
import org.apache.hadoop.mapreduce.Reducer;

public class ClickStreamReducer extends Reducer<Text, Text, NullWritable, Text>{

    //表示前一个 sessionId
    public String preSessionId = "-";

    protected void reduce(Text key, Iterable<Text> values, Context context) throws
          java.io.IOException ,InterruptedException {

        int csvp = 0;

        String sessionId = key.toString().split("&")[0];

        //如果是第一条数据
        if(preSessionId.equals("-")){
            csvp = 1;
        }else{
            //如果与前一个 sessionId 相同，说明是同一个 session
            if(preSessionId.equals(sessionId)){
                //累加 csvp
                csvp++;
            //如果不同，说明是新的 session，重置 preSessionId 和 csvp
            }else{
                preSessionId = sessionId;
                csvp = 1;
            }
        }

        //按照 clickstream_log 的格式在末尾加上 csvp
        String reduceOutValue = values.iterator().next().toString() + "\t" + csvp;
        context.write(NullWritable.get(), new Text(reduceOutValue));
```

```
    };
}
```

一般来说，在 reduce 函数中，同一个 key 都会有多条数据（Iterable<Text> values），但是在这个 MapReduce 作业中，它的 key 值保证了它的 values 里面只会有一条数据，这点需要注意。

16.4.6　编写 main 函数

在 main 函数中，需要对作业做一些常规的设置，代码如代码清单 16-6 所示。

代码清单 16-6　main 函数

```
package com.etl.mapreduce;

import java.io.IOException;
import org.apache.hadoop.conf.Configuration;
import org.apache.hadoop.fs.Path;
import org.apache.hadoop.io.Text;
import org.apache.hadoop.mapreduce.Job;
import org.apache.hadoop.mapreduce.lib.input.FileInputFormat;
import org.apache.hadoop.mapreduce.lib.output.FileOutputFormat;
import org.apache.hadoop.mapreduce.lib.output.TextOutputFormat;

public class Driver {

    /**
     * @param args
     * @throws IOException
     * @throws InterruptedException
     * @throws ClassNotFoundException
     */
    public static void main(String[] args) throws IOException, ClassNotFoundException,
            InterruptedException {
        Configuration configuration = new Configuration();

        if(args.length != 2){
            System.out.println("参数不正确");
            return;
        }

        //取得输入路径，即点击流日志存放的 HDFS 路径
        String inputPath = args[0];
        //取得输出路径，即 Clickstream_log 表的 HDFS 路径，需要考虑其分区路径
        String outputPath = args[1];

        Job job = new Job(configuration,"clickstream_etl");
        job.setJarByClass(Driver.class);
        FileInputFormat.addInputPath(job, new Path(inputPath));
        FileOutputFormat.setOutputPath(job, new Path(outputPath));
        job.setMapperClass(ClickStreamMapper.class);
```

```
        job.setReducerClass(ClickStreamReducer.class);
        //手动设置 Reducer 的个数，该值可根据集群计算能力酌情考虑
        job.setNumReduceTasks(4);
        job.setOutputFormatClass(TextOutputFormat.class);
        job.setPartitionerClass(SessionIdPartioner.class);
        job.setSortComparatorClass(SortComparator.class);
        job.setOutputKeyClass(Text.class);
        job.setOutputValueClass(Text.class);

        System.exit(job.waitForCompletion(true) ? 0 : 1);
    }
}
```

至此整个作业编写完成，需要将这个工程打成 clickstream_etl.jar 文件放到项目目录下的 lib 目录下。

16.4.7 通过 Python 调用 jar 文件

在编写完 MapReduce 作业后，该模块的 90%的工作已经完成，剩下的是需要通过 Python 模块来调用。

在 com.cal 包下新建一个 Python 模块，名为 etl_clickstram.py，编写 main 函数，如代码清单 16-7 所示。

代码清单 16-7 main 函数

```
if __name__ == '__main__':
    #由日志服务器上传至 HDFS 的目录下，按照时间进行存储
    inputPath  = "/tmp/apache_log/" + sys.argv[0]

#输出目录为 Clickstream_log 表的分区目下
    outputPath = "/user/hive/warehouse/clickstream_log/dt=" + sys.argv[0]

    shell = HADOOP_HOME + "hadoop jar " + PROJECT_LIB_DIR + "clickstream_etl.jar
            com.etl.mapreduce" + inputPath + " " + outputPath

os.system(shell)
```

其中，sys.argv[0]为调度模块出入的时间，为前一天的日期，也就是说功能会每天执行一次，将前一天的点击流日志进行数据清洗并输出至 Clickstream_log 表的 HDFS 路径下。

在第一次执行该模块前，将创建 Clickstream_log 表，建表语句如下：

```
CREATE TABLE Clickstream_log(
ipAddress STRING,
uniqueId STRING,
url STRING,
sessionId STRING,
sessionTimes INT,
```

```
areaAddress STRING,
loaclAddress STRING,
browserType STRING,
operationSys STRING,
referUrl STRING,
receiveTime BIGINT,
userId STRING,
csvp INT)
PARTITIONED BY (dt STRING)
ROW FORMAT DELIMITED FIELDS TERMINATED BY '\t';
```

16.5 还能做什么

当拥有了 Clickstream_log 表之后，意味着我们的数据仓库又多了一份宝贵的资产，如何使用这一份资产，是接下来要讨论的。严格来说，一份优质的日志文件经过数据清洗后，得到的字段包含但不会仅限于上述字段（本章为了简化业务，只介绍了一部分字段的获取），所以接下来的讨论不会局限于上述字段。

拥有了 Clickstream_log 表后，我们就有了网站分析的依据，用数字说话来形容网站分析再合适不过了，网站分析好比网站的晴雨表，时刻监控着网站的健康状态，它是一种研究并提升在线体验的方法，如果没有网站分析，我们就不能判断搜索引擎营销策略在捕捉潜在受众上是否有效甚至充分，不能判断在社交媒体口碑建设上的投入是否物有所值，不能判断访客的体验是否友好，越来越多的用户是被吸引过来参与重复访问和购买，还是仅仅浏览了一个页面就离开了网站。

16.5.1 网站分析的指标

网站分析的指标有很多种，常用的有以下一些指标：

- 网站最受欢迎的网页；
- 平均访问时长和访客回报率；
- 带来最多流量的媒介来源或渠道；
- 访客的地理分布和他们的语言设置；
- 网页的“粘性”如何，意味着访客是留下来还是直接跳出；
- 网站产生的收入；
- 顾客来自哪里。

基于上述指标，我们可以组合出很多更加有趣的信息，如：

- 最有价值的访客来自哪里？
- 最有价值的网页？
- 广告页面浪费钱吗？
- 内部搜索有效吗？
- 访客的转换率？

……

网站分析并不是目的而是工具，它仅仅通过数字将真实的情况展现给你，但是接下来该做哪些改善却是应该由你的数据分析师来告诉你。

16.5.2 网站分析的决策支持

当我们获得了知识，就需要采取行动，网站分析和数据分析师告诉了我们知识，那么我们就可以根据这些知识做出一些策略上的变动，这也是商业智能的目的所在。

表 16-2 给出的是一些网站分析影响决策的典型例子。

表 16-2 网站分析与决策支持

现 象	决 策
一个新的产品比其他产品多产生了 20%收入	奖励网络营销团队
每天从搜索引擎而来的平均访问次数锐减了一半	联系开发团队，检查是否在重定向、网站架构上发生了变化；联系 SEO 团队，看是否有什么变化
最近广告花费了 50 000 元，产生的收入只有 3 000 元	查看该广告，看是否报价已经过期
电子邮件推送广告的购买量在整体的 20%	加大对电子邮件营销的投入
超过一半的用户在使用站内搜索，但是大多数的结果为 0，当然也就不能产生收入	联系开发团队，改善内部搜索引擎
从社交媒体来的访客经常下载了产品手册，但是几乎没有实际购买	联系营销团队，获取更多社交媒体访客来扩大品牌影响；联系产品团队，改善产品手册的内容

在下一章中，我们会基于 Clickstream_log 表的数据，统计一个电子商务中最常见的指标——转化率。

16.6 小结

本章实现了点击流日志的数据清洗模块，它代表了一种非结构化数据清洗方式。目前，日志分析对于企业和组织越来越重要，从中可以挖掘出很有用的信息。

第 17 章

实现购书转化率分析模块

就像蝴蝶飞不过沧海，没有谁忍心责怪。

——王菲《蝴蝶》

转化率分析是网站分析常见的指标，转化率可以衡量网站内容对访问者的吸引程度以及网站的宣传效果，本章将通过 MapReduce 作业实现转化率分析。

17.1 漏斗模型

网站转化率=进行了相应动作的访问量/总访问量，转化率通常可以用漏斗模型来进一步形象地表示。当网站举行一个打折促销活动，包含一个图书展示页面、支付页面和支付完成页面，用户可以在图书展示页面浏览图书，在订单页面选中购买的图书，支付完成后将跳转到支付完成页面。某些用户从图书展示页面选中商品进入订单页面支付成功最后跳转到支付完成页面，标志了一次销售活动的完成，而某些用户可能在图书展示页面直接离开，或者是在订单页面未能完成支付而离开，这样这些用户的行为就可以用图 17-1 来表示。

本章的转化率分析就是要求出从商品页面转到订单页面的点击数，以及从订单页面转到支付完成页面的点击数，并求出每一步的比率，形如一个漏斗，即跳转到支付页面的用户必然是从商品页面跳转过来，在支付完成页面的用户必然是从支付页面跳转而来，活动的步骤就像一个漏斗一样，将未跳转下一步的行为筛选出来。

在活动的相邻的两个页面之间是允许用户浏览其他页面的，比如在商品展示页面和订单页面用户之间或许还浏览了其他广告页面。漏斗的有效期是针对一个 session 来说，也就是说，针对漏斗的统计的前提是所有的点击活动是在同一个 session 里，并且一个 session 里可以多次完成漏斗所代表的销售活动，例如某个用户在一次 session 中购买了 3 本书。

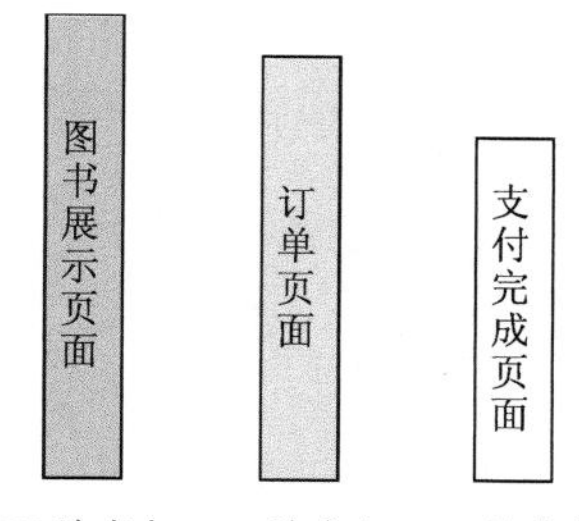

图 17-1　漏斗模型

17.2　处理流程

图 17-2 所示为转化率功能模块的流程图。

（1）读取配置文件，取得程序运行所需参数，如统计的时间跨度、表示漏斗的 URL 链接，如果参数有误则直接停止程序的运行。

（2）将所需的数据从数据仓库中提取出来并存放在 Hive 中，作为下一步的输入。由于转化率分析只会用到数据仓库 Clickstream_log 表中的某些字段，所以需要提前将其提取出来存放到另外一张 Hive 临时表中。

（3）由于 HiveQL 无法完成漏斗模型的统计，所以必须开发 MapReduce 作业进行处理，MapReduce 作业的输入即为临时表的数据，作业处理完成后将结果输出至 HDFS 作为中间结果。

（4）Hive 将 HDFS 的中间结果加载到中间结果表，经过汇总后得到最后结果。

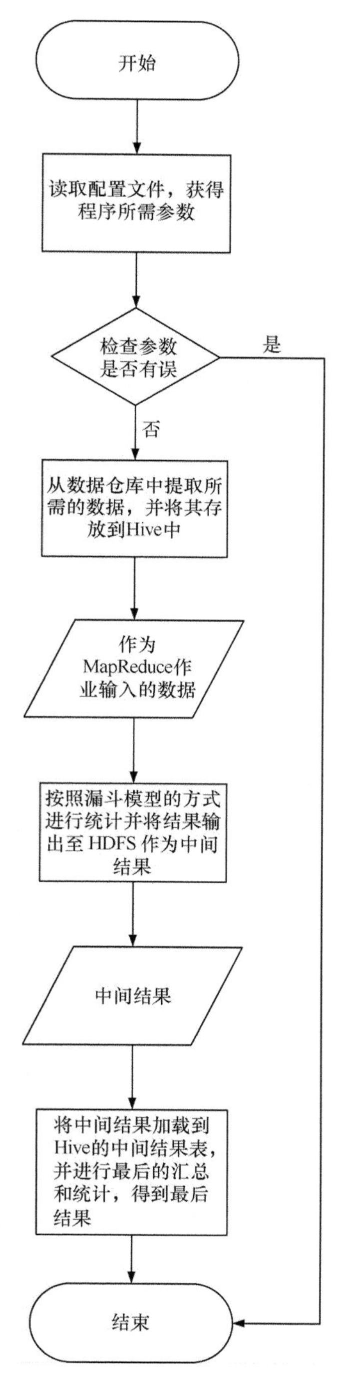

图 17-2　转化率功能模块处理流程

17.3　读取配置文件

同其他功能模块一样，该模块也有自己的配置文件，是项目的 conf 目录下的 Conversion.xml，格式如代码清单 17-1 所示。

代码清单 17-1　Conversion.xml

```
<?xml version="1.0" encoding="utf-8"?>
<root>
    <pras>
        <url>url1</url>
        <url>url2</url>
        <url>url3</url>
        <url>url4</url>
    </pras>
</root>
```

URL 的数目根据具体情况而定，url1 的含义为漏斗的第一个 URL 的正则表达式，以此类推，本节将上述信息从配置文件中解析出来。

在项目 com.cal 包下新建一个模块，取名为 conversion.py，为该类编写一个函数，用来解析配置文件，代码如代码清单 17-2 所示。

代码清单 17-2　conversion.py 模块

```
def resolve_conf():
    #配置文件的地址
    confFile = PROJECT_CONF_DIR + "Conversion.xml"
    #解析 XML
    xmlTree = ET.parse(confFile)
    #得到 pras 元素
    eles = xmlTree.findall('./pras')
    pras = eles[0]

    #用来保存漏斗的 URL 的集合
    urls = []

    for pra in pras.getchildren():
        #print pra.tag,':',pra.text
        if  pra.tag == 'url':
            url = pra.text.strip()
            if url != None or url != '':
                print url
                urls.append(url)

    #检查参数有效性，否则抛出异常
    if len(urls) == 0 :
        raise Exception('参数不全')

    return urls
```

17.4　提取所需数据

由于转化率活动分析的数据全部来自于用户的点击行为，所以我们只用到数据仓库中的

Clickstream_log 表，为了减少 MapReduce 的输入，我们将 Clickstream_log 表中会用到的字段提取到 conversion_input 表中。

从 Clickstream_log 的数据结构并结合漏斗模型的定义，我们得出会用到的字段名。

- url：这是最重要的字段，用来匹配代表漏斗模型的正则表达式。
- uuid：有了这个字段，我们可以不光统计点击数，还可以统计人数。
- sessionId：该字段用来区分统计范围，我们只针对同一个 session 的数据进行统计。
- csvp：非常关键的字段，该字段表示用户访问的先后顺序，有了这个字段我们才能将用户的点击数据还原成用户行为。

在提取之前，必须保证 conversion_input 表存在，如果不存在，可以按照如下建表语句创建：

```
CREATE TABLE conversion_input (
url STRING,
uuid STRING,
sessionId STRING,
csvp INT)
PARTITIONED BY(dt STRING)
ROW FORMAT DELIMITED FIELDS TERMINATED BY '\t'
```

编写一个函数用来提取所需数据，代码如代码清单 17-3 所示。

代码清单 17-3　提取所需数据的函数

```
def extract_data(start,end):
    hql = "insert into table conversion_input partition (dt='"+ start + "-" + end + "') \
select url,uuid,sessionid,csvp from clickstream_log where dt >= " + start +" and dt
        <= " + end
    HiveUtil.execute_shell(hql);
```

这个函数内容很简单，只是将读取配置文件的得到的参数通过拼装字符串的方式得到 HiveQL，通过 HiveUtil 执行即可。

17.5 编写转化率分析 MapReduce 作业

在 Clickstream_log 表中，已经将所需要的字段 url、uuid、sessionid、csvp 提取到了 conversion_input 表，也就是说这张表的数据将会作为 MapReduce 作业的输入，更准确地说，是 conversion_input 表的 HDFS 路径将作为 MapReduce 作业的输入路径。

该 MapReduce 作业的编写思路和上一章中数据清洗 MapReduce 作业的编写思路非常接近，因为转化率分析的范围为一个 session 内，所以在 map 阶段用 sessionId 进行分发是很自然的事情，利用 Hadoop 的默认排序功能将同一个 session 的数据按照 csvp 进行排序即可，再在 reduce 阶段按照漏斗的逻辑进行统计，如图 17-3 所示。

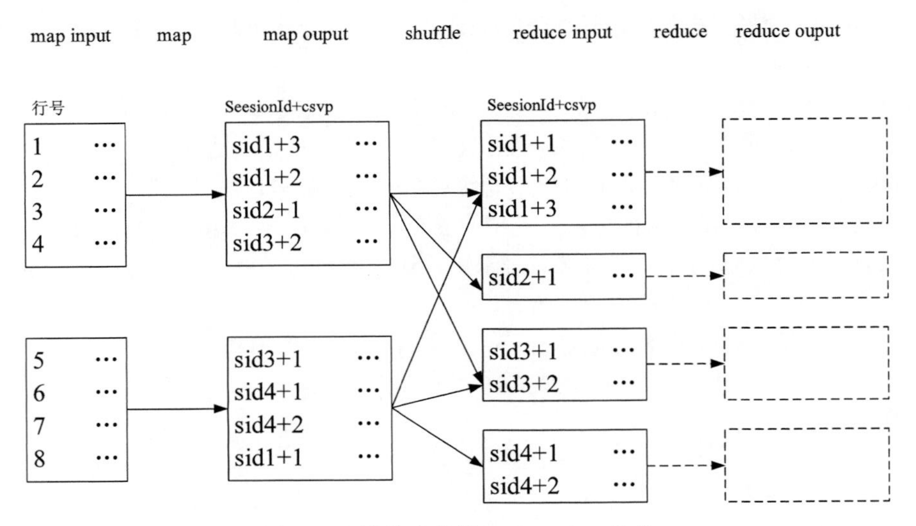

图 17-3　转化率分析 MapReduce 作业

与数据清洗时的 MapReduce 不同之处在于排序的依据是 csvp 的字段。下面按照这种思路进行编写。

17.5.1　编写 Mapper 类

该 Mapper 类的作用主要是将按照 SessionId+csvp 的规则组合成新的键，并输出，代码如代码清单 17-4 所示。

代码清单 17-4　Mapper 类

```
package com.conversion.mapreduce;

import java.io.IOException;
import java.util.regex.Matcher;
import java.util.regex.Pattern;

import org.apache.hadoop.io.LongWritable;
import org.apache.hadoop.io.Text;
import org.apache.hadoop.mapreduce.Mapper;


public class NewKeyMapper extends Mapper<LongWritable,Text,Text,Text>{

    public static final String SEPARATOR = "@";

    //用正则的方式判断是否相等
    public static boolean regex(String value,String regex) {
        Pattern p = Pattern.compile(regex);
        Matcher m = p.matcher(value);
```

```
        return m.find();
    }

    @Override
    protected void map(LongWritable key, Text value,Context context) throws IOException,
            InterruptedException {

        //从 Context 对象中取得表示漏斗的 url 的正则表达式
        String[] desUrlsRegex = context.getConfiguration().get("urls"). split(" ");

        //如果表示漏斗的 url 为空，则返回
        if(desUrlsRegex == null){
            return;
        }

        //表示 conversion_input 表中的一行，按照分隔符切开
        String[] loginfos = value.toString().split("\t");

        //获取 url
        String url = loginfos[0];

        //如果该记录未访问目标地址则丢弃
        int flag = 0;
        for(int i = 0;i < desUrlsRegex.length; i++){
            if(regex(url,desUrlsRegex[i])){
                break;
            }else{
                flag += 1;
            }
        }

        if(flag == desUrlsRegex.length){
            return;
        }

        //获取用户的唯一 id
        String uuid = loginfos[1];
        //获取 SessionId
        String sessionId = loginfos[2];

        try {
            //获取 csvp
            int csvp = Integer.parseInt(loginfos[3]);
            //将 SessionId 和 csvp 组合成为新的 key
            String newKey = sessionId + SEPARATOR + csvp;
            //剩下的部分作为新的 value
            String newValue = uuid + SEPARATOR + url;
            //输出
            context.write(new Text(newKey), new Text(newValue));
        } catch (Exception e) {
```

```
                return;
            }
        }
    }
```

这里值得注意的时候，将 URL 和漏斗的 URL 进行比较的时候，并不能简单地用相等的方法进行比较，因为即使是同一个 URL，也可能参数有所不同，而用正则匹配的方式更加灵活，在写配置文件的时候，也必须按照正则的方式填写。所以在 Mapper 类的开头写了一个正则匹配的方法。

17.5.2　编写 Partitioner 类

该类的用途为控制 shuffle，实现按照 sessionId 分发的规则，代码如代码清单 17-5 所示。

代码清单 17-5　Partitioner 类

```
package com.conversion.mapreduce;

import org.apache.hadoop.io.Text;
import org.apache.hadoop.mapreduce.Partitioner;

public class SessionIdPartioner extends Partitioner<Text,Text>{

    public static final String SEPARATOR = "@";

    @Override
    public int getPartition(Text key,Text value,int parts) {

        String sessionid = "-";
        if(key != null){
        //得到 sessionid
            sessionid = key.toString().split(SEPARATOR)[0];
        }

        //将 sessionId 从 0 到 Integer 的最大值散列
        int reducerNum = (sessionid.hashCode() & Integer.MAX_VALUE) % parts;

        return reducerNum;
    }
}
```

getPartition 函数的参数 key 为 map 函数输出的 key，即为 SessionId+csvp，value 为 map 函数输出的 value，为 uuid+url，而 parts 则为 reducer 的个数，该项由配置文件或者临时配置决定，在整个作业中，该值都为定值。

在 getPartition 函数中，得 SessionId 后，将其散列到 0～int 最大值的范围，并再对 parts 取模得到 Reducer 的编号，0 为第一个 Reducer，1 为第二个 Reducer 等，这样既保证了同一个 SessionId 的数据进入同一个 Reducer，又保证了 Reducer 的编号不超过 reducer 的个数。

17.5.3 编写 SortComparator 类

该类的用途为控制排序，实现按照 SessionId，并且当 SessionId 一致时按照 csvp 排序的规则，代码如代码清单 17-6 所示。

代码清单 17-6 SortComparator 类

```
package com.conversion.mapreduce;

import org.apache.hadoop.io.Text;
import org.apache.hadoop.io.WritableComparable;
import org.apache.hadoop.io.WritableComparator;

public class SortComparator extends WritableComparator{

    protected SortComparator() {
            super(Text.class,true);
        }

        public static final String SEPARATOR = "@";

        @Override
        public int compare(WritableComparable w1,WritableComparable w2) {

            String[] comp1 = w1.toString().split(SEPARATOR);
            String[] comp2 = w2.toString().split(SEPARATOR);

            long result = 1;

            if(comp1 != null && comp2 != null){
                //比较 sessionId
                result = comp1[0].compareTo(comp2[0]);
                //在 sessionId 一样的情况下比较 csvp
                if(result == 0 && comp1.length > 1 && comp2.length > 1){

                    long csvp1 = 0;
                    long csvp2 = 0;

                    try {
                        //取得 csvp
                        csvp1 = Long.parseLong(comp1[1]);
                        csvp2 = Long.parseLong(comp2[1]);
                        result = csvp1 - csvp2;

                        if(result == 0){
                            //如果 csvp 相等，返回 0
                            return 0;
                        }else{
                            //如果 w1 的 csvp 大，返回 1，否则返回-1
```

```
                        return result > 0 ? 1 : -1;
                    }

                } catch (Exception e) {
                    return 1;
                }
            }
            return result > 0 ? 1 : -1;
        }

        return 1;
    }
}
```

17.5.4 编写 Reducer 类

在 Reducer 类中，只需要按照漏斗模型统计即可，因为数据经过自定义的 shuffle 和 sort，已经按照 SessionId 汇集在一起，并且按照 csvp 的大小从小到大排好序了。统计的规则按照 17.1 节介绍的漏斗模型的定义，reduce 函数输出的则是 SessionId + uuid + 漏斗的进度（如果符合漏斗的第一个 URL，则为 1，依次类推），例如：

```
sid05    uid03    2
```

表示该条记录属于漏斗 01 的第二步，为用户 03 在第 5 个 session 中完成。

Reducer 类的代码如代码清单 17-7 所示。

代码清单 17-7 Reducer 类

```
package com.conversion.mapreduce;

import java.io.IOException;
import java.util.regex.Matcher;
import java.util.regex.Pattern;

import org.apache.hadoop.io.NullWritable;
import org.apache.hadoop.io.Text;
import org.apache.hadoop.mapreduce.Reducer;

public class UrlCountReducer extends Reducer<Text,Text,NullWritable,Text>{

    //表示前一条记录的 SessionId
    public static String preSessionId = "not set";
    //表示漏斗的步骤，如 1 为漏斗的第一步
    public static int process = 0;
    public static final String SEPARATOR = "@";

    public static boolean regex(String value,String regex) {
        Pattern p = Pattern.compile(regex);
```

```
        Matcher m = p.matcher(value);
        return m.find();
    }

    @Override
    protected void reduce(Text key,Iterable<Text> values,Context context)
            throws IOException,InterruptedException {

        //从 Context 对象中取得表示漏斗的 url 正则表达式
        String[] desUrls = context.getConfiguration().get("urls").split(" ");
        //取得 SessionId
        String sessionId = key.toString().split(SEPARATOR)[0];
        String value = values.iterator().next().toString();
        //取得 url
        String url = value.split(SEPARATOR)[1];
        //取得 uuid
        String uuid = value.split(SEPARATOR)[0];

        if(preSessionId.equals("not set")){//若是第一次执行 reduce 函数

            preSessionId = sessionId;//记录下当前 sessionId
            process = 0;//初始化进度

            if(regex(url,desUrls[0])){
                process = 1;
                String result = sessionId + "\t" + uuid + "\t" + process;
                context.write(NullWritable.get(),new Text(result));
            }else{
                return;
            }

        }else{
            //当 presession = session 时，说明正在进行漏斗的比较中
            if(preSessionId.equals(sessionId)){
                //一个漏斗比较完成
                if(process == desUrls.length){
                    //开始新的漏斗比较
                    process = 0;
                    //当进度为 0 的情况下，只需比较第一个漏斗
                    if(regex(url,desUrls[0])){
                        process = 1;
                        //输出的格式为：漏斗 Id + SessionId + uuid + 漏斗的进度
                        String result = sessionId + "\t" + uuid + "\t" + process;
                        context.write(NullWritable.get(),new Text(result));
                    }else{
                        return;
                    }
                    return;
                }else{
                    //符合漏斗模型的 url
```

```
                        if(regex(url,desUrls[process])){
                            process ++;//更新进度
                            //输出的格式为：漏斗 Id + SessionId + uuid + 漏斗的进度
                            String result = sessionId + "\t" + uuid + "\t" + process;
                            context.write(NullWritable.get(),new Text(result));
                        }
                    }
                }else{//若果是一个新 SessionId
                    preSessionId = sessionId;
                    process = 0;
                    if(regex(url,desUrls[0])){
                        process = 1;
                        //输出的格式为：SessionId + uuid + 漏斗的进度
                        String result = sessionId + "\t" + uuid + "\t" + process;
                        context.write(NullWritable.get(),new Text(result));
                    }else{
                        return;
                    }
                }
            }
        }
}
```

按照输出的格式：SessionId + uuid + 漏斗的进度，还需对该结果进行汇总，统计出不同漏斗进度的点击数量才是最后结果。

17.5.5 编写 Driver 类

在 main 函数中，需要将第一步读取配置文件得到的配置项作为作业变量设定给作业，供所有 Map 任务和 Reduce 任务使用，并且设定 Reducer 的个数和其他的一些常规设置，代码如代码清单 17-8 所示。

代码清单 17-8 Driver 类

```
package com.conversion.mapreduce;

import java.util.ArrayList;
import org.apache.hadoop.conf.Configuration;
import org.apache.hadoop.fs.Path;
import org.apache.hadoop.io.Text;
import org.apache.hadoop.mapreduce.Job;
import org.apache.hadoop.mapreduce.lib.input.FileInputFormat;
import org.apache.hadoop.mapreduce.lib.output.FileOutputFormat;
import org.apache.hadoop.mapreduce.lib.output.TextOutputFormat;
import com.conversion.mapreduce.NewKeyMapper;
import com.conversion.mapreduce.SessionIdPartioner;
import com.conversion.mapreduce.SortComparator;
import com.conversion.mapreduce.UrlCountReducer;
```

```
public class Driver {

    public static final String SEPARATOR = "@";

    public static void main(String[] args) throws Exception {

            Configuration configuration = new Configuration();

            if(args.length <= 2){
                System.out.println("请保证参数完整性，第一个参数为输入路径，第二个参数为
                        输出路径，后面参数为漏斗目标 url");
                return;
            }

            //取得输入路径，即 conversion_input 表的 HDFS 路径
            String inputPath = args[0];
            //取得输出路径
            String outputPath = args[1];

            //保存表示漏斗的 url 的正则表达式
            ArrayList<String> hoppers = new ArrayList<String>();
            for(int i = 2;i < args.length -1;i++){
                hoppers.add(args[i]);
            }

            String urls = "";
            for(int i = 0;i <hoppers.size();i++){
                //urls[i] = hoppers.get(i);
                urls += hoppers.get(i);
                if(i != hoppers.size()-1){
                    urls += SEPARATOR;
                }
            }

            //将漏斗 URL 保存到 configuration 对象中，供所有 Map 任务和 Reduce 任务使用
            configuration.set("urls",urls);

            Job job = new Job(configuration,"conversion");
            job.setJarByClass(Driver.class);
            FileInputFormat.addInputPath(job,new Path(inputPath));
            FileOutputFormat.setOutputPath(job,new Path(outputPath));
            job.setMapperClass(NewKeyMapper.class);
            job.setReducerClass(UrlCountReducer.class);
            //手动设置 Reducer 的个数，该值可根据集群计算能力酌情考虑
            job.setNumReduceTasks(4);
            job.setOutputFormatClass(TextOutputFormat.class);
            job.setPartitionerClass(SessionIdPartioner.class);
            job.setSortComparatorClass(SortComparator.class);
            job.setOutputKeyClass(Text.class);
            job.setOutputValueClass(Text.class);
```

```
            System.exit(job.waitForCompletion(true) ? 0 : 1);
        }
}
```

至此整个作业编写完成，需要将这个工程打成 conversion.jar 文件放到项目的 lib 目录下。

17.5.6　通过 Python 模块调用 jar 文件

我们需要在 Python 模块中执行该 jar 文件，在 conversion.py 中新建一个函数，代码如代码清单 17-9 所示。

代码清单 17-9　conversion.py 中新建的函数

```
def count_urls(start,end,urls):
    #MapReduce 作业的输入路径，为 sales_input 表的 HDFS 地址
    input = "/user/warehouse/conversion_input/dt=" + start + "-" + end

    #MapReduce 作业的输出路径，可以任意指定
    output = "/user/temp/conversion"

    ##删除上一次作业输出目录
    os.system(HADOOP_PATH + "hadoop dfs -rmr" + output)

    #将表示漏斗的正则表达式拼装成一个字段串，作为参数传给 MapReduce 作业
    urlstr = "";
    for i in range(len(urls)):
        if(i == len(urls) -1):
            urlstr += urls[i]
        else:
            urlstr += urls[i] + " "

    #拼装成 shell 命令
    shell = HADOOP_PATH + "hadoop jar " + PROJECT_LIB_DIR + "conversion.jar " +
          "com.conversion.mapreduce.Driver " + input + " " + output + " " + urlstr

    #执行命令
    os.system(shell)
```

注意在执行 MapReduce 作业之前，需要将上次作业输出目录删除。

17.6　对中间结果进行汇总得到最终结果

本节做的工作主要是将 MapReduce 作业输出的统计结果加载到中间结果表，并进行汇总，得到最终结果并输出至最终结果表。

按照 MapReduce 作业的输出格式，就可以得到中间结果表的表结构，以下是建表语句：

```
CREATE TABLE conversion_middle_result(
sessionid STRING,
uuid     STRING,
process  STRING )
PARTITIONED BY(dt STRING)
ROW FORMAT DELIMITED FIELDS TERMINATED BY '\t'
```

我们希望得到的最终结果要统计出每步的点击数甚至人数，格式如下：

```
process       countc       countu
```

process 表示为漏斗的步骤数，countc 表示该步骤被点击的次数，countu 表示点击该步骤的人数。最终结果表建表语句如下：

```
CREATE TABLE conversion_result(
process STRING,
counts INT,
countu INT)
PARTITIONED BY(dt STRING)
ROW FORMAT DELIMITED FIELDS TERMINATED BY '\t'
```

编写一个函数，该函数主要的作用是将 MapReduce 作业的输出结果加载进中间结果表并进行汇总得到最后结果表。代码如代码清单 17-10 所示。

代码清单 17-10　将 MapReduce 作业的输出结果加载进中间结果表并进行汇总得到最后结果表的函数

```
def get_result(start, end, output):
    #最终结果表的分区
    dt = start + "-" + end

    #删除作业成功的标志性文件
    shell = HADOOP_PATH + "hadoop dfs -rm " + output + "/_SUCCESS"
    os.system(shell)

    #删除作业的日志文件
    shell = HADOOP_PATH + "hadoop dfs -rmr " + output + "/_logs"
    os.system(shell)

    #将临时结果加载到中间结果表
    hql = "load data inpath '" + output + "' overwrite into table
             conversion_middle_result partition (dt = " + dt +")"
    HiveUtil.execute_shell(hql)

    #对中间结果进行汇总并写入最后结果表
    hql = "insert into table conversion_result partition (dt='"+ start + "-" +
            end + "') \
select process,count(process),count(distinct(uuid)),process from
        sales_middle_result where dt = " + dt + " group by process"
HiveUtil.execute_shell(hql)
```

从前面的章节我们知道，一个作业成功完成后会在输出目录下留下一个标志成功的空文件和作业的日志文件。但是 Hive 在将文件加载到表里时，默认会将该目录下的所有文件都加载到表中，所以在加载前，需要将非数据文件删除。

17.7　整合

本节主要将上述流程进行整合，代码如代码清单 17-11 所示。

代码清单 17-11　整合后的代码

```
if __name__ == '__main__':
    #统计时间范围开始的时间，通过命令行参数传入
    start = sys.argv[1]

    #统计时间范围结束的时间，通过命令行参数传入
    end = sys.argv[2]

    #解析配置文件
    urls = resolve_conf()

    #提取所需数据
    extract_data(start, end)

    #通过 MapReduce 作业进行统计
    count_urls(start,end,urls)

    #对中间结果进行汇总并得到最后结果表
    get_result(start, end)
```

17.8　小结

本章实现了购书转化率分析模块，转化率分析对于电子商务中是个非常重要的指标，它可以反映出很多问题，本模块实际上也是数据分析模块的一种。

第 18 章

实现购书用户聚类模块

奇变偶不变，符号看象限。

——高中三角函数诱导函数口诀

本章将介绍该项目最后一个分析功能模块，也就是购书用户聚类模块的实现，其中会用到一些机器学习算法和一些统计学的知识。

18.1 物以类聚

通俗地说，人们习惯于将相似的东西归为一类，这就是“物以类聚”。先来看几个例子，还是用苹果举例，如图 18-1 所示。

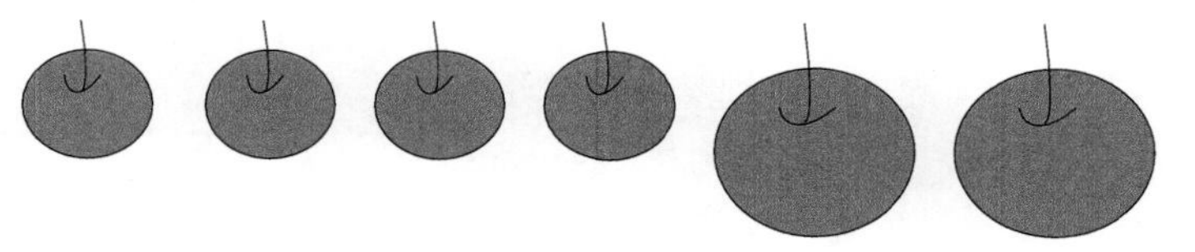

图 18-1 一些苹果（1）

一共有 6 个苹果，如果将这些苹果分类，我们很自然地将其分为两类，因为前 4 个的大小明显和后面不同。再来看看另外 6 个苹果，如图 18-2 所示。

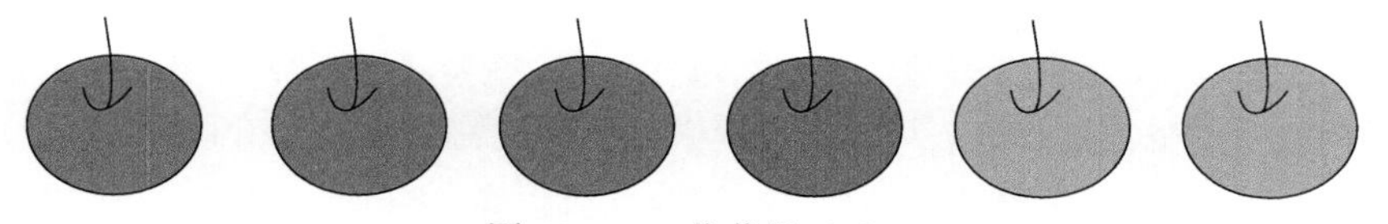

图 18-2 一些苹果（2）

再对这 6 个苹果进行分类，同样很容易得出为两类，前 4 个苹果的颜色和后面的明显不同。

在刚才两个过程中，已经完成了两次聚类，聚类的依据第一次是大小，第二次则是颜色。接下来看看最后 6 个苹果，如图 18-3 所示。

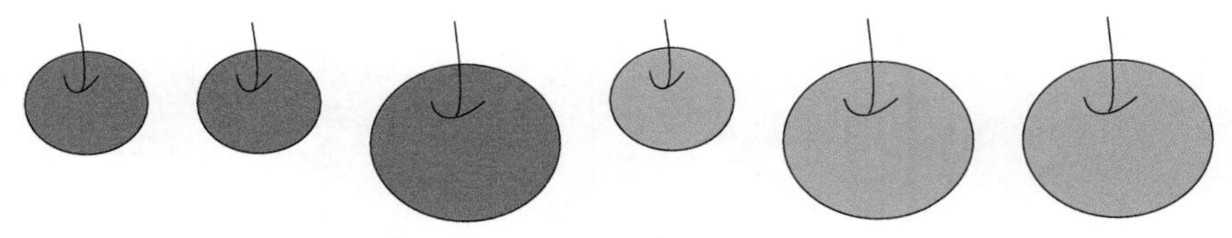

图 18-3　一些苹果（3）

现在你还能一口气将这 6 个苹果进行分类吗，这 6 个苹果有大有小，有红有绿，确实令人困惑，如果现在再说第 2 个和第 5 个苹果很甜，其余苹果很酸，这个问题就更令人棘手了。人对于单一维度的数据很敏感，维度一多就有些力不从心，而计算机恰恰擅长处理这些数据，聚类算法就是“物以类聚”这一朴素思想的数学体现。聚类是把相似的对象通过静态分类的方法分成不同的组别或者更多的子集，这样让在同一个子集中的成员对象都有相似的一些属性，常见的包括在坐标系中更加短的空间距离等。一般把聚类归纳为一种非监督式学习。下一节将介绍本章要用到的聚类算法。

18.2　聚类算法

到目前为止，我们对聚类的理解可以用图 18-4 来表示。

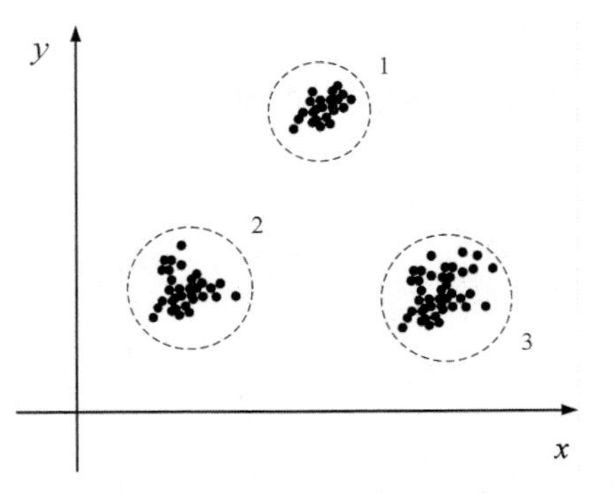

图 18-4　二维空间中的聚类

聚类的目标就是将相似的物体进行分组，并将其标注，这里面的相似性体现在点与点之间的距离。

18.2.1　*k*-means 算法

k-means 算法是一种被广泛使用的直接聚类算法，位列数据挖掘十大算法之二，可见其影响力。*k*-means 算法是一种迭代型聚类算法，它将一个给定的数据集分为用户指定的 *k* 个聚簇，速度较快，易于修改。从上面这句话，可以得出 *k*-means 算法的输入对象为数据集 *D* 和一个非常关键的 *k* 值，也就是用户认为数据集 *D* 应该被分为几类，数据集 *D* 可以被认为是 *d* 维向量空间中的一些点（$D=\{x_i \mid i=1,\cdots,N\}$，其中 $x_i \in R^d$ 表示第 *i* 个对象）[7]。

在 *k*-means 算法中，每个聚簇都用一个点来代表，这些聚簇用集合 $C=\{c_j \mid j=1,\cdots k\}$ 来表示，这 *k* 个代表聚簇有时也被称为聚簇均值或聚簇中心。聚类算法通常用相似度的概念对点集进行分组，具体到 *k*-means 算法，默认的相似度标准为欧氏距离。*k*-means 的实质是要最小化一个如下的非负代价函数：

$$Cost = \sum_{i=1}^{N} (\arg\min_j \| x_i - c_{\mathrm{j}} \|_2^2)$$

换言之，*k*-means 的最小化目标是每个点 x_i 和离它最近的聚簇中心 c_j 之间的欧氏距离的平方和，这也是 *k*-means 的目标函数。

下面是 *k*-means 算法的伪代码：

```
输入：数据集 D，聚簇数 k
输出：聚簇代表集合 C，聚簇成员向量 m

/*初始化聚簇代表 C*/
从数据集 D 中随机挑选 k 个数据点
使用这 k 个数据点构成初始聚簇代表集合 C
repeat
    /*再分数据*/
    将 D 中的每个数据点重新分配至与之最近的聚簇均值
    更新 m（mi 表示 D 中第 i 个点的聚簇标识）
    /*重定均值*/
    更新 C（cj 表示第 j 个聚簇均值）
until 目标函数 Cost = Σ_{i=1}^{N} (argmin_j || x_i − c_j ||_2^2) 收敛
```

从上面的伪代码可以看出，算法主要包括两个交替执行的步骤：再分数据和重定均值，并且是通过随机选取 *k* 个点来启动算法。

（1）**再分数据**。将每个数据点分配到当前与之最近的那个聚簇中心，同时打破了上次迭代确定的归属关系。这一步会对全部数据进行一个新的划分。

（2）**重定均值**。重新确定每一个聚簇中心，即计算所有分配给该聚簇的数据点的中心（如算术平均值），这也是 *k*-means 的名称由来。

当满足收敛条件时，算法停止。

k-means 算法对于初始的聚簇中心非常敏感，也就是说即便是同一数据集 D，如果集合 C 初始化不同，最后的结果可能会差异很大。那么，如何选取最优的 *k* 值和最初的聚簇中心，这个问题将在后面做出回答。

18.2.2 Canopy 算法

在上一节，我们了解了 *k*-means 算法，这一节将学习另一个聚类算法——Canopy 算法。

Canopy 算法最大的特点是不需要事先指定 *k* 值，即聚簇的个数，该算法将聚类过程分为两个过程。

（1）**第一个过程**：Canopy 聚类选择简单、计算代价较低的方法计算对象相似性，将相似的对象放在一个子集中，这个子集叫做 canopy。通过一系列计算（不需要迭代）得到若干 canopy，canopy 之间可以是重叠的，但不会存在某个对象（点）不属于任何 canopy 的情况。

（2）**第二个过程**：根据第一步生成的 canopy，再进行一次聚类，这次选取的聚类算法在计算相似性方面会较第一步复杂、精确。

看到这里，很容易联想到，Canopy 算法的第二步可以用 *k*-menas 来完成，而第一步则负责得出 *k* 值和初始的聚簇中心。

下面着重分析 Canopy 算法的第一个过程，也就是生成 canopy 的过程，如图 18-5 所示。

（1）将数据集向量化得到一个集合（图中所有点），选择两个距离阈值 *t*1 和 *t*2，其中 *t*1 > *t*2，对应图 18-5，实线圈为 *t*1，虚线圈为 *t*2。

（2）从 list 中取一点 *P*，用低计算成本方法快速计算点 *P* 与所有 canopy 之间的距离（如果当前不存在 canopy，则把点 *P* 作为一个 canopy），如果点 *P* 与某个 canopy 距离在 *t*1 以内，则将点 *P* 加入这个 canopy。

（3）如果点 *P* 曾经与某个 canopy 的距离在 *t*2 以内，认为点 *P* 此时与这个 canopy 已经够近了，因此它不可以再做其他 canopy 的中心了。如果点 *P* 与所有 canopy 的距离都大于 *t*2，则点 *P* 新增为一个 canopy。

（4）重复步骤 2 和 3，直到集合迭代完成。

如图 18-5 所示，一共生成了 5 个 canopy，即 *k*=5，我们可以计算每个 canopy 的中心作为初始聚簇中心。

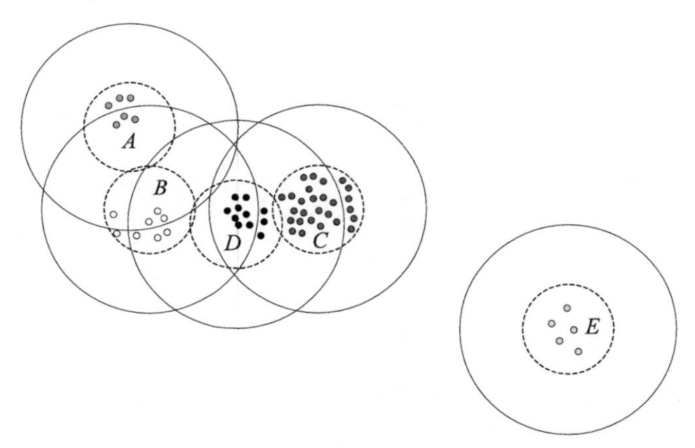

图 18-5 生成 canopy

18.2.3 数据向量化

当了解了聚类算法以后，再回过头来看看苹果的例子，如果想用聚类算法来解决这个问题，如何才能将一堆苹果用数据集的形式来表示呢？

在进行聚类之前，需要将对象用有序实数对来表示，这个过程就是向量化。而向量的维度就代表了对象的特征（feature）。以苹果为例，我们用了大小和颜色来表示一个苹果，大小和颜色就是苹果的特征。当特征确定后，向量化的工作仍然没有完成，现在一个苹果可以用下面的形式来表示：

```
[0 => big , 1 => red]
```

其中 0 表示维度 0，即大小特征，1 表示维度 1，即颜色特征。我们需要将这些特征转换为十进制数据值，对于维度 0，只需将小苹果的值设为 1，中苹果的值设为 2，该值根据苹果的大小递增即可；但是对于颜色来说，如何将颜色转化为数字，这是一个问题，我们当然可以为颜色任意分配数字，如红色为 1，绿色为 2，黄色为 3，但是这忽略了一个事实，在可见光谱中，黄色是介于红色和绿色之间的颜色。所以更好的办法是直接采用颜色的波长（400 nm～650 nm），这样，颜色特征就映射为一个有意义的数字。

经过向量化的工作后，现在不同大小和颜色的苹果可以转化为表 18-1 中的数据。

表 18-1 数据向量化

苹　果	大　小	颜　色	向　量
小、红色	1	655	（1,655）
大、绿色	3	525	（3,525）
中、黄色	2	580	（2,580）
小、绿色	1	500	（1,500）

在这里，我们只选取了两个维度，还可以选择口味、重量等维度。观察上表，发现颜色维度的值比大小维度的值大的多，如果基于欧氏距离来表示两个向量的相似性的话，那么第一个向量和第二个向量之间的距离（也就是相似性）很大程度上取决于颜色这个维度。下一节将讨论如何避免这一个问题。

18.2.4 数据归一化

在上一节最后提出的问题，实际上是由于特征之间具有不同的量纲和量纲单位。所以在进行聚类之前，需要对数据进行归一化。数据归一化，也叫数据标准化，目的是消除指标之间的量纲影响，使各指标处于同一数量级，这样指标之间才具有可比性。下面介绍两种常用的归一化方法。

（1）min-max 标准化：也称为离差标准化，是对原始数据的线性变换，使结果值映射到[0 - 1]之间。转换函数如下：

$$x^* = \frac{x - \min_x}{\max_x - \min_x}$$

其中 max 为样本数据的最大值，min 为样本数据的最小值。这种方法的缺陷是当有新数据加入时，可能导致 max 和 min 的变化，需要重新定义。

（2）z 分数标准化：这种方法根据原始数据的均值（mean）和标准差（standard deviation）进行数据的标准化，将原始数据变换为 z 分数，经过处理的数据符合标准正态分布，即均值为 0，标准差为 1，转化函数如下：

$$x^* = \frac{x - \mu}{\sigma}$$

其中 μ 为所有样本数据的均值，σ 为所有样本数据的标准差。

在开始聚类算法前，应当对数据的每一个维度进行标准化的操作，这样才能消除维度之间量纲的影响。

18.2.5 相似性度量

在原始的数据经过向量化和归一化后，就可以计算出对象之间的相似性，无论是 Canopy 算法还是 *k*-means 算法，都是根据相似性来将对象归类。目前，常用的是采用欧氏距离作为相似性度量，相似性度量对于聚类结果影响很大，不同的相似性度量将可能导致完全不同的聚类结果。本节将介绍常用的几种相似性度量。

（1）欧氏距离。欧氏距离是所有距离测度中最简单的，也是最基本的。数学上，两个 *n* 维向量$(a_1,a_2,\cdots,a_n)$和（$b_1,b_2,\ldots,b_n$）之间的欧氏距离公式为：

$$d=\sqrt{(a_3-b_1)^2+(a_2-b_2)^2+\cdots+(a_n-b_n)^2}$$

（2）平方欧氏距离。如名称所示，平方欧氏距离的值为欧氏距离的平方，两个 *n* 维向量$(a_1,a_2,\cdots,a_n)$和$(b_1,b_2,\cdots,b_n)$之间的平方欧氏距离公式为：

$$d=(a_1-b_1)^2+(a_2-b_2)^2+\cdots+(a_n-b_n)^2$$

（3）曼哈顿距离。两个点之间的曼哈顿距离是它们坐标差的绝对值之和，如图 18-6 所示。

点(2,2)与点(6,6)之间欧氏距离为 5.65（虚线所示），曼哈顿距离为 8（实线所示）。两个 *n* 维向量$(a_1,a_2,\cdots,a_n)$和$(b_1,b_2,\cdots,b_n)$之间的曼哈顿距离公式为：

$$d=|a_1-b_1|+|a_2-b_2|+\cdots+|a_n-b_n|$$

（4）余弦距离。余弦距离是用向量空间中两个向量夹角的余弦值作为衡量两个个体间差异的大小的度量。余弦距离需要将待比较的两个点视为从原点指向它们的向量，向量的夹角为 θ，如图 18-7 所示。

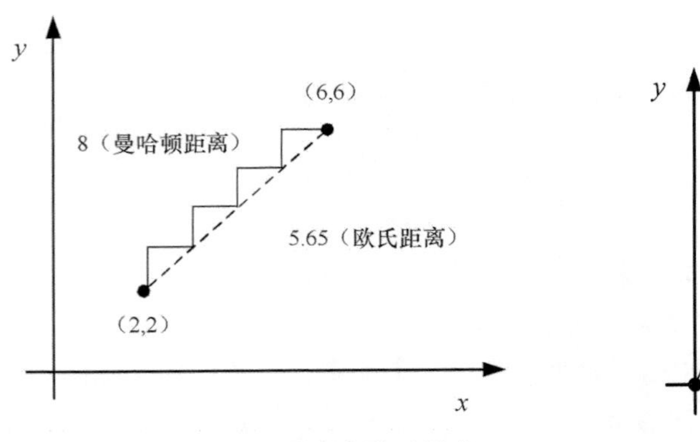

图 18-6　Manhattan 距离和欧氏距离

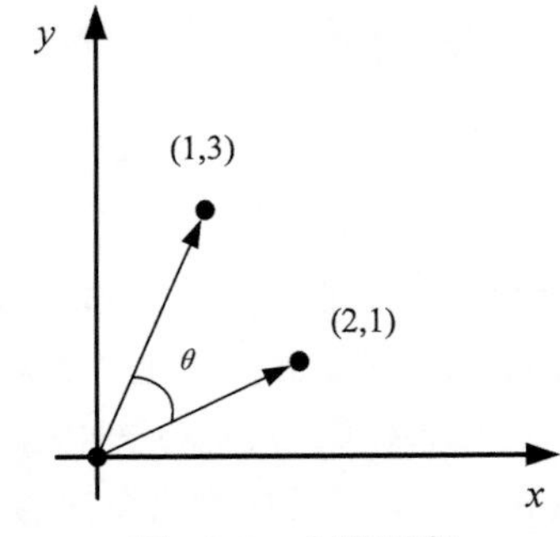

图 18-7　余弦距离

两个 *n* 维向量$(a_1,a_2,\cdots,a_n)$和$(b_1,b_2,\cdots,b_n)$之间的余弦距离公式为：

$$d=1-\cos\theta$$

其中

$$\cos\theta = \frac{a_1b_2 + a_2b_2 + \cdots + a_nb_n}{(\sqrt{(a_1^{\ 2} + a_2^{\ 2} + \cdots + a_n^{\ 2})}\sqrt{(b_1^{\ 2} + b_2^{\ 2} + \cdots + b_n^{\ 2})})}$$

余弦距离一般用在文本聚类中。

18.3 用 MapReduce 实现聚类算法

在前面了解了聚类和聚类算法，那么如何将聚类和 Hadoop 联系在一起呢，最直接的方式无疑是利用 MapReduce 编程模型实现聚类算法。

18.3.1 Canopy 算法与 MapReduce

本小节将介绍如何利用 MapReduce 编程模型实现 Canopy 算法的第一个过程，也就是生成 canopy 的过程，如图 18-8 所示。

在 map 输入阶段，整个数据集被自动切片，这样每个 Map 任务的输入可以被看作是数据集的一部分。在 map 阶段，每个 Map 任务会执行 Canopy 算法，生成一些 canopy，最后将其全部分发到一个 reducer 上。在 reduce 阶段，将接收到的所有 canopy 取其中心，再执行一次 Canopy 算法，这样 reduce 输出输出的 canopy 的中心就可以作为 *k*-means 算法的初始聚簇中心。

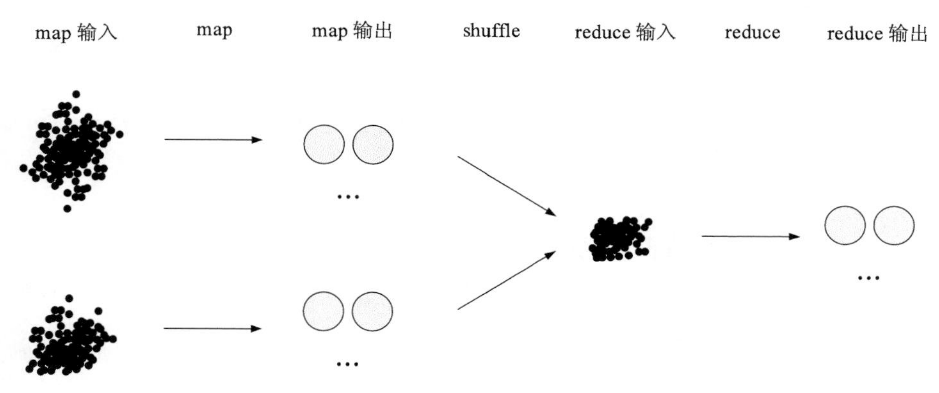

图 18-8 Canopy 和 MapReduce

18.3.2 *k*-means 算法与 MapReduce

本小节将介绍如何利用 MapReduce 编程模型实现 *k*-means 算法，通过前面的章节我们知道，*k*-means 算法是一个迭代型的算法，所以本小节只关注于 *k*-means 的一次迭代，假设初始聚簇中心的个数为 2，如图 18-9 所示。

map 阶段，根据输入的两个初始聚簇中心，在每个 Map 任务中，将输入的点归到最近的聚簇中心得到新的聚簇中心并输出。在 shuffle 阶段，会根据 Map 任务输出的聚簇中心的 id 分发至不同的 reducer 里，所以 reducer 的数量与初始聚簇中心的数目，即 *k* 值一致。在 reduce 阶段，计算一次平均值并输出，就得到了两个新的聚簇中心。这两个新的聚簇中心将作为下一次迭代的输入，不停循环，直到收敛，所以图 18-9 这个过程将会至少一次。

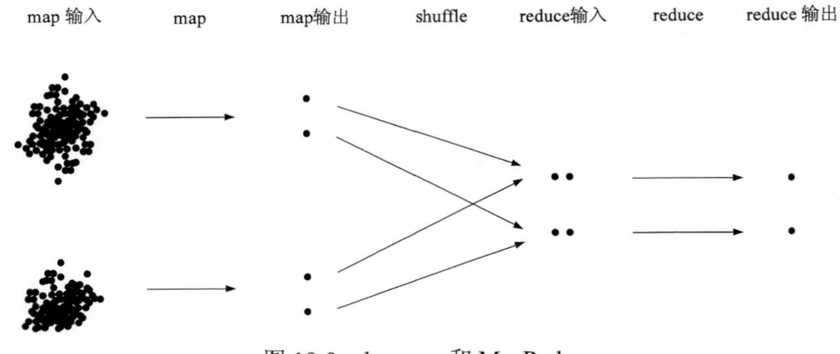

图 18-9 *k*-means 和 MapReduce

18.3.3 Apache Mahout

通过前面两小节，我们已经了解了 MapReduce 的实现方式，接下来应该做的就是编码工作。好在开源世界的力量是无穷的，Apache Mahout 的出现使我们省去了这一繁重的工作。

Apache Mahout 是 Apache Software Foundation（ASF）开发的一个开源项目，其主要目标是创建一些可伸缩的机器学习算法，供开发人员免费使用。Apache Mahout 本质上就是一个用 MapReduce 实现的算法库。Mahout 包含许多实现，包括聚类、分类、协同过滤等。由于使用了 MapReduce 实现，Mahout 能够在 Hadoop 上运行并具有极强的扩展性，是大数据处理的利器。CDH5 中也包含了 Mahout 组件。

不过在 Mahout 官网上最新的一则新闻再次证实了开源技术的日新月异，在 2014 年 4 月 25 日，Mahout 通过一则名为“Goodbye MapReduce”的新闻宣布从现在开始，Mahout 将拒绝新的 MapReduce 算法提交，Mahout 以后将成立新的项目转投 Apache Spark 的怀抱。这也从侧面暴露出现有 MapReduce 计算框架的不足。

但是由于目前 Mahout 的使用频率仍然非常高，Mahout 主要专注于于分类、聚类、和推荐方面的实现，现有算法成熟度非常高，所以我们采用 Mahout 来完成聚类功能。

使用 Mahout 的方法有两种，一种是通过解压 Mahout 的发行版 tar 包，执行其 bin 目录下的 mahout 命令，通过命令来执行各种操作，这种方式最方便，但是隐藏了所有细节并且不够灵活；另一种使用 tar 包下提供的 mahout-core-xx.jar 包，自己写程序调用，这里我们选择第二种。

18.4 处理流程

购书用户聚类功能模块的处理流程如图 18-10 所示。

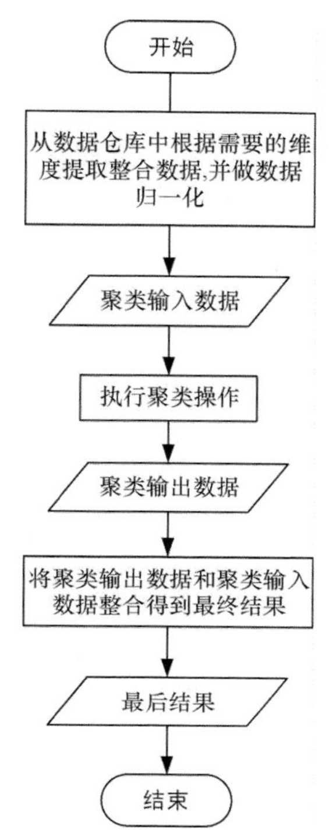

图 18-10 用户聚类功能模块处理流程

首先根据维度从数据仓库中提取需要的数据，并将其整合到一张表中并做数据归一化，作为 Mahout 的输入，接着执行聚类操作，最后再将聚类输出数据和聚类输入数据整合得到最后结果数据。

18.5 提取数据并做归一化

在 com.cal 包下新建一个 cluster_user.py 模块，选取的维度有以下 3 个：

- 用户订单数；
- 用户订单平均金额；
- 用户访问次数。

其中，用户订单数和用户订单平均金额都可以从 Orders 表得出，用户访问次数根据 Clickstrea_log 表的 sessionId 字段得出。现在需要从这几张表中将数据整合，并保存到 Hive 的另外一张表中，整合后的数据如下：

```
uid01    12   70   4
uid02    7    40   2
uid03    17   90   9
...
```

现在先按照这个格式在 Hive 中新建一张表用来保存整合后的数据，建表语句如下：

```
CREATE TABLE user_dimension( --用来保存用户 id 和维度相关的信息
CustomerId STRING,
SubTotal DOUBLE,
OrdersCount DOUBLE,
SessionCount DOUBLE
) ROW FORMAT DELIMITED FIELDS TERMINATED BY '\t';
```

接着就需要将数据提取出来并 INSERT 到 user_dimension 即可，为该类编写一个函数，名为 prepare_normaliz，代码如代码清单 18-1 所示。

代码清单 18-1　prepare_normaliz 函数

```
def prepare_normaliz(start_time,end_time):

        hql = "INSERT overwrite table user_dimension \
    select t1.CustomerId,t1.avg,t2.ordercount,t3.sessioncount from \
    (select CustomerId,avg(SubTotal) avg from Orders where dt <= " + start_time + " and
dt >= " + end_time + " group by CustomerId) t1 join \
    (select CustomerId,count(PKId) ordercount from Orders where dt <= " " + start_time +
        " and dt >= " + end_time + " group by CustomerId) t2 on t1.CustomerId = t2.CustomerId \
    join (select userId,count(sessionId) sessioncount from clickstream_log where dt <=
        "+start_time+" and dt >= "+end_time+" group by userId) t3 on t1.CustomerId = t3.userId";

    HiveUtil.executeByShell(hql)
```

prepare_normaliz 这个函数接收两个参数，一个是起始时间，一个是结束时间，也就是说聚类只使用这个范围内的数据。

现在 user_dimension 表中的数据还不能直接作为 Mahout 的输入，因为 Mahout 不能处理 CustomerId 这个对于聚类毫无意义的字段，Mahout 接收的数据格式为：

维度 0　维度 1　维度 2…

维度和维度之间用空格分隔，这点需要注意，一定是空格分隔的数据，因为 Mahout 要求的格式是用空格分隔。所以还需要一张表格，保存 Mahout 的输入数据，建表语句如下：

```
CREATE TABLE cluster_input(
SubTotal DOUBLE,
OrdersCount DOUBLE,
SessionCount DOUBLE
) ROW FORMAT DELIMITED FIELDS TERMINATED BY ' ';
```

该表只保存 user_dimension 表中除了 CustomerId 的其余数据，并改成用空格分隔。在 prepare_normaliz 函数中增加两行代码：

```
hql = "INSERT overwrite table cluster_input select SubTotal, OrdersCount,SessionCount
        from user_dimension"

HiveUtil.execute_shell(hql)
```

这样数据就按要求保存在 cluster_input 中了。

接下来，需要对 cluster_input 中的数据做归一化的操作，归一化的方法选择前面介绍的 z 分数法。归一化后的数据将保存到 cluster_input 表中，在 prepare_normaliz 函数中增加两行代码：

```
hql = "INSERT overwrite table cluster_input \
select (SubTotal - avg_SubTotal)/std_SubTotal, (OrdersCount - avg_OrdersCount)/std_
        OrdersCount,(SessionCount - avg_SessionCount)/std_SessionCount from cluster_input \
join (select std(SubTotal) std_SubTotal,std(OrdersCount) std_OrdersCount,std (SessionCount)
        std_SessionCount from cluster_input) t1 on 1 = 1 \
join (select avg(SubTotal) avg_SubTotal,avg(OrdersCount) avg_OrdersCount, avg(SessionCount)
        avg_SessionCount from cluster_input) t2 on 1 = 1";

HiveUtil.execute_shell(hql)
```

z 分数需要用到期望和标准差。但是我们不能直接使用 Hive 函数求得 z 分数，如(SubTotal - avg(SubTotal)) / std(SubTotal)，只能用 1 = 1 的 JOIN，在 JOIN 后面的子查询中分别将期望和标准差先计算出来。

到此 cluster_input 中的数据已经是归一化过后的数据了，可以进行聚类操作了。

18.6 维度相关性

在开始聚类前，再来看看选取的维度：

- 用户订单数；
- 用户订单平均金额；
- 用户访问次数。

在前面我们一直回避了这 3 个维度是如何选取的，能不能将用户订单的平均金额替换为用户订单的总金额呢，本节将解答这些问题。

18.6.1 维度的选取

一般来说，维度的选取要相互独立，也就是说单一维度的值的变化，不会引起另一个维度的值的变化，例如下面两个维度的数据：

```
维度 1     维度 2
1          1.5
2          2
3          2.5
```

维度 1 和维度 2 明显呈正相关性，再看另外一个例子：

```
维度 1     维度 2
1          3
2          2
3          1
```

维度 1 和维度 2 明显呈负相关性，在选取维度时，一定要注意排除变量之间相关性的干扰，所以用户订单数和用户订单的总金额是不适合同时作为聚类的维度的。但是对于一些内在的联系，或者不能直接判断是否存在相关性的情况时，就需要采用数学的方式来验证是否存在相关性。

18.6.2 相关系数与相关系数矩阵

在概率论和统计学中，相关系数用来显示两个随机变量之间线性关系的强度和方向。下面介绍一种常用的相关系数：皮尔逊积矩相关系数，皮尔逊积矩相关系数（Pearson product-moment correlation coefficient，又称作 PPMCC 或 PCC，文章中常用 r 或 Pearson's r 表示）用于度量两个变量 X 和 Y 之间的相关性（线性相关），其值介于−1 与 1 之间。在自然科学领域中，该系数广泛用于度量两个变量之间的相关程度，定义为两个变量之间的协方差和标准差的商，数学表达式如下：

$$\rho_{X,Y}=\frac{\mathrm{Cov}(X,Y)}{\sigma_X\sigma_Y}$$

其中，$\mathrm{Cov}(X,Y)$为变量 X、Y 的协方差，σ_X 和σ_Y 为变量 X、Y 的标准差。由于协方差可以由下式得出：

$$\mathrm{Cov}(X,Y)=E(X,Y)-E(X)\cdot E(Y)$$

所以相关系数通过下式算出：

$$\rho_{X,Y}=\frac{E(X\cdot Y)-E(X)\cdot E(Y)}{\sigma_X\sigma_Y}$$

当两个变量相互独立时，也就是 $E(X\cdot Y)=E(X)\cdot E(Y)$，相关系数为 0。

在了解了相关系数的概念后，再来看看相关系数矩阵，相关系数矩阵位于第 i 行和第 j 列交叉点的元素是原矩阵第 i 列和第 j 列的相关系数，以聚类输入数据为例，一共 3 个维度，相关系数矩阵为：

$$\begin{matrix}\rho_{11} & \rho_{12} & \rho_{13}\\ \rho_{21} & \rho_{22} & \rho_{23}\\ \rho_{31} & \rho_{32} & \rho_{33}\end{matrix}$$

其中ρ_{11} 为用户订单数维度和自己的相关系数，ρ_{12} 为用户订单数维度和用户订单平均金额维度之间的相关系数，ρ_{13} 为用户订单数维度和用户访问次数维度之间的相关系数，ρ_{23} 为用户订单平均金额维度和用户访问次数维度之间的相关系数。所以相关系数矩阵是对称矩阵，并且对角元素为 1，因为$\rho_{ij}=\rho_{ji}$，并且当 $i=j$ 时，$\rho_{ij}=1$。

18.6.3 计算相关系数矩阵

当了解了相关系数的概念后，就可以计算维度之间的相关系数并观察维度之间的相关性，由于数据都已经存放在 cluster_input 表中，所以只需一句 HQL 就可以计算相关系数矩阵，如下：

```
select
(avg(SubTotal*SubTotal) - avg(SubTotal)*avg(SubTotal))/
        (std(SubTotal)*std(SubTotal)),
(avg(SubTotal*OrdersCount) - avg(SubTotal)*avg(OrdersCount))/
        (std(SubTotal)*std(OrdersCount)),
(avg(SubTotal*SessionCount) - avg(SubTotal)*avg(SessionCount))/
        (std(SubTotal)*std(SessionCount)),
(avg(OrdersCount*SubTotal) - avg(OrdersCount)*avg(SubTotal))/
        (std(OrdersCount)*std(SubTotal)),
(avg(OrdersCount*OrdersCount) - avg(OrdersCount)*avg(OrdersCount))/
        (std(OrdersCount)*std(OrdersCount)),
(avg(OrdersCount*SessionCount) - avg(OrdersCount)*avg(SessionCount))/
        (std(OrdersCount)*std(SessionCount)),
(avg(SessionCount*SubTotal) - avg(SessionCount)*avg(SubTotal))/
        (std(SessionCount)*std(SubTotal)),
(avg(SessionCount*OrdersCount) - avg(SessionCount)*avg(OrdersCount))/
        (std(SessionCount)*std(OrdersCount)),
(avg(SessionCount*SessionCount) - avg(SessionCount)*avg(SessionCount))/
        (std(SessionCount)*std(SessionCount))
from cluster_input;
```

这样就得到了列与列之间的相关系数，以此来评估维度之间的相关性。

18.7 使用 Mahout 完成聚类

18.7.1 使用 Mahout

本节将使用 Mahout 将 cluster_input 表中的数据进行聚类，首先新建一个 Java 工程，将 Mahout 安装包（版本为 0.7）下的 mahout-math-0.7.jar、mahout-integration-0.7.jar、mahout-core-0.7-job.jar、mahout-core-0.7.jar、commons-cli-2.0-mahout.jar 和 Hadoop 安装目录下的 guava-r09-jarjar.jar、hadoop-core-0.20.2-cdh3u6.jar、log4j-1.2.15.jar 引入工程。

新建包 com.mahout，在该包下编写一个类，名为 UserCluster，代码如代码清单 18-2 所示。

代码清单 18-2 UserCluster 类

```java
package com.mahout;

import org.apache.hadoop.conf.Configuration;
import org.apache.hadoop.fs.Path;
import org.apache.mahout.clustering.Cluster;
import org.apache.mahout.clustering.canopy.CanopyDriver;
import org.apache.mahout.clustering.conversion.InputDriver;
import org.apache.mahout.clustering.kmeans.KMeansDriver;
import org.apache.mahout.common.HadoopUtil;
import org.apache.mahout.common.distance.DistanceMeasure;
```

```
import org.apache.mahout.common.distance.EuclideanDistanceMeasure;
import org.apache.mahout.utils.clustering.ClusterDumper;
import org.slf4j.Logger;
import org.slf4j.LoggerFactory;

public class UserCluster{
private static final Logger log = LoggerFactory.getLogger(UserCluster. class);

    public static void main(String[] args) throws Exception {

        //mahout 的输出至 HDFS 的目录
        String outputPath = args[0];
        //mahout 的输入目录，为 cluster_input 表的 HDFS 目录
        String inputPath = args[1];
        //Canopy 算法的 t1
        double t1 = Double.parseDouble(args[2]);
        //Canopy 算法的 t2
        double t2 = Double.parseDouble(args[3]);
        //收敛阀值
        double convergenceDelta = Double.parseDouble(args[4]);
        //最大迭代次数
        int maxIterations = Integer.parseInt(args[5]);

        Path output = new Path(outputPath);
        Path input = new Path(inputPath);
        Configuration conf = new Configuration();
        //在每次执行聚类前，删除掉上一次的输出目录
HadoopUtil.delete(conf, output);
        //执行聚类
run(conf, input, output,new EuclideanDistanceMeasure(),t1,t2,convergenceDelta,maxIterations);

    }

}
```

从 main 函数可以看到，通过 args 参数将聚类所用到的参数，例如 t1、t2 等传进来，其中收敛阀值 convergenceDelta 是 Cost 函数的阀值，意味着当 Cost 小于 convergenceDelta 时，k-means 算法就停止迭代，而最大迭代次数 maxIterations 为当 k-means 的迭代次数超过 maxIterations 的值时，k-means 算法也停止迭代。所以在 Mahout 的实现中，停止迭代的条件有 2 个。

最后，需要编写一个 run 函数，在函数中完成聚类的工作即可。代码如代码清单 18-3 所示。

代码清单 18-3 run 函数

```
public static void run(Configuration conf, Path input, Path output,DistanceMeasure measure,
        double t1, double t2,double convergenceDelta, int maxIterations) throws Exception {
Path directoryContainingConvertedInput = new Path(output, "data");

log.info("Preparing Input");
//将输入文件序列化，并选取 RandomAccessSparseVector 作为保存向量的数据结构
```

```
InputDriver.runJob(input,directoryContainingConvertedInput,"org.apache.mahout.mat
        h.RandomAccessSparseVector");

log.info("Running Canopy to get initial clusters");
//保存 canopy 的目录
Path canopyOutput = new Path(output, "canopies");
//执行 Canopy 聚类
CanopyDriver.run(new Configuration(),directoryContainingConvertedInput, canopyOutput,
        measure, t1,t2, false, 0.0, false);

log.info("Running KMeans");
//执行 k-means 聚类，并使用 canopy 的目录
KMeansDriver.run(conf, directoryContainingConvertedInput, new Path(canopyOutput,
        Cluster.INITIAL_CLUSTERS_DIR + "-final"), output,measure, convergenceDelta,
        maxIterations, true, 0.0, false);

log.info("run clusterdumper");
//将聚类的结果输出至 HDFS
ClusterDumper clusterDumper = new ClusterDumper(new Path(output,"clusters-*-final"),
        new Path(output, "clusteredPoints"));
clusterDumper.printClusters(null);
}
```

从上面的代码可以看出，Mahout 执行聚类总共分为 4 步。

（1）将输入文件序列化。

（2）生成 canopy。

（3）利用生成 canopy 执行 k-means 聚类。

（4）将聚类结果输出。

这里需要注意的是 KmeansDriver 的 run 方法会接受一个 true 作为参数（倒数第三个），该参数表明是否需要将向量和聚簇中心关联，如果设为 false，最后结果将没有点的信息，只会输出聚簇中心，而该聚簇包含的点则不会输出。

在将该工程打成 jar 包时，需要注意将 Mahout 有关的 jar 文件一起打包，打包完毕后，执行如下命令，就可以真正开始聚类：

```
hadoop jar xxx.jar com.mahout.UserCluster /user/hadoop/output
/user/hive/warehouse/cluster_input 100 50 0.5 10
```

/user/hive/warehouse/cluster_input 是 Mahout 的输入目录，也就是 cluster_input 的表目录，/user/hadoop/output 是 Mahout 的输出目录。当开始执行后，屏幕上会打出日志，我们可以从日志看出执行的进度。例如：

```
正在序列化输入
14/10/03 15:54:08 INFO mahout.UserCluster: Preparing Input

正在生成 canopy
14/10/03 15:54:19 INFO mahout.UserCluster: Running Canopy to get initial clusters
```

```
正在运行 k-means 的第一次迭代
14/10/03 15:54:37 INFO mahout.UserCluster: Running Kmeans
...
Cluster Iterator running iteration 1 over priorPath: /user/hadoop/output/clusters-0

正在将向量和聚簇中心关联
14/10/03 15:55:14 INFO kmeans.KMeansDriver: Clustering data
14/10/03 15:55:14 INFO kmeans.KMeansDriver: Running Clustering
```

最后屏幕上会输出聚簇中心的信息：

```
VL-0{n=1 c=[11.000, 23.000, 32.000] r=[]}
     Weight : [props - optional]:  Point:
     1.0: [11.000, 23.000, 32.000]
VL-1{n=1 c=[2.000, 1.000, 2.000] r=[]}
     Weight : [props - optional]:  Point:
     1.0: [2.000, 1.000, 2.000]
VL-2{n=1 c=[23423.000, 432.000, 423423.000] r=[]}
     Weight : [props - optional]:  Point:
     1.0: [23423.000, 432.000, 423423.000]
```

从执行的速度上来看，生成 canopy 的过程较快，而 k-means 的迭代过程则很漫长，尤其是迭代次数过多的情况下，如果数据在千万级别，这将是一个很漫长的过程。

18.7.2　解析 Mahout 的输出

当上面的过程执行完毕后，意味着 Mahout 的工作已经完成，因为并没有安装 Mahout，所以需要从 Mahout 的输出目录下提取需要的信息。来到 HDFS 上的 Mahout 的输出目录：/user/hadoop/output，会发现以下几个目录：

```
...
drwxr-xr-x  - hadoop supergroup 0 2014-10-03 15:54 /user/hadoop/output/canopies
drwxr-xr-x  - hadoop supergroup  0 2014-10-03 15:55 /user/hadoop/output/clusteredPoints
drwxr-xr-x  - hadoop supergroup  0 2014-10-03 15:54 /user/hadoop/output/clusters-0
drwxr-xr-x  - hadoop supergroup  0 2014-10-03 15:54 /user/hadoop/output/clusters-1
drwxr-xr-x  - hadoop supergroup  0 2014-10-03 15:55 /user/hadoop/output/clusters-2-final
...
```

其中 canopies 目录保存了生成的 canopy，clusters-n 目录则保存了 k-means 的第 *n* 次迭代的结果，clusters-n-final 目录保存了 k-means 的最后一次迭代的结果，clusteredPoints 目录保存了聚类的最后结果，也就是关联到聚簇中心的向量信息，这才是我们需要的。由于文件经过序列化，还需要解析 clusteredPoints 目录下的 part-r-00000 文件，得到聚类结果。

新建一个 Java 工程，并将 hadoop-core-0.20.2-cdh3u6.jar、mahout-core-0.7-job.jar 文件引入工程，新建包 com.out，并在该包内编写一个类，名为 ClusterOut，代码如代码清单 18-4 所示。

代码清单 18-4　ClusterOut 类

```
package com.out;
import org.apache.hadoop.conf.Configuration;
```

```
import org.apache.hadoop.fs.FileSystem;
import org.apache.hadoop.fs.Path;
import org.apache.hadoop.io.IntWritable;
import org.apache.hadoop.io.SequenceFile;
import org.apache.mahout.clustering.classify.WeightedVectorWritable;
import org.apache.mahout.math.RandomAccessSparseVector;

import java.io.BufferedWriter;
import java.io.File;
import java.io.FileWriter;
import java.io.IOException;

public class ClusterOutput {
    public static void main(String[] args) {
        try {

            //Mahout 的输出文件,需要被解析
            String clusterOutputPath = args[0];
            //解析后的聚类结果文件，将输出至本地磁盘
            String resultPath = args[1];

            BufferedWriter bw;
             Configuration conf = new Configuration();
             conf.set("fs.default.name", "hdfs://master:9000");
             FileSystem fs = FileSystem.get(conf);

             SequenceFile.Reader reader = null;

             reader = new SequenceFile.Reader(fs, new Path(clusterOutputPath +
                     "/clusteredPoints/part-m-00000"), conf);

             bw = new BufferedWriter(new FileWriter(new File(resultPath)));

             //key 为聚簇中心 id
             IntWritable key = new IntWritable();
             WeightedVectorWritable value = new WeightedVectorWritable();

             while (reader.next(key, value)) {
                 //得到向量
                 RandomAccessSparseVector vector = (RandomAccessSparseVector)
                         value.getVector();

                 String vectorvalue = "";

                 //将向量各个维度拼接成一行，用\t 分隔
                 for(int i = 0;i < vector.size();i++){

                     if(i == vector.size() - 1){
                         vectorvalue += vector.get(i);
                     }else{
```

```
                    vectorvalue += vector.get(i) + "\t";
                }

            }

            //在向量前加上该向量属于的聚簇中心 id
            bw.write(key.toString() + "\t" + vectorvalue + "\n");
        }

        bw.flush();
        reader.close();

    } catch (IOException e) {
        e.printStackTrace();
    }
  }
}
```

在将工程导出至 jar 文件时，需要将 mahout-core-0.7-job.jar 一并导出，导出后，执行如下命令：

```
hadoop jar xxx.jar com.out.ClusterOutput /user/hadoop/output /home/hadoop/o
```

就查看/home/hadoop/o 聚类结果文件，其中/user/hadoop/output 为 Mahout 的聚类的输出目录，结果文件为：

```
0    0.3      0.23     0.32
0    0.17     0.13     0.42
0    0.12     0.13     0.12
1    0.2      0.1      0.2
1    0.7      0.3      0.4
1    0.5      0.6      0.9
2    0.2      0.422    0.32
2    0.123    0.542    0.42
2    0.323    0.242.   0.122
...
```

在结果文件中，第 2 列～第 4 列与 cluster_input 表中的数据一致，而第 1 列则为该向量所属的聚簇中心。

18.7.3 得到聚类结果

本节将前两节的过程整合，并将聚类结果加载到 Hive 中，以供查看。首先将 18.7.1 节中的工程打包并命名为 usercluster.jar，18.7.2 节中的工程打包为 clusterout.jar，并将这两个 jar 包移动到项目 lib 目录下。

新建一个 Hive 表，用来保存聚类结果，建表语句如下：

```
CREATE TABLE cluster_result(
clusterId INT,
```

```
SubTotal DOUBLE,
OrdersCount DOUBLE,
SessionCount DOUBLE
) ROW FORMAT DELIMITED FIELDS TERMINATED BY '\t';
```

在 CalCluster 类中新建一个函数，名为 cluster_output，代码如代码清单 18-5 所示。

代码清单 18-5 cluster_output 函数

```
def cluster_output():
	clusterOutputPath = "/user/hadoop/clusterOutput"
	t1 = "100"
	t2 = "10"
	convergenceDelta = "0.5"
	maxIterations = "10"

	#执行聚类
	shell = HADOOP_PATH + "hadoop jar " + PROJECT_LIB_DIR + "usercluster.jar" +
		" com.mahout.UserCluster " + clusterOutputPath + " " + "/user/hive
		/warehouse/cluster_ input " + t1 + " " + t2 + " " + convergenceDelta
		+ " " + maxIterations
	os.system(shell);

	#解析聚类结果文件并输出至本地
	resultPath = PROJECT_TMP_DIR + "result"
	shell = HADOOP_PATH + "hadoop jar " + PROJECT_LIB_DIR + "clusterout.jar" + "
		com.out.ClusterOutput " + clusterOutputPath + " " + resultPath
	os.system(shell);

	#将本地的结果文件加载 Hive 中
	hql = "load data loacl inpath '" + resultPath + "' overwrite into table cluster_result"
	HiveUtil.execute_shell(hql)
```

这样在 cluster_result 表中，我们就可以通过 GROUP BY、COUNT 等操作分析每个聚簇的情况。

18.8 得到最终结果

在上一节中，聚类已经完成，但是对于该功能模块来说，并没有结束。在 cluster_result 表中，结果如下：

```
0    0.3      0.23     0.32
0    0.17     0.13     0.42
0    0.12     0.13     0.12
1    0.2      0.1      0.2
1    0.7      0.3      0.4
1    0.5      0.6      0.9
2    0.2      0.422    0.32
2    0.123    0.542    0.42
2    0.323    0.242.   0.122
```

每一个向量分属自己的聚簇中心，但是这个向量所代表的用户却没有得到展现，而当我们知道了用户属于哪个聚簇中心后，聚类的结果才显得有意义。具体思路是用 cluster_result 表和 user_dimension 中的数据做一次 JOIN 操作，即可获得用户信息。

新建一张 Hive 表，如下：

```
CREATE TABLE final_result(
userId STRING,
clusterId INT,
SubTotal DOUBLE,
OrdersCount DOUBLE,
SessionCount DOUBLE
) ROW FORMAT DELIMITED FIELDS TERMINATED BY '\t';
```

该表仅仅是比 cluster_result 多了一个用户 Id 的字段。

新建一个函数，名为 get_finalresult，代码如代码清单 18-6 所示。

代码清单 18-6　get_finalresult 函数

```
def get_finalresult():
      hql = "insert overwrite table final_result \
select t2.CustomerId,t1.* from \
(select clusterId,SubTotal,OrdersCount,SessionCount from cluster_result group by
       clusterId,SubTotal,OrdersCount,SessionCount) t1 \
join (select CustomerId,(SubTotal - avg_SubTotal)/std_SubTotal SubTotal, (OrdersCount -
      avg_OrdersCount)/std_OrdersCount OrdersCount,(SessionCount - avg_SessionCount) /std_
      SessionCount SessionCount from user_dimension join (select std(SubTotal) std_SubTotal,
      std(OrdersCount) std_OrdersCount,std(SessionCount) std_SessionCount from user_
      dimension) t1 on 1 = 1 join (select avg(SubTotal) avg_SubTotal,avg(OrdersCount)
      avg_OrdersCount,avg(SessionCount) avg_SessionCount from user_dimension) t2 on 1 = 1)
      t2 on t1.SubTotal = t2.SubTotal and t1.OrdersCount = t2.OrdersCount and t1.SessionCount
      = t2.SessionCount"
      HiveUtil.execute_shell(hql)
```

在这里需要注意的是，如果恰巧有两个用户的所有维度的值分别相同的话，那么直接做 JOIN 就会出现重复数据，所以先用 GROUP BY 子句先去重，即可避免这个问题。

我们还需要将本章所有过程进行整合，如代码清单 18-7 所示。

代码清单 18-7　整合代码

```
if __name__ == '__main__':

   start = sys.argv[1]
   end = sys.argv[2]

   #准备数据并做数据归一化
   prepare_normaliz(start,end)

   #聚类并输出
   cluster_output()
```

```
#得到聚类结果
get_finalresult()
```

至此购书用户聚类模块开发完毕。

18.9 评估聚类结果

聚类是一种典型的无监督学习，那么如何才能判断聚类结果的质量，这同样是一个值得讨论的问题，本节将讨论这些问题。

18.9.1 一份不适合聚类的数据

假设一份数据在数据空间中均匀分布，如图 18-11 所示。

那么可以想象，这份数据的聚类结果质量一定不高，数据的均匀分布导致这些聚簇没有任何实际意义。我们可以通过霍普金斯统计量来检测变量的空间随机性。

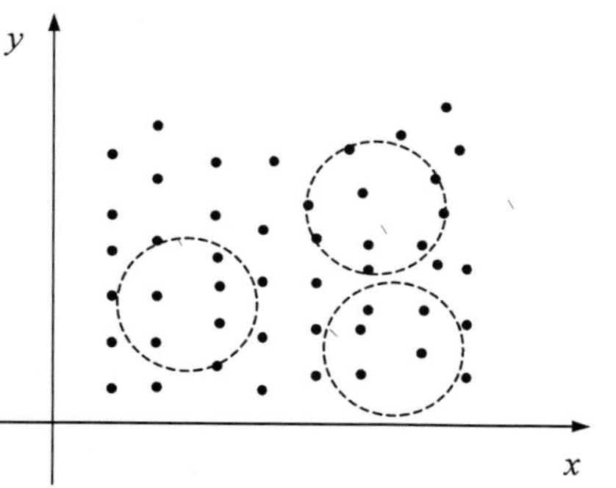

图 18-11 不适合聚类的数据

18.9.2 簇间距离和簇内距离

一般来说，可以通过簇间距离和簇内距离来评估聚类质量，簇间距离是指两个簇中心之间的距离，而簇内距离是指簇内部成员间的距离。

一次优质的聚类结果可以用较大的簇间距离和较小的簇内距离来形容，如图 18-12 和图 18-13 所示。所以优质的聚类是簇中的点尽量紧密，而簇和簇之间尽量远离。

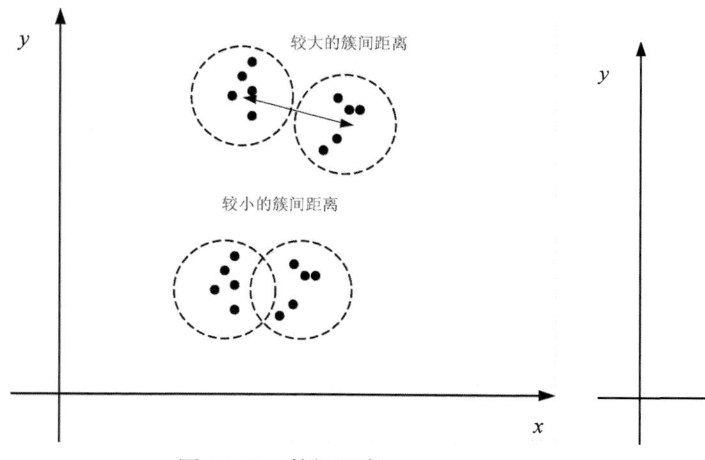

图 18-12 簇间距离

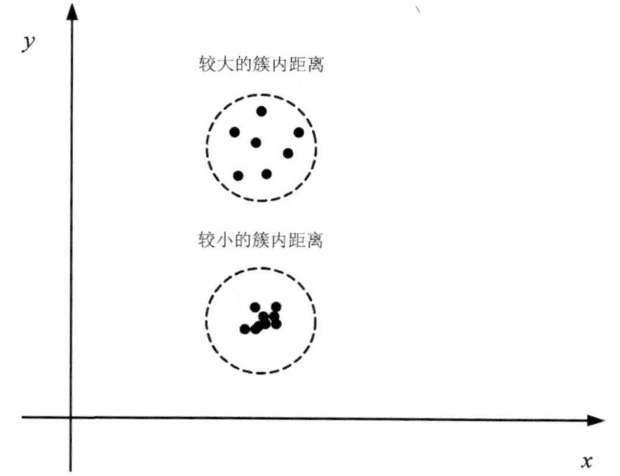

图 18-13 簇内距离

18.9.3　计算平均簇间距离

新建一个 Java 工程，引入 guava-r09-jarjar.jar、hadoop-core-0.20.2-cdh3u6.jar、log4j-1.2.15.jar、mahout-core-0.7.jar、mahout-core-0.7-job.jar、mahout-integration-0.7.jar、mahout-math-0.7.jar、slf4j-api-1.4.3.jar、slf4j-log4j12-1.4.3.jar。

新建 com.cluster 包，在包下编写一个类，代码如代码清单 18-8 所示。

代码清单 18-8　com.cluster 包

```
package com.cluster.util;

import java.io.IOException;
import java.util.ArrayList;
import java.util.List;
import org.apache.hadoop.conf.Configuration;
import org.apache.hadoop.fs.FileSystem;
import org.apache.hadoop.fs.Path;
import org.apache.hadoop.io.SequenceFile;
import org.apache.hadoop.io.Writable;
import org.apache.mahout.clustering.Cluster;
import org.apache.mahout.clustering.iterator.ClusterWritable;
import org.apache.mahout.common.distance.DistanceMeasure;
import org.apache.mahout.common.distance.EuclideanDistanceMeasure;

public class InterClusterDistances {

    private static String inputFile = "";

    public static void prasePra(String[] args){
        inputFile = args[0];
        System.out.println("聚类结果文件地址: " + inputFile);
    }

    public static void main(String[] args) throws IOException, InstantiationException,
            IllegalAccessException {

        prasePra(args);
        Configuration conf = new Configuration();
        Path path = new Path(inputFile);
        System.out.println("Input Path: " + path);
        FileSystem fs = FileSystem.get(path.toUri(),conf);
        List<Cluster> clusters = new ArrayList<Cluster>();

        //读取聚类结果文件地址(HDFS 上的)
        SequenceFile.Reader reader = new SequenceFile.Reader(fs, path, conf);
        Writable key = (Writable) reader.getKeyClass().newInstance();
        ClusterWritable value = (ClusterWritable) reader.getValueClass().newInstance();

        //循环读取文件
        while (reader.next(key,value)){
            Cluster cluster = value.getValue();
```

```
                clusters.add(cluster);
                value = (ClusterWritable) reader.getValueClass().newInstance();
            }

            System.out.println("Cluster In Total: " + clusters.size());

            DistanceMeasure measure = new EuclideanDistanceMeasure();

            double max = 0;
            double min = Double.MAX_VALUE;
            double sum = 0;
            int count = 0;

            //如果聚类的个数大于 1 才开始计算
            if(clusters.size() != 1 && clusters.size() != 0){
                for(int i = 0;i < clusters.size();i++){
                    for(int j = i + 1;j < clusters.size();j++){
                        double d = measure.distance(clusters.get(i).getCenter(),
                                clusters.get(j).getCenter());
                        min = Math.min(d, min);
                        max = Math.max(d, max);
                        sum += d;
                        count ++;
                    }
                }

                System.out.println("Maximum Intercluster Ditance: " + max);
                System.out.println("Minimum Intercluster Ditance: " + min);
                //System.out.println("Average Intercluster Distane: " + (sum / count -
                        min) / (max - min));
                System.out.println("Average Intercluster Distane: " + sum / count );
            }else if(clusters.size() == 1){
                System.out.println("只有一个类，无法判断聚类质量");
            }else if(clusters.size() == 0){
                System.out.println("聚类失败");
            }
        }
    }
```

这里需要注意的是聚类结果文件地址是聚类输出目录下的最后一次迭代目录，也就是 clusters-n-final 目录。

18.10 小结

本章实现了购书用户聚类模块，本章运用的数据挖掘手段是相对比较复杂的无监督机器学习算法，但是 Hadoop 的机器学习算法库 Mahout 提供了这些算法的 MapReduce 实现，调用非常简单方便。纵观整个商业智能系统其实遵循了数据清理、数据集成、数据选择、数据变换、数据挖掘、模式评估的方法论，而本章描述的过程其实也是从一个微观的角度重复了这样一个过程。

第 19 章

实现调度模块

一切都是命运
一切都是烟云
一切都是没有结局的开始
一切都是稍纵即逝的追寻

——北岛《一切》

在本章中，将通过调度模块将第 11 章至第 16 章 6 个模块整合在一起，使其成为一个完整的工作流。

19.1 工作流

在整合之前，再来回顾一下工作流程，如图 19-1 所示。

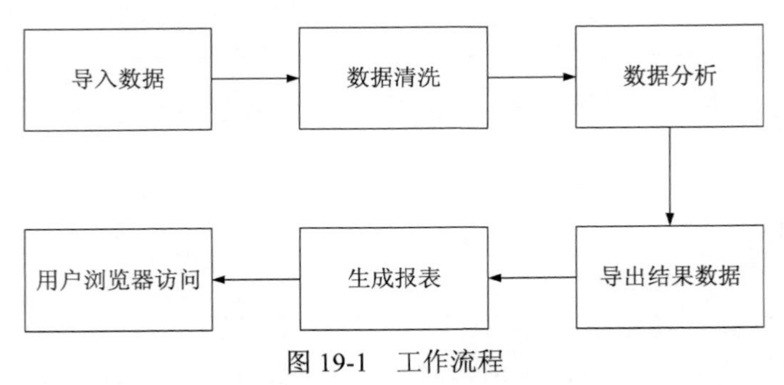

图 19-1 工作流程

首先将数据导入，接着将导入的数据进行数据清洗，其中包括点击流日志的清洗和导出结果数据。当清洗完成后，将进行各种数据分析，如转化率分析等，当分析完成后，需要将分析结果导出到 MySQL 中，由报表系统基于 MySQL 中的数据生成 Web 报表供用户访问。其中转化率分析和用户聚类分析是由用户手动执行。

我们希望以 XML 配置文件的形式将这个流程变成灵活的、可配置的，在 conf 目录下新建 workflow.xml，作为调度模块的配置文件，如代码清单 19-1 所示。

代码清单 19-1 workflow.xml

```
<?xml version="1.0" encoding="utf-8"?>
<root>

    <!-- 利用导入模块进行数据导入-->
    <task type = "import">import </task>

    <!-- 执行点击流数据清洗-->
    <task>etl_clickstream</task>

    <!-- 利用数据分析工具模块业务数据清洗-->
    <task type = "etl_db">exe_hive</task>

    <!-- 利用数据分析工具模块进行其他分析-->
    <task type = "analysis">exe_hive</task>

    <!-- 利用导出模块进行数据导出-->
    <task>export </task>

</root>
```

task 节点的内容为需要执行的 Python 模块名，由于某些模块将执行多个功能，所以需要用 type 属性指明执行的功能。

19.2 编写代码

本节需要做的工作是按照 18.1 节的 XML 文件实现调度模块，首先将 18.1 节的 XML 文件保存为 workflow.xml，并保存至项目的 conf 目录下，在 driver 包下新建一个 Python 模块，名为 controller.py，内容如代码清单 19-2 所示。

代码清单 19-2 controller.py

```
import sys
import datetime
from xml.etree import ElementTree as ET
from com.util.pro_env import PROJECT_CONF_DIR
import os

if __name__ == '__main__':

    reload(sys)
```

```
today = datetime.date.today()

yestoday = today + datetime.timedelta(-1)

#获得昨天的日期
dt = yestoday.strftime('%Y-%m-%d')

#加载主配置文件
xmlTree = ET.parse(PROJECT_CONF_DIR + "workflow.xml")

#获得所有 task 节点
workflow = xmlTree.findall('./task')

for task in workflow:

    #获得模块名称
    moduleName = task.text

    if moduleName == "exe_hive":
        #如果模块可以执行多个功能，则将 task 阶段的 type 属性一并拼装为 shell
        shell = "python " + moduleName + ".py " + task.attrib.get('type') + " " + dt
        #执行 shell
        os.system(shell)

    else :
        shell = "python " + moduleName + ".py " + dt
        os.system(shell)
```

当需要执行其他分析时，exe_hive.py 会根据传入的 type 执行相应的分析。

19.3　crontab

当 controller.py 编写完成后，这个项目就算编写完成了，我们将其部署在 Hadoop 客户端的节点上即可。这个系统还剩下最后一个问题，如何执行。其实只需执行 python controller.py 即可让整个系统运作起来，但是需要每天定时执行，这就需要 Linux 的常用命令 crontab 了。

crontab 在 Linux 中经常被用来设置定时执行的指令，是 Linux 运维的常用命令。只需使用 root 用户，执行：

```
crontab -e
```

进入任务设置，添加一行：

```
0 2 * * * python /home/MyBI/exe/controller.py
```

该命令表示每天的凌晨 2 点执行 python /home/MyBI/exe/controller.py 命令。

19.4　让数据说话

编写完调度模块，我们的工作已经完成了，但是系统并没有完成。通过调度模块的执行，系统将数据变成了知识，但是如何让这些结果数据“开口说话”，是这个系统的最后一步。从技术上来说，这是很简单的，无非就是通过 B/S 或者 C/S 的方式将数据展现，但是从展现方式来说，则是比较复杂的，我们需要用简单明了的数据可视化技术将其展示，如销售分析的结果展示，如图 19-2 所示。

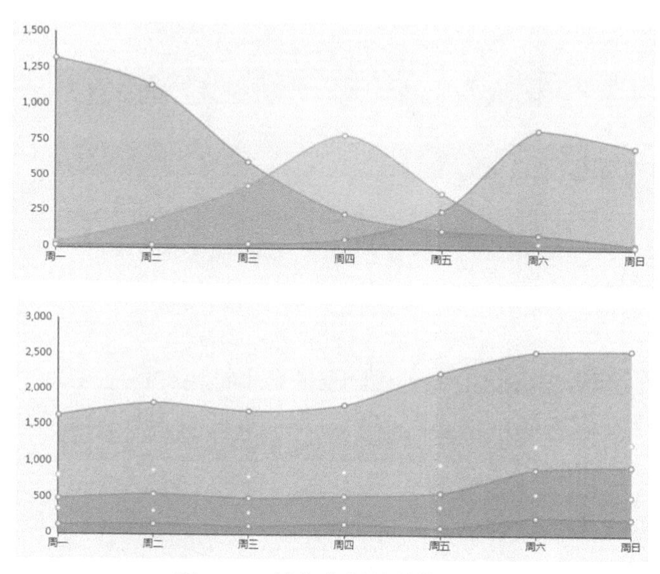

图 19-2　销售分析结果的展示

又如，第 16 章介绍的聚类分析的结果，可以用玫瑰图来展示，如图 19-3 所示。

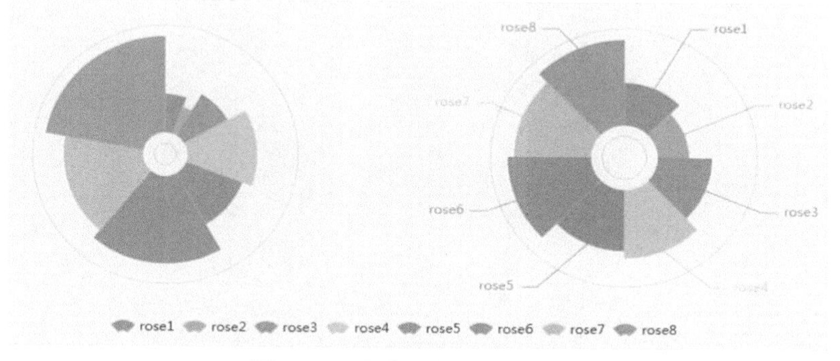

图 19-3　聚类分析结果的展示

转化率分析的结果自然用漏斗图来展示，如图 19-4 所示。

对于数据可视化技术，目前有很多优秀的开源前端库，如 ECharts 等，都可以很好地完成数据可视化的任务。

对于数据分析结果的展示读者需要引起重视，不要认为分析结果出来就万事大吉，其实这只是商业智能的开始。这是报表系统唯一面向决策用户的地方，也是系统唯一的产出，是它让冷冰冰的数字开口说话。

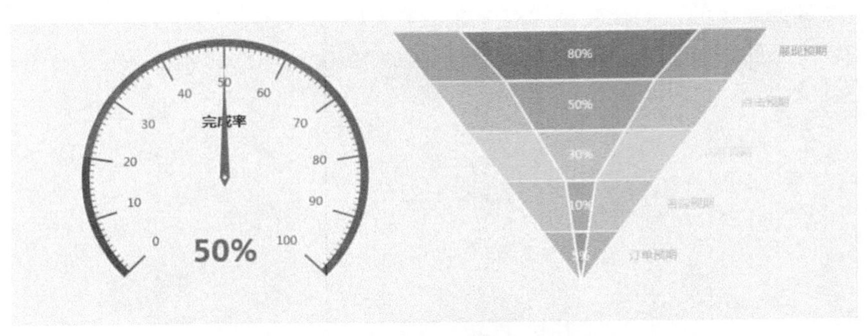

图 19-4 转化率分析的结果展示

19.5 小结

本章实现了系统的调度模块，它将前面开发的各个模块有机地组织在一起，协同工作。另外，数据可视化是商业智能系统很重要的一部分，目前有很多优秀的可视化开源框架，如 Echarts、d3.js 等。

结束篇：总结和展望

本篇只有一章内容，是对过去的总结和对未来的展望。

第 20 章

总结和展望

对过去不后悔，对现在有信心，对未来满是希望。

——大仲马《三个火枪手》

在经过了第一部分的理论基础和第二部分的项目实践的学习之后，读者已经得到了 Hadoop 工程师的理论基础和项目经验，本章将总结前面的内容并对 Hadoop、大数据目前的技术方向和发展趋势进行一些展望。

20.1 总结

对于本书一共包含了两个主题，一个是 Hadoop 的学习，另一个是商业智能系统的开发。下面分别对其进行总结。

通过应用篇的学习，我们了解了一个商业智能系统的开发过程，与普通业务系统一样，也是需求、设计和实现，但实际上，商业智能系统的开发和普通业务系统的开发还是有很大的不同。主要体现在以下两点。

（1）需求分析的不同。一般的业务系统，如在线图书销售系统，需求往往都来自于业务，也就是说是业务驱动，而数据是为了业务服务的，但是对于商业智能系统这类的系统来说，需求往往来自于数据，也就是说你想得到什么，取决于你有什么，这就是数据驱动，如图 20-1 所示。这是一般商业智能系统和业务系统的最大的不同。所以对于一般的业务系统，需求分析往往集中在于业务流程的梳理，对于商业智能系统来说，需求往往是按照要求分析并展现数据（如 8.2.5 节），看似简单，但对于分析结果的准

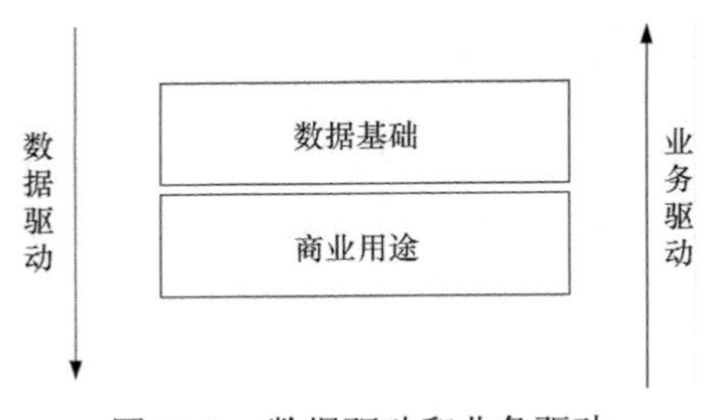

图 20-1 数据驱动和业务驱动

确性，我们往往不能很好把握，造成这种问题的原因是因为参与需求制定的人员缺乏对业务的深刻理解，前期没有或者不能对数据进行深入了解。

（2）系统的开发方式的不同。一般的业务系统大都遵循瀑布模型，都是从可行性分析、需求分析、设计、编码、测试等步骤依次进行。这种开发模式比较适合需求比较确定的项目，但是对于需求经常变动的项目，这种模型就不太适合。在商业智能系统的开发过程中，会在处理数据的过程中调整需求、变动需求甚至是新加需求，所以对于商业智能项目，可以考虑用螺旋模型进行开发，采用这种模型的原因是随着处理数据经验越来越丰富，对业务也越来越了解，我们对数据的理解也越来越深刻。

基于这两点不同，在需求分析时，建议在确定需求时投入大量时间与业务部门精通业务的人员进行沟通，确认需求；而在开发中，最好让业务部门全程参与开发。商业智能天然和商业本身的业务逻辑有着密不可分的联系，任何脱离了业务本身的商业智能系统是很难成功的。

再来谈谈 Hadoop，通过基础篇的学习，我们了解了 Hadoop，但 Hadoop 仍然是一个非常年轻的产物。因为年轻，它具有活力，就目前来看，在大数据领域，指哪打哪，所向披靡，使传统老牌巨头，如 Oracle、IBM，黯然失色，但正因为年轻，它还有很多不足，好在本身不断完善、改进，有望成为一个通用的解决方案。

正如前面所说，Hadoop 并不是一个单一的组件，而是一些模块的集合，这些模块的优点造就了 Hadoop 的优点，我们可以马上说出几个：分布式、SQL 支持、容错、非结构化数据的处理。但就整体来看，Hadoop 最大的优点在于为大数据处理提供了一套高效的、免费的解决方案，如应用篇所介绍的 BI 系统，我们可以用 Hadoop 搭建数据分析平台，来处理以前处理不了的“大数据”。

在本书第 1 版出版之时，Hadoop 形态尚不明朗，Spark 1.0 刚刚问世，HBase 也还没有发布 1.0 版本，各种技术都在不断完善和迭代中。时至今日，Hadoop 生态圈形态已经稳定，很多技术都已经找好自己的定位，可以说现在是 Hadoop 最好的时代。这些技术又衍生出一些新的方向，它们有些是需求驱动的，也有一些是技术驱动的。

20.2 BDAS

在 Hadoop 中提及 Spark，一般都说分布式弹性内存计算框架。但是，Spark 的野心远不止于此，它一开始就是按照整个生态圈的规模设计的。现在这个生态圈初具规模，Spark 当前的版本是 1.6.1，2.0 版蓄势待发，目前用计算框架已不能很好概括 Spark 了。Spark 是加州大学伯克利分校的 AMP 实验室开发的，伯克利将整个 Spark 生态圈称为 BDAS（Berkeley Data Analytics Stack，伯克利数据分析栈），如图 20-2 所示。

从图 20-2 中，我们发现 Spark 同 Hadoop 一样，也为数据分析提供了整套解决方案、SQL、图挖掘、流处理、存储、资源调度。由此可以看出，这个生态圈是以 Spark、伯克利的软件为主的，留给 Hadoop 的空间已经很少，只有 YARN 和 HDFS，就连存储也被分布式内存文件系统

(Tachyon)分了一杯羹。

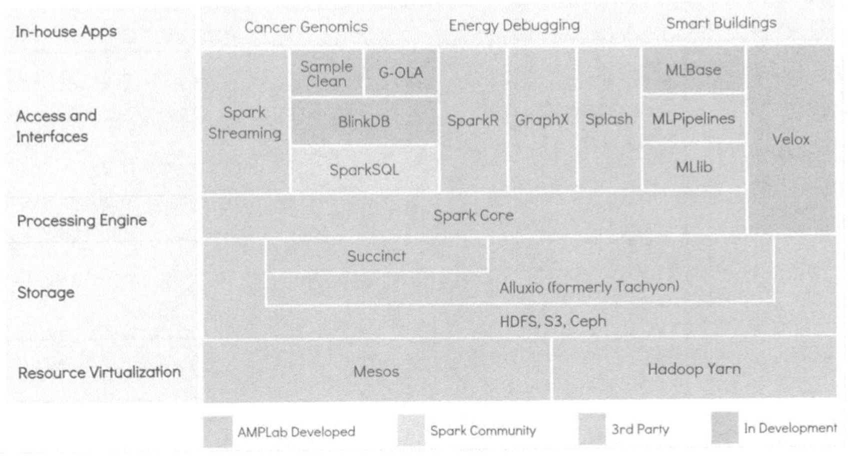

图 20-2 BDAS 架构图

20.3 Dremel 系技术

Google 发表的 3 篇论文奠定了 Hadoop 的理论基础，又被称为“Google 三架马车”。Google 在 2009 年又连续发表了 3 篇论文，被称为“Google 新三驾马车”，分别是 Caffeine、Pregel、Dremel，其中 Caffeine 代表 Google 新一代搜索系统，Dremel 代表低延迟海量数据查询工具，Pregel 代表大规模并行图挖掘技术。Pregel 和 Dremel 都有其开源实现，这里我们先来看看 Dremel。

MapReduce 和 Spark 都提供了在海量数据上的查询工具，如 Hive 和 Spark SQL，但是受限于 MapReduce 原理，结果都会有一定时间的延迟，几分钟甚至更长。相比于这些，Dremel 几乎可以说是实时的。Dremel 非常适合即席查询和探索性分析，这对于数据分析师来说非常有用。

Dremel 的具体实现原理可以参见《Dremel: Interactive Analysis of WebScaleDatasets》。下面介绍一下 Dremel 的特点。

- Dremel 是一个大规模系统，也是一个分布式系统，需要考虑容错、线性扩展等。
- Dremel 弥补了 MapReduce 技术交互式查询能力的不足，Dremel 并不是想要替代 MapReduce，而是互为补充。如，使用 MapReduce 做数据清洗，清洗的结果使用 Dremel 进行分析。
- Dremel 的数据模型是嵌套的。Dremel 的数据模型可以支持非常灵活多变的数据，类似于 JSON。
- Dremel 的数据是列式存储的，这样可以方便地进行压缩，减少 CPU 开销和磁盘访问量。目前 Dremel 比较适合的开源数据格式 Parquet，就是列式存储以及支持嵌套的。
- Dremel 结合了搜索技术和 MPP 技术。Dremel 类似于大规模并行处理（MPP），通过大量并发将任务执行时间缩短。此外，它也有查询树的概念，将巨大的查询分割成简单的查询。

目前 Dremel 已有多种实现，如 Impala、presto、Drill、Kylin 等，其中 Impala 和 Presto 比较成熟，性能较好，Drill 和 Kylin 比较新，Drill 功能较为丰富，但是性能目前离前面两个仍有差距。值得关注的是 Kylin，Kylin 是 eBay 的团队开发并开源的，目前为 Apache 的顶级项目，主打商业智能，提供了预处理到可视化一整套的 BI 解决方案。值得一提的是，Kylin 团队几乎都是华人，所以才有了这个浓浓中国风的名字：麒麟（Kylin）。

20.4　Pregel 系技术

在现实生活中，很多数据都是充满了联系，可以用图（graph）来进行建模，而关系型数据库对联系又是极度缺乏表现力的，要从充满联系的数据中挖掘出有意思的知识和模式，用 SQL 无疑是很困难的。Pregel 提出了一种非常创新的思路，利用顶点和消息之间的通信来完成，“像顶点一样思考”正是 Pregel 的精髓。Google 已经用 Pregel 框架实现了 PageRank 算法。具体可以参见 Google 的论文《Pregel: a system for large-scale graph processing》。

关联挖掘对于现实的应用来说具有非常大的前景，节点的关联情况在很多领域具有不同的实际意义，如安全、金融、社交网络等，结合复杂网络的理论，必将在大数据应用领域占有一席之地。

目前 Pregel 的开源实现有 GraphX 和 Bagel，都是基于 Spark 再次封装的计算框架。GraphX 的数据结构为属性图，如图 20-3 所示。

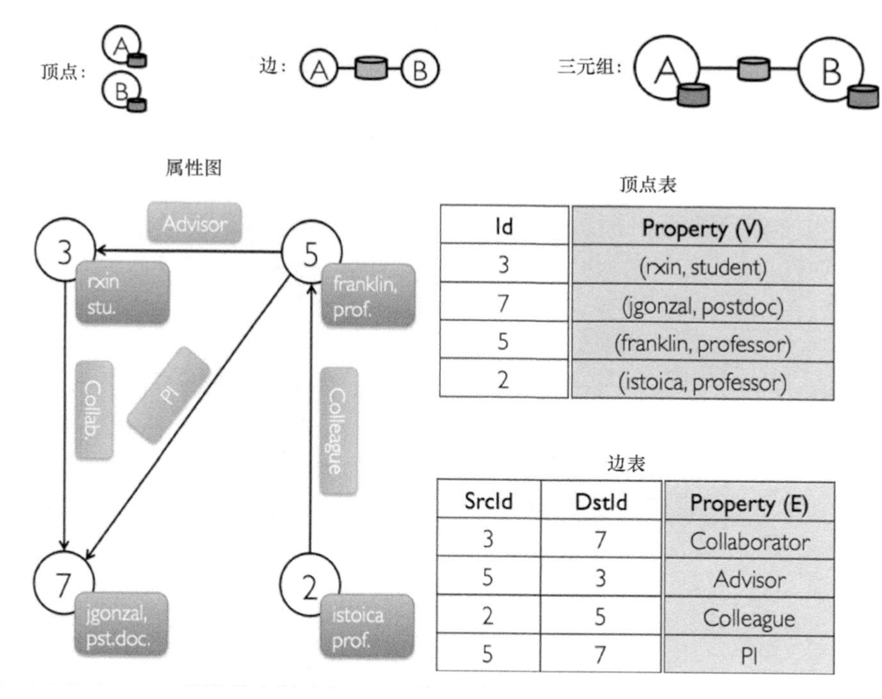

Id	Property (V)
3	(rxin, student)
7	(jgonzal, postdoc)
5	(franklin, professor)
2	(istoica, professor)

SrcId	DstId	Property (E)
3	7	Collaborator
5	3	Advisor
2	5	Colleague
5	7	PI

图 20-3　GraphX 的数据结构

顶点（vertice）有属性，边（edge）有属性。另外，边点三元组（triplet）是 GraphX 特有的数据结构。GraphX 还提供了一些内置的关联算法，例如，求节点的度、强连通图、节点邻居、PageRank 等。

20.5 Docker 和 Kubernetes

刚才介绍的都是一些 PaaS 层的技术。对于大数据平台，IaaS 这一层当然也少不了技术革新。Docker 是一个构建在 LXC（Linux Container）之上的,基于进程容器（process container）的轻量级的虚拟化解决方案。Docker 容器和普通的虚拟机镜像相比，最大的区别是它并不包含操作系统内核，并且更加轻量、性能损失更少。Docker 主要用于简化配置、代码管道化管理、开发人员生产化、应用隔离、服务合并、多租户、快速部署等，正如 Docker 的口号一样："在任何地方构建、运输并运行任何应用程序"（Build, ship, and run any App, anywhere）。

有了容器这一层，还需要有容器管理系统才能叫平台。Google 在 2015 年发表了一篇论文《Large-scale cluster management at Google with Borg》，正式披露了 Google 的容器管理系统 Brog。Brog 负责对来自几千个应用程序提交的作业进行接收、调试、启动、停止、重启和监控，这些作业将用于不同的服务，运行在不同数量节点的集群中，每个集群可最多包含几万台服务器。Brog 论文一出，社区马上以最快速度将其实现，就是 Kubernetes。Kubernetes 秉承了 Brog 的优点，吸取了 Brog 的教训，目的是实现资源管理的自动化。

从这个角度上来讲，YARN 和 Mesos 都属于此类系统，并且都支持用 Docker 作为自己的容器。与 Mesos 相比，Mesos 比较偏向调度，而 Kubernetes 更偏向容器管理。

20.6 数据集成工具 NiFi

前面介绍的技术都着眼于大数据平台，而如何将外部数据集成到该平台无疑是一个重点问题。大数据的特征数据流动速率快、种类多，这些都给数据集成带来了巨大的难题。这经常是数据处理中难度和工作量最大的环节。

Apache NiFi 是 NSA（美国国家安全局）开源出来的可视化开源解决方案，短时间内立即成为顶级项目，它最大的特点是提供 135 个处理模块，涵盖了数据源适配、数据抽取、数据转换等方面，使用户不需要进行编程，用鼠标拖曳完成数据集成的流程，并提供了异常处理机制，使数据真正地流动起来，如图 20-4 所示。

图 20-4 中显示数据按照图示模块进行流动并解析，如果解析成功则保存到 HDFS，如果失败则进入另一个流程，整个流程并不需要进行编程。

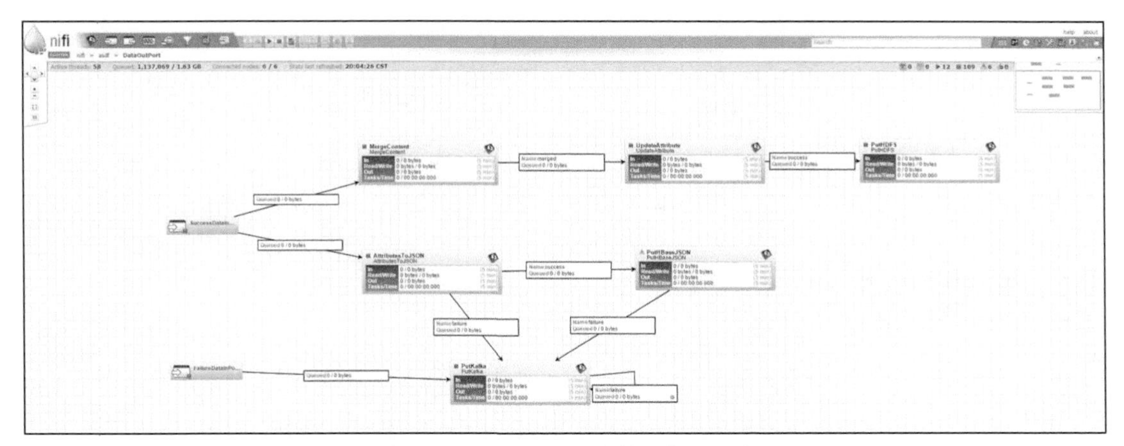

图 20-4 NiFi 可视化的数据集成方案

20.7 小结

本章总结了商业智能系统项目上的一些容易导致项目失败的地方，并对目前的技术做了一个展望。大数据技术的更迭是相当迅速的，读者需要不断学习，从中总结出架构、模式和理念，才能很快地掌握和运用这些技术。

参考文献

［1］周宝曜，刘伟，范承工．大数据：战略、技术、实践[M]．北京：电子工业出版社，2013．

［2］Han J，Kamber M，Pei J．数据挖掘：概念与技术[M]．范明，孟小峰等译．北京：机械工业出版社，2012．

［3］Larson B．商务智能实战[M]．盖九宇译．北京：机械工业出版社，2011．

［4］董西成．Hadoop 技术内幕：深入理解 MapReduce 架构设计与实现原理[M]．北京：机械工业出版社，2013．

［5］White T．Hadoop 权威指南[M]．周敏奇，王晓玲，金澈清等译．北京：清华大学出版社，2011．

［6］Sammer E．Hadoop 技术详解．刘敏，麦耀锋，李冀蕾译．北京：人民邮电出版社，2013．

［7］Wu X，Kumar V．数据挖掘十大算法[M]．李文波，吴素研等译．北京：清华大学出版社，2013．

［8］Giacomelli P．Mahout 实践指南[M]．靳小波译．北京：机械工业出版社，2014．

［9］Inmon W H．数据仓库[M]．黄厚宽，田盛丰等译．北京：机械工业出版社，2006．

［10］Capriolo E，Wampler D，Rutberglen J．Hive 编程指南[M]．曹坤译．北京：人民邮电出版社，2013．

［11］刘鹏．云计算[M]．北京：电子工业出版社，2011．

［12］赵勇．大数据革命：理论、模式与技术创新[M]．北京：电子工业出版社，2014．

［13］Mitchell T M．机器学习[M]．北京：电子工业出版社，2008．

［14］蔡斌，陈湘萍．Hadoop 技术内幕：深入解析 Hadoop Common 和 HDFS 架构设计与实现原理[M]．北京：机械工业出版社，2013．

［15］盛骤，谢式千，潘承毅．概率论与数理统计[M]．北京：高等教育出版社，2008．

[16] Lars George. HBase 权威指南[M]. 代志远，刘佳，蒋杰译. 北京：人民邮电出版社，2013.

[17] Dan McCreary，Ann Kelly. 解读 NoSQL[M]. 范东来，滕雨橦译. 北京：人民邮电出版社，2016.

[18] 董西成. Hadoop 技术内幕：深入理解 YARN 架构设计与实现原理[M]. 北京：机械工业出版社，2014.

[19] Arun C. Murthy，Vinod Kumar Vavilapalli，Doug Eadline，Joseph Niemiec. Hadoop YARN 权威指南 [M]. 罗韩梅，洪志国，杨旭译. 北京：机械工业出版社，2015.